Reinhard Höhn

Biographische Studien zum 20. Jahrhundert
Herausgegeben von Frank-Lothar Kroll
Bd. 6

Alexander O. Müller

Reinhard Höhn

Ein Leben zwischen Kontinuität und Neubeginn

be.bra wissenschaft verlag

Alle im Buch verwendeten Abbildungen stammen aus dem Archiv der Bad Harzburg-Stiftung.

Bibliografische Information der Deutschen Nationalbibliothek
Die Deutsche Nationalbibliothek verzeichnet diese Publikation in der Deutschen Nationalbibliografie; detaillierte bibliografische Daten sind im Internet über http://dnb.d-nb.de abrufbar.

KulturBrauerei Haus 2
Schönhauser Allee 37, 10435 Berlin
post@bebraverlag.de
Umschlag: typegerecht, Berlin
Satz: Zerosoft
Schrift: Minion Pro 10/13
Gedruckt in Deutschland
ISBN 978-3-95410-237-2

www.bebra-wissenschaft.de

Inhaltsverzeichnis

Anhang

Einleitung

Zwei Berliner Nachkriegsszenen: In der einen trifft der zwölfjährige Edmund auf den ehemaligen Lehrer Enning. Suspendiert vom Schuldienst wohnt dieser in einer unzerstörten Villa im unzerstörten Teil der Stadt und organisiert von dort aus den Verkauf von NS-Devotionalien. Verzweifelt nach der Herzattacke seines Vaters, fragt Edmund ihn um Rat und wird über das Leben belehrt, das Starke, und darüber, dass das Schwache ausgemerzt gehört. Daraufhin besorgt sich Edmund Gift und mischt es seinem Vater in den Tee, der schließlich daran stirbt. Zurück bei Enning berichtet er von seiner vermeintlich couragierten Tat, der ihn dafür ein Monster schimpft. In der anderen Szene trifft der ehemalige Militärchirurg Mertens auf seinen ehemaligen Vorgesetzten Brückner, der 1942 in Polen für die Erschießung zahlreicher Zivilisten verantwortlich war. Dieser hatte sich inzwischen den Nachkriegsverhältnissen angepasst und es zu einem geachteten Fabrikanten gebracht. Geplagt von seinem Gewissen – er war Zeuge des Massakers –, plant Mertens ihn umzubringen, was nur durch eine junge Fotografin und KZ-Überlebende verhindert wird. In allerletzter Sekunde kann sie Mertens davon überzeugen, dass Selbstjustiz Brückners Schuld nicht vergelten kann, sondern dass sie vor ein ordentliches Gericht gehört.

Mit Enning und Brückner schufen Roberto Rossellini in *Germania, Anno Zero* und Wolfgang Staudte in *Die Mörder sind unter uns* zwei Filmfiguren, die die scheinbar bruchlose Fortsetzung der Vergangenheit verkörperten. Ähnlich wie im Fall des Oberst in Wolfgang Borcherts *Draußen vor der Tür* verwiesen beide in Vorahnung darauf, was im Deutschland der Wirtschaftswunderzeit Realität wurde: individuelle Karrieren der ehemaligen Eliten in Wirtschaft, Politik, Militär und beibehaltene Strukturen. Mit ihnen beschäftigte sich im Frühjahr 1959 der britische Botschafter Christopher Steel ganz real im Auftrag seiner Regierung.[1] Die erwartete von ihm, Klarheit darüber zu erlangen, ob all die Ehemaligen in der deutschen Gesellschaft wieder Fuß fassen konnten und so mit einer Rückkehr des Nationalsozialismus gerechnet werden müsse. In seinem Bericht beruhigte Steel die britische Öffentlichkeit.

1 Dazu Brochhagen, Ulrich: Nach Nürnberg. Vergangenheitsbewältigung und Westintegration in der Ära Adenauer, Hamburg 1994, S. 265f.; Herbert, Ulrich: NS-Eliten in der Bundesrepublik, in: Loth, Wilfried/Rusinek, Bernd-A. (Hrsg.): Verwandlungspolitik. NS-Eliten in der westdeutschen Nachkriegsgesellschaft, Frankfurt am Main 1998, S. 93f.

Die westdeutsche Demokratie sei durchaus stabil und ein Wiedererstarken des Nationalsozialismus eher unwahrscheinlich. Allerdings hätten es die alten Eliten geschafft, wieder in Amt und Würden zu kommen. In London stieß das auf Vorbehalte – ebenso in Washington. Die deutsche Öffentlichkeit begleiteten die von Steel behandelten Aspekte schon früh. Kaum zufällig vermissten Kritiker wie Zuschauer auch in Staudtes Arbeit eine gewisse Klarheit in puncto Vergangenheit und Gegenwart. Die historiografische Aufarbeitung der ehemaligen NS-Eliten und ihrer Bedeutung hinkte dem lange Zeit hinterher. Gerade nach dem Individuum wurde nach dem Krieg nicht gefragt, denn in den Augen vieler war Hitler der Nationalsozialismus. Daneben kursierten unzählige Gerüchte und Halbwahrheiten, während das Thema mit der Gründung der beiden deutschen Staaten zudem Teil der Propaganda des aufziehenden Kalten Krieges wurde. Dem Forscher haftete schnell das Prädikat des Unseriösen an, wenn er allein die Frage nach Kontinuitäten und Brüchen sowie den Biografien stellte, die sich dahinter verbargen. Ebenso schnell war eine Verbindung zu sozialistischen Kampagnen hergestellt, die beweisen sollten, dass die Bundesrepublik lediglich eine Neuauflage des NS-Regimes sei.

Seit der Pionierstudie von Christopher R. Browning untersuchte die Geschichtswissenschaft erstmals auf breiter Basis, warum Menschen zu Tätern und Verbrechern wurden.[2] Darin spiegelte sich eine wachsende Erforschung des Holocaust sowie der NS-Zeit insgesamt wider. Häufig entstanden daraus Einzel- und Kollektivbiografien von Funktionären und weniger bekannten Befehlshabern. Ulrich Herbert porträtierte in seiner wegweisenden Studie Werner Best, der in der *SS*-Hierarchie hinter Heinrich Himmler und Reinhard Heydrich lag.[3] Ähnlich wie Lutz Hachmeister im Fall des »Gegnerforschers« Franz Alfred Six beschrieb er ihn als einen typischen Repräsentanten der »Kriegsjugendgeneration«, der unter dem Eindruck des Ersten Weltkrieges aufgewachsen, in der völkischen Studentenbewegung politisch sozialisiert und akademisch gut ausgebildet war.[4] Vertreter dieser »Generation des Unbedingten« nahmen später bei der *Gestapo* und der Sicherheitspolizei zentrale Positionen ein.[5] Allerdings zeigte Michael Wildt am Beispiel der Führungsriege des *Reichssicherheitshauptamtes*, dass deren Handeln allein in Hinblick auf ihr institutionelles Umfeld schwerlich aus biografischen Prägungen heraus monokausal erklärt werden kann. Dieses Wechselspiel von Bedingungsfaktoren ist zentral für die Auseinandersetzung mit Täterwegen

2 Browning, Christopher R.: Ganz normale Männer. Das Reserve-Polizeibataillon 101 und die »Endlösung« in Polen, Reinbek bei Hamburg 1993.

3 Herbert, Ulrich: Best. Biographische Studien über Radikalismus, Weltanschauung und Vernunft. 1903 – 1989, Bonn 1996.

4 Hachmeister, Lutz: Der Gegnerforscher. Die Karriere des SS-Führers Franz Alfred Six, München 1998.

5 Wildt, Michael: Generation des Unbedingten. Das Führungskorps des Reichssicherheitshauptamtes, Hamburg 2002.

innerhalb der westdeutschen Zivilgesellschaft.[6] Gerhard Paul sah die ehemaligen *Gestapo*-Beamten »zwischen Selbstmord, Illegalität und neuer Karriere«.[7] Ebenso Andrej Angrick und Klaus-Michael Mallmann, die anhand verschiedener Fallbeispiele gleichsam die Aufarbeitung der von der *Gestapo* verübten Verbrechen sowie die täterseitigen Aussagestrategien untersuchten.[8] Wie die Angeklagten im Nürnberger Hauptkriegsverbrecherprozess fühlten sich die wenigsten »schuldig« oder gar als Mörder, was Christina Ullrich anhand der Vitae von 19 früheren Einsatzgruppen- und Sondergruppenmitgliedern darlegte.[9] Auch ihnen gelang nach dem Krieg überwiegend die geräuschlose Rückkehr in ein normales, angepasstes Leben. Im Vergleich dazu analysierte Günter J. Trittel mit dem ehemaligen Staatssekretär Werner Naumann und dem »Gauleiter-Kreis« einen frühen Versuch, die noch junge Bundesrepublik mit nationalsozialistischem Gedankengut zu unterwandern.[10] Zu dessen Unterstützern gehörte auch Wilhelm Stuchart, der wie Naumann Staatssekretär gewesen war. Seine Biografie oder die von Amtskollege Hans-Joachim Riecke reihen sich zusammen mit den Studien über das Auswärtige Amt und das Bundesministerium für Justiz in eine Anzahl von Untersuchungen zu der Beteiligung von Juristen, Diplomaten, Beamten und Ministerien an den NS-Verbrechen sowie ihrem Schicksal nach 1945.[11] Ungeach-

6 Steinbach, Peter: Nationalsozialistische Gewaltverbrechen. Die Diskussion in der deutschen Öffentlichkeit nach 1945, Berlin 1981; Kielmannsegg, Peter von: Lange Schatten. Vom Umgang der Deutschen mit der nationalsozialistischen Vergangenheit, Berlin 1989; Frei, Norbert: Vergangenheitspolitik. Amnestie, Integration und die Abgrenzung vom Nationalsozialismus in den Anfangsjahren der Bundesrepublik, München 1996; Loth, Wilfried/Rusinek, Bernd-A. (Hrsg.): Verwandlungspolitik. NS-Eliten in der westdeutschen Nachkriegsgesellschaft, Frankfurt am Main 1998; Ruck, Michael: Kontinuität und Wandel. Westdeutsche Verwaltungseliten unter dem NS-Regime und in der alten Bundesrepublik, Frankfurt am Main 1998; Frei, Norbert (Hrsg.): Karrieren im Zwielicht. Hitlers Eliten nach 1945, Frankfurt am Main 2002; Wagner, Patrick: Die Resozialisierung der NS-Kriminalisten, in: Herbert, Ulrich (Hrsg.): Wandlungsprozesse in Westdeutschland. Belastung, Integration, Liberalisierung 1945 – 1980, Göttingen 2003, S. 179-214; Miquel, Marc von: Ahnden oder amnestieren? Westdeutsche Justiz und Vergangenheitspolitik in den sechziger Jahren, Göttingen 2004; Frei, Norbert: Transnationale Vergangenheitspolitik. Der Umgang mit den deutschen Kriegsverbrechern in Europa nach dem Zweiten Weltkrieg, Göttingen 2006.

7 Paul, Gerhard: Zwischen Selbstmord, Illegalität und neuer Karriere. Ehemalige Gestapo-Bedienstete im Nachkriegsdeutschland, in: Mallmann, Klaus-Michael/Paul, Gerhard (Hrsg.): Die Gestapo. Mythos und Realität, Darmstadt 1995, S. 529-547.

8 Angrick, Andrej/Mallmann, Klaus-Michael (Hrsg.): Die Gestapo nach 1945. Konflikte, Karrieren, Konstruktionen, Darmstadt 2009.

9 Ullrich, Christina: »Ich fühl' mich nicht als Mörder«. Die Integration von NS-Tätern in die Nachkriegsgesellschaft, Darmstadt 2011.

10 Trittel, Günter J.: »Man kann ein Ideal nicht verraten…«. Werner Naumann. NS-Ideologie und politische Praxis in der frühen Bundesrepublik, Göttingen 2013.

11 Jasch, Hans-Christian: Staatssekretär Wilhelm Stuckart und die Judenpolitik. Der Mythos von der sauberen Verwaltung, München 2012; Benz, Wigbert: Hans-Joachim Riecke, NS-Staatssekretär. Vom Hungerplaner vor, zum »Welternährer« nach 1945, Berlin 2014; Conze, Eckart/Frei, Norbert/Hayes, Peter/Zimmermann, Moshe: Das Amt und die Vergangenheit. Deutsche Diplo-

Reinhard Höhn, um 1971

tet dessen bleibt der Nationalsozialismus für die historische Biografik in Richtung einer Gesellschaftsgeschichte gleichermaßen eine andauernde Herausforderung wie die Funktionsweise des damit verbundenen »Jahrhundertverbrechens« oder die gesellschaftliche Wiedereingliederung vieler Ehemaliger nach dem Krieg.[12]

Reinhard Höhn war keines dieser weithin bekannten Gesichter des NS-Staates. Dabei gehörte er an der Seite von Carl Schmitt und Ernst Rudolf Huber zu dessen zentralen Rechtsdenkern. 1904 geboren, entstammte Höhn einem thüringischen Juristenhaushalt. Nach verschiedenen Aktivitäten im völkischen Milieu stieß er 1923 zum *Jungdeutschen Orden* und 1932 schließlich zum *Sicherheitsdienst des Reichsführers SS*. Höhn hatte an den Universitäten Kiel, München und Jena studiert, während der Referendarzeit promoviert und eine Habilitation begonnen. Richtig in Gang kommen wollte seine akademische Karriere dennoch nicht, sodass erst die Machtübergabe an die Nationalsozialisten neue Perspektiven versprach. Und Höhn nutzte sie, wurde Universitätsprofessor, kommissarischer Hauptschriftleiter, Abteilungsleiter im *SD*-

maten im Dritten Reich und in der Bundesrepublik, München 2010; Görtemaker, Manfred/Safferling, Christoph: Die Akte Rosenburg. Das Bundesministerium der Justiz und die NS-Zeit, München 2016.

12 Longerich, Peter: Tendenzen und Perspektiven der Täterforschung, in: Aus Politik und Zeitgeschichte 14-15/2007, S. 7.

Hauptamt sowie Institutsdirektor. Nach Kriegsende tauchte Höhn unter und wurde mit neuem Namen schnell wieder beruflich aktiv. Nach seiner Rückkehr in die Öffentlichkeit baute er in Bad Harzburg eine renommierte Managerschule auf.

Reinhard Höhn vereinte Vieles von dem, was Wildt als typisch für die »Generation des Unbedingten« schilderte. So war auch er begabt, ehrgeizig, skrupellos, macht- und leistungsorientiert, womit sich nicht zuletzt unter Heinrich Himmler zügig Karriere machen ließ. Höhn verfügte über ein Gespür für Ermöglichungsräume und gebrauchte diese, um nicht nur Teil eines revolutionären Neuen zu sein, sondern es von vorderster Front her zu prägen. Im Grad der damit einhergehenden Radikalität verbarg sich dagegen durchaus Singuläres. Innerhalb der Versuche, den Nationalsozialismus und seine Folgen in Entstehung und Funktionsweise zu erfassen, fiel Reinhard Höhns Name relativ früh. Hannah Arendt etwa zählte ihn in ihrer richtungweisenden Arbeit *The Origins of Totalitarianism* zu »one of the outstanding Nazi political theorists«.[13] Danach war es Heinz Höhne, der Höhn über die *SS* in einen größeren organisationsgeschichtlichen Rahmen setzte und dabei als »Musterbild des unsentimentalen SS-Technokraten« beschrieb.[14] Vor allem aber erschien Höhn in Verbindung mit der biografischen Aufarbeitung seines ehemaligen Wirkungskreises. Dafür stehen die Studien von Helmut Heiber, Lutz Hachmeister, Volker Wahl oder Olaf Hünemörder.[15] Interessant auch die Arbeiten von Reinhard Mehring und Bernd Rüthers, die sich aus unterschiedlichen Blickwinkeln Carl Schmitt näherten und dabei an verschiedenen Stellen dessen ambivalentes Verhältnis zu Reinhard Höhn streiften.[16] Der überwiegende Teil der Veröffentlichungen datiert auf die 2000er-Jahre, wobei sich hier verschiedene neue Perspektiven auftaten. Norbert Moczarski zum Beispiel konkretisierte mit seiner regional angelegten Studie über den *Jungdeutschen Orden* in Südthüringen die Beziehung zwischen Artur Mahraun und Reinhard Höhn, der als politischer Ziehsohn zu dessen Nachfolger aufgebaut werden sollte.[17] Mit ihrem Blick auf Berlin und Heidel-

13 Arendt, Hannah: The Origins of Totalitarianism, Cleveland 1962, S. 339, 363.

14 Höhne, Heinz: Der Orden unter dem Totenkopf. Die Geschichte der SS, in: Der Spiegel 46/1966, S. 96; ders.: Der Orden unter dem Totenkopf. Die Geschichte der SS, Augsburg 1999, S. 128.

15 Heiber, Helmut: Walter Frank und sein Reichsinstitut für Geschichte des neuen Deutschlands, Stuttgart 1966; Wahl, Volker: »Mit der Gründlichkeit und der Findigkeit des geschulten Archivars…«. Wilhelm Engel (1905 – 1964). Ein Forscherschicksal im 20. Jahrhundert, in: Hennebergisch-Fränkischer Geschichtsverein (Hrsg.): Jahrbuch 2002, S. 8-36; Hünemörder, Olaf: Otto Koellreutter (1883 – 1972) und Reinhard Höhn (1904 – 2000). Auf glattem Eis, in: Lingelbach, Gerhard (Hrsg.): Rechtsgelehrte der Universität Jena aus vier Jahrhunderten, Jena 2011, S. 261-281.

16 Mehring, Reinhard: Carl Schmitt. Aufstieg und Fall. Eine Biographie, München 2009; Rüthers, Bernd: Reinhard Höhn, Carl Schmitt und andere. Geschichten und Legenden aus der NS-Zeit, in: Neue Juristische Wochenschrift 53/2000, S. 2866-2871.

17 Moczarski, Norbert: Der Jungdeutsche Orden in der Weimarer Republik und seine Spuren in Südthüringen 1920 – 1933. Eine fast vergessene Episode, in: Meininger Schüler-Rundbriefe 100/2011, S. 42-51.

berg bereicherten Anna-Maria von Lösch, Walter Pauly sowie Klaus-Peter Schroeder und Steven P. Remy die Forschungsperspektive im Bereich der Universitätsgeschichte. Höhn erinnerte von Lösch an einen »Prototyp eines ›völkisch-intellektuellen Nationalsozialisten‹«.[18] Verschiedene rechtshistorische Überblickswerke darunter die von Michael Stolleis oder Ewald Grothe erfassten zusätzlich sein Drängen auf eine ganzheitliche Implementierung des Volksgemeinschaftsgedankens in der Rechtswissenschaft.[19] Ähnlich verhält es sich bei Otthein Rammstedt, Carsten Klingemann, Alexandra Scheuer und Silke van Dyk in Hinblick auf den Transformationsprozess der Soziologie zu einer »deutschen Soziologie«.[20] An dem Punkt der Gemeinschaft, zu der Höhn seinerzeit ein ganzes Zeitalter zurückkehren sah, ging Stefan Breuer der Frage nach, welche Auslegung sie bei den damaligen Protagonisten des »Ring«-Kreises, der Leipziger Schule sowie den Jenaer Neokollektivisten erfahren hat, worin sie untereinander differierten und was sie überhaupt noch mit der Gemeinschaftsdefinition im Sinne Ferdinand Tönnies gemein hatten.[21] Bei Jonathan Littell wurde Reinhard Höhn schließlich zur Romanfigur. In seinem präzise recherchierten, literarisch aber nicht unumstrittenen Zweitlingswerk *Les Bienveillantes* trat er als umtriebiger *SD*-Funktionär und »Lehrer« des auktorialen Protagonisten Max Aue auf.[22]

Höhns spätere Arbeit auf dem Feld der Unternehmensführung wurde langhin als Nachhall unabgeschlossener nationalsozialistischer Vergangenheit gesehen. Ein frühes Beispiel findet sich in Martin Greiffenhagens Konservatismus-Band, über den die *Zeit* damals schrieb: »Hier wird angegriffen«, was sich neben Reinhard Höhn auf »po-

18 Lösch, Anna-Maria von: Der nackte Geist. Die Juristische Fakultät der Berliner Universität im Umbruch von 1933, Tübingen 1999, S. 320; Pauly, Walter: Das Öffentliche Recht an der Berliner Juristischen Fakultät 1933 – 1945, in: Grundmann, Stefan/Kloepfer, Michael/Paulus, Christoph G. (Hrsg.): Festschrift 200 Jahre Juristische Fakultät der Humboldt-Universität zu Berlin. Geschichte, Gegenwart und Zukunft, Berlin/New York 2010, S. 773-797; Schroeder, Klaus-Peter: »Eine Universität für Juristen und von Juristen«. Die Heidelberger Juristische Fakultät im 19. und 20. Jahrhundert, Tübingen 2010; Remy, Steven P.: The Heidelberg Myth. The Nazification and Denazification of a German University, Cambridge 2003.

19 Stolleis, Michael: Die Geschichte des öffentlichen Rechts in Deutschland. Dritter Band. Staats- und Verwaltungsrechtswissenschaft in Republik und Diktatur 1914 – 1945, München 1999; Grothe, Ewald: Zwischen Geschichte und Recht. Deutsche Verfassungsgeschichtsschreibung 1900 – 1970, München 2005.

20 Klingemann, Carsten: Soziologie im Dritten Reich, Baden Baden 1996; Rammstedt, Otthein: Deutsche Soziologie 1933 – 1945. Die Normalität einer Anpassung, Frankfurt am Main 1986; Schauer, Alexandra/van Dyk, Silke: Kontinuitäten und Brüche, Abgründe und Ambivalenzen. Die Soziologie im Nationalsozialismus im Lichte des Jenaer Soziologentreffens von 1934, in: Lessenich, Stephan/van Dyk, Silke (Hrsg.): Jena und die deutsche Soziologie. Der Soziologentag 1922 und das Soziologentreffen 1934 in der Retrospektive, Frankfurt am Main 2008, S. 99-120; Schauer/van Dyk: »…daß die offizielle Soziologie versagt hat«. Zur Soziologie im Nationalsozialismus, der Geschichte ihrer Aufarbeitung und der Rolle der DGS, Wiesbaden 2014.

21 Breuer, Stefan: »Gemeinschaft« in der »deutschen Soziologie«, in: Zeitschrift für Soziologie 5/2002, S. 354-372.

22 Littell, Jonathan: Les Bienveillantes, Paris 2006; ders.: Die Wohlgesinnten, Berlin 2008.

litische Reizfiguren« wie etwa Gerhard Löwenthal oder Kurt Biedenkopf bezog.[23] Rudolf Hickel dechiffrierte darin die *Akademie für Führungskräfte der Wirtschaft* als »Kaderschmiede bundesrepublikanischer Restauration« und Höhns Führungslehre als angepasste »faschistische Volksgemeinschafts-Führung«.[24] An ihrem Beispiel verglichen später Dirk Oetting und Wilfried Mönch ziviles Management mit militärischer Führung.[25] Im Ergebnis stießen sie auf Schnittmengen mit Höhns früheren Veröffentlichungen respektive der Führungskonzeption der *Auftragstaktik*. Ähnlich argumentierten auch Daniel Christoph Teevs und Daniel C. Schmid, der für sich sogar den »homo harzburgensis« entdeckte.[26] Aus dieser vergleichenden Perspektive heraus untersuchte Adelheid von Saldern die deutsche Demokratiefähigkeit und die Entwicklung bürgerlicher Werte.[27]

Über Reinhard Höhns persönlichen Lebensweg, seine Entwicklung und Person erfahren wir zumeist nur Fragmentarisches. In *Die unbewältigte Vergangenheit* und dem *Weissbuch* versammelte die *Vereinigung der Verfolgten des Naziregimes* zentrale Eckpunkte seiner NS-Karriere.[28] Diese ergänzte der Verband mit propagandistischen »Fakten« wie Höhns vermeintlicher Zugehörigkeit zur *Waffen-SS*. Er selbst wurde als unverbesserlicher »Verfechter der faschistischen Großraumideologie« dargestellt, der den Angriff auf Polen, Österreich und der Tschechoslowakei rechtfertigte und der Ju-

23 Hickel, Rudolf: Eine Kaderschmiede bundesrepublikanischer Restauration. Ideologie und Praxis der Harzburger Akademie für Führungskräfte der Wirtschaft, in: Greiffenhagen, Martin (Hrsg.): Der neue Konservatismus der siebziger Jahre, Reinbek 1974, S. 108-155; Rieger, Wolfgang: Kein Schimpfwort mehr. Herrschaftsverständnis und Freiheitsbegriff in der Demokratie, in: Die Zeit vom 11. Oktober 1974.

24 Hickel: Eine Kaderschmiede bundesrepublikanischer Restauration, in: Greiffenhagen (Hrsg.): Der neue Konservatismus der siebziger Jahre, S. 108, 141.

25 Oetting, Dirk: Auftragstaktik. Geschichte und Gegenwart einer Führungskonzeption, Frankfurt am Main 1993; Mönch, Wilfried: »Rokokostrategen«. Ihr negativer Nachruhm in der Militärgeschichtsschreibung des 20. Jahrhunderts. Das Beispiel von Reinhard Höhn und das Problem des »moralischen« Faktors, in: Gerteis, Klaus/Hohrath, Daniel (Hrsg.): Die Kriegskunst im Licht der Vernunft, Militär und Aufklärung im 18. Jahrhundert, Teil I, Hamburg 1999, S. 75-99.

26 Teevs, Daniel Christoph: Kontinuität des Unbedingten? Reinhard Höhn und die Bad Harburger Akademie für Führungskräfte der Wirtschaft, Göttingen 2004, unveröffentlicht; Schmid, Daniel C.: »Quo vadis, homo harzburgensis?« Aufstieg und Niedergang des »Harzburger Modells«, in: Zeitschrift für Unternehmensgeschichte 1/2014, S. 73-98.

27 Saldern, Adelheid von: Das »Harzburger Modell«. Ein Ordnungsmodell für bundesrepublikanische Unternehmen, 1960 – 1975, in: Etzemüller, Thomas (Hrsg.): Die Ordnung der Moderne. Social Engineering im 20. Jahrhundert, Bielefeld 2009, S. 303-331; dies.: Bürgerliche Werte für Führungskräfte und Mitarbeiter in Unternehmen. Das Harzburger Modell, 1960 – 1975, in: Budde, Gunilla/Conze, Eckart/Rauh, Cornelia (Hrsg.): Bürgertum nach dem bürgerlichen Zeitalter. Leitbilder und Praxis nach 1945, Göttingen 2010, S. 165-187.

28 Vereinigung der Verfolgten des Naziregimes (Hrsg.): Die unbewältigte Gegenwart. Eine Dokumentation über Rolle und Einfluß ehemals führender Nationalsozialisten in der Bundesrepublik Deutschland, Frankfurt am Main 1962; dies.: Weissbuch. In Sachen Demokratie, Ludwigsburg 1960.

denverfolgung das Wort redete.[29] Erklärtes Ziel der *Vereinigung der Verfolgten des Naziregimes* war es, im Sinne des Buchenwalder Schwures diejenigen moralisch anzuklagen, die »noch immer nicht zur Verantwortung gezogen wurden« oder »deren Politik die Wiederkehr der ewig Gestrigen möglich gemacht hat«.[30] Auch das *Braunbuch* nahm für sich in Anspruch, die Öffentlichkeit mit der »Wahrheit« über das »rechte Deutschland« mit seinem »fortwuchernden Nazismus« zu konfrontieren.[31] Höhn kennzeichnete es als umtriebigen »Kronjuristen« des »Hauptkriegsverbrechers Himmler«.[32] Während für das *Braunbuch* nach der dritten Auflage Schluss war, blieb die Stoßrichtung gegenüber Reinhard Höhn seitens der DDR die gleiche. Unisono betonte Horst-Dieter Sabban in seinem über das *Institut für Internationale Politik und Wirtschaft* veröffentlichten Beitrag dessen ungebrochen reaktionäre Haltung – nur diesmal, wenn auch nicht ganz fehlerfrei, auf einer etwas breiteren Quellengrundlage.[33] Raimund Pikador fasste in der *FDJ*-Wochenzeitung *Forum* Bekanntes aus Höhns NS-Vergangenheit zusammen.[34] Dem sekundierte Ludwig Elm mit einem Kommentar über den Umgang der Sozialdemokraten mit jenem Reinhard Höhn, der in seinen Augen in der »unübersehbar großen Schar nazistisch belasteter Professoren […] eine der übelsten Figuren« gewesen ist.[35] Für ihn war Höhn ein »Schreibtischmörder« und »Mittäter schwerster Verbrechen«.[36] Insofern folgte Höhns öffentliche Wahrnehmung langhin der Vorstellung eines unveränderlichen Nationalsozialisten – und »hässlichen Deutschen«. Was bereits während des Ersten Weltkrieges bei Deutschlands Gegnern in Film und Bild zur Feindbildkonstruktion diente, reaktivierte Otto Köhler für eine Artikelserie in der zeitweise von der DDR ko-finanzierten Zeitschrift *Konkret*. In ihr porträtierte er unter anderem Uwe Barschel und Elisabeth Noelle-Neumann. Bei Reinhard Höhn wollte Köhler herausfinden, woher er kam und wessen »Gepäckträger« er war.[37] Dabei stieß Köhler auf eine bemerkenswerte Wandlungsfähigkeit: »in Weimar gegen Hitler, bei Hitler SS-General« und nach 1945 »Widerständler«[38]. Konti-

29 Ebenda.
30 Dies.: Die unbewältigte Gegenwart, o. S.
31 Nationalrat der Nationalen Front des Demokratischen Deutschland (Hrsg.): Braunbuch. Kriegs- und Naziverbrecher in der Bundesrepublik. Staat, Wirtschaft, Verwaltung, Armee, Justiz, Wissenschaft, Berlin 1968, S. 1.
32 Ebenda, S. 343.
33 Sabban, Horst-Dieter: Reinhard Höhn, in: IPW-Berichte 5/1972, S. 75.
34 Pikador, Raimund: SS-Professoren von Harzburg, in: Forum 2/1972, S. 4f.
35 Elm, Ludwig: Ein Brief an den Standartenführer. Die Verbindungen des Nazi-Professors Reinhard Höhn und die »Toleranz« der SPD-Spitze, in: Forum 2/1972, S. 7f.
36 Ders.: Die Karrieren des Professor Reinhard Höhn. Exemplarisches zum Führungspersonal der »zweiten deutschen Demokratie«, in: Rundbrief der AG Rechtsextremismus/Antifaschismus beim Parteivorstand der Linkspartei. PDS 1-2/2007, S. 25, 27.
37 Köhler, Otto: Der hässliche Deutsche: Reinhard Höhn. Führer befiehl – wir folgen!, in: Konkret 12/1981, S. 27.
38 Ebenda.

nuitäten sah er beispielsweise in der Vorstellung, Klassengegensätze überwinden zu wollen, der »Übertragung militärischer Strukturen auf die Wirtschaft« oder in den Personalien Justus Beyer sowie dem »lebenslangen Faktotum« Roger Diener.[39] In biografisch angelegten Lexika zum Nationalsozialismus wie etwa von Robert Wistrich, Ernst Klee oder Michael Grüttner gerieten solche Fragen in den Hintergrund.[40] Auch Joshua A. Katz beschränkte sich in seiner als Intellektuellen-Biografie angelegten, bisher jedoch kaum beachteten Masterarbeit auf Höhns Entwicklung bis 1944. Sein Schwerpunkt lag dabei auf Höhns politischen Ideen und Aktivitäten, die er in einer Grauzone zwischen *Konservativer Revolution* und Nationalsozialismus sah.[41] Auf ähnlichem Weg beantwortete Ingo J. Hueck die selbst gestellte Frage »Who was Reinhard Höhn?« – einer der scheußlichsten Juristen des *Dritten Reiches*.[42] Nach Ronald Car war es zuletzt Johannes Jenß, der in seiner Studie über Höhns Rechtslehre auch dessen Lebensweg nachzeichnete.[43] Ungeachtet dessen aber steht eine Gesamtbiografie weiterhin aus.

Dieses Desiderat möchte die vorliegende Untersuchung schließen. Sie fragt nach einer politischen Sozialisation und ideologischen Motivation, nach einer Überzeugungswelt, einer Persönlichkeit und ihrer Entwicklung. Da Reinhard Höhn eben kein sozial entwurzelter Desperado oder rein technokratischer Befehlsempfänger gewesen ist, richtet sich ihr Blick zugleich auf die deutsche Gesellschaft und die Elite, der er angehörte. Dabei beschränken sich die hier formulierten Fragen nicht allein auf das Verständnis der völkischen Bewegung der 1920er-Jahre oder des späteren NS-Regimes. Mit dessen Zusammenbruch, der Gründung der Bundesrepublik, dem *Wirtschaftswunder* und den verschiedenen Schüben der Auseinandersetzung mit der eigenen Vergangenheit betrachtet diese Untersuchung die Geschichte des 20. Jahrhunderts in Deutschland – aus einer sehr spezifischen Perspektive. Eine wichtige Grundlage hierfür stellte eine Materialsammlung, eine Art Nachlass dar, den Reinhard Höhn

39 Ebenda, S. 29f.

40 Wistrich, Robert: Wer war wer im Dritten Reich. Anhänger, Mitläufer, Gegner aus Politik, Wirtschaft, Militär, Kunst und Wissenschaft, München 1983, S. 139f.; Klee, Ernst: Das Personenlexikon zum Dritten Reich. Wer war was vor und nach 1945?, Frankfurt am Main 2003, S. 261; Grüttner, Michael: Biographisches Lexikon zur nationalsozialistischen Wissenschaftspolitik, Heidelberg 2004, S. 76.

41 Katz, Joshua A.: The Concept of Overcoming the Political. An Intellectual Biography of SS-Standartenfuehrer and Professor Dr. Reinhard Hoehn, 1904 – 1944, Richmond 1997.

42 Hueck, Ingo J.: »Spheres of Influence« and »Völkisch« Legal Thought: Reinhard Höhn's Notion of Europe, in: Joeres, Christian/Ghaleigh, Navraj Singh (Hrsg.): Darker Legacies of Law in Europe. The Shadow of National Socialism and Facism over Europe and its Legal Traditions, Oxford 2003, S. 71-87.

43 Car, Ronald: Community of Neighbours vs Society of Merchants. The Genesis of Reinhard Höhn‹s Nazi State Theory, in: Politics, Religion & Ideology 16/2015, S. 1-22; Jenß, Johannes: Die »Volksgemeinschaft« als Rechtsbegriff. Die Staatsrechtslehre Reinhard Höhns (1904 – 2000) im Nationalsozialismus, Frankfurt am Main 2018.

noch zu Lebzeiten in Privathand gegeben hat. Dieser umfasst sechs Aktenordner, angefüllt mit ganz unterschiedlichen ungeordneten Unterlagen aus mehreren Jahrzehnten, die überwiegend noch keinen Eingang in die Forschung gefunden haben. Ergänzend dazu wurde das archivalische Material entlang der einzelnen Stationen von Höhns Lebensweg bearbeitet und durch die Nachlässe relevanter Personen erweitert. Hierfür erwiesen sich vor allem die Bestände die Friedrich-Ebert-Stiftung sowie des Instituts für Zeitgeschichte München als wichtige Quellen. Hinzu kamen Regional-, Zentral- und Unternehmensarchive mit Bezug auf Höhns Führungslehre sowie die Interviews mit Personen aus Höhns früherem, geschäftlichem und privatem Umfeld. Gerade sie gaben einen Blick auf den privaten Reinhard Höhn preis. Dennoch bleibt dieses Bild eher blass. Ein Tagebuch hatte Höhn nie geführt und vergleichbare Aufzeichnungen fehlen. Zudem mangelt es für die Zeit bis 1945 an privaten Aufzeichnungen und Korrespondenzen, was für NS-Biografien eher die Regel als die Ausnahme ist. Selbst für die folgenden Jahre ist die Überlieferungsdichte in dieser Hinsicht kaum günstiger. Kennzeichnend für Höhns Persönlichkeit und Auftreten sind allerdings seine Schriften, mit denen er sich und seine Arbeit bis zum Schluss umgeben hat. Sie bilden einen zentralen Stützpfeiler dieser Untersuchung und sind ihr erstmalig in einer chronologischen Übersicht beigefügt. Das Ziel dieser Untersuchung liegt jedoch stärker im Versuch der Analyse und der historischen Einordnung des Werdegangs von Reinhard Höhn als in einer individuellen Charakterstudie.

Vom Ich zum Wir

Gegen die Republik

Über Höhns Familienverhältnisse wissen wir, dass seine Vorfahren zu einem aufstrebenden kleinbürgerlich-bäuerlich Umfeld gehörten, das vor allem im thüringisch-fränkischen Raum verwurzelt war. In direkter männlicher Linie finden sich darin ein Tagelöhner, ein Schuster, ein Bauer, ein Kantor und mit Höhns Vater ein Amtsgerichtsrat.[1] Als junger Gerichtsassessor war Julius Höhn kurz nach der Jahrhundertwende an das Amtsgericht der thüringischen Landstadt Gräfenthal gekommen. Zusammen mit seiner Frau Valerie bezog er dort in der Coburger Straße 193 eine kleine Mietswohnung, in der am 29. Juli 1904 Sohn Reinhard zur Welt kam.

Es ist eine materiell gesicherte Kindheit, die er zusammen mit seiner zwei Jahre jüngeren Schwester Johanna zuerst in Gräfenthal und ab 1909 in Wasungen verlebte. Julius war dort inzwischen Amtsrichter im sächsisch-meiningischen Staatsdienst und als solcher auf eine angemessene schulische Ausbildung seines Sohnes bedacht. Zu Ostern 1914 wechselte Reinhard von der Volksschule auf das humanistische Gymnasium *Bernhardinum* in Meiningen. Im Schatten des Krieges weckte dort Klassenlehrer Wilhelm Hartwig das Interesse des Heranwachsenden an Geschichten und Geschichte. Dieser Krieg war eine der ersten modernen Propagandaschlachten, bei denen explizit Heranwachsende angesprochen wurden.[2] Über eine Flut von Spielzeugen und Publikationen brach er in ihre Welt hinein, um ihnen einen aufrechten vaterländischen Geist einzuimpfen.[3] In der Schule setzten sich diese Anstrengungen fort. Ganze Schulstunden, Aufsätze und Referate handelten vom Verlauf der Kämpfe und deren Bedeutung sowie von Heldenmoral und der Parole des Durchhaltens.

1 BArch NS 2/ 0494, Bl. 30. Laut seiner Tochter Elke identifizierte sich Höhn insbesondere mit seinen bäuerlichen Wurzeln und dem Fleiß, der damit verbunden war, was an das Welt- und Geschichtsbild Walther Darrés erinnert. Dazu Kroll, Frank-Lothar: Utopie als Ideologie. Geschichtsdenken und politisches Handeln im Dritten Reich, Paderborn 1999, S. 160-171.

2 Ingrao, Christian: Hitlers Elite. Die Wegbereiter des nationalsozialistischen Massenmords, Berlin 2012, S. 21.

3 Nach Hoffmann, Heike: »Schwarzer Peter« im Weltkrieg. Die deutsche Spielwarenindustrie, in: Hirschfeld, Gerhard/Krumeich, Gerd/Langewiesche, Dieter/Ullmann, Hans Peter (Hrsg.): Kriegserfahrungen. Studien zur Sozial- und Mentalitätsgeschichte des Ersten Weltkrieges, Essen 1997, S. 325.

Es ist ungewiss, ob die Meininger Gymnasiasten deren tatsächliche Ausmaße abschätzen konnten. Für viele aber dürfte der Krieg nah und fern zugleich, vielleicht sogar auch so ein »großes, aufregendes Spiel der Nationen« geblieben sein, wie wir es von Sebastian Haffner wissen.[4] Aus Reinhards Sicht jedenfalls war er das – fern, weil im Privaten der elterlichen Villa[5] und eines fast normalen Alltags, in dem, ähnlich seines Schulfreundes Wilhelm Engel[6], der Vater pünktlich zur Arbeit ging, kaum Versorgungsengpässe auftraten und keiner aus der näheren Umgebung zur Waffe griff oder im Feld bleiben musste. Auf das »Jahrhundert des Kindes« hatte sich mit dem Krieg jedoch ein breiter Schatten gelegt.[7] Denn was die schwedische Pädagogin Ellen Key und ihre deutsche Reformgemeinde um die Jahrhundertwende nicht ahnen konnten, ist, dass es ein über weite Strecken von martialischer Männlichkeit bestimmtes werden sollte. Für sie, die zwischen 1900 und 1910 Geborenen, die noch zu jung waren, um sich selbst an der Front zu bewähren, markierte das Jahr 1918 das Ende einer väterlichen Welt sowie den Anfang einer Suche nach neuem Halt und Orientierung.

Über den *Jugendring Südthüringen* kam Reinhard Höhn zum Ende seiner Schulzeit mit jugendbewegten Idealen in Verbindung und begann sich nach eigener Aussage dort zu politisieren sowie eine »gewisse politische Begabung« an sich zu entdecken.[8] Er tat das in einem Umfeld, dem Jugend als Wert und Ausdruck eines dynamischen Aufbruchs galt. Auch der *Jugendring Südthüringen* versuchte sich von einem resignativen Pessimismus oder radikalen Pazifismus abzusetzen und der deutschen Niederlage einen tieferen Sinn, ja einen Sinn überhaupt abzuringen.[9] Indem er auf die »Abwehrkämpfe gegen den Kommunismus« hinweist, liefert uns Höhn einen Hinweis auf ein sehr praktisches Anliegen des Rings.[10] In diesem »Kampf gegen Schund und Schmutz« habe er sich »aktiv« hervorgetan, was allgemein gesehen auf eine weiterhin rege Kriegskultur schließen lässt.[11]

Thüringen war anders als weite Teile der jungen Republik auf der Rückkehr in die Normalität ein in Hinsicht der Verteilung industrieller und agrarischer Regionen aus-

4 Haffner, Sebastian: Geschichte eines Deutschen. Die Erinnerungen 1914 – 1933, München 2002, S. 21.

5 Die Villa in der Meininger Straße 23 blieb bis Anfang der 1990er-Jahre in Familienbesitz.

6 Die Familie Engel besaß in Meiningen, Schöne Aussicht 12, eine eindrucksvolle, von Architekt Eduard Fritze entworfene Jugendstilvilla mit Ecktürmchen und Garten, die der Großvater als Ruheständler um 1900 erworben hatte und welche mittlerweile in der Liste der Kulturdenkmale der Meininger Außenbezirke zu finden ist. Auskunft von Peter Engel vom 27. November 2013.

7 Key, Ellen: Das Jahrhundert des Kindes. Studien, Berlin 1902.

8 BArch SSO 103 A, Lebenslauf.

9 Schröder, Peter: Die Leitbegriffe der deutschen Jugendbewegung in der Weimarer Republik. Eine ideengeschichtliche Studie, Münster 1996, S. 84.

10 BArch SSO 103 A, Lebenslauf.

11 Ebenda.

geglichenes Land. Seine Gründung 1920 verlief weitestgehend einvernehmlich.[12] Jedoch misslang es, diesen äußeren Konsens in die Ausgestaltung des Inneren mitzunehmen. Durch die oftmals handfest auf der Straße ausgefochtenen Klassenkämpfe polarisierte sich die Gesellschaft. Immer weniger Menschen aus der bürgerlichen Mitte fühlten sich politisch adäquat vertreten. Andere brachen unmittelbar nach rechts weg. Dieser Trend machte sich auch bei der Familie Höhn bemerkbar. Der Vater[13] trat in die nationalliberale DVP ein, die die Revolution ablehnte und der Republik kritisch bis ablehnend gegenüberstand, während der Sohn immer stärker in eine völkische Peristase hineinwuchs. Greifbar wurde dieser Rechtsruck im Nachgang der ersten Landtagswahlen im Juni 1920. Aus ihr ging die USPD vor dem ideologisch stark zur DNVP neigenden *Thüringischen Landbund* und der SPD als stärkste Kraft hervor. Am Ende stand eine Minderheitsregierung aus SPD und DDP, die allerdings nur bis zum Sommer 1921 bestand. Bei den anschließenden Neuwahlen blieben große Gewichtsverschiebungen aus. Wieder bildete sich eine Minderheitsregierung – diesmal aus SPD und USPD. In deren parlamentarischer Praxis mischte sich die aufgeheizte Stimmung mit unverhohlenem Antisemitismus. Regelmäßig hatte sich der Landtag, wie im Fall der damals reichsweit diskutierten Ostjudenproblematik, mit entsprechenden Hetztiraden und Anträgen zu befassen, die das stereotype Bild vom Kriegsgünstling oder Drückeberger bedienten. Mit Klischees und Ablehnung dieser Couleur kam Höhn wohl spätestens zum Ende seiner Gymnasialzeit durch das ähnlich frühe politische Engagement seiner Mitschüler in Kontakt. Inwieweit sie jedoch in den schulischen Alltag und dort konkret etwa in den Umgang mit Berthold Fränckel, Sohn des später deportierten Landesrabbiners Leo Fränckel, hineinreichten, muss leider offen bleiben.

Durch die Vermittlung seines Schulfreundes Herbert Gerstenhauer trat Höhn 1921 dem *Germanenorden Walvater* bei. Der unterhielt in Schmalkalden und Meiningen eine eigene Loge, mit deren Führung Gerstenhauers Vater nachweislich seit 1919 in Kontakt stand.[14] Wie der *Germanenorden*, von dem er sich 1916 loslöste, war der *Germanenorden Walvater* eine virulent antisemitische Gruppe. [15] In ihr trafen jüdische

12 Mai, Gunther: Thüringen in der Weimarer Republik, in: Heiden, Detlev/Mai, Gunther (Hrsg.): Thüringen auf dem Weg ins »Dritte Reich«, Erfurt 1996, S. 15.

13 Julius Höhn trat am 1. Mai 1937 in die NSDAP ein. Zu dieser Zeit war er ebenso in der Nationalsozialistischen Volkswohlfahrt, dem Reichskolonialbund, dem Reichskriegerbund sowie dem Rechtswahrerbund aktiv.

14 ThStA MGN, Staatsministerium des Inneren, Nr. 6182, Bl. 106.

15 Zur Geschichte des Germanenordens: Heller, Friedrich Paul/Maegerle, Anton: Thule. Vom völkischen Okkultismus bis zur Neuen Rechten, Stuttgart 1995, S. 32f.; Hufenreuter, Gregor: Philipp Stauff. Ideologe, Agitator und Organisator im völkischen Netzwerk des Wilhelminischen Kaiserreiches. Zur Geschichte des Deutschvölkischen Schriftstellerverbandes, des Germanen-Ordens und der Guido-von-List-Gesellschaft, Frankfurt am Main 2011, S. 147f.; Goodrick-Clarke, Nicholas: Die okkulten Wurzeln des Nationalsozialismus, Graz 2000, S. 112-120.

Weltverschwörungstheorien und ariosophes Gedankengut auf Runenesoterik und Okkultismus. In Kombination mit freimaurerischen und zum Teil wagnerianischen Elementen ergab sich daraus eine eigenwillige Synthese, aus der die Ordensleitung die gegenseitige Unterstützung, die Überwachung jüdischer Aktivitäten, vor allem aber die »unerbittliche Ausmerzung der Hebräer- und Nomadenrassen, des revolutionären Pöbels und geistig sowie körperlich Entarteten aus dem deutschen Volkskörper und germanischen Landen« ableitete.[16] Erklärtes Ziel des *Germanenordens Walvater* war es, die Demokratie abzuschaffen und an ihrer Stelle ein rassisch »reines« Reich zu errichten.

Intern folgte der *Germanenorden Walvater* strikten Ritualen, Zeremonien und Strukturen, verlangte Gehorsam und Schweigsamkeit. Er gliederte sich in Logen und hatte seinen Organisationsschwerpunkt im mittel- und norddeutschen Raum. Im Frühjahr 1918 gehörten ihm etwa 200 Ordensbrüder an.[17] Erst durch die Einbindung Rudolf von Sebottendorffs als Finanzier und Ordensmeister 1917 gelang es die Mitgliederzahl bis zum Herbst 1919 auf über 1500 zu erhöhen, womit man den *Germanenorden* deutlich überflügelte.[18]

Der *Germanenorden Walvater* verstand sich als Vorreiter und »Kerntruppe der völkischen Bewegung«.[19] Dieses Elitedenken kam Höhn genauso entgegen wie dessen Ideen von Gemeinschaft und Hierarchie, sodass es ihm nicht schwer fiel, auch dort zügig Anschluss zu finden. Nach außen hin trat er als »Hauptagitator« der Meininger *Chattenloge* in Erscheinung, deren Name eine Reminiszenz an jene Westgermanen war, die im Ruf standen, besonders führungstreu, geschickt und diszipliniert gewesen zu sein.[20] Welche Stellung sich für Höhn damit konkret verband, legt ein Schreiben des thüringischen Regierungskommissars Louis Rennert vom 21. Juli 1922 an Höhns Vater nahe. Darin eröffnete er ihm, dass sein Sohn durch amtliche Ermittlungen im Verdacht stand, im Besitz wichtiger Ordensinterna zu sein. Vor dem Hintergrund der Republikschutz-Verordnung spekulierte Rennert auf eine »Liste sämtlicher Mitglieder [...] einschließlich der geheimen Anweisung über die Ziele des Ordens«, um mehr über eine Organisation zu erfahren, die mit den Anschlägen auf Matthias Erzberger und Maximilian Harden in Verbindung gebracht wurde.[21] Rennert wusste jedoch nichts von der Spaltung des *Germanenordens*, sodass ihn das in Thüringen beschlagnahmte Material genauso wenig weiterbrachte wie die anschließende Befragung verschiedener Ordensfunktionäre. Auch wenn sich der Anfangsverdacht auf staatsfeind-

16 Goodrick-Clarke: Die okkulten Wurzeln des Nationalsozialismus, S. 112.
17 Ebenda, S. 128.
18 Goodrick-Clarke: Die okkulten Wurzeln des Nationalsozialismus, S. 128.
19 Hufenreuter: Philipp Stauff, S. 151.
20 ThStA MGN, Staatsministerium des Inneren, Nr. 6182, Bl. 116.
21 Ebenda.

liches Handeln nicht bestätigte, blieb die *Chattenloge* verboten.[22] Mit ihr verlor der *Germanenorden Walvater* eine seiner wichtigsten Logen und letztlich seine Präsenz in Thüringen – und Höhn erneut einen wichtigen Bezugspunkt. 1922 trat Höhn zusammen mit Wilhelm Engel in die Meininger Ortsgruppe des im Gau Sachsen-Thüringen-Anhalt stark vertretenen *Deutschvölkischen Schutz- und Trutzbundes* ein. Allerdings währte seine Mitgliedschaft nur wenige Monate. Zu kurz, um wirklich »anzukommen«, geschweige denn aufzusteigen. Denn nach internen Querelen, Sezessionen und Verstrickungen einzelner Mitglieder in politische Attentate wurde auch der *Deutschvölkische Schutz- und Trutzbund* verboten.

Student und Ordensbruder

Kiel, München, Jena

Am 15. März 1923 erwarb Reinhard Höhn das Reifezeugnis. Sein Vater hätte ihn danach am liebsten als Richter gesehen.[23] Doch Höhn reizte eine Karriere im Auswärtigen Dienst, der sich damals gesellschaftlich öffnete und zu einer Funktionselite zu entwickeln begann.[24]

Auch wenn Universitätsstandorte wie Jena, Frankfurt oder Göttingen näher lagen, Höhn entschied sich, sein Studium der Rechte und Nationalökonomie im Sommersemester 1923 an der Universität Kiel aufzunehmen. Deren Juristische Fakultät genoss mit Gustav Radbruch höchstes Ansehen. Seine Forderung nach einem neuen Geist innerhalb des Rechtswesens spaltete die Fachwelt früh.[25] Radbruch ging es ganz in der Tradition seines Lehrers Franz von Liszt um den Menschen – so auch bei seinen Überlegungen zum Mieterschutz oder dem Umgang mit straffällig gewordenen Personen. Ein Entwurf zur Liberalisierung des Strafrechts erlangte hingegen im Laufe von Radbruchs Amtszeit keine Gesetzeskraft mehr. Erst in den 1960er- und 1970er-Jahren wurden daraus einige Eckpunkte wie etwa die Entkriminalisierung des Ehebruchs realisiert. Im Mittelpunkt von Radbruchs Spätwerk steht die *Radbruchsche Formel.* Darin erläutert er das Verhältnis von positivem Recht und überpositiver Gerechtigkeit, sprich das Verhältnis von tatsächlich bestehendem Recht und ewigen Rechtsgrundsät-

22 Hufenreuter: Philipp Stauff, S. 159.
23 Auskunft von Elke Hein vom 4. Mai 2013.
24 Niedhart, Gottfried: Die Außenpolitik der Weimarer Republik, München 2013, S. 48f.
25 Zypries, Brigitte: Gustav Radbruch als Rechtspolitiker, in: Friedrich-Ebert-Stiftung/Forum Berlin (Hrsg.): Gustav Radbruch als Reichsjustizminister (1921 – 1923). Konferenz der Friedrich-Ebert-Stiftung/Forum Berlin. Dokumentation der Konferenz, Berlin 2004, S. 15.

zen, wie sie sich unter anderem im Natur- oder Vernunftrecht zeigen. Die Formel diente dem Bundesverfassungsgericht als Entscheidungsgrundlage: so etwa 1953 in der Diskussion um den Gleichheitsgrundsatz, 1968 bei der Feststellung der Nichtigkeit einer nationalsozialistischen Unrechtsnorm zur Staatsangehörigkeit oder 1992/93 bei den Mauerschützenprozessen.

Neben Radbruchs Renommee beeinflusste auch das *Institut für Weltwirtschaft* Höhns Studienwahl. Die Forschungseinrichtung hatte ihren Ursprung im *Königlichen Institut für Seeverkehr und Weltwirtschaft* und wurde von Bernhard Harms geleitet, der sie nach amerikanischem Vorbild ausländischen Studenten öffnete und internationale Standards einführte.[26] Zudem holte er namhafte Wirtschaftswissenschaftler, deren Konjunktur- und Kreislaufstudien später zu Aushängeschildern des Instituts avancierten.

Während der knapp drei Monate in Kiel konnte sich Höhn ohne finanzielle Sorgen ganz auf sein Studium konzentrieren. Er besuchte Vorlesungen unter anderem von Gustav Radbruch, Walter Jellinek und Theodor Niemeyer. In einer Veranstaltung lernte Höhn mit Johannes Kobelinski die für seine weitere politische Entwicklung wohl wichtigste Person kennen. Der Kaufmannssohn, Jahrgang 1900, war auch Thüringer und gerade alt genug, den Krieg noch aus der Sicht der Schützengräben kennenzulernen. Im April 1921 hatte sich Kobelinski in dem deutsch-polnischen Tauziehen um Oberschlesien freiwillig zum *Grenzschutz*[27] gemeldet. Ausgangspunkt der dahinterstehenden Eskalation bildete das zuvor vom britischen Premier David Lloyd George gegen französische Bedenken auf den Weg gebrachte Plebiszit über die Zukunft der Region. Nachdem das Drängen der polnischen Regierung auf eine vorzeitige Besetzung des Abstimmungsgebietes gescheitert war, erbrachte es am 20. März 1921 ein klares Votum für einen Verbleib im Deutschen Reich. Während der nun in Gang kommenden Planungen über den zukünftigen Grenzverlauf, kam es immer wieder zu blutigen Zusammenstößen zwischen polnischen Aufständischen und deutschen Selbstschutzverbänden. In einem Notenwechsel wies Aristide Briand den britischen Vorwurf zurück, dass sein Land durch die Zurückhaltung der dort bereits im Vorfeld des Entscheides stationierten Truppen den Aufstand passiv unterstützt habe.[28] Einig zeigte man sich dagegen in dem Punkt, die Unruhen so schnell wie möglich beenden zu wollen. Großbritannien entschloss sich daher zu einer Rückkehr seiner

26 Glaeßer, Hans-Georg: Christoph Bernhard Cornelius Harms, in: http://www.ostfriesischelandschaft.de/fileadmin/user_upload/BIBLIOTHEK/BLO/Harms.pdf, S. 3.

27 ThHStA Weimar, PA Justiz Nr. 6094, Lebenslauf.

28 Bertram-Libal, Gisela: Die britische Politik in der Oberschlesienfrage 1919 – 1922, in: Vierteljahreshefte für Zeitgeschichte 2/1972, S. 119; ferner dies.: Aspekte der britischen Deutschlandpolitik 1919 – 1922, Göppingen 1972.

Truppen, die vor Ort mit den deutschen Selbstschutzverbänden zur Beruhigung der Situation beitrugen. Als Ergebnis langwieriger Verhandlungen einigten sich am 26. Juni deutsche und polnische Truppen über einen beiderseitigen Rückzug. Als die britische Idee, die Angelegenheit einem Schiedsgericht vorzulegen, wieder aufgegriffen und der Fall dem Völkerbund übergeben wurde, war Kobelinski nach der Auflösung seines Bataillons bereits wieder zurück in Eisenach. Für das Wintersemester 1921/22 schrieb er sich an der Universität München für Recht und Staatswirtschaft ein, zum Sommersemester 1923 wechselte er nach Kiel .

Über Johannes Kobelinski sagte Höhn später, dass er in dieser Zeit seine »Ausbildung« übernommen habe.[29] Eine Anspielung auf die politische Dimension einer Freundschaft, in der der impulsive Eisenacher höchstwahrscheinlich die Dominante gewesen ist. Ende Juli 1923 folgte ihm Höhn nach München. Mit dem Auslaufen des Wintersemesters trennten sich die Wege der ungleichen Freunde wieder – zumindest vorerst. Kobelinski ging zurück nach Kiel. Von dort aus wechselte er im März 1929 an die Hamburger Universität, nachdem ihm aufgrund einer Verurteilung wegen gefährlicher Körperverletzung die Abnahme des Examens verweigert worden war. In Hamburg schrieb sich Kobelinski als Gasthörer ein und legte Anfang November schließlich seine Prüfungen ab.[30] Höhn hingegen blieb noch bis Anfang 1926 in München. Erst mit dem Sommersemester ging er nach Jena, wo er Mitte Dezember seine Erste Juristische Staatsprüfung mit dem Prädikat »Gut« abschloss. Um seine sprachlichen Defizite in der Bewerbung um eine diplomatische Laufbahn auszugleichen, drängte Höhn auf eine Promotion und bekam mit dem Thema *Die Stellung des Richters in den Strafgesetzen der Französischen Revolution* bei Max Grünhut die Gelegenheit dazu. Höhn plante, seine Arbeit Mitte März 1927 abzuschließen. Allerdings verzögerte sich die Abgabe wegen verschiedener Probleme in der Quellenbeschaffung und -aufarbeitung auf Ende Juli.

In seinem Gutachten schätzte Grünhut die Dissertation, an deren Fertigstellung[31] er nicht ganz unbeteiligt gewesen war, als »wissenschaftlich beachtliche Leistung« ein.[32] Sie könne »eine bestehende Lücke in der neueren Prozessrechtsgeschichte ausfüllen«.[33] Dennoch merke man ihr an, dass der Verfasser »noch nicht ganz die volle Reife« in der Beherrschung der Thematik erreicht hat.[34] Das abschließende Urteil der Prüfer: *magna cum laude*. Ende Februar wurde Reinhard Höhn der Titel des »Dr.

29 BArch SSO 103 A, Lebenslauf.
30 ThHStA Weimar, PA Justiz Nr. 6094, Lebenslauf.
31 Dazu Ameln, Elisabeth von: Köln Appellhofplatz. Rückblick auf ein bewegtes Leben, Köln 1985, S. 58; Bernoth, Carsten: Max Grünhut, in: Schmoeckel, Mathias (Hrsg.): Die Juristen der Universität Bonn im »Dritten Reich«, Köln 2004, S. 255.
32 Universitätsarchiv der Friedrich-Schiller-Universität Jena, K Nr. 319, Bl. 373r.
33 Ebenda.
34 Ebenda.

iur.« verliehen. Wie vieles zuvor, verschob sich auch die anschließende Drucklegung. Mal lag es an Höhns Blinddarmerkrankung, die Operation und Kur mit sich brachte, mal an der Berufung Grünhuts nach Bonn, der schließlich auf einen Teildruck drängte. Diesen platzierte er in den von ihm ab 1929 mit herausgegebenen *Beiträgen zur Geschichte der deutschen Strafrechtspflege* nach der Promotion des späteren sozialdemokratischen Landesparlamentariers Friedrich Wilhelm Lucht über die Strafrechtspflege in Sachsen-Weimar-Eisenach im letzten Viertel des 18. Jahrhunderts.[35] Die Aktualität von Höhns Promotionsthema ergab sich aus der Ausrichtung auf die Frage nach dem richterlichen Ermessen in der Abgrenzung strafrechtlicher Bestände und der damit untrennbaren Ausgestaltung der Rechtsfolgen. Sie spiegelte gewissermaßen Grünhuts eigenen Forschungsschwerpunkt wider, der die Stellung des Richters zu einer mehr denn je wichtig gewordenen Schicksalsfrage stilisierte.[36] Höhns Recherchen, die er seinem »sehr verehrten Lehrer [...] in herzlicher Dankbarkeit« widmete, fügten sich dadurch nahtlos in die zeitgenössische Diskussion um die Erneuerung der Strafrechtspflege sowie in den nach 1900 wiederbelebten Methodenstreit über den Terminus der Rechtssicherheit ein.[37]

Mitte September 1927 trat Höhn sein überfälliges Referendariat an – nicht ohne Widerwillen. Denn noch hoffte er auf eine Karriere als Diplomat. Für sie verzögerte Höhn nach Kräften seinen Vorbereitungsdienst an den Amtsgerichten Meiningen und Bad Salzungen, woran auch die Absage aus Berlin nichts änderte. Höhn entschied sich nun für eine akademische Laufbahn. Unklar blieb zunächst jedoch, wer seine Habilitation betreuen sollte. Max Grünhut sagte als erstes ab – zu groß waren die Zweifel an der wissenschaftlichen Eignung seines ehemaligen Schützlings –, und von Otto Koellreutter bekam Höhn den gutgemeinten Rat, erst einmal das zweite Staatsexamen abzulegen. Auf welche Widerstände er damit bei ihm traf, berichtete Koellreutter seinem Kollegen Jellinek im Februar 1934: »Er trat dann für meinen Geschmack immer anmaßender und unmöglicher auf [...], zumal er mit allen Mitteln sein Ziel durchzudrücken suchte.«[38] Für Koellreutter stand eine Betreuung daher außer Frage, wobei er ebenso darauf hinwies, bereits einen »Habilitandus« zu haben, der in seinen Augen

35 Lucht, Friedrich Wilhelm: Strafrechtspflege in Sachsen-Weimar-Eisenach unter Carl August, Berlin/Leipzig 1929.

36 Nach: Fontaine, Ulrike: Max Grünhut (1893 – 1964). Leben und wissenschaftliches Wirken eines deutschen Strafrechtlers jüdischer Herkunft, Frankfurt am Main 1998, S. 34. Ferner Hood, Roger: Hermann Mannheim and Max Grünhut. Criminological Pioneers in London and Oxford, in: The British Journal of Criminology 44/2004, S. 472

37 Höhn, Reinhard: Die Stellung des Strafrichters in den Gesetzen der französischen Revolutionszeit (1791 – 1810), Berlin/Leipzig 1929, S. 2; Arnauld, Andreas von: Rechtssicherheit. Perspektivische Annäherungen an eine »idée directrice« des Rechts, Tübingen 2006, S. 15.

38 Universitätsarchiv Heidelberg, PA 764, Schreiben von Otto Koellreutter an Walter Jellinek vom 21. Februar 1934.

ohnehin »viel tüchtiger und solider« gewesen ist.[39] Höhn, dessen »unerfreuliche Persönlichkeit« Koellreutter gegenüber Jellinek mehrfach betonte, verwies er nach Jena zu dem dort lehrenden Soziologen, Staats- und Völkerrechtler Franz Wilhelm Jerusalem.

Retter der »wahren Demokratie«

Über die gesamte Studienzeit hinweg zeigte Höhn kaum Ambitionen, sich einer studentischen Verbindung anzuschließen.[40] Zwar orientierten sich viele in Distanz zum Staat am rechten Spektrum. Nur verkörperten sie mit ihrem Hang zum Vergangenen genau das Gegenteil von dem, was Höhn von der Jugendbewegung her kannte und antrieb. Stattdessen folgte er Johannes Kobelinski 1923 in die Münchener Bruderschaft des *Jungdeutschen Ordens*. Neben dem *Stahlhelm* gehört dieser zu den markantesten und einflussreichsten Wehrverbänden der 1920er-Jahre

Artur Mahraun war Gründer und Führer des *Jungdeutschen Ordens*. Als solcher bestimmte er dessen Weg und inhaltliche Entwicklung. Und die gründeten zunächst auf seinen persönlichen Erfahrungen. Darin floss das Erbe der politischen Kultur des 18. und 19. Jahrhunderts ein, das er über das Nachzeichnen historischer Parallelen betonte. Aus ihnen leitete Mahraun ein tiefgreifendes gesellschaftliches Reformvorhaben ab. Von dem Philosophen Johann Gottlieb Fichte adaptierte Mahraun den Erziehungs- und Befreiungsgedanken sowie den Volksbegriff, als deren Schöpfer er in völkischen Kreisen galt.[41] Anders als seine anthropologisch-sozialdarwinistisch definierte Lesart, entwickelte er ihn an einer kulturell-geschichtlichen Interpretation. Auf eine Formel gebracht, lautete die: »Volk ist eine auf der Grundlage des Blutes, der Sprache und des Heimatbodens ruhende und durch gleiche Schicksalserlebnisse bedingte organische Einheit von Geschlechtern«, wobei Mahraun im Sinne eines ganzheitlichen Denkens auf der Unität von Blut und Geist bestand.[42] Ähnliches findet sich in der Setzung des Volkes als Subjekt der Geschichte, was dazu führte, in ihm ein vom Willen getragenes Ganzes zu sehen und nicht nur die Summe seiner Teile. Dieses Herausstellen des Volksbegriffes als Grundlage einer Handlungs- und Erziehungsaufgabe war weder neu noch originell oder gar spezifisch jungdeutsch. Wie Kurt Sontheimer betonte, war er der »zentrale politische Begriff der antidemokratischen Geistesrich-

39 Ebenda.
40 Auskunft von Elke Hein vom 6. Juli 2013.
41 Herbert: Best, S. 61.
42 Nach Hornung: Der Jungdeutsche Orden, S. 74.

tung« der Weimarer Republik.[43] Rechte gebrauchten ihn, Republikaner und Liberale. Häufig diente er dazu, den eigenen Darstellungen einen Anstrich des Gelehrsamen oder eine gewisse philosophische Tiefe zu verleihen. Ebenso reflektierte er das in der jüngeren Generation heranwachsende Bedürfnis nach einer parteiübergreifenden Überwindung der gesellschaftlichen Spaltung. Den Ursprung dieser Sehnsucht datierte Mahraun in das Kaiserreich und dort in die Zeit des Krieges, als das Fronterlebnis jeden Soldaten unabhängig von Herkunft, Bildung und Profession gleichermaßen prägte. Die so erfahrene Gemeinschaft war für Mahraun Läuterung, »zukunftsbestimmendes Ereignis« und Ausgangspunkt gesellschaftlicher Erneuerung.[44] Er definierte sie als eine »Zusammenfassung von Menschen, welche sich ihrer Schicksalsverbundenheit bewusst sind und welche in einer ideellen Verbundenheit miteinander vertraut sind«.[45] Damit war sie unabdingbar für die »Schöpfung« eines neuen »Gemeinschaftsmenschen« und der Wiedergeburt des Volksstaates.[46] Praktisch gesehen hieß das für Mahraun, weg von einem »seelenlosen Untertanentum« zu kommen und stattdessen zu einem brüderlichen Umgang zu finden, bei dem alles Äußere wie Materielle wegfällt und der Einzelne einzig nach inneren Werten und seiner Leistung gemessen wird.[47] Den daraus abgeleiteten Erziehungsgedanken präzisierte Mahraun allerdings spät. So erschienen *Gemeinschaft als Erzieher* und *Ordina* erst nach der zwangsweisen Auflösung des *Jungdeutschen Ordens*.[48] Inhaltlich sprach aus ihnen eine Kulturkritik und aus ihr ein ethisch-politischer Apell.[49] Titelwahl und Methodik suggerierten zudem eine Affinität zu Julius Langbehns *Rembrandt als Erzieher* aus dem Jahr 1890, der ebenso wie Paul de Legarde, Friedrich Lienhard und Theodor Fritsch Spuren in Mahrauns Denken hinterließ.[50]

Bei der geplanten Umstrukturierung der deutschen Gesellschaft setzte Mahraun bei der Familie an. Sie war in seinen Augen die »naturgeborene Grundzelle für die Organisation der Völker« und über die Jahre durch den Fortschritt weitestgehend räumlich aufgelöst.[51] Dem entgegenzuwirken, substituierte er den alten blutsverwandtschaftlichen Sippschaftsbegriff durch die »geistige Verwandtschaft und Schick-

43 Sontheimer, Kurt: Antidemokratisches Denken in der Weimarer Republik. Die politischen Ideen des deutschen Nationalismus zwischen 1918 und 1933, München 1962, S. 314.

44 Mahraun, Artur: Das Jungdeutsche Manifest. Volk gegen Kaste und Geld. Sicherung des Friedens durch Neubau der Staaten, Berlin 1927, S. 7.

45 Ebenda, S. 81.

46 Ebenda, S. 92.

47 Ebenda, S. 89f.

48 Mahraun, Artur: Gemeinschaft als Erzieher, Berlin 1934; ders.: Ordina. Grundsätze für das Gemeinschaftsleben, Berlin 1935.

49 Hornung: Der Jungdeutsche Orden, S. 17.

50 Von einem Deutschen: Rembrandt als Erzieher, Leipzig 1890.

51 Mahraun: Das jungdeutsche Manifest, S. 95.

salsverbundenheit räumlicher Nachbarschaft«.[52] Damit wurde die Familie zum bestimmenden Fundament eines aktiven staatsbürgerlichen Lebens, in dem jeder Einzelne verpflichtet ist, am Staat und seinen Prozessen teilzunehmen.

Der Volksstaat baute sich für Mahraun »sinnbildlich« nach den »Baugesetzen des gotischen Domes« auf.[53] Familien und Nachbarschaften bildeten Bezirke und die wiederum Gaue, Landsmannschaften und Stammesgebiete, die sich gegenseitig tragen und in der Führung ergänzen. Es war der Versuch den *Geist von Potsdam* mit dem *Geist von Weimar* zu versöhnen.[54] »Preußen ist dann im Reich aufgegangen, und das Reich ging in Preußen auf«, seine Sendung damit erfüllt.[55] Gedanken wie diese liefen ab Ende 1923 mit Mahrauns Bekenntnis zur Republik unter dem Credo einer »Politik des Möglichen« und sollten dem *Jungdeutschen Orden* Kontur verleihen.[56] Ein zusammenfassendes Ordensprogramm hielt er zu dem Zeitpunkt allerdings noch für verfrüht, sodass es noch bis 1927 dauerte, bis er ein jungdeutsches Manifest vorlegte. Interessant daran: das Verhältnis zum Parlamentarismus und dessen Parteien. Wie Antidemokraten jeder Couleur teilte Mahraun das Misstrauen ihnen gegenüber sowie ihrer Vorstellung von der parteilichen Geschäftemacherei. Parteien waren für ihn finanzgesteuerte Privatorganisationen, die den eigentlichen parlamentarischen Gedanken ad absurdum führten. Mahraun wollte das der Öffentlichkeit beweisen und machte das Thema im Laufe des Jahres 1924 zu seinem Kernanliegen. Auf verschiedenen Veranstaltungen beklagte er, dass den Deutschen nach dem Krieg eine »auf Lüge und Demagogie aufgebaute ›parteiische‹ Demokratie« oktroyiert wurde, die im Grunde als solche gar nicht mehr gelten kann.[57] Für Mahraun war sie das offensichtliche Vexierbild der Plutokratie und somit der Herrschaft des Geldes und der Reichen. Im Mittelpunkt dieser »Plutokratie der Welt« sah Mahraun die »Geldfürsten der Wallstreet von Neuyork«, deren »anonyme Gewalt« durch die »moderne Verschachtelungskunst der wirtschaftlichen Riesenunternehmen« bis nach Deutschland reiche.[58] Dort lege sie »ihre Hand auf alle Mittel, mit denen sie in der Lage ist, die Massen in ihrem Sinne zu beeinflußen«.[59] Um vor allem in Bayern vermutete Kapazitäten für den Orden freizumachen, griff Mahraun hin und wieder auf den Begriff der »Judokratie« zurück, die vom Juden als Geldmenschen ausging. Damit kam auch er in einer aus »Scheue vor dem Westen und dessen liberal-demokratischen und sozialen Ideen« akzentuierten

52 Ebenda.
53 Mahraun: Das jungdeutsche Manifest, S. 131.
54 Ebenda.
55 Ebenda, S. 134.
56 Mahraun: München und der Jungdeutsche Orden, in: Der Jungdeutsche vom 8. Dezember 1923.
57 O. A.: Die Bruderschaft München des jungdeutschen Ordens, in: Münchner Zeitung vom 25. Februar 1924.
58 Mahraun: Das jungdeutsche Manifest, S. 74.
59 Ebenda.

antisemitischen Rhetorik an.[60] Als Sprachrohr einer so hergestellten Nähe zum völkischen Lager, wie sie sich bereits Anfang Juli 1922 in Mahrauns später relativierter Stellungnahme zur Judenfrage angedeutet hatte, fungierte die jungdeutsche Tagespresse. Ausführlich berichtete *Der Jungdeutsche* über die Kontroverse zwischen Mahraun und dem *Centralverein deutscher Staatsbürger jüdischen Glaubens* oder brachte Artikel, die das Stereotyp des »jüdischen Drückebergers« wiederholten.[61] Ihren Höhepunkt erreichte diese Agitation mit der von Hermann Katsch verantworteten Serie »Judenherrschaft«.[62] Darin repetierte der Hauptschriftleiter des Blattes im Stile der *Protokolle der Weisen von Zion* die Gedanken von einer weltverschwörerischen, globalen Dominanz jüdischen Kapitals, um sie auf die Formel von »den Juden und dem Unglück« hinauslaufen zu lassen.[63] Aber auch die weniger bekannten Radikalantisemiten Roger Lambelin und Urbain Gohier zitierte Katsch. Die beiden Franzosen hatten Ende der 1880er-Jahre die nationalistische *Jeunesse royaliste* gegründet und kümmerten sich um die Verbreitung der *Protokolle der Weisen von Zion* im frankophonen Raum. In ihrem Sinne verfasste Gohier eigene Pamphlete, die er unter der Autorenschaft eines gewissen Isaak Blümchen auf den Markt brachte.[64] Und noch ein Name tauchte bei Katsch auf: Werner Sombart. Das Hauptwerk des Soziologen und Volkswirtes hieß *Moderner Kapitalismus*.[65] Aus der Reihe ergänzender Studien griff sich Katsch jedoch *Die Juden und das Wirtschaftsleben* heraus, um sie, die gar nicht antisemitisch angelegt gewesen ist, antisemitisch auszulegen.[66]

In dieser Phase programmatischer Neuorientierung veröffentlichte Höhn im Sommer 1924 in der jungdeutschen Tagespresse, die sich als das ideologische »Schwert« des Ordens verstand und eine Leserschaft in fünfstelliger Höhe erreichte, seine ersten Artikel.[67] Diese changierten zwischen historischen Beiträgen und gesellschaftskritischen Glossen. In ihnen lobte er die Totenehrung der Münchener Universität oder

60 Lohalm, Uwe: Völkischer Radikalismus. Die Geschichte des Deutschvölkischen Schutz- und Trutzbundes, Hamburg 1970, S. 210.

61 Mahraun, Artur: Zwei furchtbare Enthüllungen, in: Der Jungdeutsche vom 23. Februar 1924; ders.: Jungdeutsche und Juden, in: Der Jungdeutsche vom 5. April 1924; Holzmann, R.: Die Juden und das deutsche Flugwesen, in: Der Jungdeutsche vom 21. September 1924.

62 K. (atsch, Hermann): Judenherrschaft I, in: Der Jungdeutsche vom 28. Oktober 1924, ders.: Judenherrschaft II, in: Der Jungdeutsche vom 29. Oktober 1924, ders.: Judenherrschaft III, in: Der Jungdeutsche vom 30. Oktober 1924.

63 K. (atsch, Hermann): Judenherrschaft I, in: Der Jungdeutsche vom 28. Oktober 1924.

64 Blümchen, Isaak: A nous la France!, o. O. 1913; ders.: Le Droit de la Race Supérieure, o. O. 1914.

65 Sombart, Werner: Moderner Kapitalismus. Erster Band, Leipzig 1902; ders.: Moderner Kapitalismus. Zweiter Band, Leipzig 1902.

66 Sombart, Werner: Die Juden und das Wirtschaftsleben, Leipzig 1911, S. Xf.

67 Wolf, Heinrich: Der Jungdeutsche Orden in seinen mittleren Jahren. 1922 – 1925, München 1972, S. 37.

warnte vor Falschmeldungen einer ohnehin unterwanderten Presselandschaft.[68] Höhn kommentierte das damals noch junge Wochenprogramm der *Deutschen Stunde in Bayern*, wobei er sich insbesondere an der »aus den Ballsälen so bekannten Negermusik« störte.[69] Daher sein Appell, den Rundfunk »nur im Dienst des Volkes und für deutsche Interessen« zu gebrauchen und nicht zur »Verbreitung des Undeutschen«.[70] Dieser Gedanke, alles Schadhafte aus der Gesellschaft auszusperren, setzte sich in dem Beitrag »Rassenschande« fort. Darin schilderte Höhn in einer ansonsten für die Jungdeutschen untypisch aggressiven Weise einen »kleinen Nachmittagsspaziergang«, auf dem er eine »deutsche Frau Arm in Arm mit einem Neger in vornehmer europäischer Kleidung« beobachtet hatte.[71] Was ihn hierbei noch mehr als die Untätigkeit der umliegenden Passanten erboste, fasste Höhn so zusammen: »Die Gesetze aber schweigen und sehen diesem Treiben ruhig zu, anstatt für solche Frauenzimmer die Prügelstrafe einzuführen, die deutsche Staatsangehörigkeit ihnen zu entziehen und sie zu exportieren«.[72] Weitaus umfangreicher waren seine historisch ausgerichteten Artikel. Diese beschäftigten sich mit der bündnispolitischen Situation des Kaiserreichs im ausgehenden 19. Jahrhundert. Als Grundlage nutzte Höhn die 1924 herausgekommenen Bände der Quellenedition *Die große Politik der europäischen Kabinette*.[73] Ausgehend davon bildeten zwei Aspekte die inhaltliche Klammer seiner Artikel. Zum einen war das die Entstehung der antideutschen Entente. Höhn erklärte sie mit einer »friedensliebenden, aber staatsmännisch unklugen Politik der deutschen Reichsregierung«, in deren Zentrum das »blinde« Verhalten des Auswärtigen Amtes stand.[74] Zum anderen war es die Frage nach der Kriegsschuld, mit deren umstrittener Aufnahme in das Versailler Vertragswerk das *ius ad bellum* seine größte Öffentlichkeit seit dem Ende des Dreißigjährigen Krieges erfuhr. In ihrem Fall beschränkte sich Höhn auf den Hinweis: »Wenn wir die Kriegsschuldfrage in ihren Wurzeln anpacken wollen, dann müssen wir hier anfassen, diese Strömungen beurteilen lernen, die mächtiger sind als jede Versicherung der Regierungen und die eines Tages an die Bildfläche treten.«[75]

68 Höhn, Reinhard: Totenehrung der Universität München, in: Der Jungdeutsche vom 10. August 1924; ders.: Politische Brunnenvergiftung, in: Der Jungdeutsche vom 23. August 1924.

69 Höhn, Reinhard: Die deutsche Stunde in Bayern, in: Der Jungdeutsche vom 23. Juli 1924.

70 Ebenda.

71 Höhn, Reinhard: Rassenschande, in: Der Jungdeutsche vom 26. August 1924.

72 Ebenda.

73 Lepsius, Johannes/Mendelssohn-Bartholdy, Albrecht (Hrsg.): Die große Politik der europäischen Kabinette, Band 14, Weltpolitische Rivalitäten, zwei Hälften, Berlin 1924; dies.: Die große Politik der europäischen Kabinette, Band 17, Die Wendung im Deutsch-Englischen Verhältnis, Berlin 1924.

74 Höhn, Reinhard: Die kritischen Jahre der deutschen Politik in ihrem Verhältnis zu England, in: Der Jungdeutsche vom 25. Juli 1924.

75 Höhn, Reinhard: Kriegsgefahr in Ost und West, in: Der Jungdeutsche vom 24. September 1924.

Höhns Anpassung und Profilierung in der jungdeutschen Peristase verlief zügig. Spätestens im letzten Jahr in München galt er innerhalb seiner Ortsgruppe als politisch arrivierter Aktivist. 1925 wurde er ihr Vorsteher. Über diese Führungsposition war Höhn mit dem jungdeutschen Nachrichtendienst verbunden, der ab August 1924 seine Informationen innerhalb der Ordensleitung zusammenlaufen ließ. Formal gesehen gehörte er dort zur Abteilung für organisatorische Fragen, die stets betonte, dass es sich nicht um »Spitzel-, sondern um Informationsdienste« handele.[76] Unter ihrem Signet ging ab Oktober 1924 an alle jungdeutschen Führungskräfte ein monatliches »Nachrichtenblatt« heraus, das über »A Feinde von außen, B Feinde im Inneren, C Politische Bestrebungen, D Angriffe gegen den Orden, E Gerüchte« informierte.[77] Daneben veröffentlichte das Nachrichtenamt sechs Mal im Jahr eine Steckbriefliste über »Schwindler und Spione«.[78] »Vertrauliche Rundschreiben« banden Höhn zusätzlich in die interne Ordenspolitik ein. Ein solches erreichte ihn nach dem unerwarteten Tod des Reichspräsidenten Friedrich Ebert. Das Rundschreiben enthielt einen Bericht über die Teilnahme jungdeutscher Vertreter an einem Gremium vaterländischer Verbände, welches sich mit möglichen Kandidaten für die vorgezogene Reichspräsidentenwahl beschäftigte. Dabei fielen prominente Namen wie Wilhelm Cuno oder Karl Jarres. Der *Jungdeutsche Orden* machte sich für den ehemaligen Chef der Heeresleitung Hans von Seeckt stark. Am Ende fiel das Votum auf Jarres. »Im Interesse der Erhaltung einer großen nationalen Front« bekannte sich wenig später auch Mahraun zu dessen Kandidatur.[79] Allerdings begrenzte er seine Unterstützung von Anfang an nur auf den ersten Wahlgang. Sollte dieser kein klares Ergebnis erbringen, behielt sich Mahraun »volle Handlungsfreiheit« vor.[80] Und tatsächlich schaffte es keiner der sieben Kandidaten die Wahl zunächst für sich zu entscheiden, sodass gemäß der Verfassung ein zweiter Urnengang notwendig wurde. Da aber diese keine direkte Stichwahl vorsah, galt es sich auf einen Gemeinschaftskandidaten zu verständigen. SPD, DDP und Zentrum einigten sich auf Wilhelm Marx. Die KPD hielt trotz eines mageren Stimmanteils an Ernst Thälmann fest. Und die Rechte entschied sich überraschend für den 78-jährigen Feldmarschall Paul von Hindenburg. Per »Ordensbefehl«, der bis zum zweiten Wahlanlauf »jeden Genuss von Alkohol und Tabak sowie die Beteiligung an jeder nutzlosen Vergnügung« untersagte, versuchte Mahraun seinen Or-

76 Nach Wolf: Der Jungdeutsche Orden in seinen mittleren Jahren, S. 36.
77 Ebenda.
78 Ebenda.
79 Mahraun, Artur: Aufruf zur Präsidentenwahl, in: Der Jungdeutsche vom 18. März 1925.
80 Ebenda.

den auf Spur zu bringen.[81] Letztendlich konnte sich der »Ersatzkaiser« durchsetzen und mit ihm der Mythos des Kriegsgedienten.[82]

Im Vergleich zu den übrigen 43 Ortsverbänden war die Münchener Ballei recht überschaubar. Sie dürfte kaum mehr als zwei Duzend aktive Mitglieder umfasst haben. Dementsprechend selten stand sie im jungdeutschen Rampenlicht. Zu den wenigen Ausnahmen gehörte 1924 die Ausrichtung der Feier des Deutschen Tages. Mit ihm wurde die Ortsgruppe erstmals Organisator einer jungdeutschen Großveranstaltung. Außerdem reiste sie im Juni 1925 zur Grundsteinlegung des Schlageter-Denkmals nach Schönau.

Das organisatorische Zentrum des *Jungdeutschen Ordens* blieb der mitteldeutsche Raum rund um Nordhessen, Südniedersachsen, Westfalen und Thüringen. Im Norden wie im Süden scheiterte er damit, Fuß zu fassen, was nicht zuletzt an der starken rechten Konkurrenz lag. Ungeachtet davon verfolgte Höhn die Ordenspolitik mit großem Interesse – ebenso Mahrauns Versuch, die Jungdeutschen auch außenpolitisch zu profilieren. Hierfür hatte er eine Weltpolitik vor Augen, deren Akteure eine antiexpansive Position vertreten. Seiner Meinung nach, war einzig dieses Surrogat in der Lage, die Gefahr eines erneuten Kriegsausbruchs auf die Verteidigung staatlicher Lebensnotwendigkeiten zu begrenzen. Dem Kaiserreich gestand Mahraun eine Sonderrolle zu, weil ihm der Krieg nur dem eigenen »aufblühenden Wohlstand« galt.[83] »Plutokratischen« Staaten traute Mahraun eine friedensorientierte Politik nicht zu. Das habe die Besetzung des Ruhrgebietes deutlich gemacht. Anders als die radikale Rechte schlussfolgerte er daraus, dass sich mit dem Scheitern der Okkupation fremder Wirtschaftsgebiete Bismarcks Reichsgedanke gegenüber Napoleons Politik durchgesetzt haben muss.[84] Auf der anderen Seite erinnerte sie Mahraun daran, wie stark Deutschland und Frankreich wirtschaftlich gerade in den Grenzregionen um das Saarland und Lothringen miteinander verflochten waren. In letzter Konsequenz bedeutete diese Vernetzung für das deutsch-französische Verhältnis nur die Wahl zwischen Vernichtungskampf oder Bündnis. Aus Gründen politischer Vernunft warb Mahraun für eine Aufgabe der Erbfeindschaft zu Gunsten einer bilateralen Verständigung. Um sie sah er zukünftig die »ganze Geschichte Europas« sich drehen.[85] Mit diesem Appell wandte sich Mahraun im Juni 1925 auf einer Ordenskundgebung in Leipzig erstmalig an die Öffentlichkeit. Die so auf ihn aufmerksam gewordene kon-

81 Mahraun, Artur: Ordensbefehl an alle jungdeutschen Einheiten, in: Der Jungdeutsche vom 19. April 1925.

82 Sontheimer: Antidemokratisches Denken in der Weimarer Republik, S. 221.

83 Mahraun: Das Jungdeutsche Manifest, S. 158.

84 Mahraun, Artur: Gegen getarnte Gewalten. Weg und Kampf einer Volksbewegung, Berlin 1928, S. 94; Daemen-Fröhlich, Elisabeth (Hrsg.): Der nationale Friede am Rhein. Eine der umstrittensten Schriften über das Kernproblem des europäischen Friedens, Gütersloh 1948, S. 10.

85 Ebenda, S. 8.

servative Tageszeitung *Le Matin*, die 1921 mit der Forderung des jungdeutschen Generals Max Hoffmann nach einer Beibehaltung der französischen Aufrüstung eine vielbeachtete Diskussion ausgelöst hatte, schickte im September ihren Direktor für ein Interview zu ihm.[86] Gegenüber Jules Sauerwein verdeutlichte Mahraun seine Idee eines deutsch-französischen Bündnisses. Die Allianz sei ein Gegengewicht zur »angelsächsischen Macht«.[87] Zusammen mit Belgien und Luxemburg könne daraus eine »beherrschende Weltmacht« entstehen, der »keine Koalition anderer Staaten« gewachsen sei.[88]

In seinen Plänen wurde Mahraun von Ordensmäzen Arnold Rechberg unterstützt. Der Spross einer wohlhabenden Unternehmerfamilie hatte Bildhauerei in Paris studiert und vor allem durch sein außenpolitisches Engagement von sich reden gemacht. Im Vorfeld der Locarno-Konferenz forderte er beispielsweise ein deutsch-französisches Militärbündnis. Im Zusammenhang mit dem *Jungdeutschen Orden* ging Rechberg noch einen Schritt weiter und kündigte gegenüber dem Herausgeber der republikanischen Zeitung *Le Phare de la Loire* an, auch Polen mit einbeziehen zu wollen. Allerdings schränkte Mahraun ein, dass die Voraussetzung dafür eine Regulierung der oberschlesischen Grenzen zu Gunsten Deutschlands sei. Aus jungdeutscher Sicht war der Erwerb des polnischen Korridors eine »Lebensnotwendigkeit des deutschen Volkes« und eine »grundlegende außenpolitische Forderung des Volksstaates«.[89] Am Ende überschätzte Mahraun die Tragweite der Initiativen Rechbergs, die fast allesamt wegen seiner umstrittenen Kontakte und seiner Wankelmütigkeit mal mehr, mal weniger vor den Augen der Öffentlichkeit ins Leere liefen. Hinzu kam, dass Mahraun übersah, wie angreifbar er sich für lagerübergreifende Angriffe wegen Rechbergs zusammen mit Hoffmann erarbeiteten Angriffsplänen gegenüber Russland sowie einer erwähnten jungdeutschen Abhängigkeit von der Kaliindustrie machte.[90]

Das publizistische Tagesgeschäft der Jungdeutschen hatte im Sommer 1925 seine klaren Themen: Mahrauns Außenpolitik, der beigelegte Streit mit dem *Stahlhelm*, die Haltung gegenüber dem *Reichsbanner* und die Feierlichkeiten anlässlich des 50-jährigen Bestehens des Hermannsdenkmals. Kleinere Meldungen gerieten schnell zur Randnotiz – so auch Höhns Bericht über die Gründung der ersten jungdeutschen Ortsgruppe in Österreich und seinem maßgeblichen Anteil daran.[91] Wenig später zog er zurück nach Thüringen – womöglich wegen der besseren Aufstiegschancen. Denn

86 Dazu Wollschläger, Thomas: General Max Hoffmann. Frontbeobachter, Frontführer und Frontbefürworter im Osten, Norderstedt 2013, S. 97f.
87 Daemen-Fröhlich (Hrsg.): Der nationale Friede am Rhein, S. 14.
88 Ebenda.
89 Mahraun: Das Jungdeutsche Manifest, S. 165.
90 Dazu Hille, Johann: Mahraun. Der Pionier des Arbeitsdienstes, Leipzig 1933, S. 48-52, bes. S. 49.
91 Höhn, Reinhard: Jungdeutscher Orden in Salzburg, in: Der Jungdeutsche vom 6. August 1925.

der Freistaat war eine frühe Hochburg des *Jungdeutschen Ordens*. Bereits kurz nach seiner Gründung zählte er dort acht Ortsgruppen, während es Anfang 1922 schon 29 waren.[92] 1926 nahm Höhn dann die nächste Karrierestufe und wurde Leiter der Ballei Südmark, der Ortsgruppen in Bayern und Österreich unterstanden. In Artur Mahraun schien er eine beständige Orientierung und im Orden eine verlässliche Gemeinschaft gefunden zu haben. Höhns Verhältnis zu ihm bewegte sich zwischen romantischer Heroenverehrung, väterlicher Vorbildsetzung und pseudoreligiösem Erlösermythos, wie er schon kurz nach Kriegsende in Stahlhelmkreisen kolportiert wurde: »Der Frontsoldat lebt noch, mitten unter uns, wir müssen nur an ihn glauben als an den Erlöser aus tiefster Not, als an unseren Heiland«.[93] Im Vergleich dazu hieß es bei Höhn: »In dieser Stunde stelle du dich wieder vor die neue Front und führe uns den neuen Weg, Artur Mahraun, du Wegweiser zur Nation«.[94] Ohne größeren Aufwand lässt sich in diesen Bildern die spätere Inszenierung Hitlers als Soldat und Erlöser erkennen, der einer höheren Bestimmung folgt und in dieser das einigt, was vor ihm verteidigt, geformt und erobert wurde.

Mit dem frisch promovierten Höhn wollte die Ordensleitung im Herbst 1928 den jungdeutschen Staatsbauplänen wissenschaftliche Seriosität verleihen. Am 29. September referierte er zum ersten Mal vor den übrigen Großkomturen, dem Hochkapitel, über den »Staatsgedanken in der Wissenschaft«. Als Maßstab diente ihm der Staatsrechtler Rudolf Smend. Wie Mahraun habe der aus der Praxis heraus in der Gemeinschaft eine Antwort auf das »Problem der Stellung des Einzelnen im Staat« gefunden.[95] Nur vom Weg her seien beide grundverschieden. Für Smend war ein ständig zu erneuerndes und bejahendes »Freundschafts- und Liebesverhältnis« der Ausgangspunkt – für die Jungdeutschen die Frontgemeinschaft.[96] Einen weiteren Unterschied fand Höhn in der praktischen Umsetzung. Hier wagte in seinen Augen einzig der *Jungdeutsche Orden* eine bewusste Integration, um die »Gemeinschaft selbst zu einem realen politischen Faktor staatlichen Wesens« werden zu lassen.[97] Die übrige Staatslehre sah Höhn noch nicht so weit beziehungsweise analog zur liberalen Demokratie in einer weitreichenden Krise verhaftet. Das schloss für Höhn auch den Parla-

92 Matthiesen, Helge: Bürgertum und Nationalsozialismus in Thüringen. Das bürgerliche Gotha von 1918 bis 1930, Jena 1994, S. 113.

93 Bartram, Theodor: Der Frontsoldat als Erlöser. Eine Programmrede, auf dem von der Ortsgruppe Kiel des Bundes der Frontsoldaten veranstalteten zweiten Frontsoldatenabend am 28. April 1919, Kiel 1919, S. 10.

94 Höhn, Reinhard: Artur Mahraun, Der Wegweiser zur Nation. Sein politischer Weg aus seinen Reden und Aufsätzen, Rendsburg 1929, S. 140.

95 Höhn, Reinhard: Der Staatsaufbau im Jungdeutschen Manifest – ein bewußtes Integrationssystem, in: Der Meister 1/1928, S. 199.

96 Ebenda.

97 Ebenda, S. 201.

mentarismus mit ein, der »nicht mehr Ausdrucksform einer Einheit, sondern das Spiegelbild einander völlig widerstrebender Kräfte« war.[98] Diskussionen und Entscheidungen seien Fassaden »gewaltiger Besitzmassen plutokratischen Kapitals«.[99] Dem setzte Mahraun und somit auch Höhn das Konzept einer sozialen Demokratie entgegen. Eine, in der sie durch eine starke Gemeinschaft ihre Einigkeit wiederfindet und darüber den Gedanke des Freiherrn vom Stein realisiert, wonach Volk und Staat eins sein müssen.

Kurz nach dem Hochkapitel richtete Mahraun eine staatswissenschaftliche Abteilung in der Ordensleitung ein und betraute Höhn mit deren Führung. Höhn stieg damit in den obersten Führungszirkel der Jungdeutschen auf. Die Abteilung wurde Teil eines Werbefeldzugs, mit dem Mahraun als Reaktion auf die Reichstagswahlen 1928 über eine »völlige Neugestaltung der politisch-kämpferischen Taktik« brachliegende Ordenskräfte zu reaktivieren versuchte.[100] Während die Anhänger der Republik in den massiven Stimmverlusten, die sich nahezu geschlossen durch das gesamte rechte Lager zogen, bereits dessen schwindenden gesellschaftlichen Rückhalt auszumachen glaubten, fühlte sich Mahraun in seinem Bild vom krisengeschüttelten deutschen Parteiensystem bestätigt. Folglich waren ihm all jene Kräfte sympathisch, die das »ganze Parteiwesen als Übergang betrachteten und die den organischen parteilosen Volksstaat« forderten.[101] Dass der *Jungdeutsche Orden* dabei selbst zu einer Partei werden würde, schloss er von vornherein aus. Stattdessen initiierte Mahraun die *Volksnationale Aktion*, deren Bewerbung Höhn als einzigen Weg, der in den »Todeswehen eines sterbenden Zeitalters« zu einem neuen führt, mitorganisierte.[102] Im Frühjahr 1929 ging Mahraun auf ausgedehnte Werbetour. Passend dazu erschien mit *Der bürgerliche Rechtsstaat und die neue Front* Höhns erste jungdeutsche Monographie.[103] Sie war die Fortführung von Mahrauns *Die neue Front* und wurde bald schon neben ihr zu einer der zugkräftigsten jungdeutschen Schriften.[104] Die ordenseigene Tagespresse pries die Abhandlung als unabdingliches »Handbuch des jungdeutschen und volksnationalen Kämpfers« – Mahraun selbst lobte sie als »das Beste«, was »bisher über die jungdeutsche Staatsidee geschrieben worden ist«.[105] Mit diesem sehr persönlichen Bekenntnis

98 Höhn, Reinhard: Die kommende Demokratie und ihre Staatsform, in: Der Meister 2/1928, S. 55.
99 Ebenda.
100 Kessler, Alexander: Der Jungdeutschen Orden in den Jahren der Entscheidung (I). 1928 – 1930, München 1974, S. 27.
101 Ebenda.
102 Höhn, Reinhard: Geistesgeschichtliche Krise, in: Der Jungdeutsche vom 2. März 1929.
103 Höhn, Reinhard: Der bürgerliche Rechtsstaat und die neue Front. Die geistesgeschichtliche Lage einer Volksbewegung, Berlin 1929.
104 Mahraun, Artur: Die neue Front. Hindenburgs Sendung, Berlin 1928.
105 O. A.: Anzeige, in: Der Jungdeutsche vom 3. Juli 1929; o. A.: Anzeige, in: Der Jungdeutsche vom 19. Juli 1929.

zu Mahraun schaffte es Höhn aber auch außerhalb des Ordens Aufmerksamkeit zu erregen. »Ein mutiges Buch« bescheinigte ihm die zentrumsnahe *Kölnische Volkszeitung*.[106] Im gleichen Atemzug rüffelte sie Höhn jedoch für seine zuweilen recht einseitige Darstellung der bürgerlichen Demokratie. Solche Einwände waren für den Orden nicht neu. Ihnen begegnete man scheinbar mit noch mehr Lob und Anerkennung, was im Falle Höhns beispielsweise Kurt Wasserfall, ein Enkel des Schriftstellers Wilhelm Raabe, übernahm.[107]

In *Der bürgerliche Rechtsstaat und die neue Front* skizzierte Höhn das, was er im Kampf gegen das »Zeitalter des bürgerlichen Menschen« als »geistesgeschichtlich politische Aufgabe« für den Orden reklamierte.[108] Er tat das anhand eines historisch angelegten Streifzuges, der sich an Werner Sombarts Überlegungen zum Frühkapitalismus anlehnte. Ihm warf Höhn vor, im Übergang zur Neuzeit die »alte Volksgemeinschaft« aufgelöst zu haben.[109] Menschen seien zu Sklaven eines Wirtschaftssystems geworden, welches einzig auf Gewinne ausgerichtet ist und sozialen Unfrieden produziert.[110] In diesen Umwälzungen sah Höhn den Aufstieg des besitzenden Bürgers. Mit ihm sei in Frankreich ein neuer, ein eigener Stand mit eigenen politischen Ambitionen entstanden, aus denen heraus er in der »ersten großen Revolution des kapitalistischen Geistes« den absolutistischen Staat überwunden hat.[111] Im Laufe des 19. Jahrhunderts dann, so Höhn, wurde der »lebendige Mensch mit seinem Wohl und Wehe, mit seinen Bedürfnissen und Anforderungen aus dem Mittelpunkt des Interessenkreises völlig heraus gedrängt.«[112] Die politische Konsequenz daraus war für Höhn der bürgerliche Rechtsstaat mit Bürgern, die als »Einzelwesen« frei sein wollen.[113] An der Stelle schwenkte er auf den jungdeutschen Staatsvorschlag um. Ihn beschrieb Höhn als bewussten Gegenentwurf einer klassenspezifischen Demokratie. Hierfür brachte er eine weitere Komponente ins Spiel: den Faschismus. An dem Punkt, als Höhn über Parallelen zu altgermanischen Demokratievorstellungen räsoniert, ließe sich durchaus an seine deutsche Verwandtschaft denken. Hitler kolportierte den Begriff einer »germanischen Demokratie«.[114] Auch sie sollte »wahrhaftig« und Kontrast zur parlamentarischen sein.[115] Höhn allerdings blieb beim Faschismus. Der ließ sich zwar in seinen Augen nicht eindeutig definieren, wirklich bedeutsam aber sei

106 Wasserfall, Kurt: »Ein mutiges Buch«, in: Der Jungdeutsche vom 11. September 1929.
107 Ebenda.
108 Höhn: Der bürgerliche Rechtsstaat und die neue Front, S. 9.
109 Ebenda, S. 15, 19.
110 Ebenda, S. 19.
111 Ebenda.
112 Höhn: Der bürgerliche Rechtsstaat und die neue Front, S. 18.
113 Ebenda, S. 23.
114 Hitler, Adolf: Mein Kampf, München 1942, S. 100.
115 Ebenda, S. 95.

ohnehin, dass er nicht auf einem feststehenden Programm ruhte, sondern einem »neuen Rhythmus«, einem »neuen Lebensstil«.[116] Für Höhn kulminierten diese in Mussolinis Bild des »Mythus der Nation«.[117] Mehr noch sei der Mythus das Bild, »das sich ein Mensch oder ein Volk aus tiefster innerer Begeisterung, aus dem Urgrund seiner Seele und seiner Sehnsucht von dem schafft, von dem es Erlösung erhofft, ein Bild, das ihm im Glauben daran Berge versetzt und ihn immer wieder zum Handeln antreibt«.[118] Ihn habe der Faschismus von den Sozialisten übernommen, womit Mussolini ein »echter Jünger Sorels« sei.[119] Auf Georges Sorel, einen Ingenieur mit spätem Hang zu Philosophie, Psychologie und Soziologie, der selbst einen parteipolitischen Parcours von links nach rechts durchlief, bezog sich Mussolini tatsächlich.[120] Umgekehrt bewunderte Sorel Mussolini als politische Figur. Die Patenschaft für dessen faschistisches Experiment, wollte er trotzdem nicht übernehmen. Auch wenn der italienische Faschismus mit seiner neuen Ordnung und seinem massenmobilisierenden Rhythmus Höhn imponierte, so gab es aus seiner Sicht dennoch einen wesentlichen Unterschied: die Führung.[121] In Italien beruhe alles auf der Macht des Führers – ganz im Gegensatz in Deutschland. Dem deutschen »Volkscharakter entsprechend« sei er eigentlich dem Diktator »abhold«, so Höhn, denn: »Der Führerdiktator entspricht dem italienischen Menschen, der Führer in Gemeinschaften dem deutschen Menschen«.[122]

Wie auch Mahraun interpretierte Höhn die Gegenwart als wiederkehrende Vergangenheit. Angesichts einer schwer vorhersehbaren politischen Zukunft war das ein probates Mittel, Sicherheit zu vermitteln und darüber zu einer allgemeinen Sinnstiftung beizutragen. In seinen Augen darbte Deutschland unter dem bürgerlichen Menschen und dem Versailler Vertrag, ähnlich wie Preußen unter Napoleon. Die Arbeiterschaft habe das 1918 ändern können, scheiterte aber. Dann war es die *Organisation Escherich*, die sich wehrte und nun schließlich der *Jungdeutsche Orden*. Auch ihm werde der »Mythus der Nation« zur »historischen Mission«, um den »gequälten Deutschen« endlich zu erlösen.[123] Diese Veränderungen, erklärte Höhn, müssten sich auf alle Lebensbereiche auswirken – die Staatstheorie genauso wie die Kultur. Auch bei ihr sah Höhn die destruktiven Kräfte eines in Anarchie mündenden Liberalismus am Werk. Das beste Beispiel sei die bildende Kunst ganz allgemein, speziell aber der Ex-

116 Höhn: Der bürgerliche Rechtsstaat und die neue Front, S. 80.
117 Ebenda.
118 Ebenda.
119 Ebenda, S. 81.
120 Dazu Große Kracht, Klaus: Georges Sorel und der Mythos der Gewalt, in: Zeithistorische Forschungen/Studies in Contemporary History 5/2008, S. 166-171.
121 Höhn: Der bürgerliche Rechtsstaat und die neue Front, S. 84.
122 Ebenda.
123 Höhn: Der bürgerliche Rechtsstaat und die neue Front, S. 106.

pressionismus. »Überall sehen wir den Mangel an Stil, den Verlust an Gesetzmäßigkeit, das Eindringen fremder Kulturkreise.«[124] Eine »wahre Kunst«, so Höhn, könne sich nur dann richtig entwickeln, »wenn über den Einzelnen hinweg wieder feste Gemeinschaften entstanden sind«.[125] Dazu aber brauche es eine zweite Revolution, diesmal eine der Frontsoldaten. Höhn zeigte sich überzeugt, dass ein solch revolutionärer Staat wie 1789 unbezwingbar wäre. In diesem Sinne warnte er: »Mögen sie sich hüten vor einer Kanonade von Valmy!«[126] In *Artur Mahraun, Wegweiser zur Nation* gab Höhn dem Kanonier zum 10-jährigen Bestehen des Ordens einen Namen. Das Anfang Dezember 1929 auf den Markt gekommene Buch verstand sich als Querschnitt durch Mahrauns Reden und Schriften und sollte gleichzeitig helfen, gemäß einer Weisung des Hochkapitels, dem Programm der *Volksnationalen Aktion* eine »geisteswissenschaftliche Grundlage« zu geben.[127] Eine von ihm angekündigte Weiterführung von *Der bürgerliche Rechtsstaat und die neue Front* mit einer stärkeren Akzentuierung der »geistesgeschichtlichen Lage des deutschen Arbeiters« im 19. Jahrhundert blieb allerdings offen.[128]

Am 3. Oktober 1929 starb Gustav Stresemann. Aus jungdeutscher Sicht war sein Tod ein Rückschlag in der Bildung einer möglichen Mittelpartei, wie er sie zuvor als Satellit von DVP und DDP aufzubauen begann. Diese sollte auf »Staatsgeist und Volksgefühl« fußen und »zwischen den Sozialdemokraten und Deutschnationalen« angesiedelt sein, die Jugend ansprechen genauso wie das protestantische Bürgertum.[129] Hierfür hatte Stresemann die Jungdeutschen im Blick. Und das obwohl Teile der DDP-Führung ihr »Wortarsenal des hohen Mittelalters« für »blasse Romantik« hielt.[130] Umgekehrt aber hatte der Orden Gewicht und eine gute gesellschaftliche Resonanz – gerade bei der Jugend. Außerdem gab es inhaltliche Schnittmengen.

Ende Mai 1929 gab es erste Sondierungsgespräche. Stresemann unterstützte von Anfang an die Gründung eines *Blocks der Nationalbewussten*. Die in ihn, sein Charisma und seine Kompetenz gesetzte Hoffnung, diesen weiter aufzubauen und zu führen, musste jedoch mit seinem Ableben begraben werden. Die jungdeutsche Tagespresse bemühte sich der entstandenen Situation als einen »großen und entscheidenden Anstoß« für eine »völlige Neuordnung« des parteipolitischen Gefüges etwas Positives ab-

124 Ebenda, S. 49.
125 Ebenda, S. 50.
126 Ebenda, S. 134.
127 Höhn: Artur Mahraun, Wegweiser zur Nation, S. 130.
128 Höhn: Der bürgerliche Rechtsstaat und die neue Front, S. 10, 18.
129 Merseburger, Peter: Theodor Heuss. Der Bürger als Präsident. Biographie, München 2013, S. 273.
130 Nach Kellmann, Axel: Anton Erkelenz. Sozialliberaler im Kaiserreich und in der Weimarer Republik, Berlin 2007, S. 197; nach Merseburger: Theodor Heuss, S. 273.

zuringen.[131] Wegen des Volksentscheids über den Young-Plan drängte sie zusätzlich auf eine schnelle Entscheidung. Auf dem Berliner Hochkapitel Mitte Oktober 1929 machte sie dafür den Weg frei. Als die Werbung der Rechten in ihre finale Phase eintrat, gab *Der Jungdeutsche* die Gründung der *Volksnationalen Reichsvereinigung* bekannt. In dem »Aufruf an Alle« bat er um das Engagement seiner Leser.[132] Die *Volksnationale Reichsvereinigung* sollte inhaltlich für einen Staat stehen, der auf christlichen Werten ruht, die deutsche Kultur bejaht sowie eine Synthese zwischen Pflicht und Freiheit anstrebt und die Unterordnung sämtlicher Sonderinteressen unter die der Nation verlangt.[133] Mahraun sprach wenig später sogar schon von Nah- und Fernzielen. Dazu zählte er umfassende Reformen im Wahl-, Finanz- und Verwaltungswesen sowie die deutsche Wiederbewaffnung. Unbeeindruckt vom geteilten Presseecho begann die Ordensleitung Ende November mit der Bildung von Gründungsausschüssen. Diese fielen zeitlich mit den von Höhn geleiteten *Staatspolitischen Abenden* zusammen, die er ab Sommer in einem halben Dutzend Universitätsstandorten durchführte. In Berlin etwa, wo Höhn nach Dresden und Leipzig am 1. Juli gastierte, war sein Vortrag Teil der *Jungdeutschen Akademischen Debatten*. Dabei handelte es sich um ein Veranstaltungsformat, welches von der Berliner Sektion des *Rings Jungdeutscher Studentengemeinschaften* als Plattform volksnationaler Ideen organisiert wurde.[134] Deren Adressaten waren ausgewählte Studenten, Dozenten und Politiker, »fein abgestufte Kreise«, von denen Höhn nicht befürchten musste, dass durch sie die jungdeutschen Ideen »zerrieben, ausgebeutet und verschandet« würden.[135] Für ihn funktionierte das Format, da darin stets »ernsthaft« konferiert worden sei.[136] Und auch die Ordensleitung würdigte die *Staatspolitischen Abende* als »außerordentlichen Erfolg«.[137] Lediglich die Reaktionen des Auditoriums fielen gemischter aus. Lob erntete Höhn dafür, eine lösungsorientierte Debatte angestoßen zu haben, Zweifel, ob die wirklich zu einem umsetzbaren Ansatz führen kann.

Nach Stationen in Köln, Bonn, Heidelberg und Frankfurt am Main liefen die *Staatspolitischen Abende* im Januar 1930 in München aus. Zur gleichen Zeit gewann die *Volksnationale Reichsvereinigung* weiter an Form. Für April wurde ein erster Reichsvertretertag angesetzt, auf dem sie sich eine eigene Sastzung geben wollte. Diese zielte auf eine Reichsreform unter anderem mit Veränderungen im Wahlrecht und

131 Kessler: Der Jungdeutsche Orden in den Jahren der Entscheidung (I), S. 63.
132 O. A.: Aufruf an Alle, in: Der Jungdeutsche vom 2. November 1929.
133 Kessler: Der Jungdeutsche Orden in den Jahren der Entscheidung (I), S. 66.
134 Lösch: Der nackte Geist, S. 494; Kessler: Der Jungdeutsche Orden in den Jahren der Entscheidung (I), S. 76.
135 O. A.: Eine Aussprache in Köln, in: Der Jungdeutsche vom 25. Juli 1929.
136 Höhn: Artur Mahraun, der Wegweiser zur Nation, S. 5.
137 O. A.: Eine Aussprache in Köln, in: Der Jungdeutsche vom 25. Juli 1929.

dem Sozialwesen ab.[138] Für Höhn waren es allerdings nicht die programmatischen Einzelfragen, die Staatsbürger »zu Tausenden und aber Tausenden« anziehen würden – dafür böten Parteien viel schönere Diskussionsclubs –, sondern die Aussicht, Wege zu deren Lösung aufgezeigt zu bekommen.[139] Infolge des Reichsvertretertages entschied sich Mahraun für eine bessere Kommunikation nach außen, die Ordensarbeit den Anforderungen der *Volksnationalen Reichsvereinigung* unterzuordnen. Dazu stellte er den internen Dienstbetrieb samt Beitragswesen um und glich die Balleigrenzen denen der Wahlkreisverbände an. Von den Veränderungen war auch Höhns Abteilung betroffen. Mit ihrer Auflösung büßte der einstige jungdeutsche Shootingstar einen wichtigen Eckpfeiler seines Aufstiegs sowie der eigenen Identifikation ein. In der Folge kühlte sich das bislang enge Verhältnis zu Mahraun merklich ab. Nicht nur dass die Zahl seiner Artikel deutlich sank. Viel mehr erschienen sie im Vergleich zu früheren Veröffentlichungen auffällig distanziert. In der Zwischenzeit bereiteten sich der *Jungdeutsche Orden*, die *Volksnationale Reichsvereinigung* und ihre Partner weiter intensiv auf die ersten Wahlen vor. Dabei wurde »der Kampf um Sachsen« von Mahraun als »Vorschule für weitere und größere Kämpfe«ausgerufen.[140] Anfang Juni veröffentlichte der Orden die ersten Wahlvorschläge und die Namen der dazugehörigen Spitzenkandidaten. Dem Wähler präsentierte man sich als »arm, aber sauber, ehrlich und vor allem willensstark«.[141] Im Ergebnis aber gelang es insbesondere den radikalen Kräften wie der NSDAP von der wirtschaftlichen Talfahrt des Landes zu profitieren. Auf die *Volksnationale Reichsvereinigung* entfielen insgesamt zwei Sitze. Von einer Wahlniederlage wollte aus dem Kreis der Jungdeutschen dennoch niemand sprechen. Mahraun nannte es einen »zufriedenstellenden Anfangserfolg«.[142] Was blieb war Zweckoptimismus. In diesem Duktus reduzierte sich die anschließende Fehlersuche recht pauschal darauf, dass man gegenüber den Mitbewerbern einfach über zu wenig Zeit und über zu geringe Mittel verfügte und überdies noch von der Presse geschnitten wurde. Mahraun verordnete den Volksnationalen weniger selbstkritisch zu sein und großzügiger zu werden. Nach wie vor glaubte er, mit mehr Spenden und mehr Zeit das hohe Integrationspotenzial weiter bürgerlicher Kreise, trotz deren zersplitterter Interessenkultur, aktivieren zu können.[143]

138 Höhn, Reinhard: Männer oder Programme, in: Der Jungdeutsche vom 1. April 1930.
139 Ebenda.
140 Mahraun, Artur: Alle Kraft auf Sachsen!, in: Der Jungdeutsche vom 25. Mai 1930.
141 Nach Kessler: Der Jungdeutsche Orden in den Jahren der Entscheidung (I), S. 94.
142 Nach Kessler: Der Jungdeutsche Orden in den Jahren der Entscheidung (I), S. 98.
143 Jones, Larry Eugene: Sammlung oder Zersplitterung? Die Bestrebungen zur Bildung einer neuen Mittelpartei in der Endphase der Weimarer Republik 1930 – 1933, in: Vierteljahreshefte für Zeitgeschichte 3/1977, S. 265.

Die Zusammenarbeit mit der DDP führte zur Gründung der *Deutschen Staatspartei.*[144] In dem kurzen, jedoch intensiven Wahlkampf zu den Reichstagswahlen Mitte September 1930 fiel es den gemäßigten Parteien schwer, sich mit sachlichen Argumenten von den Parolen radikaler Kräfte abzusetzen. Die *Deutsche Staatspartei* versuchte es, indem sie für ein friedliches Miteinander und eine tatkräftige Mitarbeit am bestehenden Staat warb. Am Ende profilierte sie sich als Protestpartei. Mit knapp vier Prozent der Stimmen blieb die *Deutsche Staatspartei* wie viele andere hinter ihren Erwartungen.[145] Einzig die *Wirtschaftspartei* schien der Agonie der bürgerlichen Mitte halbwegs die Stirn bieten zu können. Ihre historische Bedeutung erlangten die Reichstagswahlen erst durch die NSDAP, die es geschafft hatte, ihr Ergebnis binnen zwei Jahren zu verachtfachen und als zweitstärkste Kraft hinter der SPD aufzuschließen. Die *Deutsche Staatspartei* erreichte insgesamt 20 Mandate. Sechs von ihnen entfielen auf die Volksnationalen. Gerade in ihren Reihen hielt sich diesmal mit Blick auf den Erfolg in Ostsachsen und die weitaus größeren Verluste der DVP die Enttäuschung in Grenzen. Anders sah die Situation bei den Jungdeutschen aus. In ihren Augen war es eine »gewaltige Schlappe«.[146] Ähnlich deutlich kommentierte es der liberale Flügel. Für ihn war schwer zu verdauen, dass man einen Großteil der eigenen Wähler an die Sozialdemokraten oder die Zentrumsvertreter verloren hatte. Bald schon kursierten die ersten Rücktrittsforderungen und diese befeuerten den internen Disput, an dessen Ende der komplette Rückzug der sechs volksnationalen Abgeordneten aus der *Deutschen Staatspartei* stand. Während sie versuchte, sich schrittweise zu stabilisieren, hallte der Austritt insbesondere bei den Volksnationalen nach. Ihr brachen nun immer mehr die Wähler weg, sodass man sich dazu entschied, die politische Arbeit ganz einzustellen. Für den *Jungdeutschen Orden* blieben die negativen Folgen des Experiments dank seiner gefestigten Strukturen überschaubar. Dennoch hielt sich hartnäckig das Gerücht, dass er durch die Gründung der *Deutschen Staatspartei* Mitglieder verprellt hätte. Die *Friedrichrodaer Zeitung* berichtete von »bis zu 50 Prozent«, die den Orden in Friedrichroda, Erfurt und Gotha verlassen hätten.[147] Das linksliberale *Berliner Tageblatt* spekulierte angesichts von über 100.000 Austritten sogar über eine »Spaltung im Jungdo«.[148] Für Mahraun waren solche Meldungen nur eine »Ausgeburt

144 Dazu Jones, Larry Eugene: German Liberalism and the Dissolution of the Weimar Party System, 1918 – 1933, Chapel Hill 1988.

145 Milatz, Alfred: Wähler und Wahlen in der Weimarer Republik, Bonn 1965, S. 131.

146 Kessler: Der Jungdeutsche Orden in den Jahren der Entscheidung (I), S. 131.

147 O. A.: »Massenflucht aus dem Jungdo?«. Eine Ausgeburt der sauren Gurkenzeit, in: Der Jungdeutsche vom 14. August 1930.

148 Ridder, Wilhelm: Das neueste Sensationsmärchen: »Mehr als 100.000 Austritte – Spaltung im Jungdo«, in: Der Jungdeutsche vom 22. August 1931.

der sauren Gurkenzeit«.[149] Er sprach von 586 Brüdern, die im Zuge der Gründung der *Deutschen Staatspartei* aus dem *Jungdeutschen Orden* ausgeschieden seien.[150]

Entgegen Höhns späterer Darstellung ging dem Bruch mit Mahraun der eigene, schwerlich verwundene Bedeutungsverlust voraus.[151] Während er sich zurückzog, fuhr die Ordensleitung die Bewerbung seiner Bücher herunter, bis sie sie im Herbst ganz einstellte. Mitte Dezember folgte die Enthebung aus allen seinen Ämtern. Höhn streifte den Vorfall nachher beispielsweise in einem für die *SS* abgefassten Lebenslauf. In ihm stellte er inhaltliche Diskrepanzen in den Vordergrund.[152] Wie verhärtet und vor allem emotional der Konflikt aus Höhns Sicht gewesen ist, lässt eine 1938 durchgeführte Untersuchung des Reichsinnenministeriums erahnen. Diese zitierte Passagen aus einem Briefwechsel mit Johannes Kobelinski vom 15. Juli und 3. September 1930. Darin beschimpfte Höhn Mahraun als einen »Schädling«, der sich den Hals brechen werde und keine Schonung verdiene.[153] Dennoch datierte sein formeller Austritt erst vom 20. Januar 1932. Höhn erklärte ihn in einem Schreiben, in dem es in »tiefem Bedauern« hieß: »Ich glaube nicht mehr daran, dass bei der heutigen Führung Mahrauns aus dem Orden etwas werden kann. Ich habe menschlich alles Vertrauen verloren und auch politisch zu der Person des Hochmeisters nicht das geringste Zutrauen mehr.«[154] Die Gemeinschaftsidee, so Höhn weiter, sei nach wie vor richtig, jedoch nicht an den *Jungdeutschen Orden* gebunden. An dieser Stelle kam Johannes Kobelinski ins Spiel. Der hatte sein eigenes Vorankommen inzwischen an die Nationalsozialisten gebunden, in deren Sicherheitsdienst er zum Gebietsleiter avancierte.

Seinem Selbstverständnis nach rekrutierte der *SD* eine »highly selective inner elite«.[155] Nach außen durchlief er eine Vielzahl verschiedener Reorganisationen. Im Herbst 1932 umfasste die Regionalstruktur des *SD* fünf Gruppen, die im Folgejahr ihren eigenen institutionellen Unterbau bekamen. Von dort liefen die organisatorischen Fäden in einer kleinen Zentrale in München zusammen, wo zunächst etwa ein halbes Dutzend Mitarbeiter das ihnen zugespielte Material sichtete, auswertete und archivierte.[156] Es war eine kleine, aber wachsende Organisation, für die Kobelinski

149 O. A.: »Massenflucht aus dem Jungdo?«. Eine Ausgeburt der sauren Gurkenzeit, in: Der Jungdeutsche vom 14. August 1930.

150 Hornung: Der Jungdeutsche Orden, S. 108.

151 Laut Heiber hat Höhn nach 1945 den Konflikt auf rein persönliche Gründe zurückgeführt – auf Mahrauns undemokratische Ordensleitung etwa und dessen vermeintliche Affinität zum Alkohol. Institut für Zeitgeschichte, ZS-2052-1, S. 1.

152 BArch SSO 103 A, Lebenslauf.

153 Ebenda.

154 Ebenda.

155 Browder, George C.: Foundations of the Nazi Police State. The Formation of Sipo and SD, Kentucky 2004, S. 226.

156 Browder, George C.: Die Anfänge des SD. Dokumente aus der Organisationsgeschichte des Sicherheitsdienstes des Reichsführers SS, in: Vierteljahreshefte für Zeitgeschichte 2/1979, S. 300.

Höhn zu gewinnen versuchte – und schließlich auch gewann. Eine, über deren Größe sich schlecht etwas Genaueres sagen lässt, zumal sie von Himmler und Heydrich anfangs bewusst überschaubar gehalten wurde. Höchstwahrscheinlich sollten zunächst freie Mitarbeiter den Großteil ihrer Arbeit übernehmen. Diese wurden zumeist von regionalen Leitern ausgesucht und angesprochen. Mit seinem Eintritt in den *SD* wurde Höhn einer der wenigen ehrenamtlichen Mitarbeiter, die ungeachtet der hohen Beitrittsanforderungen, außerhalb der Hauptrekrutierungsgebiete Berlin und München angeworben wurden und weder der *SA*, der *SS* oder der NSDAP angehörten.

Von Jerusalem in die »zweite Revolution«

Von gesicherten bürgerlichen Bahnen war Reinhard Höhn zum Jahreswechsel 1929/30 beruflich weit entfernt. Er war zwar promoviert und konnte eine stattliche Anzahl von Veröffentlichungen vorweisen. Nur half ihm das kaum, die von verschiedener Seite vorgebrachten Zweifel an seiner wissenschaftlichen Eignung zu zerstreuen. Bis sich Franz Wilhelm Jerusalem für die Betreuung einer Habilitation bereit erklärte.

Ungeachtet davon, dass die Gemeinschaftsidee für viele der führenden deutschen Soziologen in der zweiten Hälfte der 1920er-Jahre ihren Reiz verloren hatte, forschte Jerusalem, ähnlich wie Ernst Krieck in Frankfurt oder Hans Freyer in Leipzig, an einem eigenen Zugang. Dafür dienten ihm etwa Otto von Gierke oder Friedrich Carl von Savigny als Stichwortgeber. Auffällig war seine Affinität für frankophone Autoren, Kollektivisten und Neokollektivisten, auf die hin Jerusalem später angegriffen wurde. Sie halfen ihm, seine These zu untermauern, dass geschichtliche Prozesse mit einem kollektivistischen Zeitalter beginnen und über ein individualistisch geprägtes zu einem »Leben in der geschlossenen Kollektivität« zurückführen.[157] Entgegen der Forderung des damals in Braunschweig lehrenden Soziologen Theodor Geiger, rechtssoziologische Forschungen mit empirischen Daten zu unterfüttern, argumentierte Jerusalem überwiegend von einem geschichtsphilosophischen Standpunkt aus. Recht, das war für ihn ein Baustein gesellschaftlichen Lebens sowie der »Mittelpunkt völlig neuer Probleme«.[158] Denen auf die Spur zu kommen, analysierte Jerusalem beispielsweise richterliche Urteile, wie diese zustande kommen und welche Faktoren sie beeinflussen. Dabei beschäftigte ihn besonders der »Drang der Selbstverwirklichung«.[159] Ihn hält er in diesem Zusammenhang, neben der »Gesetzmäßigkeit der Lebensfor-

157 Nach Breuer: »Gemeinschaft« in der »deutschen Soziologie«, in: Zeitschrift für Soziologie 5/2002, S. 363.

158 Jerusalem, Franz Wilhelm: Soziologie des Rechts, Jena 1925, S. 5.

159 Ebenda, S. 107

men«, für die »wahre Grundlage jeder sozialen Ordnung«.[160] Historisch belegbar erschien das aus seiner Sicht unter anderem mit der Ablösung des römischen Legisaktionenverfahrens durch den prätorischen Prozess respektive der Writs durch die Equity-Gerichtsbarkeit als Ergänzung des Common Law im angloamerikanischen Recht. Und noch etwas würde darüber deutlich werden: ein »Kollektivgeist« nämlich, und der war für Jerusalem eine epochenübergreifende Triebfeder.[161] An dieser Stelle zeigte er sich überzeugt, dass er durch ein einendes »geistiges Erlebniss« entsteht, dessen Verschiedenheit in der Herausbildung von subjektivem und objektivem Recht sowie einer konkreten Rechtsnorm mündet.[162]

Das Soziologische Seminar übernahm Franz Wilhelm Jerusalem 1922 in seinem vierten Jahr an der Jenaer Universität. Dessen Lehrbetrieb hielt sich allerdings von Anfang an in Grenzen. Mal berichtete er von zwei, dann wieder von 15 Kursteilnehmern.[163] Auch die unzulängliche Raumsituation am Seminar war immer wieder Thema – genauso wie dessen konstant klammes Budget. Unter den von ihm betreuten Dissertationen befanden sich mehrere Arbeiten, die ihr Thema in die Nähe seiner Gemeinschaftslehre rückten. Eine davon stammte von Justus Beyer. In seiner Einleitung lobte der Pfarrerssohn Jerusalems Anregungen und »wesentliche Grundlagen zur Überwindung der Ständeideologien«.[164] Zwei andere Beispiele gingen auf die Autorenschaft von Gerhardt Pein und Eberhard Wöllner zurück.[165] Pein, den ein Organisationsplan der *Reichsstelle für Film und Bild in Wissenschaft und Unterricht* 1943 als Abteilungsleiter für Verwaltung und Personal auswies, versuchte Jerusalems Positionen mit denen Beyers zusammenzuführen.[166] Und Wöllner wiederum stützte sich auf Jerusalem, um zu beweisen, dass Juden vom völkerrechtlichen Standpunkt her nicht der Status einer nationalen Minderheit zugestanden werden kann.

Obwohl Jerusalem einer der wenigen frühen, denominiert soziologischen Lehrstuhlinhaber seiner Zeit war und einschlägige Veröffentlichungen vorlegte, blieben seine Vorstöße von der Fachwelt weitestgehend unbeachtet. Zuspruch erhielt er unter

160 Ebenda, S. 120.

161 Ebenda, S. 232.

162 Jerusalem: Soziologie des Rechts, S. 249-252.

163 Klingemann, Carsten: Soziologie und Politik. Sozialwissenschaftliches Expertenwissen im Dritten Reich und in der frühen westdeutschen Nachkriegszeit, Wiesbaden 2009, S. 128.

164 Nach Klingemann, Carsten: Wissenschaftsanspruch und Weltanschauung, Soziologie an der Universität Jena 1933 bis 1945, in: Hoßfeld, Uwe/John, Jürgen/Lemuth, Oliver/Stutz, Rüdiger (Hrsg.): »Kämpferische Wissenschaft«. Studien zur Universität Jena im Nationalsozialismus, Köln/Weimar/Wien 2003, S. 684; Beyer, Justus: Die Ständeideologien der Systemzeit und ihre Überwindung, Darmstadt 1941.

165 Pein, Gerhardt: Polizei und Ordnung, Borna/Leipzig 1936; Wöllner, Eberhard: Die Bedeutung der nationalen Minderheit und die Juden in Deutschland, Jena 1938.

166 Tolle, Wolfgang: Reichsstelle für Film und Bild in Wissenschaft und Unterricht, Berlin 1961, S. 29, 33.

anderem von Höhn, der ihn als »bedeutsames Erlebnis« feierte.[167] Daneben engagierte der *Jungdeutsche Orden* Jerusalem im Sommer 1930 für Schulungstagungen. Bei ihm also bekam Höhn Anfang November 1929 grünes Licht für seine Habilitation. Unser Wissen über sie beschränkt sich weitestgehend darauf, dass Höhn zur Abfassung zunächst ein halbes Jahr einkalkulierte und dass sie »auf dem Gebiet des Staatsrechts, Völkerrechts und der Soziologie« angesiedelt war.[168] Höhn plante damals noch ohne Lehrbelastung schreiben zu können. Als die im Juli 1930 über seine Assistenzstelle dazukam, war der Abgabetermin bereits einmal verschoben. Um Geld zu verdienen, nahm Höhn einen Posten als Repetitor an. Dieser verschaffte ihm erst einmal etwas Sicherheit, was nun auch eine Familienplanung möglich machte. Am 6. September 1930 heiratete Reinhard Höhn in der Eisenacher Nicolaikirche die Lehrerin Susanne Wille, mit der er in Jena zunächst in der Talstraße 1 und später in der Schleidenstraße 19 ein kleines Appartement bewohnte.[169]

Franz Wilhelm Jerusalem vermittelte Höhn ideelle Sicherheit. Er war von der Idee getrieben, den Weg zu »wahrer« Gemeinschaftsbildung weisen zu müssen, und Höhn brauchte einen Wegweiser und Impulsgeber.[170] Allerdings erfüllte er diesen hohen Anspruch nicht auf Dauer. Bei Carl Schmitt sah das anders aus. Dieser imponierte Höhn, der im Laufe des Jahres 1931 wiederholt den Kontakt zum ihm suchte. Im Frühjahr legte Schmitt das Buch *Hüter der Verfassung* vor und sorgte damit für Diskussionsstoff.[171] Im Juli 1932 reichte seine Staatsrechtskonzeption an eine historische Situation heran. Vor dem Staatsgerichtshof verteidigte Schmitt den *Preußenschlag*, durch den die Minderheitsregierung Braun qua Notverordnung abgesetzt wurde.[172] Er erreichte damit einen Höhepunkt an Popularität und politischem Einfluss.

In seinen Briefen an Carl Schmitt berichtete Höhn von seinen Veröffentlichungen sowie die Reaktionen der Studenten auf dessen Schrift *Begriff des Politischen*[173], die er zur Grundlage seiner Seminare gemacht hatte: »Es geht eine so eminente Kraft aus von Ihren Gedankengängen, die weiteste Kreise über die Studenten- und Dozentenschaft hinaus erfassen«.[174] Sooft sich Schmitt beklagte, nicht angemessen zitiert oder rezipiert zu werden, im Falle Höhns konnte er sich deswegen nicht beschweren. So notierte er am 8. Mai 1932 in seinem Tagebuch: »Freude über die Anerkennung«.[175]

167 Höhn, Reinhard: Neue soziologische Bücher, in: Der Jungdeutsche vom 18. März 1930.
168 ThHStA Weimar, PA Justiz Nr. 346, Bl. 59.
169 Archiv des Stadtkirchenamtes Eisenach, Traubuch 1927 – 1930, lfd. Nr. 163, S. 275.
170 Klingemann: Soziologie und Politik, S. 128.
171 Schmitt, Carl: Hüter der Verfassung, Berlin 1931.
172 Blasius, Dirk: Carl Schmitt. Preußischer Staatsrat in Hitlers Reich, Göttingen 2001, S. 27, 32.
173 Schmitt, Carl: Der Begriff des Politischen, Berlin 1932.
174 LAV NRW R, RW 265 Nr. 6159, Schreiben von Reinhard Höhn an Carl Schmitt vom 30. Dezember 1931.
175 Schuller, Wolfgang (Hrsg.): Carl Schmitt. Tagebücher 1930 – 1934, Berlin 2010, S. 193.

Diese bezog sich auf einen zweiseitigen Artikel, den Höhn drei Tage zuvor in der Zeitschrift *Der Gegner* platzierte und ihm anschließend zukommen ließ. Schmitt rühmte er darin im selben Duktus wie einst Mahraun als hervorragenden Geist mit »glänzender Formulierungsgabe«, der »mitten im Leben stehend, der Zeit zu sagen weiß, war ihr not tut und woran sie krankt«.[176] Schmitt sah in Höhn einen »guten deutschen Typ«.[177] Einer, mit dem es sich nett plaudern ließ, gern auch privat, dessen fachliche Grenzen allerdings insbesondere im Vergleich zu anderen hervortraten – anderen wie Ernst Rudolf Huber, dessen Frau zeitweise mit Schmitt zusammenarbeitete. Huber war ein knappes halbes Jahr älter als Höhn und habilitierte 1931 mit einer Studie zum Wirtschaftsverwaltungsrecht.[178] Ebenso las er Korrektur bei Schmitts *Hüter der Verfassung* und setzte gegen dessen anfängliche Vorbehalte eine größere Besprechungsabhandlung durch. In dieser präzisierte Huber Schmitts Gedanken wie etwa das Verhältnis zwischen »absoluter« und »positiver« Verfassung oder die terminologische Abgrenzung von »Dezisionismus« und dem konkreten »Ordnungs- und Gestaltungsdenken«, was Schmitt später als Weiterentwicklung seiner 1922 erschienenen *Politischen Theologie* exponierte.[179]

Unabhängig von Schmitt und Jerusalem bewegte sich die gemeinschaftsorientierte Theoriebildung innerhalb der Soziologie am Ende der Weimarer Republik vordergründig in einem antiliberal und kulturpessimistisch determinierten Klima. Dennoch schenkte sie dem Nationalsozialismus vor dem 30. Januar 1933 kaum Beachtung. Danach musste und wollte sie es. Über diesen Umstand entbrannte in den 1950er-Jahren eine lebhafte Debatte. Von Stillstand war dort zu lesen oder Nichtexistenz, was allerdings zeitnah schon in Zweifel gezogen und alsbald widerlegt wurde. So gingen der Soziologie mit dem Nationalsozialismus zwar rund zwei Drittel ihrer Fachkräfte durch Flucht sowie durch Entzug der Lehrbefugnis und Zwangsemeritierung verloren.[180] Ihre Arbeit kam trotzdem nicht zum Erliegen, expandierte streckenweise sogar, was die neubesetzten Lehrstühle und ihre Themengebiete zeigten.[181] Zur vordersten Reihe derer, die sich für eine rasche ideologische Instauration des Faches stark machten, gehörte beispielsweise der Jenaer Soziologe Max Hildebert Boehm sowie der Heidelberger Pädagoge Ernst Krieck. Mit Franz Wilhelm Jerusalem und Reinhard Höhn standen ihnen zwei weitere engagierte Wissenschaftler zur Seite. Dieser schloss sich am 1.

176 Höhn, Reinhard: Carl Schmitt als Gegner der liberalen Politik, in: Der Gegner 9/1932, S. 6.
177 Schuller (Hrsg.): Carl Schmitt, S. 170.
178 Huber, Ernst Rudolf: Wirtschaftsverwaltungsrecht. Institutionen des öffentlichen Arbeits- und Unternehmensrechts, Tübingen 1932.
179 Nach Mehring: Carl Schmitt, S. 266; Schmitt, Carl: Politische Theologie. Vier Kapitel zur Lehre von der Souveränität, Berlin 1922.
180 Rammstedt: Deutsche Soziologie 1933 – 1945, S. 131.
181 Ebenda.

Mai 1933 der NSDAP und am 15. September 1933 der *SS* an.[182] Jerusalem stieß am 1. Mai 1937 zur NSDAP.

Die Rolle der Jenaer Universität bei der Neuausrichtung der Soziologie ist in der Forschung umstritten. Rammstedt vertritt die These, dass sie das Zentrum der deutschen Soziologie war und vor allem dass dem eine bewusste Entscheidung zugrunde lag.[183] Als Beleg führte er zum Beispiel Wilhelm Frick an, der noch in seiner Funktion als thüringischer Innenminister den einschlägig bekannten Eugeniker Hans F. K. Günther nach Jena holte und dort zu einem »Lehrstuhl für Züchtungslehrkunde« verhalf. In seinen Augen war das ein »erstes Zeichen einer NS-Hochschulpolitik«.[184] Zuspruch fand Rammstedt bei Heiber. Für ihn gestaltete sich die politische Situation in Jena insoweit als »sonnenklar«, als dass es dort »nur so von politischer Aktivität« wuselte.[185] Ebenso findet sich bei ihm das Versprechen des späteren Jenaer Rektors Karl Astel, aus der Universität eine »SS-Universität« machen zu wollen.[186] Dem hielt Klingemann die eigenen »intensivsten Archiv- und Nachlaßrecherchen« entgegen, die Rammstedts Ausgangsthese nicht verifizieren könnten.[187] Breuer bietet den Kompromiss an, von Jena den »Hauptimpuls zur Umstellung der deutschen Soziologie auf Gemeinschaft« ausgehen zu sehen.[188] Ausgangspunkt dieses Impulses war ein Brief, der die *Deutsche Gesellschaft für Soziologie* im Juni 1933 erreichte. In ihm echauffierte sich Jerusalem über deren in seinen Augen politisch unpassende Ausrichtung und das ebenso unpassende Programm ihrer für September angesetzten KielerTagung. Wirklich aufhorchen ließ seine Ankündigung, in Jena eine Art Sonder- oder Gegentagung organisieren zu wollen. Die Vereinsführung reagierte uneins. Am Ende setzte sich ihr Sekretär Leopold von Wiese mit einer Art »Kompromißstrategie« gegen ihren Präsidenten Ferdinand Tönnies durch.[189] Mit der Idee, gleichzeitig linientreuen Kollegen eine Mitgliedschaft anzutragen sowie ins Ausland geflohene oder jüdische Mitglieder auszuschließen, erhoffte er sich zusammen mit Sombart und Freyer ein in Jena vernehmbares Zeichen setzen zu können. Allerdings revidierte das Trio den Entschluss und schlug ihren Mitgliedern sowie Tönnies stattdessen vor, keine neuen Aufnahmen einzugehen und keine bestehenden aufzulösen. »Selbstgleichschaltung« nannte das

182 BArch SS0 103 A, SS-Stammrollen-Auszug.
183 Rammstedt: Deutsche Soziologie 1933 – 1945, S. 17.
184 Ebenda.
185 Heiber, Helmut: Universität unterm Hakenkreuz, Teil II, Die Kapitulation der Hohen Schulen, Band 2, München 1994, S. 125f.
186 Heiber: Universität unterm Hakenkreuz, S. 126.
187 Klingemann: Soziologie und Politik, S. 679.
188 Breuer: »Gemeinschaft« in der »deutschen Soziologie«, in: Zeitschrift für Soziologie 5/2002, S. 363.
189 Nach Schauer/van Dyk: Vom doppelten Versagen einer Disziplin, in: Soeffner (Hrsg.): Unsichere Zeiten, S. 921.

Klingemann.[190] Im November trat der Kreis um Jerusalem mit dem Apell »An die deutschen Soziologen« in die Öffentlichkeit. Darin verlangte er, das Fach konsequent auf den »Grundsatz der Gemeinschaft« auszurichten.[191]

Von Wieses dekonfrontativer Kurs bestimmte auch die Mitgliederversammlung Ende Dezember. Allein das Bekanntwerden ihres Termins sorgte in Jena für Häme: »Man kann es schon jetzt als einen Erfolg des kommenden Treffens der deutschen Soziologie in Jena buchen, dass die Deutsche Gesellschaft für Soziologie eine außerordentliche Mitgliederversammlung einberufen hat, auf der sie, wie wir hören, ihre Auflösung erklären will. Das ist die einzig mögliche Konsequenz auf Grund der bisherigen liberalistischen Einstellung dieser Gesellschaft.«[192] Von einer Auflösung sprach von Wiese nicht. Ihm schwebte eine Umbenennung oder Neugründung vor. Knapp zwei Wochen später stand das Soziologentreffen in Jena an. Die Eröffnung übernahm am 6. Januar 1934 Ernst Krieck. In seiner Begrüßung machte der Volksschullehrer mit Universitätsrektorat am Beispiel der *Gesellschaft für Sozialreform* deutlich, worin er die Aufgabe des *Amtes für Wissenschaft und Erziehung* sah. Noch bestehende Gesellschaften sollten unter eine »einheitliche nationalsozialistische Führung« gestellt werden.[193] Krieck propagierte, die humanistisch-rationalistische Tradition innerhalb der Erziehungswissenschaft durch eine völkische abzulösen, um sie zu einem Teil der »neuen Mission Deutschlands gegenüber der Menschheit« zu machen.[194]

Als zweiter Redner referierte Jerusalem über die »Gemeinschaft als Problem unserer Zeit«. Wie auch Krieck kontrastierte er dieses »Generalproblem der Soziologie« anhand einer Negativfolie des Jungen und Neuen gegenüber dem Alten und Überlebten, wenn er über den »stärker werdenden Individualismus« sagte: »Es ist die Lebensfrage eines jeden Volkes, ob es diesen zersetzenden, atomisierten Prozess bis zum endgültigen Zerfall weitertreibt, oder ob es sich aufschwingt, um zu neuem Gemeinschaftsleben fortzuschreiten«.[195] Auch Jerusalem bekannte sich zu Hitler als »vollendeten Ausdruck eines neuen Gemeinschaftslebens«.[196]

Alfred Krauskopf bestritt den Nachmittagsteil der Tagung. Der aus Ostpreußen stammende Landwirtssohn hatte an den Universitäten Königsberg, Göttingen und Jena Theologie und Philosophie studiert und Mitte April 1932 seine Promotion über

190 Klingemann: Soziologie im Dritten Reich, S. 11.

191 Nach Kleine, Helene: Soziologie und die Bildung des Volkes. Hans Freyers und Leopold von Wieses Position in der Soziologie und der freien Erwachsenenbildung während der Weimarer Republik, Wiesbaden 1989, S. 135.

192 Klingemann: Soziologie im Dritten Reich, S. 23.

193 O. A.: Die Deutschen Soziologen in Jena, in: Jenaische Zeitung vom 8. Januar 1934.

194 Ebenda.

195 Ebenda.

196 Ebenda.

die Religionstheorie Sigmund Freuds abgeschlossen.[197] In seinem Referat thematisierte Krauskopf »Die gegenwärtigen Probleme der Religionssoziologie«. Darin bestand er auf einer Erneuerung der Soziologie als Grundlage für die religiöse Verankerung der neuen Volkstumsidee innerhalb der Gesellschaft.

Bevor Krieck im Anschluss den ersten Tagungstag beschloss und die Teilnehmer in einen informelleren Rahmen zu weiteren Gesprächen übergingen, wiederholten sie die Notwendigkeit einer Neuordnung der Wissenschaft, die lebensnaher, volksgebundener und nach den Grundsätzen der Gemeinschaft ausgerichtet sein sollte.

Mit Spannung wurde am zweiten Tag das Referat von Hans F. K. Günther erwartet. Unter dem Titel »Soziologie und Rasseforschung« umriss er darin die Überschneidungspunkte und kommenden Aufgaben beider Disziplinen. Ziel, so Günther, müsse es sein, zu einem »wahren rassischen Adel« und einer »würdigen« Lösung der Judenfrage zu kommen.[198] Abschließend referierte Reinhard Höhn über »Die praktischen Aufgaben der Soziologie der Gegenwart« und den Wert der Bildung von Gemeinschaft für jegliche Form sozialer Interaktion. In *SA*, *SS* oder im Kreis der Auslandsdeutschen sah er dies bereits erfolgreich umgesetzt, da gerade sie wüssten, was »Blut und Boden« bedeutet.[199] Wilhelm Deckert griff diesen Gedanken in seinem Schlusswort auf, um im Namen des Reichsarbeitsministeriums die Erwartungen der Politik gegenüber der Wissenschaft auf den Punkt zu bringen. »Wir brauchen nicht so sehr theoretische Kenntnis, als vor allem innere Erkenntnisse. Bedenken wir, dass die großen Ereignisse nicht in der Studierstube, sondern von dem Willen zur Tat gestaltet wurden!«[200]

Obgleich das Treffen außerhalb der Reihe offizieller Soziologentagungen lief, berichteten reichsweit Medienvertreter aus Jena. Der *Völkische Beobachter* beispielsweise bezeichnete es als »Markstein in der Geschichte der Wissenschaft«.[201] Unabhängig davon erreichten die Organisatoren mit ihm die Gleichschaltung der Soziologie, ohne die *Deutsche Gesellschaft* für Soziologie selbst okkupieren zu müssen. Eigentlich sollte auch Freyer in Jena vortragen. Nur zog dieser vor, in Budapest über die Grundzüge des Nationalsozialismus sprechen.[202] Freyer glaubte damit, Ungarn bei der politischen

197 Krauskopf, Alfred: Die Religionstheorie Sigmund Freuds. Ihre psychologischen Grundlagen und metapsychologischen Wertungsgesichtspunkte, Jena 1933.

198 O. A.: Die Deutschen Soziologen in Jena, in: Jenaische Zeitung vom 9. Januar 1934.

199 Ebenda.

200 Ebenda.

201 Nach Schauer/van Dyk: »…daß die offizielle Soziologie versagt hat«, S. 77.

202 Wiese, Leopold von: Die Deutsche Gesellschaft für Soziologie. Persönliche Eindrücke in den ersten fünfzig Jahren (1909 – 1959), in: König, René (Hrsg.): 50 Jahre Deutsche Gesellschaft für Soziologie 1909 – 1959. Kölner Zeitschrift für Soziologie und Sozialpsychologie, 1/1959, S. 17.

Annäherung an Deutschland unter die Arme greifen zu können.[203] Im Nachhinein begründete er gegenüber von Wiese seine Entscheidung damit, die *Deutsche Gesellschaft für Soziologie* so vor dem Einfluss bestimmter Personen geschützt zu haben. Damit spielte Freyer auf Reinhard Höhn an, ohne aber dabei seinen Namen zu nennen. Anders war das, als sich Boehm Anfang Februar 1934 in einem Brief an den Soziologen Erich Rothacker wandte, der damals zusammen mit Joseph Goebbels an einem Plan zur nationalsozialistischen Erziehung arbeitete und die Gründung des *Ausschusses für Rechtsphilosophie* an der *Akademie für Deutsches Recht* vorbereitete: »Nach den unerfreulichen Weiterungen, die sich in der Deutschen Gesellschaft für Soziologie anzubahnen schienen, wird es auch Sie erfreut haben, dass es dem besonnenen Vorgehen von Freyer gelungen ist, die Attacken abzuschlagen, die hauptsächlich auf die Intrigen des jungen Dr. Höhn zurückgingen, der in seinem Auftreten in Weimar die letzten Zweifel, wes Geistes Kind er sei, zerstreute. Es ist sehr bedauerlich, dass ein Mann wie Krieck sich einer solchen Führung anvertraut«.[204] Nach dem Krieg erinnerte sich Boehm, dass auf der angesprochenen Weimarer Ratssitzung Krieck mit dem »eingeladenen Herrn Höhn« erschien, »den er (unter Berufung auf Carl Schmitt) uns aufdrängen wollte«.[205] »Freyer lehnte ruhig und besonnen ab«, so Boehm, »und damit war das Porzellan entzwei. Er selbst wurde durch die von Höhn mobilisierte *Gestapo* unter Postkontrolle gestellt und verlor dadurch und durch andere Beschattungsmaßnahmen überhaupt den Mut, die Gesellschaft zu reaktivieren«.[206] An anderer Stelle deutete er an, dass Freyer durchaus versuchte, mit ihm, Walther, Rothacker und dem in Nürnberg dozierenden Max Rumpf, die Geschäfte der Gesellschaft weiterzuführen und dass es Höhn gewesen ist, der durch seine Interventionen diese Pläne zunichte machte.[207]

Die Soziologie war in den 1930er-Jahren weit von einem verachteten Nischendasein entfernt. Zahlreiche Fachvertreter verinnerlichten zügig den Anspruch, Leitwissenschaft zu sein. Dennoch scheiterten sie in ihrer selbstgegebenen Rolle der Vordenker soziologisch betonter Volkswerdung an den Konsolidierungsbestrebungen des Regimes.[208] Nachdem diverse fachbezogene Zeitschriften ihr Erscheinen einstellen mussten, fand die deutsche Soziologie im *Volksspiegel* ein intellektuelles Zentrum. Seine zumeist kurz gehaltenen Beiträge spiegeln den Versuch wider, die Soziologie in

203 Muller, Jerry Z.: The Other God that Failed. Hans Freyer and the Deradicalization of German Conservatism, Princeton 1987, S. 306.
204 Nach Klingemann: Soziologie und Politik, S. 126.
205 Ebenda.
206 Ebenda.
207 Nach Weyer, Johannes: Westdeutsche Soziologie 1945 – 1960. Deutsche Kontinuitäten und nordamerikanischer Einfluß, Berlin 1984, S. 41.
208 Schauer/van Dyk: »...daß die offizielle Soziologie versagt hat«, S. 81.

eine umfassende Volkswissenschaft zu überführen.[209] 1937 wechselte er zum *Deutschen Volksverlag*, unter dessen Handschrift der *Volksspiegel* als Sprachrohr des *Nationalsozialistischen Lehrerbundes* firmierte, ehe er 1937 sein Erscheinen einstellen musste. Kurz nach Kriegsende erhob Leopold von Wiese wegen der Vorkommnisse aus den Jahren 1933/34 heftige Vorwürfe gegenüber Franz Wilhelm Jerusalem. Sie flossen Mitte April 1946 in das Urteil der Spruchkammer Frankfurt ein, das Jerusalem als Mitläufer einstufte sowie zu einer Geldsühne von 1500 Mark verurteilte.[210] Im Zuge seiner Berufung bat er den entnazifizierten und unlängst wieder lehrenden Erich Rothacker ihm in einer Eidesstattlichen Erklärung zu versichern, dass er »auf dem Soziologentag nicht als Nazi« aufgetreten war, »sondern als ›altes Eisen‹, das nun beiseite zu legen sei«.[211] »Sehr wertvoll wäre«, so Jerusalems Bitte, »wenn Sie hinzufügen würden [...], dass die ganze Tagung den Nazis unsympathisch gewesen wäre, dass sie aber mit Erfolg versucht hätten, für sich das Beste daraus zu machen.«[212] Als späte Revanche gegenüber seinem ehemaligen Assistenten kam Jerusalem nicht umhin, Rothacker um eine zusätzliche Stellungnahme gegenüber Reinhard Höhn zu bitten, sein Auftreten »und die Ausführungen des Mannes vom Arbeitsdienst über Höhn als kommenden Mann«.[213] Darin war schließlich zu lesen: »Auf Wunsch von Herrn Professor Jerusalem fasse ich meine auf dem Jenenser Soziologentag gewonnenen Eindrücke kurz zusammen. Er war der erste wissenschaftliche Kongress, den ich im Dritten Reich mitmachte. Der Verlauf war ein sehr typischer und lehrreicher. Angelegt war die Tagung als eine streng wissenschaftliche alten Stils. In diesem Stil waren auch die Vorträge gehalten; selbstverständlich auch der von Professor Jerusalem (über Rousseau). Eine auffällige Ausnahme machte der Vortrag des Assistenten Dr. Höhn, den natürlich die wenigsten Besucher kannten. Nach Auskünften hatte er eine Rolle im Jungdeutschen Orden gespielt. Sein Auftreten war anspruchsvoll. Er wollte die Staatswissenschaft ›revolutionieren‹, aber genau besehen war die Gesamthaltung auch dieses Vortrages trotz des bewussten Radikalismus noch überwiegend akademisch und theoretisch. Ich war zunächst nicht imstande, den Vortrag zur Partei in ein eindeutiges Verhältnis zu bringen. Die spätere SS-Phraseologie war das noch nicht. Ein neues Gesicht erhielt dieser Vortrag erst durch die Diskussionsrede eines Arbeitsdienstführers, die dem Gesamttenor nach die vorausgegangenen Vorträge recht gönnerhaft abtat (sozusagen als relevanzloses Professorengerede) dann aber die Ausführungen Höhns über den grünen Klee lobte. Diesen Mann solle man zum Professor dieser seltsamen ›Soziologie‹ ma-

209 Nolte, Paul: Die Ordnung der deutschen Gesellschaft. Selbstentwurf und Selbstbeschreibung im 20. Jahrhundert, München 2000, S. 158.
210 Nach Klingemann: Soziologie und Politik, S. 42.
211 Ebenda.
212 Ebenda.
213 Ebenda, S. 44.

chen. Ich erinnere mich an diesen Moment sehr genau, weil ich nachher bei einem Glase Bier zu einigen mir unbekannten Herrn ironisch sagte: ›Wenn ich nächstens einmal einen Obersten begegnete, würde ich ihm sagen, ich wisse einen hervorragenden Gefreiten, den ich ihm zum Bataillonsführer empfähle.‹ Was eisigem Schweigen begegnete. Wobei es sich zeigte, dass unter den jüngeren Zuhörern echte Nazis waren. [...] Ich erinnere mich, überrascht gewesen zu sein, dass Höhn damit eine so lebhafte offiziöse Anerkennung fand. [...] An andere Nazis unter den Rednern kann ich mich nicht erinnern.«[214] Auf Jerusalem kam Rothacker erst gegen Ende seiner Stellungnahme wieder zu sprechen: »Die Generalstimmung war: diese Professoren gehören samt und sonders zum alten Eisen und die Gesellschaft für Soziologie sei eine überlebte Angelegenheit. [...] Zu diesem ›alten Eisen‹ gehörte sichtlich auch Professor Jerusalem. Sein Assistent Höhn dachte gar nicht daran, ihn politisch ernst zu nehmen und in ihm einen Nationalsozialisten zu sehen.«[215] Und als politisch unzuverlässig galt Jerusalem tatsächlich in den Augen verschiedener seiner Kollegen. Höhn kritisierte wiederholt seine Ansichten sowie seinen späten Eintritt in die Partei. Aus Jerusalems Studentenschaft hieß es: »Von einer sehr positiven Einstellung zum Nationalsozialismus kann bei Jerusalem nicht die Rede sein. Er hackt noch auf alten Theorien herum [...] Nebenbei ist er Soziologe und betrachtet auch das Völkerrecht von einer ihm eigenen Anschauungsweise. Auf aktuelle Dinge im Staatsrecht geht er selten ein, und wenn, dann nur sehr vorsichtig, und oft einseitig.«[216] Die Frankfurter Berufungskammer folgte Rothackers Eidesstattlicher Erklärung und stufte Jerusalem Anfang April 1949 als »entlastet« ein.

214 Nach Klingemann: Soziologie und Politik, S. 44.
215 Ebenda.
216 Klingemann: Wissenschaftsanspruch und Weltanschauung, in: Hoßfeld/John/Lemuth/Stutz (Hrsg.): »Kämpferische Wissenschaft«, S. 682.

Mitten im Wir

»Evangelium der Tat«

Über die Jahre hinweg sah sich das Bildungsbürgertum in der Weimarer Republik wiederholt infrage gestellt und mit Abstieg und Bedeutungsverlust konfrontiert. Mehrheitlich reagierte es mit dem Rückzug oder dem Verbarrikadieren hinter dem eigenen Eliteanspruch, obgleich dessen reale Grundlagen unlängst Risse aufwiesen und in ihrer Fragilität analytische Begehrlichkeiten weckte.[1] Einer dieser Analysten war der Frankfurter Journalist und Filmsoziologe Siegfried Kracauer.[2] Er suchte eine Begründung dafür, warum der konservativ-revolutionäre Kreis um die Zeitschrift *Die Tat* im bürgerlichen Lager so beliebt gewesen ist. 1909 als freireligiöse Kulturzeitschrift gegründet, spielte sie bis Ende der 1920er-Jahre im deutschen Geistesleben zunächst keine hervorstechende Rolle.[3] Erst mit neuer Führung und unter jungkonservativer Ausrichtung gelang ihr der Schritt in eine breitere Öffentlichkeit. Kracauers Befund vermittelte ein Bild von ideeller »Obdachlosigkeit« und einer zwischen Gewalt und Vernunft schwankenden »Verlassenheit«.[4] In diesem Spannungsfeld schieden die Schablonen des 19. Jahrhunderts vielfach genauso aus wie die, die die Moderne bot. Was folgte, war eine Flucht nach vorn, auf der viele einer Propaganda erlagen, die sich als probate Kraft darstellte, diese Zerwürfnisse samt ihren Sehnsüchten über einen gesellschaftlichen Neuanfang auflösen zu können. Während sich die Aufbruchsstimmung dieser »enthusiastischen, funkensprühenden Revolution«, wie es bei Thomas Mann hieß, vielfach schon 1933 im Alltäglichen verlebte, erreichte sie für Reinhard Höhn mit der Jenaer Tagung einen ersten Höhepunkt.[5] An der Jenaer Universität blieb der etwa anhand von Personalverlusten messbare »nationale Aufbruch« im Vergleich zu anderen Standorten wie Göttingen, Kiel, Heidelberg oder Berlin überschaubar. Die

1 Nach Gimmel, Jürgen: Die politische Organisation kulturellen Ressentiments. Der »Kampfbund für deutsche Kultur« und das bildungsbürgerliche Unbehagen an der Moderne, Münster 2001, S. 285.
2 Dazu Hofmann, Martin/Korta, Tobias: Siegfried Kracauer. Fragmente einer Archäologie der Moderne, Sinsheim 1997; Brodersen, Momme: Siegfried Kracauer, Reinbek 2001.
3 Sontheimer, Kurt: Der Tatkreis, in: Vierteljahreshefte für Zeitgeschichte 3/1959, S. 230.
4 Nach Gimmel: Die politische Organisation kulturellen Ressentiments, S. 285.
5 Nach Giordano, Ralph: Die zweite Schuld oder Von der Last Deutscher zu sein, Hamburg 1987, S. 14.

Entlassungsquote belief sich auf knapp neun Prozent.[6] Für künftige wissenschaftliche Karrieren war Jena eine Einstiegs- beziehungsweise Durchgangsuniversität. Neben dem Agrarwissenschaftler Konrad Meyer, der nach Berlin wechselte, ist Höhn ein weiteres Beispiel dafür. Spätestens im Frühjahr 1934 verließ er Thüringen in dem Bewusstsein, sein berufliches Vorankommen durch das nachdrückliche Eintreten für die zügige Ideologisierung der Wissenschaft zur richtigen Zeit, am richtigen Ort, mit der richtigen Rhetorik revitalisiert zu haben. Auf Höhns Beförderung zum *SS-Sturmführer* folgten Einladungen nach Lobeda und Berlin, um an der dortigen *Landesführerschule* beziehungsweise der *Reichsführerschule des Deutschen Arbeitsdienstes* zu referieren. Diese war im Mai 1933 provisorisch in der ehemaligen Landesturnanstalt sowie im angrenzenden Gebäude des vormaligen Lehrerseminars in Berlin-Spandau untergebracht. Mit der Neugestaltung des früheren kaiserlichen Marstalls sowie des Südcommun bezog die Einrichtung im Dezember auf dem Areal des *Neuen Palais* in Potsdam deutlich repräsentativere Räume. Dort sollten dem Führungsnachwuchs vor verpflichtender preußischer Kulisse Disziplin, Härte und Volksgemeinschaft vermittelt werden. Ziel war es, den getreuen Nationalsozialisten, einen »neuen Menschen« zu formen, den der Staat als »Erzieher, Pädagoge, väterlicher Freund« ein Leben lang begleitet.[7] In diesem Zusammenhang gaben der Reichsorganisationsleiter Robert Ley sowie Hitler selbst verschiedene Nah- und Fernziele vor. An ihnen orientierte sich Höhn in seinem Vortrag »Vom Wesen der Gemeinschaft«. Darin dozierte er über die Überwindung von »Stände- und Klassengegensätzen« durch die Schaffung von Gemeinschaft, wie sie entsteht, was sie ausmacht und wer in ihr führt.[8] In diesem Zusammenhang betonte Höhn die Verankerung des Einzelnen im Volk über »rassische Zuchtideale« und dass nur die »Erbtüchtigen« heiraten, um in »Verbundenheit mit Blut und Boden eine Nachkommenschaft zeugen, die das Volkstum in seinen ewigen Bestand erhält«.[9]

Mit Hilfe aus Lobeda und Berlin veröffentlichte Höhn 1934 sein Referat als ersten Beitrag in der von ihm betreuten Schriftenreihe *Das Wissen um die Gemeinschaft*.[10] Während sie ihn als Assistenten auswies, kam im Laufe des Jahres Bewegung in seine Habilitation. Noch war sie in Jena weder zugelassen noch fertiggestellt, auch wenn Höhn gegenüber Schmitt ihre »zum Teil geradezu verblüffenden« Ergebnisse bereits

6 Hoßfeld, Uwe/John, Jürgen/Stutz, Rüdiger: »Kämpferische Wissenschaft«. Zum Profilwandel der Jenaer Universität im Nationalsozialismus, in: Hoßfeld, Uwe/John, Jürgen/Lemuth, Oliver/Stutz, Rüdiger (Hrsg.): »Kämpferische Wissenschaft«. Studien zur Universität Jena im Nationalsozialismus, Köln/Weimar/Wien 2003, S. 55.

7 Nach Schmeitzner, Mike: Totale Herrschaft durch Kader? Parteischulung und Kaderpolitik von NSDAP und KPD/SED, in: Totalitarismus und Demokratie 2/2005, S. 75.

8 Höhn, Reinhard: Vom Wesen der Gemeinschaft, Berlin 1934, S. 27f.

9 Ebenda.

10 Ebenda.

im März des Vorjahres ankündigt hatte.[11] Höhn berichtete ihm auch von anderen Buchprojekten. Dazu gehörte ein »vollkommen klares, verständliches und einleuchtendes« Lehrbuch über das Schuldrecht[12], seinen »großen Wurf«, sowie eine Arbeit über die »Kirche als Apparat-Kirche«, deren Manuskript allerdings nie in Druck ging.[13] Im Umkehrzug empfahl Schmitt einen Wechsel an die Heidelberger Universität, nachdem klar war, dass Höhns Habilitationsschrift in Jena wegen seines abgebrochenen Vorbereitungsdienstes nicht angenommen werden würde. Auch in Heidelberg nutzten antidemokratische Kräfte frühzeitig das studentische Leben als Plattform politischer Aktion. Während Karl Jaspers 1928 noch von einer Atmosphäre sprach, »in der sich das Fremdeste berühren kann«, warnte der Psychiater und Existenzphilosoph drei Jahre später vor einem Abgrund an Entpersönlichung und Unfreiheit.[14] Während andere Dozenten die politische Radikalisierung der Studentenschaft kritisierten, beschwor Rektor Willy Andreas 1932 vor Neuimmatrikulierten die »traurige Verwilderung des öffentlichen Lebens« als »Krisenerscheinung einer ungeheuren Zeitenwende«.[15] Kaum ein Jahr später begrüßte er neben anderen Professoren die politischen Umwälzungen. Diese brachten mit sich, dass Lehrberechtigungen nur mit ministerialer Zustimmung vergeben wurden. Um diese zu bekommen, mussten Aspiranten neben ihrer arischen Herkunft eine Teilnahme am *Wehrsport* respektive eine Mitgliedschaft in der *SA* oder der *SS* nachweisen.

Höhns Habilitationsverfahren in Heidelberg kennzeichnete ein Kräftemessen zwischen seinen Befürwortern und Gegnern. Zu letzteren zählte Otto Koellreutter, der mit Eifer belastendes Material über Höhn sammelte.[16] So ist denkbar, dass es Koellreutter war, der beispielsweise dessen Anstellung bei Jerusalem durch das *Thüringische Ministerium für Volksbildung* überprüfen ließ. Auf diesem Wege kam nämlich heraus, dass sich Höhn gar nicht Assistent hätte nennen dürfen. Der Grund dafür lag in Jerusalems Einstellungspolitik. Ohne den Entscheid des Ministeriums abzuwarten, hatte er im Juli 1930 Höhns Arbeitsverhältnis lediglich mündlich angezeigt. Während die Rechtsfakultät Höhns Aufnahme als Habilitanden prüfte, stellte Koellreutter das Unerfreuliche in dessen Natur heraus und sprach ihm jegliche wissenschaftliche Eignung ab. Außerdem empfahl er, sich an der Jenaer Universität über Höhn zu erkundigen, wo die »große Mehrheit die Persönlichkeit des Herrn H. ebenfalls negativ« be-

11 LAV NRW R, RW 579 Nr. 154, Schreiben von Reinhard Höhn an Carl Schmitt vom 14. März 1933.

12 Höhn, Reinhard: Allgemeines Schuldrecht, Berlin 1934.

13 LAV NRW R, RW 579 Nr. 154, Schreiben von Reinhard Höhn an Carl Schmitt vom 14. März 1933.

14 Schroeder: »Eine Universität für Juristen und von Juristen«, S. 499f.

15 Ebenda, S. 505.

16 Universitätsarchiv Heidelberg, PA 764, Schreiben von Otto Koellreutter an Walter Jellinek vom 21. Februar 1934.

werten würde.[17] Im Auftrag der Fakultät schrieb Jellinek zum Beispiel Alfred Hueck an, der seit 1925 den Lehrstuhl für Handels-, Arbeits- und Gesellschaftsrecht in Jena bekleidete.[18] In puncto persönliche Erfahrungen konnte er Jellinek nicht entscheidend weiterhelfen. Wohl aber habe er von Höhns »guten Erfolgen« als Repetitor gehört oder dessen Beitrag auf der Jenaer Soziologentagung. Hier sei er, so Hueck, durch »unnötige Schärfe und reichlich ausgeprägtes Selbstbewusstsein« aufgefallen.[19] Darüber hinaus kontaktierte Jellinek Krieck und Schmitt. Beide unterstützten Höhn als »bedeutende Kraft«, wobei Schmitt betonte, dass aus »objektivem Interesse« und nicht aus »lokalen Differenzen« zu tun.[20] Anfang März informierte Jellinek Rektor Wilhelm Groh über dieses Stimmungsbild. Am Ende gab Schmitts Fürsprache den Ausschlag für das Ersuchen Jellineks beim *Ministerium des Kultus, des Unterrichts und der Justiz*, Höhns Habilitationsantrag »recht bald« zuzustimmen.[21] Mit dessen Einverständnis habilitierte sich Höhn am 15. März 1934 mit der Arbeit *Der individualistische Staatsbegriff und die Entstehung der Staatsperson*.[22] Jellinek überzeugte der historisch ausgerichtete Nachweis, dass die Begriffe des Staates sowie der Staatsperson seit ihrem Aufkommen individualistisch geprägt sind. Den in der traditionellen Verfassungsgeschichtsschreibung angesiedelten Historikern und Juristen wie dem Rechtshistoriker Heinrich Mitteis hingegen war Höhns Schrift zu kämpferisch und radikal. Für den 26. März konnte Höhn die Probevorlesung über die »Wandlung des Begriffs der Reichsregierung« ankündigen. Zu Beginn des Sommersemesters folgte seine Berufung als Privatdozent für Staatsrecht und allgemeine Staatsrechtslehre. Höhn übernahm Jellineks Staatsrechtsvorlesung und bot ein Seminar über »Gemeinschaft, Rasse, Recht« an. Eine weitere Veranstaltung musste wiederum wegen mangelnder Studentenzahlen in das kommende Semester verlegt werden. Höhn spekulierte auf den Lehrstuhl von Gerhard Anschütz, einem der führenden Kommentatoren der Weimarer Verfassung, der im Frühjahr 1933 seine vorzeitige Emeritierung erwirkte hatte. Die Fakultät hingegen wünschte sich Carl Schmitt als Anschütz' Nachfolger. Der sagte genauso ab wie beispielsweise Otto Koellreutter. Aus der Riege der Privatdozenten stand neben Reinhard Höhn Ernst Friesenhahn zur Diskussion. Friesenhahn hatte sich 1932 im Bereich des Staats- und Verwaltungsrechts mit einer unvollendeten Arbeit habilitiert, deren

17 Universitätsarchiv Heidelberg, PA 764, Schreiben von Otto Koellreutter an Walter Jellinek vom 21. Februar 1934.

18 Ebenda.

19 Universitätsarchiv Heidelberg, PA 764, Schreiben von Alfred Hueck an Walter Jellinek vom 26. Februar 1934.

20 Ebenda.

21 HU Berlin, UA, UK H 365, Schreiben von Wilhelm Groh an den Minister des Kultus, des Unterrichts und der Justiz vom 8. März 1934.

22 Höhn, Reinhard: Der individualistische Staatsbegriff und die Entstehung der Staatsperson, Berlin 1935.

Teilabdruck Anschütz übernommen hatte. Jedoch weigerte sich die Fakultät, wissenschaftlich unzulänglich ausgewiesene Kräfte für den »höchst wichtigen und [mit] besonderer Verantwortung belasteten Lehrstuhl« vorzuschlagen.[23] Groh dagegen hielt Höhn für den originellsten Kopf unter den vorgeschlagenen Rechtslehrern. Er plädierte dafür, ihm den Lehrstuhl anzubieten.[24] Als Bedingung stellte Groh, dass Höhn seinen Lebensmittelpunkt nach Heidelberg verlegt. Ein Sympathieträger war Höhn dort unter seinen Kollegen nicht. Jellinek erinnerte sich beispielsweise, dass er ihn einmal in »größte Bedrängnis« gebracht hatte, nachdem ihm zur Weitergabe anvertraute Vorlesungsverzeichnisse plötzlich unauffindbar waren.[25] Engisch blieb vor allem Höhns mitunter überbordendes Selbstbewusstsein im Gedächtnis, weswegen er ihn mehrfach zu sich zitierte, nachdem dieser etwa in der Universitätsbuchhandlung uniformiert die angemessene Präsentation seiner Werke eingefordert hatte.[26] Auch dass Höhn wiederholt Vorlesungen in *SS*-Uniform abhielt, sahen einige Kollegen kritisch. Am meisten jedoch störte sie, dass Höhn mehr Zeit in Berlin verbrachte, als seinem Lehrauftrag in Heidelberg nachzukommen. In der Funktion eines kommissarischen Hauptschriftleiters betreute er ab Juli 1934 mit dem *Deutschen Recht* das Zentralorgan des *Nationalsozialistischen Rechtswahrerbundes*.[27] Im April 1935 stieg Höhn zudem innerhalb der Hierarchie des *SD* zum Abteilungsleiter auf. Die Aufgabe des Bereiches II/2 war die Erforschung und Observation der deutschen Gesellschaft in ihren »Lebensgebieten«.[28] Höhn verstand seine Arbeit als Meinungsforschung, mit deren Hilfe sich gesellschaftliche Tendenzen und Reaktionen erfassen ließen. Hierfür standen ihm nach eigener Aussage hunderte Lehrkräfte und Professoren zur Verfügung.[29]

Einer von Höhns Zuträgern war sein ehemaliger Schulfreund Wilhelm Engel. Dieser hatte sich nach dem Schulabschluss für ein Philologie- und Geschichte-Studium in Marburg entschieden, das er 1927 mit einer Promotion über die »Wirtschaftlichen und sozialen Kämpfe in Thüringen« abschloss.[30] Engels Leidenschaft galt dem Archivdienst. Nachdem er 1934 in der Nachfolge von Armin Tille als Direktor der *Thüringischen Staatsarchive* das Nachsehen hatte, orientierte sich Engel anderweitig und Höhn half ihm dabei. Anfang Oktober 1933 hatte er den Kontakt zu Engel gesucht –

23 Nach Schroeder: »Eine Universität für Juristen und von Juristen«, S. 545.
24 Ebenda.
25 Universitätsarchiv Heidelberg, PA 764, Schreiben von Walter Jellinek an Reinhard Höhn vom 30. Mai 1934.
26 Auskunft von Michael Stolleis vom 29. Mai 2011.
27 O. A.: Personalien, in: Deutsches Recht 3/1935, S. 78.
28 Browder: Die Anfänge des SD, in: Vierteljahreshefte für Zeitgeschichte 2/1979, S. 309.
29 Nach Lösch: Der nackte Geist, S. 324.
30 Engel, Wilhelm: Wirtschaftliche und soziale Kämpfe in Thüringen (Insonderheit im Herzogtum Meiningen) vor dem Jahre 1848, Jena 1927.

ganz allgemein »wegen einer Arbeit«, zu der er ihn gern engagieren wollte.[31] Mehr verriet Höhn zunächst nicht. Nur soviel: »Es handelt sich um eine sehr wichtige Angelegenheit, brieflich kann ich Dir leider keinerlei Andeutungen machen.«[32] Zwischen dem ersten Treffen, Engels Zusage und seinem ersten *SD*-Bericht am 1. November lagen nur wenige Wochen. Engel lieferte ihn zusammen mit seinem Lebenslauf und folgenden Zeilen: »Ich bin überzeugt, dass er Dir in Form und Inhalt noch nicht passen und zusagen wird. Ich bitte daher als gelehriger Schüler um entsprechende schriftliche oder mündliche Anweisungen.«[33] Sofern es seine Zeit ermöglichte, präferierte Höhn persönliche Treffen. So auch am 14. November, als er am frühen Abend mit dem Zug nach Weimar fuhr. Höhn wollte mit Engel über Peter Schneider sprechen. Der war Schulrat und stellvertretender Leiter der *Staatsschule für Führertum und Politik*. Höhn wusste von seiner bevorstehenden Berufung zum neuen Vorsitzenden und Geschäftsführer der *Deutschen Heimatschule Thüringen*. Vor ihrer Umbenennung im August 1933 war diese als *Verein Volkshochschule Thüringen* aktiv und von zentraler Bedeutung für die abendschulische Erwachsenenbildung in Thüringen. Bereits Fritz Wächtler, ab 1932 Volksbildungsminister im Kabinett von Fritz Sauckel, versuchte den Verein zu einer NS-Parteischule umzufunktionieren. Auf dem Weg dorthin setzte die thüringische Landesregierung zunächst auf Kontrolle. Diese sei zwar wirkungsvoll, aber keinesfalls ausreichend, resümierte Regierungsrat Willy Köhler Ende Januar 1933.[34] Mit Nachdruck drängte er auf den Ausbau der Überwachungsmaßnahmen, da einerseits zwar »tüchtige Einzelarbeit geleistet wird«, man sich aber von Seiten des Vereins zu stark noch von der Annahme leiten lasse, »unabhängiges Einzelgebilde zu sein«.[35] Um die politische Zuverlässigkeit des Vereins sicher zu stellen, wurden Satzungsänderungen erwirkt, Regierungsvertreter im Vorstand installiert sowie Personalveränderungen innerhalb des Lehrkörpers veranlasst. Ende April 1933 verlor der *Verein Volkshochschule Thüringen* seine Eigenständigkeit. Es folgten der Austausch der Geschäftsführung sowie die Eingliederung in die Reichspropagandaleitung. Engels Berichte liefen unter der Kennung »10029« und richteten sich an »Br. 242/33 Th.«, womit Höhn gemeint gewesen ist.[36] Chiffren dieser Art waren in der schriftlichen Korrespondenz des *SD* durchaus üblich, um Namen von Personen und Institutionen zu verschleiern. Aus Franz Wilhelm Jerusalem wurde »Herr Betlehem« und aus dem *SD* »Sigma-Delta«.[37] Es dauerte nicht lange, bis Reinhard Höhn von Engels verpasster

31 Universitätsbibliothek Würzburg, Nachlass Wilhelm Engel B 3 4b, Bl. 32.
32 Ebenda, Bl. 32b.
33 Ebenda, Bl. 32c.
34 Nach Reimers, Bettina Irina: Die neue Richtung der Erwachsenenbildung in Thüringen 1919 – 1933, Essen 2003, S. 195
35 Ebenda.
36 Universitätsbibliothek Würzburg, Nachlass Wilhelm Engel B 3 4b, Bl. 32g, 32h.
37 Ebenda, Bl. 40d, 33b.

Direktorenstelle, dessen »Missgeschick in Weimar«, erfuhr.[38] Er riet ihm, nicht auf »irgendeinen Lehrauftrag« zu warten, sondern nach Heidelberg oder Berlin zu gehen und dort zu habilitieren.[39] Zusätzlich brachte Höhn seinen ehemaligen Klassenkameraden bei der *Monumenta Germaniae Historica* ins Gespräch, die seit dem frühen 19. Jahrhundert die Erforschung mittelalterlicher Quellen betrieb. Dafür nutzte er den guten Kontakt zu Karl August Eckhardt, seinem »maßgeblichen Mann« in der Hochschulabteilung des Reichswissenschaftsministeriums.[40] Engel ließ sich trotz anfänglicher Bedenken von Höhns Plänen überzeugen. 1935 wurde er kommissarischer Leiter des *Reichsinstituts für ältere deutsche Geschichtskunde*, das aus der kurz zuvor aufgelösten *Monumenta Germaniae Historica* hervorgegangen war. Höhn nutzte Engel aber auch dazu, mehr über die Betreuer seiner Habilitation zu erfahren und wie seine Berufung in thüringischen Ministerialkreisen aufgenommen wurde.[41]

Seine Informanten warb Höhn nicht nur im Kreis privater Bekannter oder junger Akademiker, sondern auch aus dem ehemaligen Umfeld des *Jungdeutschen Ordens*. Auf Erhard Mäding trafen alle diese Merkmale zu. Der gebürtige Dresdner war fast fünf Jahre jünger als Höhn, studierte Geografie, Biologie und Rechtswissenschaft in Hamburg und Leipzig und kam 1923 zum *Jungdeutschen Orden*. Höhn schrieb ihn im September 1933 an: »Lieber Mäding, kannst Du mich in einer wichtigen Angelegenheit […] einmal besuchen? Kosten werden erstattet.«[42] Wenig später trafen sich beide zu einem Spaziergang in Jena, dessen Verlauf Mäding wie folgt schilderte: »Er zeigte sich informiert über meine Tätigkeit an der Uni Leipzig, ich hingegen hatte ihn aus den Augen verloren gehabt. […] ›Im tiefsten Walde‹ erklärte er, daß an ihn von Seiten der SS mit dem Vorschlag herangetragen worden sei, einen objektiven Informationsdienst aufzubauen, der die wirklichen Verhältnisse und das Denken auf den hauptsächlichen Lebensgebieten in regelmäßigen Lagebereichen darstellen solle. Nachdem die Macht errungen sei, müsse man nun die Grundlagen für notwendige praktische Maßnahmen erfassen. Der für ihn zunächst ehrenamtliche Auftrag betreffe das ganze Reichsgebiet. Die Arbeit vollziehe sich im Rahmen des Sicherheitsdienstes der SS (SD); mit Einzelpersonen und ihrer politischen Ausforschung, habe sie nichts zu tun, es komme vielmehr darauf an, aus den ›Lebensgebieten‹ (z. B. Verwaltung, Wirtschaft) fachlich gute Leute für die Mitarbeit zu gewinnen und so die allgemeine Lage zu erfassen. Das Ganze sei natürlich streng vertraulich.«[43] Für viele junge Akademiker mag ein solches Angebot verlockend gewesen sein. Schließlich versprach die Zusammen-

38 Universitätsbibliothek Würzburg, Nachlass Wilhelm Engel B 3 4b, Bl. 33a.
39 Ebenda.
40 Ebenda, Bl. 33c.
41 Ebenda, Bl. 40g.
42 Nach Wildt: Generation des Unbedingten, S. 161.
43 Nach Wildt: Generation des Unbedingten, S. 161f.

arbeit mit dem *SD* Zugang zu einem elitären Zirkel und politischen Einfluss. Im November 1933 arrangierte Höhn ein Treffen mit Reinhard Heydrich. Dass Mäding kein Parteimitglied war, fiel dabei nicht ins Gewicht. Der *SD* interessierte sich vielmehr für Mädings Netzwerk, das er über seine Leitungsfunktion bei der *Akademischen Selbsthilfe* aufgebaut hatte. Mit seiner Zusage konnte er problemlos darauf zugreifen, ohne ein eigenes aufbauen zu müssen. Auch in Mädings Fall überzeugte Höhn, indem er von benötigter Kompetenz, Sachverstand und objektiven Berichten sprach. Hans Ehlich und Martin Sandberger berichteten, dass für sie im Gegenzug dessen Seriosität, Intellekt und politisches Verständnis den Ausschlag für einen Eintritt in den *SD* gab.[44] Sandberger arbeitete bis 1936 ehrenamtlich und danach hauptamtlich für den *SS-Nachrichtendienst*. 1939 ernannte Himmler ihn zum Leiter der *Einwanderungszentralstelle Nord-Ost*. Danach war Sandberger für den *SD* in Estland sowie in leitender Funktion im *Reichssicherheitshauptamt* tätig. Ehlich machte zunächst als Abteilungsleiter für Rasse- und Volksgesundheit im *SD-Hauptamt* und später im *Reichssicherheitshauptamt* Karriere.

An der Seite von Otto Ohlendorf gehörte Reinhard Höhn zu den zentralen Aufbauhelfern des *SD*. Mit seiner Arbeit half er den Nationalsozialisten, ein dichtes Überwachungsnetz zu bilden, das einen Ankerpunkt für die Arbeit des *Reichssicherheitshauptamtes* darstellte. In dieser Zeit verkehrte Höhn mehrfach persönlich mit Heinrich Himmler. Eines ihrer Themen war die Religion. So gehörte die Familie Höhn zu den ersten, die der *Reichsführer-SS* zu Weihnachten 1935 mit einem Julleuchter bedachte. Mit ihm und anderen kultischen Gegenständen versuchte Himmler, die deutsche Bevölkerung vom Christentum zu entwöhnen und stattdessen eine neue germanische Religiosität zu schaffen.[45] Im Gegenzug für den Julleuchter bedankte sich Höhn mit Auszügen aus den Reden Buddhas, der zwar aus einer »anderen Welt als der Julleuchter« stamme, aber dennoch »tiefes Wissen« in sich trage.[46] Im Nachgang reklamierte Höhn für sich, mit ihnen Himmler vom Buddhismus überzeugt zu haben, zu dem er selbst nach eigener Aussage im Alter von 17 Jahren gekommen sein soll.[47] Wie Himmler glaubte Höhn an Karma und Reinkarnation.[48] Diese sind zugleich wichtige Bestandteile des Hinduismus, für dessen zentrale Schrift, die *Bhagavad Gita*, sich Himmler auch schon vor Höhn begeistern konnte.

44 Ebenda, S. 170.

45 Kater, Michael H.: Das »Ahnenerbe« der SS 1935 – 1945. Ein Beitrag zur Kulturpolitik des Dritten Reiches, München 2006, S. 56.

46 BArch SSO 103 A, Schreiben von Reinhard Höhn an Heinrich Himmler vom 31. Dezember 1935.

47 Lösch: Der nackte Geist, S. 324f.

48 Nachlass Reinhard Höhn, Ansprache anlässlich der Trauerfeier für Reinhard Höhn am 22. Mai 2000 von Gisela Böhme.

Höhns Lebensmittelpunkt war Mitte der 1930er-Jahre Berlin. Schon seit einiger Zeit koordinierte er von dort aus den Großteil seiner Lehrveranstaltungen und universitären Angelegenheiten. Im Sommersemester 1935 fuhr Höhn nur noch einmal pro Woche nach Heidelberg. Deswegen versuchte Eckhardt ihn an einer Berliner Lehreinrichtung unterzubringen. Sein Angebot, Schmitts ehemaligen Lehrstuhl an der Handelshochschule zu übernehmen, lehnte Höhn allerdings ab. Ihn drängte es an die Berliner Universität, eine Endstationsuniversität. Noch bevor die Frage nach einer Berufung geklärt war, mietete sich Höhn in der Hortensienstraße 47 in Berlin-Lichterfelde ein. In dem 1920 eingemeindeten Stadtteil wohnte die mit Tochter Elke nun vierköpfige Familie in angemessen repräsentativer Umgebung und Nachbarschaft wie zu dem beliebten Schauspieler Theo Lingen, mit dem man flüchtig bekannt gewesen ist.[49]

Für Eckhardt pressierte Höhns Berufung. Anfang September informierte er den Dekan der Juristischen Fakultät. Dem anberaumten Berufungsausschuss gehörten unter anderem Herbert Kier, Carl August Emge, Carl Schmitt und Rudolf Smend an, um dessen Lehrstuhl es letztlich gehen sollte. In seinen Stellungnahmen lobte Schmitt Höhns Lehrqualität und »echte wissenschaftliche Führerpersönlichkeit«.[50] Als erfolgreichster Vorkämpfer eines neuen nationalsozialistischen Gemeinschaftsdenkens überrage er viele seiner Kollegen. Dabei bleibt zu vermuten, dass Schmitts Äußerungen taktischer Natur gewesen sind. Zwar hatte er Höhn zuvor schon verschiedentlich erlebt und in gewisser Weise auch schätzen gelernt. Allerdings positionierte er sich nie derart eindeutig. Zweifelhaft erscheint es, sein Verhalten mit einem freundschaftlichen Verhältnis zu erklären. Denn tatsächlich erscheint die Beziehung der beiden nie auf Augenhöhe gewesen zu sein, welche es aber braucht, um eine Freundschaft überhaupt erst aufbauen zu können. Höhn vertrat später die Meinung, Eckhardt habe Schmitt aufgefordert, die Gutachten in der Form abzufassen.[51] Ansonsten fand er kaum positive Worte über ihn. In seinen Augen war Schmitt ein »Jesuit«, ein »gefährlicher Mann«, »weil man nie wußte, wie er es meint«.[52] Am Ende fiel das Votum der Berufungskommission einstimmig zugunsten Reinhard Höhns aus. Knapp zwei Wochen vor seiner Berufung informierte er Wilhelm Groh: »Wenn ich heute mit gleichem Rang von Heidelberg nach Berlin berufen werde, so nehme ich den Ruf deswegen gern an, weil ich in Berlin noch einen Wirkungskreis habe, den ich augenblicklich noch wahrnehmen muss.«[53] Gleichzeitig betonte er, sich in Heidelberg im »Kreis der

49 Auskunft von Elke Hein vom 4. Mai 2013.
50 HU Berlin, UA, A 499, Bl. 209-211.
51 Lösch: Der nackte Geist, S. 327.
52 Ebenda.
53 Universitätsarchiv Heidelberg, PA 4245, Schreiben von Reinhard Höhn an Wilhelm Groh vom 18. Oktober 1935.

Kameraden« stets wohl gefühlt zu haben.[54] Da er nicht vorhabe »sang- und klanglos von Heidelberg zu verschwinden«, versprach Höhn ihm eine Abschlussvorlesung über »Die Rechtsnatur der Gemeinde im nationalsozialistischen Staat«.[55] In den Mittagsstunden des 6. Dezember, hielt er seine Antrittsvorlesung über »Otto von Gierkes Staatsrechtslehre und unsere Zeit« – die zweite in einem Jahr. Am 30. Oktober 1935 erfolgte Höhns Ernennung zum planmäßigen außerordentlichen Professor für Staatslehre, Staats- und Verwaltungsrecht.[56]

»An der Spitze des Fortschritts«

Juristische Staatsperson vs. Volksgemeinschaft

Der Aufruf zur Ausrichtung des gesamten Rechtswesens war ein wiederkehrendes Thema der juristischen Literatur der ersten Jahre nach 1933. Ihre Autoren folgten der Parole einer »völkischen Rechtserneuerung«.[57] Von maßgeblicher Bedeutung war der Topos der »Gemeinschaft«. Seine Antrittsvorlesungen waren Höhns Einstieg in die Diskussion über die Besetzung des Staatsbegriffs und dessen Versuch, die Tragweite der Gemeinschaftsidee für das Staatsrecht auszuloten. Neben dem Rassenwahn der Nationalsozialisten diente das im März 1933 mit knappem Votum auf den Weg gebrachte *Ermächtigungsgesetz* als allgemeiner Ausgangspunkt dafür. Während, von einigen Ausnahmen wie dem *Sozialisten-* oder dem *Jesuitengesetz* abgesehen, vor 1933 Gesetze den Gesetzesbegriff erfüllten, verkehrte der Nationalsozialismus beides in Sinn und Zweck ins Gegenteil.[58] Begründet wurde dies nun mit dem »Willen des Führers«, über den, wie Huber schrieb, »das Recht seine verbindliche Gestalt« erlangt und nichts anderes war, »als die bewusste und geprägte Form von Gerechtigkeit«.[59] Semantische Neubestimmungen dieser Couleur setzten in der Zeit um Mitte des 19. Jahrhunderts an, um von dort aus die staatsrechtliche Dogmatik zu beleuchten, zu kritisieren und neu zu interpretieren. Hinsichtlich deren Verbreitung war Huber überzeugt: »Im Staatsrecht vor allem sind die politischen Grundströme der staatlichen Wirklichkeit am klarsten erkennbar, und die Überwindung des alten formallogischen und norma-

54 Ebenda.
55 Ebenda.
56 HU Berlin, UA, A 499, Bl. 107.
57 Nach Rüthers, Bernd: Geschönte Geschichten – Geschönte Biographien. Sozialisationskohorten in den Wendeliteraturen. Ein Essay, Tübingen 2001, S. 33.
58 Schorn, Hubert: Die Gesetzgebung des Nationalsozialismus als Mittel der Machtpolitik, Frankfurt am Main 1963, S. 11.
59 Ebenda.

tiven Denkens durch ein politisches Gemeinschaftsdenken wird sich hier am ehesten durchsetzen.«[60] »Volk wird jetzt beim Reden und Schreiben so oft verwandt wie Salz beim Essen, an alles gibt man eine Prise Volk: Volksfest, Volksgenosse, Volksgemeinschaft«, notierte der Romanist Victor Klemperer an Hitlers 44. Geburtstag in sein Tagebuch.[61] Zu einer solchen Volksgemeinschaft hin, in der der Einzelne nicht mehr mit sich allein, sondern im Angesicht seines Volkes steht, wollte der Nationalsozialismus als selbstdefinierten Inbegriff von Dynamik und Veränderung den Staat umformen.[62] Dementsprechend sollte das Rechtswesen auf die Volksgemeinschaft bezogen denken und handeln. Mit ihr ließen sich individuelle sowie Grund- und Freiheitsrechte aushebeln, einschränken oder etwa über die Beziehungen zwischen Arbeitgeber und Arbeitnehmer, Mieter und Vermieter, Schuldner und Gläubiger, Sacheigentümer und Allgemeinheit mit Folgen für das gesamte Kartell-, Energie-, Urheber- und nicht zuletzt Straf- und Staatsrecht neu auslegen.[63] Grundlage dieser Veränderung war die Dekonstruktion der juristischen Staatsperson. In den Augen der Nationalsozialisten galt es sie gegen eine erlebte und erlebbare Volksgemeinschaft auszutauschen. Was der *Jungdeutsche Orden* forderte, schien unter Hitler nun Realität. So postulierte Höhn voller Selbstbewusstsein: »An Stelle des individualistischen Prinzips ist heute ein anderes getreten, das Prinzip der Gemeinschaft. Nicht mehr die juristische Staatsperson ist Grund und Eckstein des Staatsrechts, sondern die Volksgemeinschaft ist der neue Ausgangspunkt.«[64] Vor diesem Hintergrund war es für ihn Aufgabe und Pflicht, jedweden Anklang von Liberalismus und Individualismus aufzudecken. »Wir müssen versuchen, die individualistischen Formulierungen zu erkennen und herauszustellen, wir müssen uns hüten, diese individualistischen Vorstellungen zu gebrauchen. Dann machen wir die Bahn frei für das, was neu entstehen muss«.[65] Ähnliches fand sich zwar auch in Höhns Kollegenkreis, bei Theodor Maunz etwa, Günther Küchenhoff oder Franz Wilhelm Jerusalem. Nur glaubte Höhn sich von ihnen durch eine unbedingte Konsequenz und Radikalität absetzen zu müssen. An den verschiedensten Orten vermutete er reaktionäres Denken – mal mehr, mal weniger verborgen oder offensichtlich: Selbst »wer heute sich einbildet, er könne schon etwas Endgültiges formulieren, hemmt die Entwicklung da, wo noch aufgelockert werden muss. Er ist selbst unbewusst Reaktionär.«[66] So verwundert es kaum, dass gerade die vorangegangene Generation der Staats- und Verfassungsrechtler darunter Georg Jellinek, Gerhard

60 Huber, Ernst Rudolf: Die deutsche Staatswissenschaft, in: Zeitschrift für die gesamten Staatswissenschaften 95/1935, S. 58f.
61 Klemperer, Victor: LTI. Notizbuch eines Philologen, Leipzig 1995, S. 36.
62 Klemperer: Ebenda, S. 29.
63 Stolleis: Die Geschichte des öffentlichen Rechts in Deutschland, S. 326.
64 Höhn, Reinhard: Die staatsrechtliche Lage, in: Volk im Werden II/1934, S. 284.
65 Ebenda, S. 285.
66 Ebenda.

Anschütz, Otto Mayer oder Hans Kelsen alsbald von Höhn als individualistisch-liberalistisch gebrandmarkt wurde. Nicht minder misstrauisch begegnete er ihren Schülern Otto Koellreutter und Ernst Rudolf Huber, Hans Gerber, Ulrich Scheuner und Carl Bilfinger, auch wenn er ihnen zugestand, Gemeinschaft immerhin zu fühlen.[67] Ein »Wissen um die Gemeinschaft« besäßen seiner Meinung nach allerdings auch sie nicht.[68]

In seiner Kritik bediente sich Höhn verschiedener Plattitüden antidemokratischen Denkens. Diese übertrug er anhand des Organischen, Lebensnahen und Gemeinschaftsbezogenen in Abgrenzung zu dem Gemeinschaftsfremden, Materialistischen und Individualistischen auf das Staatsrecht. An dem Punkt war Heinrich Lange Höhn durchaus ähnlich. Im Umfeld seiner Berufung an die Breslauer Universität hielt der Zivilrechtler fest: »Wer das, was unser Rechtsempfinden vom römischen Rechtsdenken trennt, scharf gegenüberstellt, gelangt zu folgendem: das römische Rechtsdenken ist individualistisch und materialistisch, der Staat ist der vollkommene äußere Machtapparat; das deutsche Rechtsempfinden ist auf die Bindung, auf die Gemeinschaft gerichtet, diese ist die aus einzelnen und Gruppen gegliederte Ordnung des Gemeinschaftslebens. Der Römer teilt die Welt in persona und res, stellt Herr und Objekt einander schroff gegenüber, für den Deutschen schwinden die Gegensätze im Dienste an den großen Aufgaben und Werten des Volkes.«[69]

Auf seinem Weg sah sich Höhn teils heftigem Gegenwind ausgesetzt. Dieser kam zuweilen von Parteifunktionären wie Gottfried Neeße, der über die duale Jugendführung innerhalb der Hitlerjugend den Nachwuchs samt seinen Lebensumfeldern zu erfassen versuchte.[70] Vor allem sein Kollegenkreis darunter Jerusalem sowie der frühere Rektor der Breslauer Universität Hans Helfritz kritisierten seine Positionen. Sie verteidigten gegenüber Höhn die juristische Staatsperson. Für Helfritz beispielsweise war der Staat nach wie vor die Vereinigung von Menschen innerhalb eines bestimmten Gebietes zu einer organisatorischen Gesamtpersönlichkeit mit hoheitlicher Gewalt und Volk, Gebiet und Staatsgewalt.[71] Nicht zuletzt wehrte er sich dagegen, »Ausdrücke der Propaganda kritiklos in die Wissenschaft« zu übernehmen, da dies nur zu einer »Verwirrung der Begriffe« führen würde.[72] Sein Vorschlag: »die neuen Erschei-

67 Höhn: Gemeinschaft und Recht, in: Jugend und Recht 8/1934, S. 20.

68 Ebenda.

69 Nach Stolleis, Michael: Gemeinschaft und Volksgemeinschaft. Zur juristischen Terminologie im Nationalsozialismus, in: Vierteljahreshefte für Zeitgeschichte 1/1972, S. 30.

70 Kollmeier, Kathrin: Ordnung und Ausgrenzung. Die Disziplinarpolitik der Hitler-Jugend, Göttingen 2007, S. 40.

71 Nach Hilger, Christian: Rechtsstaatsbegriffe im Dritten Reich. Eine Strukturanalyse, Tübingen 2003, S. 163.

72 Nach Dreier, Horst/Pauly, Walter: Die deutsche Staatsrechtslehre in der Zeit des Nationalsozialismus, Berlin/New York 2001, S. 78.

nungen dem bisherigen Bestande der Wissenschaft einzufügen und sie mit ihr zu verarbeiten«.[73] Dem antwortete Höhn, dass man die »neuen gemeinschaftsmäßigen Vorstellungen« nicht in ein »Rechtssystem einarbeiten kann, das auf einer individualistischen Grundlage beruht«.[74] Mehr noch echauffierte er sich: »Wer heute empört darüber ist, wenn man ihm erklärt, seine Äußerungen atmeten individualistischen Geist, hat die Dinge nicht begriffen.«[75] »Mit diesen Vermischungen« aber, so Höhn, müsse einmal »radikal Schluss« gemacht werden, um zu einem Punkt zu gelangen, »wo sich die Vermischung gemeinschaftsmäßiger und individualistischer Begriffswelt zu Tode läuft«.[76] Unterstützung bekam Helfritz von Wilhelm Merk. Der war 1928 aus der badischen Verwaltung als Privatdozent zunächst an die Tübinger Universität und später nach Leipzig gewechselt und hatte mit *Verfassungsschutz* trotz ihrer Verbeugungen vor der offiziellen Ideologie eine durchaus anregende Studie vorgelegt.[77] Hintergrund seiner Auseinandersetzung mit Höhn war eine Rezension über dessen im Spätsommer 1935 erschienene Habilitationsschrift. In ihr bemühte sich Höhn als Manifestation einer »neuen geistigen Haltung« um eine »klare Erfassung der Dogmatik der bisherigen Zeit«, mit dem eindeutigen Ziel, »sie zu liquidieren«.[78] Demzufolge lag der individualistische Gedanke in aller Klarheit beispielsweise in den für Italien typischen Signorien, im Frankreich Richelieus, Ludwigs XIV. oder in Preußen vor. Für Höhn erschien der Staat hierbei als Herrschafts- und Machtapparat, in dem die Untertanen dem unbeschränkten Fürsten gegenüberstehen. An ihre Stelle sah er im 19. Jahrhundert das Staat-Untertanen-Verhältnis treten. Merk argumentierte dagegen traditionell und »vom Standpunkt des gegenwärtig geltenden Rechts« aus.[79] Den Begriff der juristischen Staatsperson sah er noch nicht ganz gefallen und verloren. Dafür sei nicht umfassend genug skizziert worden, was überhaupt unter Liberalismus verstanden werde. Auch widersprach Merk Höhn, dass Begriffe wie Führerschaft und Gemeinschaft juristisch praktikabel seien. Seiner Ansicht nach bewegen sie sich »auf verschiedenen Ebenen«, ohne sich ausschließen, wie es Höhn behauptete.[80] Das brachte Merk zu der Überzeugung, dass dessen Versuche, die juristische Staatsperson abzulösen, »in der Hauptsache [...] mißglückt« seien.[81] Den Nachweis darüber führte

73 Höhn: Die staatsrechtliche Lage, in: Volk im Werden, II/1934, S. 285.
74 Ebenda.
75 Ebenda, S. 286.
76 Ebenda.
77 Merk, Wilhelm: Verfassungsschutz, Berlin 1935; Backes, Uwe: Schutz des Staates. Von der Autokratie zur streitbaren Demokratie, Wiesbaden 1998, S. 3.
78 Höhn, Reinhard: Der individualistische Staatsbegriff und die juristische Staatsperson, Berlin 1935, S. VII.
79 Merk, Wilhelm: Der Staatsgedanke im Dritten Reich, Stuttgart 1935, S. 11.
80 Ebenda, S. 12.
81 Ebenda.

er anhand verschiedener Beispiele aus dem Beamten-, Polizei-, Steuer- und Völkerrecht. Aus ihnen heraus sah er sich bestätigt, dass der Staat auch weiterhin die juristische Staatsperson als Bezugspunkt brauche. Dieser Argumentation warf Höhn wiederum vor, das alte Rechtsdenken zu verkörpern. Mit besonders scharfen Worten tat das vor allem sein langjähriger Bekannter Helmut Seydel, der sich nach dem Abschluss seiner Promotion als Rechtsanwalt in Berlin niedergelassen hatte. Merk bilde demnach geradezu ein »Musterbeispiel für jene Art begrifflicher Jurisprudenz, die zu überwinden unser leidenschaftliches Bestreben ist«.[82] Eine Auseinandersetzung mit einzelnen Thesen hielt er für zwecklos, da sie von einer Grundhaltung herrührten, die »von der unseren derart verschieden ist, daß eine Verständigung kaum möglich erscheint«.[83]

Aus seiner gefühlten Omnipräsenz in dieser Diskussion lässt sich allerdings nicht ableiten, dass Höhn an allen Fronten erfolgreich gewesen ist. Unabhängig davon war sie nicht nur eine reine Fachdebatte, sondern bald schon der Austragungsort über die Stimmherrschaft innerhalb des gesamten Staatsrechtes. Auch Koellreutter betrieb eifrig diese Grabenkämpfe, nicht nur gegenüber Schmitt, dessen Begriff der »Staatsvergottung« er ablehnte, sondern auch gegenüber Höhn, gegen dessen Kritik er sich mit dem Hinweis zu immunisieren versuchte, dass es in der Diskussion über den Staatsbegriff »keine Patentlösungen geben kann«.[84] Wie Merk lehnte er den Gemeinschaftsbegriff wegen seiner fehlenden juristischen Fassbarkeit ab. In seinen Schriften beschäftigte sich Koellreutter auffallend oft mit Höhn und dessen »wissenschaftlichen Feldzug«.[85] Dabei trieb ihn immer wieder die Frage um, ob Höhn mit seiner Auffassung Recht hat, dass das ganze »bisherige juristische Handwerkszeug« als liberal belastet zerschlagen werden muss.[86] Aus seiner Sicht war das schlichtweg wirklichkeitsfern. Auch Huber wollte die juristische Staatsperson nicht aufgegeben sehen. Vielmehr setzte er sich dafür ein, die Kluft zwischen Gesellschaft und Staat zu überwinden. Dadurch würde seine Position gestärkt und sie zu einem »politischen Volk« in einer »höheren Gemeinschaftsordnung«.[87] Zur besseren Unterscheidung brachte Huber hierfür die Begriffe »Reich« und »Staatsorganisation« ins Spiel. Mit dem deutschen Angriff auf Polen büßte die lebhaft geführte Diskussion um das Zusammenspiel von Staat und Gemeinschaft endgültig ihre Aktualität ein. Ihre Akteure wandten sich völkerrechtli-

82 Seydel, Helmut: Professor Dr. Wilhelm Merk. Der Staatsgedanke im Dritten Reich, in: Deutsches Recht 1-2/1936, S. 48.

83 Ebenda.

84 Koellreutter, Otto: Führung und Verwaltung. Zum Problem einer neuen Begriffsjurisprudenz, in: Freisler, Roland/Löning, George Anton/Nipperdey, Hans Carl (Hrsg.): Festschrift für Julius Wilhelm Hedemann zum sechzigsten Geburtstag, Jena 1938, S. 98.

85 Ebenda.

86 Ebenda.

87 Nach Stolleis: Die Geschichte des öffentlichen Rechts in Deutschland, S. 329.

chen, historischen oder unverfänglicheren Themenkomplexen zu, ohne zu einem befriedigenden Ergebnis gekommen zu sein. Stillschweigend wich der Krieg gegen die Persönlichkeit des Staates einem echten.[88] Am Ende zerrieb sich die Debatte an der politischen Realität, dem Einwirken der Partei auf die Reste rechtsstaatlicher Ordnung, über der immer noch Hitler und das Wohl des deutschen Volkes standen.

Institut für Staatsforschung

Mit Höhns außerordentlicher Professur verband sich die Ernennung zum stellvertretenden Direktor des *Instituts für Staatsforschung*, das ursprünglich 1932 von dem Staatsrechtler Friedrich Poetzsch-Heffter an der Universität Kiel gegründet worden war. Als Teil der Rechts- und Staatswissenschaftlichen Fakultät begleitete es dort die Entwicklung des Staates, um mit eigenen Studien eine »stärkere Verbindung zwischen Staatsrechtswissenschaft und Wirklichkeit des Staatslebens« zu forcieren.[89] Als Poetzsch-Heffter Anfang Oktober 1935 ein Lehrstuhl in Leipzig angeboten wurde, sollte das Institut mit ihm umziehen. Allerdings verunglückte er vorher in Kiel bei einem Autounfall tödlich. Und so zog das nur provisorisch in Leipzig untergebrachte Institut samt Inventar Ende Oktober nach Berlin.

Nach außen hin gehörte das *Institut für Staatsforschung* zur Berliner Universität. Dafür machte sich im Vorfeld vor allem Eckhardt stark. Für die Unterbringung der Einrichtung mietete Höhn, der am 28. Mai 1936 dessen Direktor wurde, im November 1935 für monatlich 250 RM fünf Räume in der Teutonenstraße 18. Inhaltlich sollte das Institut den politisch-gesellschaftlichen Veränderungen Rechnung tragen und die »wissenschaftliche Erarbeitung völlig neuer Grundlagen des gesamten Staats- und Verwaltungsrechts« vorantreiben.[90] Ein Schwerpunkt lag auf dem Wehr- und Polizeirecht. Zum 1. Juni 1937 übernahm Höhn vom Reichsinnenministerium außerdem eine zuvor dort geführte Verfassungskartothek, die eine »lückenlose Sammlung sämtlicher Äußerungen und Stellungnahmen führender Politiker, Wissenschaftler und Journalisten zu Fragen der Weimarer Verfassung« versprach.[91]

Im Unterschied zu vergleichbaren Institutionen genoss das *Institut für Staatsforschung* von Anfang an eine privilegierte Stellung. Während Poetzsch-Heffters finanzielle Möglichkeiten in der Regel nur einen Assistenten zuließen, konnte Höhn zum Beispiel im Jahr 1937 mit einem Assistenten, sieben Referenten und einem Gesamt-

88 Rüfner, Vinzenz: Gemeinschaft, Staat, Recht, Bonn 1937, S. 157.
89 Nach Heiber: Walter Frank und sein Reichsinstitut für Geschichte des neuen Deutschlands, S. 882.
90 Nach Lösch: Der nackte Geist, S. 329.
91 HU Berlin, UA, Nr. 515, Bl. 98.

budget von rund 8400 RM zuzüglich zweier Zuschüsse in Höhe von insgesamt 4000 RM arbeiten.[92] Die praktische Institutsarbeit bestand überwiegend aus der Erstellung »grösserer Gutachten« für zentrale Staats- und Parteistellen wie dem Reichsinnenministerium, dem Reichserziehungsministerium, dem Auswärtigen Amt oder der *Gestapo*.[93] Vor allem Stuckart, Best und Himmler zogen das *Institut für Staatsforschung* zur »Bearbeitung staatspolitisch wichtiger Aufgaben« heran.[94] Für damit verbundene Recherche stand eine umfangreiche Bibliothek aus den Bereichen Politik, Recht, Wirtschaft und Verwaltung zur Verfügung, die von Höhn beständig erweitert wurde. 1937/38 übernahm er zum Beispiel von der *Reichstauschstelle* Doubletten aufgelöster Behördenbibliotheken. Im Sommer 1940 profitierte das Institut mit über dreieinhalbtausend Signaturen von der Aufteilung der SPD-Parteibibliothek. Daneben ließ Höhn zurückgelassene Buchbestände von Emigranten sichern.[95]

Neben den eigenen Untersuchungen, gab das Institut über 60 Dissertationen und mit den *Forschungen zum Staats- und Verwaltungsrecht* eine eigene Schriftenreihe heraus.[96] Aufträge bezog es außerdem aus der Wirtschaft. So vermittelte Höhn im Winter 1937 auf Ersuchen des Reichserziehungsministers Bernhard Rust im Streit zwischen dem *Rheinisch-Westfälischen Kohlesyndikat* in Oberhausen und der *Gewerkschaft Mathias Stinnes* in Essen.[97] Im Nachhinein erinnerte er sich, mit den so frei gewordenen Geldern im Mai 1937 den Umzug des Instituts an den Wannsee kofinanziert zu haben.[98] Dieser Standortwechsel war notwendig geworden, nachdem das Platzkontingent der Teutonenstraße ausgereizt war. In der Königsstraße 71 standen Höhn zehn Räume und ein großer Saal zur Verfügung. Ein Auftraggeber blieb Höhn besonders im Gedächtnis: die Familie Stinnes, die seinerzeit über ihren Justiziar ein Exposé in Berlin angefragt hatte und mit der er in Person von Konzernalleinerbin Cläre und Tochter Else alsbald privat bekannt wurde.[99]

92 Lösch: Der nackte Geist, S. 328.
93 HU Berlin, UA, Nr. 826, Bl. 60f.
94 Ebenda, Bl. 146f.
95 Haus der Wannsee-Konferenz Berlin (Hrsg.): Villenkolonien in Wannsee 1875 – 1945. Sonderausstellung der Gedenk- und Bildungsstätte Haus der Wannsee-Konferenz, Mai 2000 – Januar 2006, in: http://www.ghwk.de/fileadmin/user_upload/pdf-wannsee/sonderausstellungen/institut-fuer-staatsforschung.pdf, S. 1, 23. Mai 2014.
96 Nach Lösch: Der nackte Geist, S. 330.
97 HU Berlin, UA, UK H 365, Schreiben von Bernhard Rust an Reinhard Höhn vom 12. Oktober 1937.
98 Nach Lösch: Der nackte Geist, S. 332.
99 Ebenda.

Polizeirechtsausschuss

Mit Höhns Berufung zum stellvertretenden Vorsitzenden des Polizeirechtsausschusses an der *Akademie für Deutsches Recht* erweiterte sich der Aufgabenkreis des *Instituts für Staatsforschung*. Für diese Position hatte er sich im Sommer 1936 selbst in Stellung gebracht. Dass Höhn so kurz nach Himmlers Ernennung zum Polizeichef die Initiative zur Wiederbelebung einer solchen Plattform für polizeirechtliche Fragen in die Hände nahm, ist kein Zufall gewesen. Parteipolitisch gesehen, befand er sich seinerzeit auf dem Zenit seiner Karriere. Andererseits bot sich ihm die Möglichkeit, im Nachgang des *III. Gestapogesetzes* an der Seite führender Kollegen beziehungsweise möglichst noch vor ihnen, den Wegfall der gerichtlichen Behinderung staatspolizeilicher Aktionen und somit den Wegfall des individuellen Rechtsschutzes zu legitimieren, um das eigene Profil öffentlichkeitswirksam weiter zu schärfen. Wie weit Höhn gehen wollte, zeigt die Besetzungsliste, die er zusammen mit Werner Best Mitte August 1936 der Akademieleitung vorlegte. Unter den darin Aufgeführten befanden sich neben ihren eigenen die Namen von Georg Dahm, Lothar Eickhoff, Hellmut Froböß, Herbert Klemm, Gerhard Klopfer, Herbert Mehrhorn, Heinrich Müller, Arthur Nebe, Paul Ritterbusch und Wilhelm Stuckart, jedoch keiner eines früheren Ausschussmitgliedes.[100]

Am 11. Oktober 1936 trat der Polizeirechtsausschuss erstmalig zusammen. Best übernahm dessen Leitung und Höhn wurde sein Stellvertreter. Über die künftige Ausschussarbeit gab das Gespann unmissverständlich vor: »Klärung des Begriffs der Polizei, der Aufgaben der Polizei und der Stellung der Polizei auf Grund der nationalsozialistischen Staats- und Rechtsauffassung«.[101] Konkret hieß das, das Polizeirecht dauerhaft gegenüber externen Kompetenzansprüchen abzusichern. Best zufolge war das unumgänglich, da einer außerhalb stehenden Stelle die »erforderliche Sachkunde fehlen« würde.[102] Dementsprechend monierte Best frühere Einflussmöglichkeiten. Höhn charakterisierte sie als liberalistische Relikte des 19. Jahrhunderts. In seinen Augen entstand der Polizeibegriff damals in Abkehr zu der reglementierenden Staatsgewalt des absolutistischen Fürstenstaates, sprich über die »Verneinung des staatlichen Machteingriffs« in der »Freiheitsphäre des Individuums«.[103] Dessen folgende Anpassung an den Zeitgeist erklärte er »aus dem Bedürfnis« heraus, tradierte Rechtsbestim-

100 Nach Just, Steffen: Polizeibegriff und Polizeirecht im Nationalsozialismus unter besonderer Berücksichtigung der Arbeit des Ausschusses für Polizeirecht bei der Akademie für Deutsches Recht, Wiesbaden 1990, S. 144f.

101 Nach Schwegel, Andreas: Der Polizeibegriff im NS-Staat. Polizeirecht, juristische Publizistik und Judikative 1931 – 1944, Tübingen 2005, S. 220.

102 Ebenda, S. 175

103 Höhn, Reinhard: Polizeirecht im Umbruch?, in: Deutsches Recht 6/1936, S. 130.

mungen »als Normen zu verstehen«.[104] Dabei sei es verpasst worden, die Bemessung der polizeilichen Aufgaben »in eine Schranke der Eingriffsmöglichkeiten« zu verwandeln.[105] »Begriffe wie Gefahrenabwehr, nötige Anstalt, öffentliche Ruhe, Sicherheit und Ordnung wurden in das Normensystem einbezogen und Kampfbegriffe gegen den allmächtigen Staat zur Begrenzung der Polizeigewalt.«[106]

Höhn spielte an dieser Stelle auf das *Kreuzbergurteil* an. Im Sinne der Gewaltentrennung wurde mit ihm im Juni 1882 die polizeiliche Gewalt per Richterspruch eingeschränkt und so der rechtsstaatliche Polizeibegriff für die Polizeirechtslehre auf den Weg gebracht. In Abkehr dazu mahnte Höhn: »Ein neues Rechtssystem kann aber niemals so entstehen, daß die zugrunde liegenden Wertmaßstäbe geändert werden, das alte Begriffssystem aber beibehalten wird.«[107] Neu war hierbei das Primat der *Politischen Polizei*. Best hatte dieses zuvor bereits anhand der Auslegung des vormaligen Polizeirechts kontrastiert und Höhn schloss sich dem an. Die *Politische Polizei* war für ihn »Schutzkorps« zur »Abwehr des inneren Feindes« und zugleich »Einsatzkorps im Dienst der Volksgemeinschaft«.[108] Beweist sie sich gegen die »gefährlichsten Gegner der Volksgemeinschaft«, werde sie, so Höhn, zum Garanten der Gemeinschaftsordnung.[109] Auf eine exaktere Beschreibung wollte er sich allerdings nicht festlegen oder festlegen lassen, um nicht Gefahr zu laufen, sie einer gesetzlichen Normierung auszusetzen. Mit diesem Leitbegriff attackierte Höhn ebenso den Begriff der öffentlichen Ordnung, wie er 1794 im *Allgemeinen Landrecht für die preußischen Staaten* oder in dessen Fortführung im *Preußischen Polizeiverwaltungsgesetz* von 1931 festgehalten wurde. Ihm fehle es an einer klaren und verlässlichen Grundlage sowie an rassischen Grundwerten. Dem fügte Höhn außerdem hinzu: »Je mehr jüdisches Gedankengut die öffentliche Ordnung beeinflusste, umso mehr wurde die Eingriffsmöglichkeit der Polizei beschränkt.«[110]

Im November 1936 nahm der Ausschuss seine praktische Arbeit auf. In einem ersten Schritt begannen Best und Höhn zunächst die einzelnen inhaltlichen Grundpositionen zu evaluieren. Dazu verschickte Best am 15. November ein Rundschreiben, worin jedes Mitglied gebeten wurde, sich kurz über seine Vorstellungen zum Polizeibegriff zu äußern. Einige beigelegte Artikel aus Höhns Feder sollten die nötige Inspiration liefern. Im Januar 1937 lagen die ersten Stellungnahmen vor – allerdings nur von Froböß, Mehlhorn, Müller, Nebe und Best. Höhn wertete sie aus und präsentierte

104 Ebenda.
105 Ebenda.
106 Ebenda.
107 Ebenda.
108 Ebenda, S. 129f.
109 Ebenda, S. 131.
110 Ebenda.

im März seine Ergebnisse. Besonderes Lob fanden die Ausführungen von Arthur Nebe mit dessen Betonung einer »institutionellen Ermächtigung«, in der es hieß: »Die deutsche Polizei hat die Volksgemeinschaft, ihre Glieder und ihre Güter zu schützen und zu sichern. Der Polizei werden ihre Aufgaben von der Staatsführung zugewiesen. Der Umfang des Auftrages wird von den Staatsnotwendigkeiten des gegebenen Augenblicks bestimmt«.[111] Zuspruch gab es auch für dessen Vorstoß, der Kriminalpolizei in Anlehnung an das *III. Gestapogesetz* zu einer vergleichbaren Gesetzesgrundlage zu verhelfen. Während Nebes Beitrag den Praktiker auswies, war es bei Best eher der Vordenker, der aus ihm sprach. Praxisorientiertes fehlte bei ihm gänzlich. Vielmehr folgten seine Ausführungen einer klaren doktrinären Handschrift. Sprach Best vom Staat, sprach er von »Führungs- und Gemeinschaftsordnung«.[112] Deren Zweck sei die »Erhaltung und Entfaltung des überpersönlichen und überzeitlichen Gesamtwesens ›Volk‹ in seiner rassischen Substanz und in seinen typischen Eigenschaften«.[113] Die Rechtsform, so Best weiter, habe sich dann dementsprechend im Handeln der Polizei dem Notwendigen anzupassen – und das würde der Staat bestimmen. Trotz vereinzelter Einwände attestierte Höhn dem Ausschuss in seiner Zusammenfassung die »Ablehnung einer gesetzlich normierten Begrenzung der polizeilichen Tätigkeit oder etwa der Einführung einer neuen Generalklausel, die für das neue Polizeirecht die alten §§ 14ff. PVG zu übernehmen hätte«.[114] Ein solcher Grundkonsens war wichtig für das zügige Vorankommen bei der Neubesetzung des Polizeibegriffs, den es dann im nächsten Schritt in eine künftige Polizeiordnung einzubinden galt.

In seiner Sitzung am 8. März 1937 verständigte sich der Polizeirechtsausschuss auf folgende Definition: »›Polizei‹ ist die Erfüllung der von der Staatsführung gestellten Aufgabe, um der Erhaltung und Entfaltung des Volkes willen mit der Gewalt zur Anwendung von Zwang dem inneren Schutz der Führungs- und Gemeinschaftsordnung zu dienen«.[115] Korrekturvorschläge gingen zum zweiten Treffen Anfang Juni ein. Während Froböß und Nebe nur geringfügige Änderungen einbrachten, bestand Müller weiterhin auf einer allgemeingehaltenen Definition und Dahm bemängelte, dass ihm die vorläufige Fassung viel zu weit ginge. Auch aus Höhns Sicht hatte sie Defizite. Vor allem, was die Herausstellung ideologischer Eckpunkte anbetraf. Sein Vorschlag bewegte sich eng entlang der Prämisse der Politischen Polizei sowie dem *III. Gestapogesetz*: »Die Polizei dient dem inneren Schutz des deutschen Volkes. Sie wacht über

111 Nach Schubert, Werner (Hrsg.): Akademie für Deutsches Recht. Protokolle der Ausschüsse für Strafrecht, Strafvollstreckungsrecht, Wehrstrafrecht, Strafgerichtsbarkeit der SS und des Reichsarbeitsdienstes, Polizeirecht sowie für Wohlfahrts- und Fürsorgerecht (Bewahrungsrecht), Band 8, Frankfurt am Main 1999, S. 490.

112 Nach Schubert (Hrsg.): Akademie für Deutsches Recht, S. 500.

113 Ebenda.

114 Ebenda, S. 507.

115 Ebenda, S. 510.

den Bestand der nationalsozialistischen Volksordnung […], insbesondere hat sie die völkischen Zersetzungsherde und sonstigen Hemmnisse des Gemeinschaftslebens zu erforschen und zu bekämpfen sowie Störungen des Gemeinschaftslebens zu verhindern und zu beseitigen und die hierfür erforderlichen Maßnahmen zu treffen. Sie ist ferner berufen, gesetzmäßige Anordnungen anderer Stellen durchzuführen, soweit die Durchführung die Anordnung von Gewalt erfordert.«[116] Höhn kam es darauf an, deutlich zu machen, »daß die Polizei Zwecken des Volkes dient und von der Volksgemeinschaft selbst, dass heißt von ihrer Führung eingesetzt wird«.[117] Der Begriff des Staates spielte dabei in Distanz zum *Preußischen Polizeiverwaltungsgesetz* keine Rolle, war er doch, Hitler zufolge, ohnehin nur Mittel zum Zweck und Diener der Volksgemeinschaft. In seiner abschließenden Stellungnahme einigte sich der Ausschuss Anfang Juni schließlich auf folgende Formulierung: »Die Polizei ist das Schutzkorps des Reiches, das berufen ist, den Bestand der deutschen Volksordnung gegen Störung und Zerstörung im Inneren durch den unmittelbaren Vollzug aller erforderlichen Maßnahmen zu sichern.«[118] Mit ihr hatte sich Höhn durchsetzen können. Der Staatsterminus war verschwunden. Ihn ersetzte die Volksordnung. Neu war die Formulierung »Schutzkorps des Reiches«. Diese sollte eine Nähe zur *SS* suggerieren und dem ideologischen Charakter der *Politischen Polizei* Rechnung tragen. Der Ausschuss legte Wert darauf, dass die Formulierung insbesondere praxisorientierten »rechtspolitischen Zwecken« dient und nicht in irgendeiner Art und Weise einengend definiert ist.[119] Sie sollte flexibel und zugleich dynamisch sein und dabei Platz für Erweiterungen lassen. Im Herbst zog Best im Jahrbuch der *Akademie für Deutsches Recht* noch einmal Bilanz.[120] Demnach sei mit der Bestimmung des Polizeibegriffs ein wichtiges Etappenziel erreicht worden. Eines, welches sich auch bei der *SS*-Führung behaupten konnte.

Der Fall Carl Schmitt

»Gegnerabwehr« – das war für Reinhard Höhn das Aufspüren von »vorhandenen Mißständen und gegnerischer Wühlarbeit«, ganz gleich wo sie in der Gesellschaft auftraten.[121] Seine Abteilung beim *SD* mit ihren etwa 20 Mitarbeitern gliederte sich dafür in drei Referate: II/21 war für Kultur, Wissenschaft, Erziehung und Volkstum

116 Ebenda.
117 Ebenda, S. 511.
118 Nach Schubert (Hrsg.): Akademie für Deutsches Recht, S. 512.
119 Ebenda.
120 Best, Werner: Neubegründung des Polizeirechts, in: Jahrbuch der Akademie für Deutsches Recht 4/1937, S. 132-138.
121 Nach Koenen, Gerd: Der Fall Carl Schmitt. Sein Aufstieg zum »Kronjuristen des Dritten Reiches«, Darmstadt 1995, S. 665.

zuständig, II/22 für Verwaltung, Recht und Partei und II/23 für wirtschaftliche Belange. Ging es nach Ohlendorf, der 1936 zum *SD* stieß und dort zunächst unter Höhn eingesetzt war, habe man dennoch nicht so recht gewusst, was man wollte. Vielmehr seien Einzelfälle herausgegriffen und verfolgt worden, die den »natürlichen Interessen des Chefs«, also denen Höhns, entsprochen hätten.[122] »Er war Staatswissenschaftler und Hochschullehrer, und so setzte die erste Arbeit des *SD* in der Hochschule bei den Staatswissenschaften ein«, erklärte Ohlendorf während der Nürnberger Prozesse.[123] Höhns größter Fall war womöglich Carl Schmitt. Obwohl die Überwachung von Parteigenossen die Kompetenzen des *SD* überstieg, zeigte sich Höhn stets interessiert an ihm, seinem Werdegang und die ihn umgebenden, nicht immer einfachen Grenzverläufe. In Berlin hatte er Schmitt unmittelbar um sich. Höhn wusste, dass Schmitt wenig von seinem Gemeinschaftsdenken hielt und dass es Vorbehalte innerhalb der *SS* ihm gegenüber gab.

Ohne sich dessen selbst bewusst zu sein, avancierte Koellreutter zu einer der zentralen Informationsquellen für Höhn. Neben Hans Helfritz oder Wilhelm Merk war er einer der aktivsten Neider Schmitts. Zahlreiche Briefe, in denen er sich über ihn ausließ, gelangten über den *Nationalsozialistischen Deutschen Dozentenbund* in die Wilhelmstraße. Obwohl Schmitt und er etwa zur gleichen Zeit in die NSDAP eingetreten waren, beanspruchte Koellreutter für sich, der »erste nationalsozialistische Staatsrechtslehrer« zu sein und die Führungsrolle im Staatsrecht inne zu haben.[124] Viele seiner Kollegen hielt er nur für politische »Wandervögel«.[125] Schmitt aber getraute sich Koellreutter besonders offen anzugehen, vor allem wenn es um dessen »Wendung zum Rassismus« ging.[126] Mit Eifer verschickte er seine Vorhaltungen an Kollegen und lieferte dem *SD* so wertvolles Material. Und der wollte mehr erfahren über Schmitts Verhältnis zur katholischen Kirche, zu Juden, Papen, Brüning oder Schleicher. Die entsprechende Direktive erliess Höhn unter anderem zusammen mit Karl August Eckhardt am 14. Dezember 1936. Allerdings hatte er bereits im August angefangen, Kompromittierendes zu sammeln.[127] In Höhns Unterlagen fand sich beispielsweise eine Passage, wonach Schmitt in der *SS* »sehr klar« einen »großen weltanschaulichen Gegner« sah.[128] Aber auch Aussagen zu seinem katholischen Glauben waren darin gelistet. So etwa, dass Schmitt in der Religion seiner Väter ein Gegenstück zur techni-

122 Nach Aronson, Shlomo: Reinhard Heydrich und die Frühgeschichte von Gestapo und SD, Stuttgart 1971, S. 213.
123 Ebenda.
124 Nach Koenen: Der Fall Carl Schmitt, S. 528.
125 Nach Blasius: Carl Schmitt, S. 155.
126 Nach Koenen: Der Fall Carl Schmitt, S. 528.
127 Gross, Raphael: Politische Polykratie 1936. Die legendenumworbene SD-Akte Carl Schmitt, in: Tel Aviver Jahrbuch für deutsche Geschichte XXIII/1994, S. 132.
128 Ebenda.

sierten Moderne erkannte.[129] Ähnlich kritisch wurde Schmitts Umgang mit Juden beobachtet. Das galt insbesondere für die von ihm organisierte Tagung »Die Juden in Deutschland«, Anfang Oktober 1936. Bei ihr vermutete der *SD*, dass es Schmitt einzig um seine politische Rehabilitierung gehen könnte. Aber auch als das *Reichsinstitut für die Geschichte des neuen Deutschlands* scharfe Kritik an der Tagung übte, notierte Höhn das. Bei seinen Recherchen erwies sich der kurze Weg zu Eckhardt am Pariser Platz von Vorteil. Rückfragen und Personalangelegenheiten ließen sich so unkompliziert und unbürokratisch erledigen. Wiederholt soll sich Höhn von dort Referenten in sein Büro kommen lassen, um *Dreierlisten* zu besprechen.[130] Auf diesem Wege griff er mehrfach in Berufungsverfahren ein.[131] Höhn selbst galt damals für viele seiner Kollegen als Inbegriff des *SD* und wegen seiner scheinbaren »Allmacht« dort als »Schreckfigur«.[132] In Heidelberg war er dagegen kaum noch präsent, sodass es an der Fakultät hieß, man sei mit ihm »verhöhnt« worden.[133]

Schmitts »legendenumwobene« *SD*-Akte[134] umfasste mehrere Hundert Seiten.[135] Akribisch wurden darin Spannungen um seine Person festgehalten – ebenso die mit Hans Frank oder dem Reichsjustizminister Franz Gürtner in der Frage der Rechtfertigung der Aktionen gegen die »Röhm-Revolte« als »Staatsnotwehr«.[136] Selbst als Schmitt seine Teilnahme an einer Tagung der *Akademie für Deutsches Recht* durch den Assistenten Herbert Gutjahr, der selbst Informationen für den *SD* sammelte, absagen ließ, fand das in den Akten Niederschlag. Allerdings unterlief Höhn an dieser Stelle ein bezeichnender Fauxpas und typisch Freudscher Versprecher. Er vermerkte nämlich, dass Schmitt fehle, weil er »politisch erkrankt« sei.[137] Skepsis begleitete Schmitt auch, als er sich dem vermeintlich unverfänglicheren Völkerrecht zuwandte. Für Höhn gehörte das zu einer »raffinierten Taktik«, um als »erster die Fragen aufzuwerfen, die jeweils besonders im Mittelpunkt des Interesses stehen«.[138] Schmitt geriet zusätzlich unter Druck, als seine Frau Duschka verdächtigt wurde, zusammen mit einem

129 Nach Motschenbacher, Alfons: Katechon oder Großinquisitor? Eine Studie zu Inhalt und Struktur der Politischen Theologie Carl Schmitts, Marburg 2000, S. 47.

130 Nach Koenen: Der Fall Carl Schmitt, S. 665; Institut für Zeitgeschichte, ZS-1879-1, S. 1.

131 Institut für Zeitgeschichte, ZS-1871-1, S. 3.

132 Ebenda.

133 Ebenda.

134 Die Akte ist Teil der »Black Box, Carl Schmitt Documents«, die die Wiener Library Tel Aviv 1980 von der Wiener Library London ankaufte, die sie wiederum 1968 vom Institut für Zeitgeschichte übernommen hatte. Dort allerdings verliert sich ihre Spur.

135 Gross: Politische Polykratie 1936, in: Tel Aviver Jahrbuch für deutsche Geschichte XXIII/1994, S. 115.

136 Dazu Neumann, Volker: Carl Schmitt als Jurist, Tübingen 2015, S. 338f.

137 Nach Gross: Politische Polykratie 1936, in: Tel Aviver Jahrbuch für deutsche Geschichte XXIII/1994, S. 134.

138 Ebenda.

neu an das *Institut für ausländisches Recht* gekommenen Bulgaren eine Schaltstelle der großjugoslawischen Bewegung einrichten zu wollen. Der *SD* befürchtete, dass durch das Propagieren einer serbischen Einverleibung Bulgariens, Kommunisten angezogen werden könnten. Präventiv ließ Höhn deswegen verschiedene Telefonverbindungen und Posteingänge überwachen. Dass Schmitts Beobachtung mitnichten reibungslos verlief, zeigte sich im September 1936. Zu Monatsbeginn druckte die Berliner Gauzeitung *Der Angriff* ein Interview mit ihm ab. Überraschend daran war für den *SD* vor allem, dass Schmitt von einer »maßgeblichen« Mitarbeit bei der »Schaffung der neuen Strafprozessordnung« sprach, von der man selbst gar nichts wusste.[139] Den Auftrag dafür hatte Schmitt direkt von Frank bekommen, der die Ausarbeitungen später als Gegenentwurf zu den Überlegungen des Reichsjustizministeriums nutzen wollte. Allerdings reihten auch sie sich in die lange Liste vergeblicher Anläufe ein, in den Jahren zwischen 1933 und 1939 zu einem neuen Strafverfahrensrecht zu kommen. In dem Moment aber reagierte der *SD* verärgert über Schmitts Vorpreschen, zumal solche Debatten normalerweise unter dem Ausschluss der Öffentlichkeit geführt wurden. Die einzigen für die Allgemeinheit vorgesehenen Informationen bündelte das Reichsjustizministerium 1938 in dem von Roland Freisler und Franz Gürtner betreuten Sammelband *Das kommende deutsche Strafverfahren*.[140] Mit Schmitts Interview schien die Einflussnahme des *SD* auf die Debatte in weite Ferne gerückt. Höhn reagierte darauf, indem er weitere Abteilungen wie die seines Bekannten Franz Alfred Six für Presse und Schrifttum zu dem Fall hinzuzog. Von ihm wusste er wenige Tage nach dem Erscheinen des Interviews, dass es ein freier Mitarbeiter geführt hatte und von dem zuständigen Schriftleiter »angeblich« nur »in Unkenntnis der Sachlage« übernommen worden sei.[141] Schmitts kurz darauf veröffentlichte Richtigstellung konnte die Situation nur unwesentlich beruhigen. Höhn wertete sie als einen weiteren »krampfhaften Versuch«, »aktuell« und »beliebt zu bleiben«.[142] Als seine Abteilung meldete, dass die »Bereinigung« der Akademie im Gange und der »Hauptschlag« geführt sei, Schmitt keinen Einfluss mehr bekomme, war dessen Fall besiegelt.[143] Gegen Ende des Monats wurde in den Unterlagen Schmitts Rückzug von sämtlichen Ämtern vermerkt. Von den Resultaten seiner Tagung »Die Juden in Deutschland« berichtete er Himmler Anfang Dezember dennoch. In der Zwischenzeit ließ Höhn alle relevanten Pressekritiken über sie sammeln und untersuchen. Dabei stach dem *SD* ein Artikel von Schmitts

139 Nach Koenen: Der Fall Carl Schmitt, S. 701.

140 Freisler, Roland/Gürtner, Franz (Hrsg.): Das kommende deutsche Strafverfahren. Bericht der amtlichen Strafprozesskommission, Berlin 1938.

141 Nach Koenen: Der Fall Carl Schmitt, S. 705.

142 Ebenda, S. 106.

143 Nach Gross: Politische Polykratie 1936, in: Tel Aviver Jahrbuch für deutsche Geschichte XXIII/1994, S. 135.

Assistenten Günther Krauß ins Auge. *Zum Aufbau deutscher Staatslehre* war eigentlich dazu gedacht, die wechselseitig befruchtende Beziehung zwischen Schmitt und den nationalsozialistischen Lehren herauszustellen.[144] Jedoch verfehlte Krauss sein Ziel. Nicht nur, dass Schmitt ihm umgehend kündigte. Vielmehr lieferte er dessen Gegnern weitere Munition. Das *Schwarze Korps* schalt Krauss Artikel als unverschämten »Eiertanz« und »peinliche Ehrenrettung«.[145] Schmitt unterstellte es politischen Opportunismus und ideologische Unzuverlässigkeit. Zum Beweis rollte das *SS*-Blatt verschiedene Aspekte seines Schaffens auf, deren Stichworte vom *SD* stammten. Die Berichterstattung des *Schwarzen Korps* war gleichzeitig ein Signal an Hans Frank und Hermann Göring, die Schmitt halten wollten. Beide setzten sich vergebens für ihn ein. Offiziell hieß es, dass Schmitt aus »gesundheitlichen Gründen« den Rückzug angetreten habe.[146] Damit hatte die *SS* ihr Ziel erreicht: Die Regierungsmeile des Staates und Ort der Selbstinszenierung seiner Eliten, die Wilhelmstraße, war »Schmitt-frei«.[147] Seine Stellung an der Universität aber konnte Schmitt behaupten. Höhn versuchte er fortan aus dem Weg zu gehen und den Kontakt auf das Notwendigste zu beschränken. Dessen Karriere zeigte derweil steil nach oben, was sich auch auf das Private niederschlug. Die Familie Höhn wohnte in Berlin großzügig. Sie verreiste und zeigte den Wohlstand etwa mit einem neuangeschafften Mercedes 170 V selbstbewusst nach außen. Im Gegensatz zu Heydrichs 320 B, Görings 540 K Cabriolet B oder Himmlers gepanzertem 770 K, war der jedoch nicht dunkel gehalten, sondern grün – damals schon ein Exot unter den Lacken, was ihm innerhalb der Familie den Kosenamen »Laubfrosch« einbrachte.[148] Mehr noch als das Traditionsbewusste, Rechthaberische oder Streitsüchtige war die Farbwahl bei Höhn eine Reminiszenz an seine Naturverbundenheit und natürlich die Jagd. Als Ausdruck von Brauchtum und Feierlichkeit, Stärke und Macht wurde mit dem *Reichsjagdgesetz* auch sie völkisch aufgeladen sowie Teil einer neuen Lebenswirklichkeit. Jagen gingen dennoch erstaunlich wenige aus der Führungsriege des Regimes – Göring vielleicht. Himmler und Hitler aber verabscheuten es. Von Höhn wissen wir, dass er passionierter Jäger war und bereits als Jugendlicher unter der Anleitung seines Großvaters die ersten Hasen und Rebhühner schoss.[149] Die Jagd auf Hirsche und Sauen habe ihm sein Bekannter Franz Mueller beigebracht.[150] Der hieß, um Verwechslungen zu vermeiden, ab November 1944 nach seinem Betätigungsort an der südlichen Ostseeküste Mueller-Darß und war Oberförster mit guten

144 Krauß, Günther: Zum Neubau deutscher Staatslehre, in: Jugend und Recht 11/1936, S. 252f.
145 O. A.: Eine peinliche Ehrenrettung, in: Das Schwarze Korps vom 3. Dezember 1936.
146 Nach Gross: Politische Polykratie 1936, in: Tel Aviver Jahrbuch für deutsche Geschichte XXIII/1994, S. 141.
147 Nach Koenen: Der Fall Carl Schmitt, S. 742f.
148 Auskunft von Elke Hein vom 4. Mai 2013.
149 Höhn, Reinhard: Meine Jäger und ich, Lippstadt 1992, S. 3.
150 Ebenda.

Kontakten in die Parteispitze, hauptamtlicher Beauftragter für Diensthundewesen in Himmlers persönlichem Stab, nebenamtlicher Leiter der Abteilung Schutz- und Suchhunde im Wirtschafts- und Verwaltungsamt und wie Höhn hochrangiges *SS*-Mitglied.[151]

So manchen aber machte Höhns temporeicher Aufstieg misstrauisch. Vereinzelt munkelte man hinter vorgehaltener Hand, er habe sich bei Heydrich eingekauft, während wiederum andere zu wissen glaubten, dass sein guter Draht zur Leitung der *SS* noch aus jungdeutschen Tagen herstammt.[152] Auch wenn die Sache mit Schmitt entschieden war und der sich, wie zuvor schon avisiert, politisch das Genick brach, richtig abschließen konnte Höhn dennoch nicht.[153] Vielmehr schwankte er zwischen skrupelloser Konsequenz und insgeheimer Faszination.

Nach außen verwahrte sich Höhn mit allen Kräften, mit Schmitt in Verbindung gebracht zu werden. Nachdem sich aller weiterer Kontakt auf das Fachliche beschränkt hatte, schrieb er ihm Anfang Oktober 1943, als dessen Wohnung in der Kaiserswerther Straße ausgebombt worden war, voller überraschender Empathie: »Ich möchte nicht verfehlen, Ihnen zu sagen, wie leid mir das tut, weiß ich doch selbst wie müheseliger Arbeit es bedarf, um solch eine Materialsammlung herzustellen und dann wieder ganz von vorne anzufangen. Leider kann man sich dabei ja gar nicht helfen. Bücher sind ersetzbar, man kann das eine oder andere sich wieder beschaffen, aber die Notizen und Ausarbeitungen sind unersetzlich. [...] Hoffentlich erhalten Sie diese Zeilen, sie sollen Ihnen zum Ausdruck bringen, daß Sie in Ihrem Kummer um Ihre geistigen Kinder nicht allein stehen.«[154]

Besonders deutlich wird diese Ambivalenz in der Rückschau. In einem Interview aus den frühen 1990er-Jahren schimpfte Höhn, dass Schmitt ein unkalkulierbarer »Jesuit« sowie ein »gefährlicher Mann« gewesen sei.[155] Auf der anderen Seite lobte er seine Klugheit, seinen Humor und sprach von Hochachtung gegenüber Schmitt und seiner Arbeit. Ähnlich großzügig und äußerst situativ handhabte Höhn die Beantwortung der Frage, ob er ihn bereits vor seiner Berufung kannte oder nicht. Unumstößlich war für Höhn hingegen, dass der *SD* keine Akte über Schmitt führte.[156] Und so versuchte er das Verhältnis auf jene Jahre zu konzentrieren, in denen beide kollegial miteinander umgingen. Gegen Ende des Krieges habe er mit Schmitt sogar darüber sinniert,

151 Zur Person: Wetzel, Manfred: Franz-Mueller-Darß, in: Forstverein Mecklenburg-Vorpommern (Hrsg.): Forstliche Biographien aus Mecklenburg-Vorpommern. Leben und Wirken für das Forstwesen, Schwerin 1999, S. 185-188.

152 Heiber: Walter Frank und sein Reichsinstitut für Geschichte des neuen Deutschlands, S. 886.

153 Nach Koenen: Der Fall Carl Schmitt, S. 736.

154 LAV NRW R, RW 265 Nr. 6165, Schreiben von Reinhard Höhn an Carl Schmitt vom 6. Oktober 1943.

155 Nach Lösch: Der nackte Geist, S. 327, 437.

156 Ebenda, S. 437.

dass er selbst erschossen und man ihn erhängen werde, worauf Schmitt gefragt haben soll, warum er den unehrenvollen Tod für ihn vorgesehen habe – what an end of a wonderful friendship.

Gegen Walter Frank

Während der Auseinandersetzung mit Schmitt machte Walter Frank, der sich als »Führer der deutschen Geschichtswissenschaft« verstand, aus Höhn Ende des Jahres 1936 selbst einen Angegriffenen.[157] Ausgangspunkt des Streites war die damals neu zu besetzende Leitung der *Preußischen Archive* sowie des *Reichsarchivs*. Der Posten versprach die Kontrolle über das gesamte deutsche Archivwesen. Himmler nominierte Karl August Eckhardt. Frank dagegen brachte Willy Hoppe in Position. Der Prorektor der Berliner Universität war geschlagene 17 Jahre älter als Eckhardt. Seine Erfahrungen im Bibliothekswesen stammten noch aus dem Kaiserreich. Politisch aber gehörte Hoppe wie sein Mitbewerber zu jenen im Lehrbetrieb stehenden Professoren, die bereits vor 1933 Mitglied der NSDAP waren.

Als Frank im Januar 1937 erfuhr, dass Eckhardts Ernennungsurkunde bei dem preußischen Innenminister zur Gegenzeichnung lag, ging er in die Offensive. Zunächst schrieb er Himmler. Er schickte ihm Broschüren und ersuchte einen »persönlichen Empfang«.[158] Sogar seinen Urlaub brach Frank Mitte des Monats »blitzartig« ab, um sich voll und ganz auf den »schwersten« seiner Kämpfe konzentrieren zu können.[159] Sein Ziel bestand darin, Eckhardt und Höhn voneinander zu isolieren. Aus Franks Sicht war der eine unliebsame Konkurrenz und der andere sein Unterstützer. Gerade von Höhn, dachte er, sei der Vorschlag Eckhardts für die Generaldirektorenstelle gekommen.[160] Für seinen Angriff stöberte Frank in der politischen Vergangenheit seiner Opponenten. Hierfür konnte er auf eine Sammlung verschiedener Bibliothekssignaturen zurückgreifen, die er über seine Kontrahenten wie Kollegen hat anlegen und regelmäßig pflegen lassen. Bei Eckhardt stieß Frank auf einen Nachruf zum Tod von Max Pappenheim aus dem Jahr 1935. Dieser würdigte ihn als »Lehrmeister ganz Germaniens«.[161] Da Pappenheim nie verheimlichte, von Schutzjuden und nicht von Wallensteins Reitergeneral abzustammen, disqualifizierte das Eckhardt aus Franks Sicht gegenüber »dem führenden nationalsozialistischen Historiker«, ge-

157 BArch R 43 II/1228, Bl. 35.
158 Nach Heiber: Walter Frank und sein Reichsinstitut für Geschichte des neuen Deutschlands, S. 888.
159 Ebenda.
160 BArch R 43 II/1228, Bl. 5.
161 Ebenda, Bl. 23.

genüber einem Mann, »dem weder politisch noch wissenschaftlich noch menschlich der geringste Makel anhaftet«.[162] Auch bei Reinhard Höhn musste Frank nicht lange suchen, bis er auf dessen Eintreten für den *Jungdeutschen Orden* stieß.

Mitte Januar 1937 begann Frank mit dem Versand des belastenden Materials. Sein erster Brief galt Eckhardt. Ihn adressierte er an Himmler sowie das *Reichswissenschaftsministerium*. Es folgte eine »Eingabe« über dessen kulturpolitischen Referenten Alexander Langsdorff.[163] In ihr schilderte Frank seine eigene »Einkreisung«, den Konflikt mit Eckhardt sowie den mit Höhn.[164] Ihm galten Franks weitere Schreiben. In ihnen listete er verschiedene Passagen aus Höhns *Artur Mahraun, der Wegweiser zur Nation* auf. So etwa, dass dieser »jahrelang im engsten Kreise des Hochkapitels, der obersten Führerschaft des Ordens, mit Artur Mahraun zusammengearbeitet hat«.[165] Triumphieren aber ließen Frank die Stellen, die scheinbar Höhns »schärfste« Ablehnung des Nationalsozialismus dokumentierten.[166] Dieser war demnach für den Autor ein »Strohfeuer« und Hitler ein Fanatiker, der niemals »grosse aufbauende Aufgaben lösen« könne, ein Organisator einer »grossen Stimmung des Antigeistes«.[167] Dessen Antisemitismus hielt Höhn offenbar für eine »rein negative verseuchte Hetze«.[168] Bei seiner Aufzählung ignorierte Frank Höhns einleitenden Hinweis, im Zusammenführen von Mahrauns Wirken aus technischen Gründen nicht jedes seiner Zitate als solches kennzeichnen zu können.[169] Franks Briefe enthielten zudem persönliche Erlebnisse mit Höhn. So habe sich dieser ihm einmal als »massgebenden Mann beim Reichsführer SS« für das *Reichsinstitut für Geschichte des neuen Deutschlands* zu empfehlen versucht.[170] Nachdem er sich dem aber gegenüber verwahrte, soll Höhn nach »anderen Mitteln« gesucht haben, ihn »entweder gefügig zu machen oder zu stürzen«.[171] Frank war sich daher sicher, dass Höhn und Eckhardt die Angelpunkte eines gegen ihn gerichteten Komplotts waren, dessen Frontverlauf er so formulierte:

162 Heiber: Walter Frank und sein Reichsinstitut für Geschichte des neuen Deutschlands, S. 901f.
163 BArch R 42 II/1228, Bl. 21-37.
164 Ebenda, Bl. 23.
165 Ebenda, Bl. 25.
166 Ebenda.
167 Ebenda.
168 Ebenda, Bl. 27.
169 So hieß es bei Höhn: »Er [Mahraun] erkannte klar, daß es nicht möglich sei, mit dem Fanatismus, mit dem Hitler seine Massen anfüllte, große aufbauende Aufgaben lösen zu können.« oder »Er [Mahraun] spricht an Stelle des Völkischseins im Antigeist von dem ›jungdeutsch-völkischen Trachten‹ und sagt: Dieses Völkischsein müsse ›in erster Linie mit aller Inbrunst der Vorbereitung und dann der Gestaltung des wahrhaft deutschen, sozialen, auf christlich-deutscher Weltanschauung fußenden Volksstaates zustreben‹.«; Höhn: Artur Mahraun, der Wegweiser zur Nation, S. 6, 61.
170 BArch R 42 II/1228, Bl. 25f.
171 Ebenda, Bl. 29.

»Die SS gegen den Monopolanspruch Walter Franks«.[172] Dabei kam Frank nicht umhin, gegenüber Himmler zu betonen, dass er sich gegen diese »grosse Koalition« bis zur »letzten Patrone« zur Wehr setze, da mit seinem Rücktritt »nicht nur die Stellung eines Menschen, sondern ein ganzes System wissenschaftlichen Aufbaus zusammenbrechen würde«.[173] Himmlers Reaktion fiel reserviert aus. Statt selbst zu schreiben, überließ er die Antwort Mitte Februar Reinhard Heydrich, der sie an Rust adressierte. Abschriften gingen an Hermann Göring, Rudolf Heß, Wilhelm Frick, Baldur von Schirach, Philipp Bouhler, Alfred Rosenberg sowie an den Chef der Reichskanzlei Hans Heinrich Lammers, wo nun eine Akte über die Sache angelegt wurde. Dass Heydrich auf sein Schreiben reagierte, überraschte Frank. Denn große Sympathien konnte er von ihm, der einmal anbrachte, er sehe wie ein Homosexueller aus, nicht erwarten.[174] Heydrich prüfte Franks Anschuldigungen und wies sie als »haltlos« und »nichtig« zurück.[175] Demnach sei Eckhardts Vorschlag nicht etwa von Höhn, sondern von Himmler gekommen und nein, Höhn betreibe auch keine vom »Reichsführer-SS unkontrollierte Politik für Privatzwecke« und erst recht keinen Privatkrieg.[176] Den Vorhaltungen wegen Höhns Mitgliedschaft im *Jungdeutschen Orden* setzte Heydrich dessen »schärfste Kampfstellung gegen Herrn Mahraun« und späteren Austritt entgegen.[177]

Die Botschaft des Briefes war eindeutig. Der *SD* stand hinter Höhn und Eckhardt. Zusätzlich ging Heydrich zur Gegenoffensive über. Obgleich er zweifelte, dass beispielsweise Eckhardts Pappenheim-Nachruf »politisch sehr klug« gewesen war, fand er es beachtlich, dass Frank solch schwerwiegende Anschuldigungen erhob, ohne selbst der Partei anzugehören.[178] In seinen Augen spielte Frank aus privatem Interesse »leichtfertig« und ohne Skrupel mit der Ehre seiner Mitmenschen und des gesamten *SD*.[179] Um den Druck auf Frank zu erhöhen, schaltete Heydrich die *Gestapo* ein, die ihn Mitte Februar auf das *Geheime Staatspolizeiamt* bestellte. Mehrere Beamte eröffneten ihm, dass er »schärfste staatspolitische Massnahmen« zu erwarten habe, »wenn er seine Angriffe gegen hohe SS-Führer weiter fortsetzt und dadurch den Eindruck erweckt, als habe der Chef des Sicherheitsdienstes bei der Auswahl seiner Mitarbeiter deren politische Vergangenheit nicht genügend geprüft«.[180] Während sich Frank da-

172 Ebenda.
173 BArch R 42 II/1228, Bl. 32f.
174 Nach Heiber: Walter Frank und sein Reichsinstitut für Geschichte des neuen Deutschlands, S. 894.
175 BArch R 42 II/1228, Bl. 5.
176 Ebenda, Bl. 2.
177 Ebenda, Bl. 9f.
178 Ebenda, Bl. 11.
179 Ebenda, Bl. 15.
180 BArch R 42 II/1228, Bl. 39.

von nicht aus der Reserve locken ließ, schlug die Angelegenheit immer größere Wellen. Von Wien aus meldete sich nun der Metternich-Experte Heinrich von Srbik zu Wort. Aus Sorge über die im Raum stehenden »Gerüchte« würdigte er Franks Organisationstalent und Leistungen bei der »Versöhnung von Wissenschaftstradition und lebensvollem Neuen«.[181] Frank sammelte solche Empfehlungen und schickte sie zusammen mit den Abschriften der bisherigen Korrespondenz Anfang April an die Reichskanzlei. Kurz darauf fuhr er nach Nürnberg, um Julius Streicher zu treffen. Von dem »Frankenführer« wusste Frank, dass er ihn bei der Entlarvung von »Judenknechten« bereitwillig unterstützen würde – insbesondere, wenn sie im Dienste des Staates standen. Und so telegraphierte Streicher dann auch umgehend an Lammers, er möge verhindern, dass ein »Gesinnungsloser dem Führer zur Ernennung vorgeschlagen wird«.[182]

Am 14. April versuchte Frank über Lammers direkt zu Hitler vorzudringen. Er erhoffte sich dessen »besonderen Schutz« und eine persönliche Entscheidung in der Auseinandersetzung mit Eckhardt sowie der von Höhn eingefädelten Verhaftungsdrohung.[183] Dem Schreiben legte Frank eine Eidesstattliche Erklärung bei, in der er Engels Ausschluss aus dem *SD* schilderte. Dieser sei von Höhn erwirkt worden, der wegen parteidisparater Personalentscheidungen und Engels schwindender Begeisterung für den *SD* das Vertrauen in ihn verloren habe. Das von Frank versandte Material wurde in der Reichskanzlei zusammengetragen und für Hitler aufbereitet. In der Zwischenzeit aktivierte Frank den Weltkriegsmajor Friedrich Haselmayr, der nach seinem Ausscheiden aus dem Reichstag im März 1936 dem Sachverständigenbeirat des *Reichsinstituts für Geschichte des neuen Deutschlands* angehörte. Zusätzlich reiste er nach Heidelberg, um mit Philipp Lenard über Eckhardt zu sprechen. Das Resultat war ein vierseitiger Brief, worin der Physiknobelpreisträger Eckhardt als »Judennarr« und »Lobpreiser« des »unerträglichen Juden« Pappenheim anherrschte.[184] Seine Förderung, so Lenard, bedeute nur »Unheil«.[185] Walter Frank dagegen sei einer der »wenigen Wissenschaftler, die tatsächlich im Geiste des Dritten Reiches« leben.[186] Dieser nutzte die Schreiben, um vor einer Sabotage des *Deutschen Historikertages* in Erfurt durch den Kreis um Höhn zu warnen. Eine »Katastrophe«, so Frank, könne »mehr denn je nur durch die persönliche Entscheidung des Führers« vermieden werden«.[187] Am 4. Mai 1937 bekam Hitler den Vorgang vorgelegt. Doch festlegen wollte er sich zu

181 Ebenda, Bl. 57.
182 BArch R 42 II/1228, Bl. 87.
183 Ebenda, Bl. 89, 92.
184 Ebenda, Bl. 147.
185 Ebenda.
186 Ebenda.
187 Ebenda, Bl. 156.

diesem Zeitpunkt nicht. Noch fehlte Rusts Stellungnahme, die erst am Folgetag die Reichskanzlei erreichte. Darin bekräftigte er, als »Reichsminister für Wissenschaft, Erziehung und Volksbildung« nichts mit der Besetzung der vakanten Stelle zu tun zu haben. Auch seien ihm die »Vorgänge« nur insoweit bekannt, als dass sich Frank »wiederholt schriftlich und mündlich gegen die Ernennung des Professors Eckhardt eingesetzt« hat.[188] Dass dieser ankündigt hatte, »für den Fall einer seinen Wünschen zuwiderlaufenden Besetzung der Stelle« von der Leitung des *Reichsinstituts für die Geschichte des neuen Deutschlands* zurückzutreten, habe er erst durch Lammers erfahren.[189] Hitler reichte das. Am Ende sprach er sich »ganz entschieden« gegen eine Ernennung Eckhardts aus und erhob »schwerste Bedenken« gegenüber Höhn.[190] Am 12. Mai informierte Lammers Frank. Seine Befürchtungen in Sachen Eckhardt seien »nicht begründet«.[191] Eckhardt bekam einen Tag später Post. Ihn unterrichtete Lammers über Hitlers Einwände und Ansinnen, die Angelegenheit mit ihm und Himmler persönlich zu besprechen. Danach war der Kampf für Eckhardt zu Ende. Im Sommer kehrte er nach Bonn auf seinen alten Lehrstuhl zurück. Mit Himmler arbeitete er wie etwa bei der »Erschließung des germanischen Erbes« weiterhin eng zusammen.[192] Genauso hielt sich sein Buch *Irdische Unsterblichkeit*[193] an das, was der *Reichsführer-SS* kolportierte: der Glaube an eine »Wiederverkörperung der Seele«.[194] Im Umkehrzug verfasste Himmler verschiedene Vorworte für Eckhardts Bücher, der im Februar 1938 den unter den *SS*-Insignien nur selten vergebenen *Ehrendegen* verliehen bekam. Mit der Beförderung zum *SS-Sturmbannführer* im November waren Eckhardts politischer Ruf und Integrität vollends wieder hergestellt.

Höhn beschäftigte die Angelegenheit dagegen länger. Sein Buch über Artur Mahraun lag in der Reichskanzlei und Frank ließ deswegen nicht locker. Stolz verkündete er Lammers am 28. Mai, mit »neuem Material« aufwarten zu können.[195] Bei den Dokumenten handelte es sich um Fotokopien, die er in der *Preußischen Staatsbibliothek* hatte anfertigen lassen. Eine davon bezog sich auf Höhns *Der bürgerliche Rechtsstaat und die neue Front*. Dazu machte Frank ihm zum Vorwurf, völlig zu Unrecht den damaligen Reichssportführer Hans von Tschammer und Osten attackiert zu haben;

188 BArch R 42 II/1228, Bl. 169.
189 Ebenda, Bl. 170.
190 Ebenda, Bl. 165.
191 Ebenda, Bl. 191.
192 Nehlsen, Hermann: Karl August Eckhardt, in: Zeitschrift der Savigny-Stiftung für Rechtsgeschichte 104/1987, S. 511.
193 Eckhardt, Karl August: Irdische Unsterblichkeit. Germanischer Glaube an die Wiederverkörperung in der Sippe, Weimar 1937.
194 Nach Bertholet, Alfred: Karl August Eckhardt. Irdische Unsterblichkeit. Germanischer Glaube an die Wiederverkörperung in der Sippe, in: Zeitschrift der Savigny-Stiftung für Rechtsgeschichte 1/1938, S. 821.
195 BArch R 42 II/1228, Bl. 233.

Höhn nannte das Bündnis des früheren jungdeutschen Großkomturs »mit den Rechtsparteien« eine »schwere Sünde gegen das politische Ideal« des Jungdeutschen Ordens«.[196] Davon ausgehend kritisierte Frank, dass sich Höhn nach seinem Bruch mit Mahraun nicht direkt der nationalen Opposition oder den Nationalsozialisten angeschlossen hatte. Ebenso fragwürdig sei sein Eintreten für Carl Schmitt gewesen. Aus Höhns kopiertem Artikel *Carl Schmitt als Gegner der liberalen Politik* las Frank wiederum eine »negative Stellung zu Adolf Hitler und zur NSDAP« heraus.[197] Aber auch an dem *Gegner*, der den Beitrag 1932 abdruckte, ließ Frank nichts Gutes. Dessen Herausgeber Franz Jung, ein Schriftsteller und Mitgründer der Kommunistischen Arbeiterpartei Deutschlands, sei einer der »berüchtigtsten Publizisten des damaligen Berlin«.[198] Frank stellte Höhn als »freundwilligen Mitarbeiter« in die Reihe von *Gegner*-Autoren wie Leo Trotzki, die in seinen Augen »Vertreter der zerstörenden Parteien« waren und die »gemeinste Perversität« verherrlichten.[199] Auch gegenüber dem Reichswissenschaftsministerium äußerte sich Frank eingehend über Höhn und seine Zeit im Jungdeutschen Orden. Könne dieser kein Zeugnis »seiner Wandlung aus einem Saulus des Antinationalsozialismus zu einem Paulus des Nationalsozialismus« vorbringen, schrieb Frank, müsse angenommen werden, dass Höhn die »Erleuchtung von Damaskus« im Laufe des Jahres 1933 getroffen habe.[200] In diesem Zusammenhang erwähnte er außerdem Johannes Kobelinski. Dieser wurde im März 1934 wegen der Weitergabe von SD-Interna innerhalb der SS degradiert und im Juli 1936 wegen sexueller Übergriffe gegenüber minderjährigen Jungen zu einer einjährigen Haftstrafe verurteilt.[201] Nach seiner Entlassung verstieß ihn Himmler aus der SS und ließ seinen Namen auf die »schwarze Liste« der NSDAP sowie deren »Warnkartei« setzen.[202]

196 Ebenda. Tatsächlich aber schrieb Höhn: »So erinnert sich der Verfasser an ein denkwürdiges Hochkapitel. Als der Großkomtur von Sachsen, der inzwischen aus dem Orden ausgeschiedene Herr von Tschammer und Osten, in Sachsen sich mit den schwarz-weiß-roten Parteien zur Wahlhilfe verbündet hatte und im Hochkapitel die schwarz-weiß-rote Front gegenüber der schwarz-rot-goldenen Front verteidigte, da sprang der Hochmeister auf, nahm den gewaltigen Hammer vom Tisch, schlug ihn auf, daß der ganze Sitzungssaal erdröhnte und sagte dann ruhig und klar: ›Wir stehen weder rechts noch links, nicht rechts steht das Volk und nicht links steht das Volk – wir aber sind die Garde der kommenden Nation‹. Bürgerliches Denken wird in seinen Grundlagen angegriffen. Diejenigen, die die neue Nation erschaffen wollen, losen sich von dem Mutterboden, verlassen überkommene Begriffe von einem Jahrhundert und gehen bewusst in dem Rhythmus einer neuen Zeit.« Höhn: Der bürgerliche Rechtsstaat und die neue Front, S. 95.

197 BArch R 42 II/1228, Bl. 239.

198 Ebenda, Bl. 235.

199 Ebenda, Bl. 237.

200 Ebenda, Bl. 291.

201 Institut für Zeitgeschichte, ZS/A 34, Bl. 29; ThHStA Weimar, PA Justiz Nr. 6094, Bl. 45, 56f.

202 BArch SSO PA Johannes Kobelinski, Schreiben von Heinrich Himmler an Johannes Kobelinski vom 9. Mai 1936.

Frank stilisierte sich zum Anwalt derer, die aus seiner Sicht unter Höhn zu leiden hatten: »Grundsätzlich erlaube ich mir noch zu betonen, dass die Entscheidung des Führers und Reichskanzlers über den Fall Höhn nicht nur die endgültige Entscheidung über die Ehre und das Ansehen meines Amtes, sondern zugleich auch eine weittragende Entscheidung über unsere gesamte Wissenschaftspolitik darstellen wird. Ich sagte Ihnen bereits mündlich, dass ich nicht der einzige Professor sei, den Herr Höhn mit derartigen unerhörten Methoden gefügig zu machen versucht habe, wohl aber der einzige Professor, der den Mut besessen habe, diese Angelegenheit vor den Führer und Reichskanzler zu tragen und sie bis zum letzten durchzukämpfen. Die Maßregelung Höhns aus Anlass des Erpressungsversuchs vom 25. Februar 1937 wird also die gesamte deutsche Wissenschaft vom lastenden Druck eines erniedrigenden Terrors befreien«.[203] Am 11. Juni bat Heydrich Frank zu sich. Er erklärte ihm, dass ein jeder sein Steckenpferd hat: Göring die Jagd, er selbst das Reiten und Himmler die Geschichte. Nur deshalb sei Eckhardt vorgeschlagen worden, aus sachlichen Beweggründen. Dessen Pappenheim-Nachruf tat Heydrich als »unerfreuliches« Versehen ab.[204] Aber um weiteren Missverständnissen aus dem Weg zu gehen, habe Eckhardt von sich aus auf den Posten verzichtet. Von Hoppe erwartete Heydrich nun das Gleiche, da seine Nominierung ohnehin »aus rein persönlichen Gründen« erfolgt sei.[205] Frank widersprach dem energisch. Der Ton wurde rauer. Rede folgte Gegenrede. Drohungen fielen. Am Ende warf Heydrich Frank sogar vor, »geistesgestört« zu sein.[206] Nach dem stürmischen Aufeinandertreffen hielten beide das Erlebte schriftlich fest – Frank für Lammers in der Reichskanzlei und Heydrich ließ seinen Vermerk über Heß, Goebbels und Himmler in verschiedenen Ministerien zirkulieren. Darin beschwerte er sich über Franks »Unbeherrschtheit« und seine »ans Psychopathische grenzenden Ausfälle«.[207] Lammers gab die Angelegenheit am 23. Juni an Hitler weiter, der sich jedoch zu dem Disput nicht äußerte. Vielmehr beließ man es von Seiten der Reichskanzlei dabei, Frank zu ermahnen, künftig nicht von einem »Sieg« über Höhn zu sprechen, wie er es zuvor mehrfach getan hatte.[208] Danach wurde es still in der Sache Frank-Eckhardt-Höhn.

Mit seinen Kandidaten hatte Frank jedenfalls kein Glück. Hoppe scheiterte, Engel scheiterte und mit ihnen sein »großer Plan«, die deutsche Geschichtsforschung nach eigener Fasson zu gestalten.[209] Schlussendlich wurde Ernst Zipfel neuer Leiter der

203 BArch R 42 II/1228, Bl. 287, 295.
204 Ebenda, Bl. 295.
205 Ebenda, Bl. 297.
206 Ebenda. Bl. 299.
207 Ebenda, Bl. 327.
208 Ebenda, Bl. 365.
209 Nach Heiber: Walter Frank und sein Reichsinstitut für Geschichte des neuen Deutschlands, S. 923f.

Preußischen Archive, der nach seiner Verabschiedung als Hauptmann aus der kaiserlichen Armee studierte, promovierte und danach über eine Tätigkeit als Hilfsarchivar bis zum Oberarchivrat aufstieg. Edmund Stengel, der an der Marburger Universität das *Großinstitut für mittelalterliche Geschichte, historische Hilfswissenschaft und geschichtliche Landeskunde* und das *Lichtbildarchiv älterer Originalurkunden* etablierte, übernahm die *Monumenta*. Mit ihnen lag Franks »Gebäude einer neuen, von der nationalsozialistischen Idee her bestimmten Wissenschaft« in Trümmern.[210]

Höhn ging angeschlagen aus dem Kräftemessen hervor. Vor allem seine politische Integrität hatte Schaden genommen. Während sich der Versuch, ihn zusätzlich in die Ecke der im März 1937 aufgelösten *Schlaraffia*, einem Männerbund zur Pflege von Geselligkeit und Humor, zu stellen, zügig entkräften ließ, war Heydrichs Befürchtung, dass er verhaftet werden könnte, wesentlich schwerwiegender und realer.[211] Himmler ließ Höhn wissen, dass diese Stimmung gegen ihn eine »Schweinerei« sei.[212] Nur machen könne er nichts dagegen – außer an seinem Image arbeiten. Dafür aktivierte Himmler Wilhelm Stuckart. Im Zuge der Vorbereitungen des für September 1939 geplanten internationalen Verwaltungskongresses sollte er Höhns Fall einer »eingehenden Nachprüfung« unterziehen.[213] Sein Urteil: Höhn habe nach »schweren Kämpfen« mit den Jungdeutschen gebrochen und seine Haltung »eindeutig revidiert«.[214] Die Vorwürfe des Kontaktes zu kommunistischen oder homosexuellen Kreisen bezeichnete er als »gegenstandslos«.[215] Höhns *SD*-Karriere war dennoch beendet. Fortan übernahm Franz Alfred Six seine Stelle als Abteilungsleiter, der damit de facto zum Chef des Inlands-*SD* aufstieg. Entgegen seiner späteren Aussage blieb Höhn trotz seines »Fehltrittes« Mitglied der *SS*.[216] Allerdings wurde ein Parteigerichtsverfahren gegen ihn eröffnet, bei dem sein Lehrstuhl auf dem Spiel gestanden haben soll.[217]

210 Nach Heiber: Walter Frank und sein Reichsinstitut für Geschichte des neuen Deutschlands, S. 928.

211 HU Berlin, UA, UK H 365, Erklärung vom 26. August 1937.

212 Institut für Zeitgeschichte, ZS-1880-1, S. 3. Himmlers Terminkalender dokumentierte außerdem, dass dieser den Kontakt zu Höhn nicht abreißen ließ. Dazu Wildt, Michael: Himmlers Terminkalender aus dem Jahr 1937, in: Vierteljahreshefte für Zeitgeschichte 4/2004, S. 671-691, bes. 673, 682.

213 BArch SS0 103 A, Abschrift des «Untersuchungsergebnisses Höhn" vom 20. Juni 1938.

214 Ebenda.

215 Ebenda.

216 Institut für Zeitgeschichte, ZS-1880-1, S. 3.

217 Ebenda.

An der »Dritten Front«

In der Wilhelmstraße war Reinhard Höhn ausgeglitten. Doch an der Universität und der *Akademie für Deutsches Recht* blieb ihm Ärgerliches erspart. Am 16. Dezember 1937 diskutierten die Mitglieder des Polizeirechtsausschusses über den Entwurf einer künftigen Polizeiordnung. Dieser trug die Handschrift des *Hauptamtes Ordnungspolizei* und war für Höhn zu »abstrakt«, »weit und farblos«, gerade was den Polizeibegriff sowie die polizeilichen Aufgaben anging.[218] Ihm zufolge griff es zu kurz, nur vom Schutz der »Sicherheit des Staates nach Innen« oder vom Erhalt der »völkischen Gemeinschaftsordnung« zu sprechen.[219] Ebenso sollte es nicht der Praxis überlassen werden, wie Gesetze Anwendung finden. Damit führte Höhn dem Ausschuss ein nicht unwesentliches Problem vor Augen: Wie lässt sich ein Polizeibegriff kodifizieren, der sich einerseits von jeder rechtlichen Normierung absetzt und andererseits vor dem Hintergrund einer völligen Deregulierung der Polizeigewalt die Legitimationsgrundlage gegen »Staatsfeinde« ist.[220] Sein Vorschlag: »Wir müssen von den neuen Erscheinungsformen der polizeilichen Tätigkeit in der Praxis ausgehen und aus ihnen die Grundlagen für eine neue Umschreibung des polizeilichen Aufgabengebietes gewinnen.«[221] In seiner Sitzung am 16. Mai 1938 befasste sich der Polizeirechtsausschuss vorrangig mit Einzelfragen: der »Rechtsnatur der Polizeiverordnung« etwa, dem »Wesen und Form der Polizeiverfügung« oder der »Art, Form und Bedeutung der Rechtsmittel im Polizeirecht«.[222] Die anwesenden Ausschussmitglieder verständigten sich darauf, »zu gegebener Zeit an einem geeigneten Ort« die Fragen der Kodifikation einer »Deutschen Polizeiordnung« wieder aufzugreifen und dann zum Abschluss zu bringen.[223] Es blieb das letzte Treffen.

Mit eigenen Veröffentlichungen hielt sich Höhn nach der Kollision mit Frank zunächst zurück. Erst ab etwa Juni 1938 schaltete er sich an der Seite Werner Bests in die Debatte um die Rechtsprechung der höchsten deutschen Verwaltungsgerichte ein. In dem Beitrag *Alte und neue Polizeirechtsauffassung in der Praxis* untersuchte Höhn Urteile des *Hamburger* sowie des *Preußischen Oberverwaltungsgerichtes* auf die darin zur Sprache gekommene Gültigkeit der Generalklausel, die der Polizei einen Eingriff zur Gefahrenabwehr ermöglichte. So begrüßte er, dass die Hamburger Richter schneller als ihre Berliner Kollegen von dem alten Grundsatz der Gefahrenabwehr zu Gunsten

218 Nach Schubert (Hrsg.): Akademie für Deutsches Recht, S. 519.
219 Nach Schwegel: Der Polizeibegriff im NS-Staat, S. 267.
220 Ebenda.
221 Nach Schubert (Hrsg.): Akademie für Deutsches Recht, S. 520.
222 Ebenda, S. 522.
223 Ebenda, S. 526.

einer Ausrichtung auf den »Schutz der Volksgemeinschaft« abrückten.[224] Damit bewegte man sich in der Rechtsprechung weg von der Idee einer »Deutschen Polizeiordnung«, wie sie der Polizeirechtsausschuss diskutierte. Höhn forderte einen polizeilichen Schutz der »ungeschriebenen Lebensgesetze des Volkes« und einer »Gewährleistung der ständigen Fortentwicklung der Gemeinschaftsordnung«.[225] An der Stelle wirkten seine Beiträge zu denen aus Bests Feder wie abgestimmt.[226] Auch Best verglich die beiden Oberverwaltungsgerichte. Nur ergänzte er sie im Falle Berlins um den Beweis deren positivistischer Grundhaltung. Best befürchtete, dass die Verwaltungsgerichtsbarkeit gerade dort die »neue Polizeiordnung mit einem Seufzer der Erlösung als die neue gesetzliche Grundlage einer im alten Geiste fortgesetzten Rechtsprechung« missbrauchen würde.[227] Die Widerstandsfähigkeit des Berliner Oberverwaltungsgerichts gegenüber solchen Positionen und Pressionen beruhte auf der personellen Beständigkeit des traditionsreichen Hauses, dem Selbstbewusstsein bewährter rechtsstaatlicher Rechtsprechung und der Qualität seines Personals.[228] 1941 wurde es durch das neugeschaffene *Reichsverwaltungsgericht* ersetzt.

Über die Erneuerung des deutschen Rechtswesens erschloss sich Höhn Anfang 1938 einen neuen Themenbereich: die deutsche Militärgeschichte.[229] Damit lag er historiografisch ganz im Trend. Unter dem Eindruck stetiger Aufrüstung veröffentlichte Höhn im Frühsommer das Buch *Verfassungskampf und Heereseid*.[230] Darin kündigte er eine »neue Sicht« auf die Geschichte an, anstatt sie durch die »Brille einer vergangenen Zeit« zu sehen.[231] Mit diesem Credo untersuchte Höhn Flugschriften und Parlamentsberichte aus der Zeit des Vormärz, um dem Verhältnis von Staat und Heer nachzuspüren. Dabei explizierte er die damaligen parlamentarischen Kontroversen als alleiniges Ringen um das Heer. Weniger Sympathien ernteten liberale Positionen wie die Idee einer Volksbewaffnung. Dass die allgemeine Verpflichtung zum Dienst an der Waffe scheiterte, erklärte Höhn mit den Defiziten der damaligen parlamentarischen Praxis. Die Bürgergarden in Sachsen und Kurhessen seien »geringe Erfolge« und Ausgangspunkt für die »etwas komische Figur des ›Krähwinkelsoldaten‹« gewe-

224 Höhn, Reinhard: Alte und neue Polizeirechtsauffassung in der Praxis, in: Deutsche Verwaltung 15/1938, S. 332.
225 Ebenda.
226 Best, Werner: Werdendes Polizeirecht, in: Deutsches Recht 8/1938, S. 224f.
227 Ebenda.
228 Laufs, Adolf: Die Berliner Justiz in der Zeit des NS-Regimes, in: Ebel, Friedrich/Randelzhofer, Albrecht (Hrsg.): Rechtsentwicklung in Berlin. 8 Vorträge, gehalten anläßlich der 750-Jahrfeier Berlins, Berlin 1988, S. 214.
229 Höhn, Reinhard: 100 Jahre deutsche Staatsrechtswissenschaft, in: Deutsche Allgemeine Zeitung vom 6. Januar 1938.
230 Höhn, Reinhard: Verfassungskampf und Heereseid. Der Kampf des Bürgertums um das Heer, Leipzig 1938, S. 5.
231 Ebenda, S. XXIV.

sen.[232] Die »Vereidigung des stehenden Heeres auf die Verfassung« hielt Höhn dagegen für aussichtsreicher.[233] Sie habe das Heer zum Nachdenken über die eigene Position gebracht und so zu der Erkenntnis, dass die »Feder im Kampf gegen das Bürgertum weiter reichte als die Kanone«.[234] Höhn deutete das als dessen Emanzipierung zu einer »geistigen Macht« und »politischem Faktor«.[235] An dieser Stelle leitete er zur Gegenwart über. Nach einem Jahrhundert liberaler und marxistischer Angriffe im »Kampf um und gegen den Staat« sei es dem Nationalsozialismus gelungen, den »Zwiespalt zwischen Heer und Volk« zu überwinden.[236]

Am 4. Juli 1938 brach Höhn im Namen des *Instituts für Staatsforschung* zu einer 25-tägigen »Studienreise« nach Skandinavien auf.[237] Ziel war es, die Stimmungslage der örtlichen Bewegung auszuloten, was Höhn mit Archivbesuchen verband. Im Nachhinein nutzte er die Reise, um sie als Himmlers Kniff umzudeuten, ihn vor einer drohenden Verhaftung in der Auseinandersetzung mit Walter Frank zu schützen.[238] Auch die Version, dass er sich »absetzen« musste, kolportierte Höhn.[239]

Sein erstes Ziel war Kopenhagen. Höhn nutzte den fünftägigen Aufenthalt, um im *Reichsarchiv* und der *Staatsbibliothek* heeresgeschichtliche Materialien sowie Unterlagen über das dänische Polizei- und Verfassungsrecht zu studieren.[240] In seinem späteren Bericht schrieb er: »Es war mir bei dieser Arbeit außerordentlich interessant festzustellen, wie auf der einen Seite die Grundanschauung der westlichen Demokratie über die Aufgabe und Stellung von Polizei und Verwaltung die äußeren Formen und das System des Polizei- und Verwaltungsrechts in Dänemark bestimmen, wie aber auf der anderen Seite unter diesem Mantel die alte nordische Verwaltung und Rechtsvorstellung erhalten geblieben ist. Sie bricht besonders in der Praxis immer wieder durch«.[241] Über Helsingör, Helsingborg und Göteborg reiste Höhn nach Stockholm. Hier suchte er im *Reichsarchiv* nach Hinweisen auf die Stellung des schwedischen Heeres zur Zeit Gustav Wasas, unter dem im 16. Jahrhundert die Dänen aus Schweden vertrieben wurden. Bei der Sichtung der Akten und deren Übersetzung aus dem Altschwedischen ging Höhn der Leiter der schwedischen Kriegsschule Gustav Petri zur Hand. Ein »schöner Erfolg«, wie Höhn notierte.[242] Erwähnenswert erschien ihm auch

232 Ebenda, S. XXI.
233 Ebenda.
234 Höhn: Verfassungskampf und Heereseid, S. XXII.
235 Ebenda.
236 Ebenda, S. XXIV.
237 HU Berlin, UA, UK H 365, Schreiben von Bernhard Rust an Reinhard Höhn vom 22. Juli 1938.
238 Institut für Zeitgeschichte, ZS-1880-1, S. 3.
239 LA Berlin, B Rep. 031-02-01 Nr. 12651/3, handschriftliche Notizen zur Vernehmung Höhns.
240 HU Berlin, UA, UK H 365, Reisebericht vom 17. Oktober 1938.
241 Ebenda.
242 Ebenda.

die Wertschätzung seines Gegenübers. Der nämlich hielt es für »wesentlich«, die Untersuchungen über Liberalismus und Heer für Schweden durchzuführen.[243] Im Anschluss reiste Höhn über die schwedische Ostküste nach Lund und von dort aus über Trelleborg zurück nach Berlin.

Neben Dänemark war Schweden für die Deutschen ein wichtiger Handelspartner. Gerade die Rüstungsindustrie zeigte großes Interesse an schwedischen Kugellagern und Eisenerz. Innenpolitisch nahm Höhn das Land als »stark demokratisiert« und überwiegend reich wahr.[244] 130 Jahre lang habe es keinen Krieg mehr erlebt. Zuletzt waren die Schweden während der napoleonischen Kriege in Kampfhandlungen verwickelt: zunächst gegen Frankreich und danach gegen Dänemark, mit dem man sich im *Kieler Frieden* von 1814 über den Austausch Schwedisch-Pommerns gegen Norwegen verständigen konnte. Während des Ersten Weltkriegs verpflichteten sich alle drei skandinavischen Könige zu absoluter Neutralität. Von den damals gegenüber dem Kaiser und den Deutschen gehegten Sympathien konnte Höhn allerdings nichts mehr ausmachen. So kritisierte er, dass die »allgemeine Schwedenbegeisterung als Auswirkung der Besinnung auf das nordische Gedankengut« auf »wenig Gegenliebe« stieß.[245] Höhn erklärte das mit dem großen Einfluss der jüdischen Bevölkerung. Als Beispiel nannte er die Verlegerfamilie Bonnier. Deren Wurzeln gingen auf Gerhard Bonnier zurück, der zu Beginn des 19. Jahrhunderts unter dem Namen Gutkind Hirschel von Dresden nach Kopenhagen ausgewandert war, um dort eine eigene Buchhandlung zu eröffnen. Später expandierte er nach Schweden, wo sein Verlag um die Jahrhundertwende zu den beliebtesten des Landes gehörte. In seinem Programm befanden sich unter anderem die Bücher des revolutionären Schriftstellers August Strindberg. Auch verhalf er einem meisterhaften Hjalmar Söderberg mit dem Roman *Doktor Glas* zu seinem bedeutendsten Werk und Schweden zu einem seiner Literaturklassiker.[246] Aus einem Einblick in den schwedischen Arbeitsmarkt sowie die rasch steigende Zahl von Immigranten ergab sich für Höhn, dass Schweden ein »Judenproblem« hatte.[247]

Verursacher seien die schwedischen Freimaurer, die in seinen Augen durch die Aufnahme von Juden deren gesellschaftliche Integration und Akzeptanz stärkten, um den Liberalismus und Individualismus in Schweden zu fördern. Innerhalb der Gesellschaft führe das zu einem allgemeinen Unverständnis gegenüber dem deutschen Kampf gegen die Freimaurerei. Dieser werde, so Höhn, oftmals sogar als »übelstes Mittel der Propaganda des Nationalsozialismus« gesehen.[248] Am Ende seiner Reise bi-

243 HU Berlin, UA, UK H 365, Reisebericht vom 17. Oktober 1938.
244 Ebenda.
245 Ebenda.
246 Söderberg, Hjalmar: Doktor Glas, Stockholm 1905.
247 HU Berlin, UA, UK H 365, Reisebericht vom 17. Oktober 1938.
248 Ebenda.

lanzierte er, dass die »nationale Bewegung« dadurch einen schweren Stand in Schweden habe. Zwar war es dem Vorläufer der *Nationalsocialistiska Arbetarepartiet* Anfang der 1930er-Jahre gelungen, sich zügig am rechten Parteienrand zu etablieren. Zu Posten und Einfluss kamen die schwedischen Nationalsozialisten dennoch nicht. Für den ausbleibenden Erfolg machten deren Spitzenvertreter gegenüber Höhn die gute Wirtschaftslage verantwortlich. Dass dieser zu einem Großteil selbstverschuldet war, zeigte sich kurz nach Höhns Abreise. Wieder kam es innerhalb der schwedischen Nationalsozialisten zum Streit. Wieder änderten sie daraufhin den Namen der Partei und ihr Erscheinungsbild. So ersetzte die Wasa-Garbe das Hakenkreuz als Erkennungszeichen der *Nationalsocialistiska Arbetarepartiet*.

Wieder zurück in Berlin, bemühte sich Höhn beim *Reichswissenschaftsministerium* um eine finanzielle Unterstützung für die Fortsetzung seines Buches *Verfassungskampf und Heereseid*. Einer, wie er schrieb, für die Verfassungsgeschichte »so entscheidenden Untersuchung«.[249] Diese sollte mit dem Rechtssystem des 19. Jahrhunderts abrechnen, das aus seiner Sicht »nicht mehr zu gebrauchen ist«.[250] Trotz der vorangegangenen Fürsprache von Stuckart und Best, die sich für Höhns »staatspolitisch wichtige Aufgaben« verbürgten, scheiterte der Antrag.[251] Zeitgleich erneuerte Ernst Rudolf Huber seine Kritik an Reinhard Höhn. Er warf ihm vor, in seinen Studien von »festgelegten Thesen« auszugehen, tendenziös zu arbeiten und beliebig historische Zusammenhänge zu zerreißen.[252]

Hubers Vorwürfe waren Teil seiner Meinungsverschiedenheiten mit Höhn sowie Reaktion auf dessen frühere Attacken. Fachlich dokumentierten beide mit ihrem Verhalten das terminologische Ringen innerhalb der Auseinandersetzung mit der deutschen Militärgeschichte und die Interdependenz von Staat und Wehrverfassung, politischer und militärischer Ordnung. Neben der Methodik unterschied Höhn und Huber der Untersuchungszeitraum. Höhn konzentrierte sich vornehmlich auf das 18. und 19. Jahrhundert. Huber interessierte dagegen ein weitgespannter Blick auf verschiedene Epochen. In *Heer und Staat in der deutschen Geschichte* stieg er beispielsweise bei den Germanen und ihrem »Volksheer« ein, dessen »pflichtgebundene Freiheit des im öffentlichen Dienst erprobten Kriegers« den »Geist der frühgermanischen Verfassung und das Wesen des germanischen Volksstaates« bestimmt habe.[253] Das frühe Mittelalter, so Huber weiter, setzte auf personengebundene Führung und Ge-

249 Nach Grothe: Zwischen Geschichte und Recht, S. 249.

250 Höhn, Reinhard: Otto von Gierkes Staatslehre und unsere Zeit. Zugleich eine Auseinandersetzung mit dem Rechtssystem des 19. Jahrhunderts, Hamburg 1936, S. 7; nach Grothe: Zwischen Geschichte und Recht, S. 249.

251 Grothe: Zwischen Geschichte und Recht, S. 249.

252 Ebenda, S. 250

253 Huber, Ernst Rudolf: Heer und Staat in der deutschen Geschichte, Hamburg 1943, S. 27.

folgschaft. Allerdings habe das Lehnwesen mit seiner »Vielheit der lose verbundenen Einzelordnungen« die »einheitliche Heeres- und Volksordnung« des »germanischen Königtums« nur noch »dürftig zusammenhalten« können, »bis sie dann im Pluralismus des Ständestaates hoffnungslos auseinandergefallen« sei.[254] Von dort aus sprang er in das 19. Jahrhundert. Hier sei es schließlich Bismarck gelungen, dass sich das Volk wieder zu sich selbst bekannte, um die nationale Einheit zu vollenden. Zusammen mit Wilhelm I. habe er die Eigenständigkeit der Wehrverfassung gewährleistet. Für Huber änderte sich das im Dreikaiserjahr und mit dem Machtantritt Wilhelms II. In seinem Bestreben, sich wie sein Vater an die Spitze der Wehrordnung zu stellen, sah er einen Faktor für das deutsche Scheitern im Ersten Weltkrieg.[255] Dementsprechend bilanzierte Huber: »So wie die politische Grundordnung aus der Wehrverfassung erwächst, so wird mit der Vernichtung der Wehrverfassung die politische Gesamtordnung zerstört.«[256]

Während der fortschreitenden Militarisierung der deutschen Gesellschaft befasste sich Höhn mit der Frage nach deren geistiger Führung und Mobilmachung. Dafür griff er auf die seit dem Ende des 19. Jahrhunderts in der Militärtheorie geführte Debatte um das Verhältnis von Entscheidungsschlacht und außermilitärischen Faktoren zurück. In ihr hatte spätestens mit den Erfahrungen des Ersten Weltkriegs die finalentscheidende Bataille ihren Nimbus verloren. Diskutanten wie der britische Historiker John Holland Rose richteten ihre Aufmerksamkeit vielmehr auf die Zivilbevölkerung als Ausgangspunkt, die Moral im eigenen Land zu festigen beziehungsweise die des Gegners zu brechen.[257] Höhn reizte speziell die historische Perspektive der Mobilisierung des Einzelnen, der Kampf- und Kriegsmoral sowie des »geistigen Verrates«, der beide konterkarierte. Über die Beschäftigung mit dem Politiker und Militärhistoriker Hans Delbrück wurde der Siebenjährige Krieg sein Ausgangspunkt dafür. So etwa für die Fortführung von *Verfassungskampf und Heereseid*, an der Höhn auch ohne Zuschuss weiterarbeitete. Bis zur Veröffentlichung der Studie verging allerdings einige Zeit. Währenddessen änderte der Staat seinen Taktschlag und Höhn seine Interessenfelder. Zum Thema »Militärgeschichte« publizierte er nur noch selten. Im Juni 1938 druckte die *Deutsche Allgemeine Zeitung* mit »Widerstand der preußischen Armee gegen die 1848er Revolution« einen Auszug aus dem Buch *Verfassungskampf und Heereseid* ab.[258] An ihn knüpfte Höhn im Frühjahr 1940 mit dem Beitrag »Soldat und Vaterland während und nach dem Siebenjährigen Krieg« an, der als kollegialer Hand-

254 Huber: Heer und Staat in der deutschen Geschichte, S. 53.
255 Ebenda, S. 384.
256 Ebenda, S. 441.
257 Dazu Rose, Johan Holland: The Indecisiveness of Modern War and Other Essays, London 1927.
258 Höhn, Reinhard: Der Widerstand der preußischen Armee gegen die 1848er Revolution, in: Deutsche Allgemeine Zeitung vom 23. Juli 1938.

schlag für den Rechtswissenschaftler Ernst Heymann gedacht war, der Anfang April 1940 seinen 70. Geburtstag feierte.[259]

Im Frühsommer 1939 überschattete ein persönlicher Schicksalsschlag das Leben der Familie Höhn. Anfang Juni verstarb Tochter Helga, die am 20. Mai per Kaiserschnitt auf die Welt geholt worden war.[260] Seit seiner Geburt musste der Säugling intensivmedizinisch betreut und mehrmals operiert werden, was mit dem bedeutenden Chirurgen Ferdinand Sauerbruch ein Bekannter der Familie übernahm. In der Folgezeit waren bei Susanne Höhn verschiedene Eingriffe notwendig. Nach einer fünfwöchigen Behandlung konnte sie das Krankhaus verlassen. Den Verlust verarbeitete die Familie im Privaten. Dabei half eine Kur in Bad Wörishofen. Bei Ausbruch des Krieges war die Familie wieder in Berlin. Derweil wurden mit dem Einmarsch deutscher Truppen in Polen landesweit der Hochschulbetrieb ausgesetzt und Lehreinrichtungen geschlossen. Berlin kehrte allerdings schon etwa eine Woche nach Kriegsbeginn zu einem fast normalen Lehrbetrieb zurück. In grenznahen Einrichtungen blieben die Hörsäle teils bis Anfang 1940 zu. Tübinger Studenten zum Beispiel wurde geraten, ihr Studium woanders fortzusetzen. Mit dem Krieg war es in vielen Hörsälen leer geworden. Studenten wurden eingezogen. Dozenten meldeten sich freiwillig. Die ersten fielen. Höhn selbst sah seinen Platz an der »Heimatfront«, um von dort aus mit Feder und Stimme Goebbels propagierten Kampf an allen Fronten zu unterstützen. Am 27. Dezember 1939 wurde seiner Bewerbung als Ordinarius entsprochen. Angesichts der kriegsbedingten Personalfluktuationen half Höhn ab März 1940 zusätzlich an der *Technischen Hochschule Berlin* aus.[261]

Mit dem Überfall auf Polen begann die »völkische Flurbereinigung«. Polen sollte zerschlagen und an der Stelle alter staatlicher Strukturen ein Generalgouvernement mit einer »völlig deutschen Verwaltung« entstehen.[262] Ausdrücklich wurde erwartet, die führende Bevölkerungsschicht »so gut wie möglich unschädlich« zu machen und die »restliche niedrige Bevölkerung« kleinzuhalten.[263] So kommunizierte es Heydrich am 7. September den Amtschefs des *Reichssicherheitshauptamtes*, die ihrerseits die Information mit in die Amtschefbesprechungen nahmen. Am 11. September 1939 trafen sie sich erneut – in Form eines Mittagessens in kleiner Runde. Auch Höhn nahm daran teil, obgleich er keine Ressortleitung inne hatte. Laut Protokoll wurde über »laufen-

259 Höhn, Reinhard: Soldat und Vaterland während und nach dem Siebenjährigen Krieg, in: Festschrift Ernst Heymann zum 70. Geburtstag am 6. April 1940 überreicht von Freunden, Schülern und Fachgenossen, Weimar 1940, S. 250-312.

260 Dazu HU Berlin, UA, UK H 365, Schreiben von Reinhard Höhn an Wilhelm Groh und Bernhard Rust vom 6. Juli 1939.

261 HU Berlin, UA, UK H 365, Schreiben von Bernhard Rust an Wilhelm Groh und Reinhard Höhn vom 20. März 1940.

262 BArch R 58/ 825, Bl. 2.

263 Ebenda.

de Fragen« gesprochen, was sich auf militärische Neuigkeiten sowie Personal-, Kompetenz- und Verwaltungsfragen bezog.[264] So stand etwa Himmlers Vorstoß im Raum, Höhn mit der »besonderen Nachrichtenerfassung aus Schweden und Dänemark« zu beauftragen.[265] Himmler hatte sich im Vorfeld bei dem verantwortlichen Leiter Alfred Filbert über die Qualität der *SD*-Auslandsberichte beschwert und »erhebliche Umstellungen« gefordert.[266] Wahrscheinlich wurde auf der Amtschefbesprechung auch Polens Zukunft erörtert, wobei Höhn mit vielen Details vertraut gewesen sein muss. Dennoch vermied er es, etwa in seinen Schriften offen von der Liquidation bestimmter Bevölkerungsgruppen zu sprechen oder dafür einzutreten. Mit deren theoretischer Rechtfertigung hatte Höhn weniger Berührungsängste. Ein Beispiel ist jedoch überliefert, in dem er sich aus einer Vorlesung heraus über das deutsche Vorgehen in Polen äußerte: »Kein Angehöriger einer anderen Volksgruppe darf sich gegen unsere Gebote auflehnen oder sich auch nur die geringste Straftat [...] herausnehmen. Wir müssen radikal vorgehen, und Todesurteile sind das beste Mittel, jede Art von Auflehnung zu vereiteln. Hinzu kommt, daß wir durch solche Maßnahmen das Volksgut der anderen Seite dezimieren.«[267]

Mit ihrer Garantieerklärung für Polen griffen England und Frankreich in den Krieg ein. Während der »Sitzkrieg« an der deutsch-französischen Grenze schnell zu einer gegenseitigen Propagandaschlacht geriet, referierte Höhn am *Institut für Staatsforschung* über die Erosion des von Frankreich personifizierten Demokratiegedankens. Die erweiterte Fassung seines Referates publizierte er im Frühjahr 1940 unter dem Titel *Frankreichs Demokratie und ihr geistiger Zusammenbruch*.[268] Höhn legte großen Wert darauf, dass das Buch vor Frankreichs Kapitulation im Juni auf dem Markt kam, um die Qualität seiner Vorhersagen zu bestärken. *Frankreichs Demokratie und ihr geistiger Zusammenbruch* verkaufte sich gut, sodass die Arbeit bereits gegen Jahresende mit marginalen Änderungen in die zweite Auflage ging. Fast zeitgleich zu ihr erschein mit *Frankreichs demokratische Mission in Europa und ihr Ende* ihre Fortsetzung.[269] Höhn nahm nichts Geringeres als den 150. Jahrestag der Französischen Revolution zum Anlass, herauszufinden, was Frankreichs »maßgeblich politische Köpfe von der Demokratie« hielten.[270] Dafür ließ er Rechtsprofessoren, Juristen und Offiziere wie Boris Mirkine-Guetzevich, Maurice Bourquin oder Joseph Barthélemy zu Wort kommen. Bei Barthélemy bezog sich Höhn zum Beispiel auf das Buch *La*

264 BArch R 58/ 825, Bl. 9.
265 Ebenda.
266 Ebenda, Bl. 14.
267 Nach Wistrich: Wer war wer im Dritten Reich, S. 139.
268 Höhn, Reinhard: Frankreichs Demokratie und ihr geistiger Zusammenbruch, Darmstadt 1940.
269 Ebenda.
270 Ebenda, S. 12.

crise de la démocratie contemporaine von 1931, worin in Teilen die gesamteuropäische Dimension der Krise der Demokratie jener Zeit ihren Niederschlag findet.[271] Barthélemy lud seinen Leser zu dem Gedankenexperiment ein, sich vorzustellen, was ein Mitglied der Nationalversammlung aus der Zeit der Französischen Revolution zur seinerzeitigen Republik sagen würde. Er selbst war überzeugt, dass es das Feuer der Ideen von 1789 vermissen würde, die Emotionen. Für Barthélemy waren der Kommunismus und der Sozialismus die Feinde der Demokratie. Dementsprechend hoffte er, dass der Staat als Schiedsrichter von Konflikten und Beschützer des sozialen Friedens seiner politischen Verantwortung nachkommt. Den Krieg sah Barthélemy dabei als dessen Bewährungsprobe an. Aus diesen und anderen Schriften der Zitierten filterte Höhn einen »offenkundigen Skeptizismus gegenüber allen demokratischen Institutionen, dem Wahlsystem, dem Diskussionsprinzip, dem Parlamentarier«.[272] Dementsprechend schlecht stehe es um die Ideale von 1789. Das Prinzip der Majorität, einst »neuer Gott«, werde nur noch als »Abgrund des Verderbens« gesehen und der Wunsch nach einer regierenden Elite laut.[273] Der Gedanke von Freiheit und Gleichheit habe »völlig versagt«.[274] Höhn sah Frankreichs Demokratie erodiert und sämtliche Reformversuche gescheitert. Den nunmehr währenden Rückfall ins Autoritäre versuche das Land, so Höhn, mit einer umso aggressiveren Außenpolitik zu kaschieren. Hierfür den Krieg als Ventil zu benutzen, sei ein »Gesetz der Geschichte« und typisch für sterbende Ordnungssysteme.[275] Diesen Gedanken führte Höhn in *Frankreichs demokratische Mission in Europa und ihr Ende* fort und explizierte ihn, wonach der Krieg zum Schauplatz des Aufeinandertreffens zweier Weltanschauungen wird. Schon im Ersten Weltkrieg habe Frankreich versucht, Europa und der Welt seine demokratische Ordnung aufzudrängen. Dass es damit scheiterte, bestätigte für Höhn ein »allgemeines Verfallsgesetz«, wonach Erstarrung in einem System das sicherste Zeichen für die mangelnde Lebenskraft seiner Idee ist.[276] In diesem Sinne erwartete er von Frankreich, dass es sich von der erstarrten Demokratie lossagt, um von innen heraus die »Wiederherstellung der geistigen und moralischen Einheit des Kontinents« vollziehen zu können.[277] Persönlich erlebte Höhn jene Tage mit Ermüdungserscheinungen. Bis August 1942 laborierte er an einem Magen-Darm-Leiden sowie einer hartnäckigen Kieferhöhlenvereiterung. Nur mit Mühe konnte Höhn arbeiten sowie seine Vorlesungen

271 Barthélemy, Joseph: La crise de la démocratie contemporaine, Paris 1931.
272 Höhn: Frankreichs Demokratie und ihr geistiger Zusammenbruch, S. 13.
273 Ebenda, 24.
274 Ebenda.
275 Ebenda, S. 65.
276 Höhn: Frankreichs demokratische Mission in Europa und ihre Ende, S. 14.
277 Ebenda, S. 220.

und Seminare halten. Das Angebot einer Gastprofessur in Brüssel musste er auf Anraten der Ärzte genauso ablehnen wie verschiedene Vortragseinladungen.[278]

Das *Institut für Staatsforschung* ließ Höhn bereits Monate vor dem Überfall auf Polen auf seine Kriegsbeorderung vorbereiten. Dessen »Archivberichte« behandelten mehrfach Themen zur »Ostforschung«. Ausgabe 14 beschäftigte sich mit der »Ansiedlung von Landarbeitern« und der *Königlich Preußischen Ansiedlungskommission für Westpreußen und Posen.*[279] Ausgabe 15 untersuchte, in welcher Form polnische Geistliche Druck auf deutsche Siedler ausübten.[280] Und Ausgabe 21 beleuchtete die Rolle der Erzbischöfe der Erzdiözese Posen-Gnesen.[281] Gut vernetzt, unterhielt das *Institut für Staatsforschung* Kontakte zum Beispiel zur Kriegsgeschichtlichen Abteilung des Oberkommandos der Wehrmacht, wie diese Episode zeigt: Im Mai 1942 fiel Höhns Chefsekretärin aus. Kurzerhand fragte er bei dem Leiter der Kriegsgeschichtlichen Abteilung Walter Scherff an, ob er seiner Sekretärin, Marianne Feuersenger, diktieren könne.[282] Diese hielt das anschließende Aufeinandertreffen in ihrem Kriegstagebuch fest: »Dr. Reinhard Höhn ist nicht nur ordentlicher Professor hier an der Universität, sondern auch noch stellvertretender Vorsitzender des Polizeirechtsausschusses an der Akademie für Deutsches Recht und SS-Standartenführer, wohnt privat in Berlin-Zehlendorf. Im vollen Glanze seiner SS-Uniform erschien er ja das erste Mal bei uns, und zwar direkt von einer Vorlesung. Er ist etwas größer als ich, schlank, ein nervöser Typ, redet schrecklich viel, hat bereits ein ziemlich faltiges Gesicht, braune Augen, einen nervösen, verschwommenen Blick, dunkelblondes volles Haar, auf der rechten Backe einen großen roten Fleck, wohl ein Feuermal. Er ist gewandt, hochintelligent und eben ganz amüsant. Er fragte mich aus und war so gedankenlos, darauf, daß Papa kürzlich gestorben ist, zu sagen ›schön, schön!‹ Solche Leute liebe ich!«.[283] Später lud Höhn Feuersenger in das Institut ein. Am 17. Juni besuchte sie ihn. Über ihre Erlebnisse dort notierte Feuersenger: »Um 18 Uhr war ich also in Wannsee draußen und fand auch gleich das Haus des Institutes für Staatsforschung der Universität. Eine Sekretärin empfing mich, dann kam der Herr Professor angestürzt, führte mich in sein Zimmer. Ich mußte Schriften und Bücher von ihm bewundern. ›Wissenschaftliche

278 HU Berlin, UA, UK H 365, Schreiben von Bernhard Rust an Wilhelm Groh vom 13. August 1940, Schreiben von Wilhelm Groh an Bernhard Rust vom 21. Oktober 1940.

279 BArch NS 19/3282.

280 BArch R 43 II/126.

281 BArch R 153/1178a.

282 Zur biografischen Einführung: Feuersenger, Marianne: Im Vorzimmer der Macht. Aufzeichnungen aus dem Wehrmachtsführungsstab und Führerhauptquartier 1940 – 1945, München 1999, S. 9-12. Nach dem Krieg ging Feuersenger zum Bayrischen Rundfunk. Von ihm wechselte sie 1962 zum ZDF. Zwei Jahre später erhielt ihre Dokumentation »Die zweite Revolution. Automaten übernehmen die Arbeit« den Adolf-Grimme-Preis.

283 Feuersenger: Im Vorzimmer der Macht, S. 125f.

Bücher, die sich wie ein Roman lesen und fabelhaft interessant sind.‹ Er schreibt über Staats- und Wehrrecht, den Zusammenbruch des demokratischen Frankreichs usw. Dann gab es noch viele Bücherregale zu sehen, die sämtliche Flugschriften der letzten 100 Jahre enthalten, Flugschriften des In- und Auslands. Er hat unheimlich viel gesprochen und mir alles mögliche und unmögliche Zeug erzählt. Natürlich auch, daß er hellbegeistert von mir ist. ›Mein offener Blick, die ganze Persönlichkeit, keine Interessenlosigkeit, auch keine übergroße Ergebenheit wie man sie sonst in Vorzimmern zu finden pflegt‹ – und er gewiß in seinem eigenen schätzt. [...] Höhn liest montags von 6 – 8 Uhr abends im Hörsaal 113. Es sind etwa 200 Menschen da. Ich soll hinkommen, es wäre für mich doch neu und interessant.«[284] Und noch etwas anderes interessierte Höhn: »Wie ich zur Heirat stünde, später würde ich doch mal heiraten? – Was, ich stelle mich noch nicht darauf ein – erstaunlich, aber typisch! Er teilte mir dann wenigstens zum Schluß mit, daß ich, wenn ich 10 Minuten früher gekommen wäre, noch seine beiden Töchter getroffen hätte. Er hat ein 8½ und ein 7jähriges Mädel – reizende Kinder, die entzückend telefonieren [...] Ich werde aber nicht in seine Vorlesung gehen.«[285]

Die Gutachtertätigkeit des *Instituts für Staatsforschung* brachte Höhn im Spätsommer 1941 mit der bekannten schwedischen Unternehmerfamilie Kreuger zusammen. Im Mittelpunkt ihres sagenhaften Aufstiegs und spektakulären Falls stand mit Ivar Kreuger ein Mann, den Ökonomielegende John Maynard Keynes rückblickend als denjenigen mit der »vermutlich größten schöpferischen geschäftlichen Intelligenz seines Zeitalters« adelte.[286] Binnen weniger Jahre schaffte es Kreuger, die Zündholzfabriken seines Vaters und Großvaters zu einem *Global Player* und Weltmarktführer aufzubauen. Kreuger besaß weltweit Minen, Bergwerke, Immobilien und hielt die Mehrheit an der schwedischen Papierindustrie sowie mit Ericson an der schwedischen Telekommunikationsbranche. Mit einer eigenen Produktionsfirma förderte er schwedische Filmproduktionen. Nach der amerikanischen Produktion *The Match King* aus dem Jahr 1932 brachte der Regisseur und Produzent Robert A. Stemmle, der unter anderem die Drehbücher für die Wallace-Klassiker *Die seltsame Gräfin* und *Der Henker von London* lieferte, 1967 mit *Der Zündholzkönig* Kreugers Geschichte auf die deutsche Filmleinwand. Kreugers Einfluss reichte bis in die internationale Politik. Insgesamt 17 Staaten liehen sich zwischen 1925 und 1931 Geld bei ihm – ab 1929 auch die Weimarer Republik, deren Kredit die Bundesrepublik bis 1983 bediente. Erst Kreugers Suizid am 12. März 1932 markierte den Wendepunkt seines Imperiums. Während gewagte Finanztransaktionen und die wirtschaftliche Depression den Kon-

284 Feuersenger: Im Vorzimmer der Macht, S. 125f.
285 Ebenda, S. 126.
286 Nach Hesse, Helge: Ivar Kreuger. Finanzgenie und Schurke, in: Handelsblatt vom 10. Mai 2005.

zern ins Wanken brachten, war es sein Tod, der ihn vor den Augen der Weltöffentlichkeit kollabieren ließ. Bis in die 1950er-Jahre hinein versuchte sein jüngerer Bruder Torsten zu beweisen, dass Ivar Opfer eines Auftragsmordes oder einer jüdischen Verschwörung geworden ist.[287] Der Kreis der Verdächtigen reichte von der Bankiersfamilie Wallenberg, die ein Schwergewicht der schwedischen Industrie war, über John Pierpont Morgan, dessen Unternehmen kurz nach der Jahrhundertwende die amerikanische Stahlproduktion kontrollierte, bis hin zu Josef Stalin, der einst Kreugers Kreditofferte ausgeschlagen hatte. 1933 musste sich Torsten Kreuger allerdings selbst vor dem Obersten Gerichtshof in Stockholm verantworten. Ihm wurde vorgeworfen, als geschäftsführender Direktor der *Högbrofors AG* die Käufer von Obligationen bewusst getäuscht zu haben. Das Gericht sah seine Schuld als bewiesen an und verurteilte Kreuger am 18. Dezember 1933 zu eineinhalb Jahren Zuchthaus.[288] Daneben musste er den entstandenen Schaden ersetzen und für ein Jahr seine bürgerlichen Rechte abtreten. Der Urteilsspruch stieß landesweit auf großes Interesse, insbesondere da viele Beobachter nicht an Kreugers Schuld glauben wollten. Um seinen Fall erneut aufzurollen, wandte sich Kreuger über das Auswärtige Amt an das *Institut für Staatsforschung* und dessen Leiter, den er zuvor über die Familie Stinnes kennengelernt hatte. Im September 1941 nahmen Höhn und seine Mitarbeiter ihre Arbeit auf.[289] Dabei ließ Rust sie wissen, dass nicht nur das Auswärtige Amt aus »politischen Gründen« großes Interesse an Kreugers Rehabilitation habe.[290] Denn dieser war auch Zuträger des *SD* und bekannt für seine zuverlässigen Berichte.[291] Das Vorhaben jedoch verlief sich in den Wirren des Krieges.

Die territoriale Expansion seit 1938 sowie verstärkt in den ersten Kriegsjahren stellte die Rechtswissenschaft vor neue Herausforderungen. In erster Linie rang sie um die begriffliche Erfassung des Verhältnisses zu den eingegliederten, besetzten, aber auch assoziierten Staaten. Schmitt lieferte dafür die Diskussionsgrundlage, als er im April 1939 die als Inbegriff des Völkerrechts geltende Vorstellung von der Gleichberechtigung souveräner Staaten für gegenstandslos erklärte.[292] Nunmehr sei von Großräumen auszugehen, lautete seine These. In diesen regiere jeweils ein machtpolitisch dominantes Reich, das als Völkerrechtssubjekt den Staat ablöse. Die USA waren das »erste nicht-europäische Reich«, das in den Augen Schmitts das Konzept des Groß-

287 Dazu Kreuger, Torsten: Die Wahrheit über Ivar Kreuger. Augenzeugenberichte, Geheimakten, Dokumente, Frankfurt am Main 1968.
288 HU Berlin, UA, UK H 365, Schreiben von Bernhard Rust an Reinhard Höhn vom 25. Juli 1941.
289 Ebenda.
290 HU Berlin, UA, UK H 365, Nr. 515, Bl. 48.
291 Roth, Daniel B.: Hitlers Brückenkopf in Schweden. Die deutsche Gesandtschaft in Stockholm 1933 – 1945, Berlin 2009, S. 310.
292 Nach Dreier/Pauly: Die deutsche Staatsrechtslehre in der Zeit des Nationalsozialismus, S. 63.

raums verwirklicht hatte.[293] Trotz der Unterschiede zur völkischen »Lebensraum«-Ideologie gewann für ihn die *Monroe-Doktrin* von 1823 Vorbildcharakter für eine gesamteuropäische Sicherheitspolitik. Damals beschlossen die Amerikaner, sich weder in die Geschicke anderer Länder einzumischen noch diese Einmischung bei sich zu dulden. Dieses Prinzip der Nicht-Intervention definierte Schmitt als völkerrechtliche Grundlage des Großraums, der in der Koexistenz mit anderen strukturell einer »konkreten Ordnung« folgte.[294]

Unter Völkerrechtlern war Schmitts Großraumtheorie umstritten. Wiederholt gab es kritische Stimmen, die unter anderem monierten, dass Schmitt den Volksbegriff vernachlässige. Höhn setzte mit seinen Einwänden an der Schnittstelle von Schmitts Großraumtheorie und dessen politischer Theorie an. So war das Nicht-Interventionsprinzip nicht ohne die Unterscheidung zwischen Freund und Feind denkbar. Ihr gestand Höhn zwar zu, hilfreich zur Ordnung fest umrissener Problemfelder zu sein.[295] Nur sei diese Methodik mit dem Nationalsozialismus »lebensfremd« geworden, da in ihm das Freund-Feind-Denken zur Selbstverständlichkeit wird.[296] Ebenso skeptisch sah Höhn das Prinzip der Nicht-Intervention, welches er nicht frei von Assoziationen zum individualistischen Staat wähnte. Insofern erschien ihm »äußerst fragwürdig«, ob die *Monroe-Doktrin* als historischer »Präzedenzfall einer völkerrechtlichen Großraumordnung« und »echtes Großraumprinzip« tauge.[297] Aus Höhns Sicht war das von Schmitt entworfene Ordnungssystem zu eindimensional, zu starr, zu formal, zu defensiv. Er sah darin zu stark das Trennende hervorgehoben und nicht entlang »völkischer Lebensprinzipien« das Positive betont.[298]

Die Beschäftigung mit Schmitts Theorien führte Höhn und anderen Intellektuellen aus dem Kreis der *SS* und des *SD* die Defizite der eigenen Ansätze in Bezug auf ein praxistaugliches Konzept zur Organisierung der deutschen Herrschaft in Europa vor Augen. Unter diesem Gesichtspunkt bildete sich im Herbst 1939 um Höhn, Stuckart und Best eine Gruppe von *SS*-Führern, um dieses zu eruieren. Angeregt durch Schmitts Thesen verständigte sie sich auf eine klar völkische Grundhaltung sowie auf einen höchstmöglichen Grad an Effektivität der deutschen Machtposition in Europa.

293 Schmitt: Völkische Großraumordnung, S. 57.

294 Schmitt: Der Reichsbegriff im Völkerrecht, in: Schmitt: Positionen und Begriffe, S. 303f.; ferner Schmitt, Carl: Völkerrechtliche Großraumordnung mit Interventionsverbot für raumfremde Mächte. Ein Beitrag zum Reichsbegriff im Völkerrecht, in: Maschke, Günter (Hrsg.): Carl Schmitt. Staat, Großraum, Nomos. Arbeiten aus den Jahren 1916 – 1969, Berlin 1995, S. 269-371.

295 Höhn, Reinhard: Großraumordnung und völkisches Rechtsdenken, in: Reich, Volksordnung, Lebensraum 1/1941, S. 269.

296 Ebenda, S. 270.

297 Ebenda, S. 282.

298 Ebenda, S. 275, 285.

Der Gruppe schwebte eine »vernünftige« Herrschaft vor, welche sich von den Vorstellungen der Fürsprecher konservativer Großmachtpolitik genauso absetzte wie von denen einer Gewaltherrschaft.[299] Im Frühjahr 1941 veröffentlichte sie erstmals ihre Ideen – und zwar auf höchst vielsagende Weise in Form einer »Festgabe« für Heinrich Himmler zu dessen 40. Geburtstag. Diese kam, wie viele der in den 1940er-Jahren erschienenen Festschriften, ohne Widmungstext und Tabula Gratulatoria aus.[300] An ihrer Stelle erfuhr der Leser: »Diese Festgabe wurde für den Reichsführer SS und Chef der Deutschen Polizei zu seinem 40. Geburtstag verfaßt und ihm am 5. Jahrestag der Übernahme der Deutschen Polizei am 17. Juni 1941 überreicht«.[301] Der Band versammelte fünf Aufsätze, die thematisch unterschiedliche Richtungen einschlugen. Eckhardt und dessen Habilitandus Frank Zipperer, ein Jugendfreund Himmlers und Mitarbeiter in dessen *Persönlichem Stab*, steuerten zwei siedlungs- und sippengeschichtliche Studien bei.[302] Höhn schrieb über den »Kampf um die Wiedergewinnung des deutschen Ostens«[303], Stuckart über das Thema »Zentralgewalt, Dezentralisation und Verwaltungseinheit«[304] und Best über die »Grundfragen einer deutschen Großraumverwaltung«.[305] Höhns Ausgangspunkt war die Arbeit der *Königlich Preußischen Ansiedlungskommission* für Westpreußen und Posen. 1886 gegründet, bestand ihre Hauptaufgabe in der Neuansiedlung deutscher Zuwanderer in Westpreußen und Posen. Dabei ließ er keinen Zweifel aufkommen, dass beide Provinzen nach

299 Herbert: Best, S. 279.

300 Beispielhaft: Festschrift Ernst Heymann mit Unterstützung der Rechts- und Staatswissenschaftlichen Fakultät der Friedrich-Wilhelms-Universität zu Berlin und der Kaiser-Wilhelm-Gesellschaft zur Förderung der Wissenschaften zum 70. Geburtstag am 6. April 1940 überreicht von Freunden, Schülern und Fachgenossen, I: Rechtsgeschichte, II: Recht der Gegenwart, Weimar 1940; Abhandlungen zur Rechts- und Wirtschaftsgeschichte: Festschrift Adolf Zycha zum 70. Geburtstag am 17. Oktober 1941 unter Mitwirkung der rechts- und der staatswissenschaftlichen Fakultät und mit Unterstützung der Gesellschaft von Freunden und Förderern der Rheinischen Friedrich-Wilhelms Universität zu Bonn überreicht von Freunden, Schülern und Fachgenossen, Weimar 1941; Ausnahme: Festschrift der Leipziger Juristenfakultät für Dr. Heinrich Siber zum 10. April 1940, Band 1, Leipzig 1941, Band 2, Leipzig 1943. Den Widmungstext übernahm Ernst Rudolf Huber, S. IVf.

301 Festgabe für Heinrich Himmler, Darmstadt 1941, o. S.

302 Eckhardt, Karl August: Das Fuldaer Vasallengeschlecht vom Stein, in: Festgabe für Heinrich Himmler, S. 175-214; Zipperer, Falk W.: Eschwege. Eine siedlungs- und verfassungsgeschichtliche Untersuchung, in: Festgabe für Heinrich Himmler, S. 215-292.

303 Höhn, Reinhard/Seydel, Helmut: Der Kampf um die Wiedergewinnung des deutschen Ostens. Erfahrung der preußischen Ostsiedlung 1886 bis 1914, in: Festgabe für Heinrich Himmler, S. 61-174.

304 Stuckart, Wilhelm: Zentralgewalt, Dezentralisation und Verwaltungseinheit, in: Festgabe für Heinrich Himmler, S. 1-32.

305 Best, Werner: Grundfragen einer deutschen Großraum-Verwaltung, in: Festgabe für Heinrich Himmler, S. 22-60.

wie vor zum »alten deutschen Volksboden« gehören.[306] »Die Burgen und Städte sprechen von deutscher Vergangenheit, deutsche Bauern rodeten als erste das Land. Was an Kultur in den Ostgebieten lebte und lebt, das Gesicht, das der Landschaft gegeben wurde, ist von deutscher Art«.[307] Der Pole sei »in diesem Land stets nur Gast und Nutznießer des deutschen Aufbaus« gewesen.[308] Jedoch sei er durch eine »verlogene und hetzerische Propaganda« der »Wahnidee eines polnischen Reiches« erlegen und letztlich zum Angriff übergegangen.[309] Mit dem hier angesprochenen *Posener Aufstand* gelang es der polnischen Nationalbewegung, noch vor dem Inkrafttreten des Versailler Vertrages weite Teile Posens unter Kontrolle zu bringen. Seit der Aufteilung Polens im Jahr 1793 gehörte die Provinz zu Preußen. Nach der Reichsgründung wurde sie zum Schauplatz anhaltender kultureller und politischer Spannungen. Der Verlauf des Ersten Weltkriegs nährte die Hoffnung auf eine Eingliederung in einen künftigen polnischen Staat. Dem aber griffen polnische Nationalisten Ende 1918 mit Waffengewalt vor. Für Höhn war ihr Erfolg nicht den deutschen Verbänden anzulasten. Der Fehler liege bei »Führung und Volk des Deutschlands vor dem Kriege«, welche unter dem Einfluss »fremder Ideen die Lehren der eigenen Geschichte«, ihren eigenen »elementaren Lebenswillen« vergessen oder verleugnet haben.[310] Dementsprechend bilde die Auflösung der *Ansiedlungskommission* den Schlussstein einer verfehlten deutschen Ostpolitik, die angesichts schlechter Führung, innerer Zerrissenheit und defizitärer Bürokratie aus sich selbst heraus scheitern musste.[311] Einziger Lichtblick waren für Höhn die »Träger der örtlichen Siedlungsarbeit«.[312] Aus ihnen heraus habe sich ein »mit dem Boden verwurzelter Bauern- und Landarbeiterstand« gebildet.[313] »Einen entscheidenden Dauererfolg im Volkstumskampf«, so Höhn, »wird aber nur die Nation davontragen, die im Bewußtsein ihrer Sendung und ihrer Ordnungsaufgabe das Land in Besitz nimmt und es mit schaffenden Menschen erfüllt«.[314] In einer solchen Situation brauche es »unbedingte nationale Disziplin« und das »stete Bewußtsein der Zusammengehörigkeit über parteipolitische, konfessionelle und Klassenunterschiede hinweg«.[315]

306 Höhn/Seydel: Der Kampf um die Wiedergewinnung des deutschen Ostens. in: Festgabe für Heinrich Himmler, S. 64.
307 Ebenda.
308 Ebenda.
309 Ebenda.
310 Ebenda.
311 Ebenda, S. 67, 106.
312 Ebenda, S. 68.
313 Ebenda.
314 Ebenda.
315 Ebenda, S. 114.

Stuckarts Beitrag zur »Festschrift« war ein Plädoyer für eine »starke Zentralgewalt« innerhalb der Verwaltung.[316] Diese solle der »deutschen Wesenheit« entsprechen und ihre Aufgaben möglichst effektiv erfüllen.[317] Praktisch hieß das, von einer Verwaltung wegzukommen, die aufgebläht und schwerfällig war.[318] Damit positionierte sich Stuckart gegenüber der häufig in der NSDAP anzutreffenden Meinung, die innere Verwaltung durch die Schaffung von Sonderbehörden zu dezentralisieren.

Best versuchte schließlich über die Kritik an Schmitt hinaus die praxisorientierten Grundzüge einer deutschen Großraumverwaltung zu skizzieren, die dem bisherigen Stand der deutschen Expansion entsprach und weltanschaulich geerdet war. Einleitend konstatierte er, dass der Begriff der Großraumordnung weder eine staats- noch eine völkerrechtliche Erscheinung im herkömmlichen Sinn darstellt. Für eine nähere definitorische Eingrenzung aber brauche es eine »völkisch-organische Weltschau«.[319] Insofern beschrieb Best die Großraumordnung als eine Region, die von unterschiedlichen Völkern bewohnt und von dem stärksten unter ihnen gestaltet wird. Das »Walten« dieses »Führungsvolkes« folge drei Prinzipien: »wenig regieren«, »wohlfeil regieren« und im »Sinne des Volkes regieren«.[320] Für Best war der letzte Punkt der entscheidende. In ihm bündelten sich die aus den Lebensgesetzen herzuleitenden Interessen eines Volkes. Sie gaben zugleich den Ausschlag über den Umgang mit anderen Völkern. Ziel von Regierung und Verwaltung eines »Führungsvolkes« müsse es sein, dieses als überzeitliche Einheit zu erhalten und zu fördern. Schaffte es das nicht, implizierte das für Best zwei Szenarien: »Lebenskräftige Großraum-Völker werden sich gegen das Führungsvolk auflehnen und dieses vor die Wahl stellen, die aufrührerischen Völker entweder zu vernichten oder aber die Großraum-Verwaltung auf die Erhaltung und Förderung der Großraum-Völker umzustellen. Lebensschwache Völker dagegen werden zugrunde gehen – und hierdurch insoweit der Großraum-Ordnung ihre Grundlage entziehen.«[321] Hierzu ergänzte er: »Vor einer verhängnisvollen Selbsttäuschung muß an dieser Stelle noch gewarnt werden: vor dem Wunsche, ›Heloten-Völker‹ zu besitzen und auszunutzen.«[322] Im Umgang mit ihnen gebe es nur zwei Möglichkeiten: »Entweder läßt man das Volk in Blut und Bewußtsein als Einheit bestehen, um eine Vermischung mit dem ›Herren-Volk‹ zu verhüten. Dann ist dieses Volk – je härter es behandelt wird, desto mehr – ein ständiger Gefahrenherd, der sich

316 Stuckart, Wilhelm: Zentralgewalt, Dezentralisation und Verwaltung, in: Festgabe für Heinrich Himmler, S. 5.
317 Ebenda, S. 4.
318 Ebenda, S. 5.
319 Best: Grundfragen einer deutschen Großraum-Verwaltung, in: Festgabe für Heinrich Himmler, S. 35.
320 Ebenda, S. 39ff.
321 Ebenda, S. 42f.
322 Ebenda, S. 43.

insbesondere einmal später in politisch schwierigen Lagen gegen sich sicher wähnende Enkel der heutigen ›Herren‹ vernichtend auswirken kann. (Geht das ›Heloten-Volk‹ allerdings unter Druck und Ausbeutung zugrunde, so hat das Leben dem lebensfeindlichen Handeln des ›Herren-Volkes‹ durch Entziehung seines Gegenstandes ein Ende gesetzt.)«[323] Ein anderer Weg sei der einer »›Assimilierung‹ des Bewußtseins der ›Heloten-Völker‹, der die Gefahr des Sklavenaufstandes in künftigen politisch schwierigen Lagen bannt. Aber die ›Assimilierung‹ hat unvermeidbar die Blutsvermischung zur Folge, so daß in diesem Falle das ›Heloten-Volk‹ sich seinem Heloten-Dasein sogar durch den Aufstieg in das ›Herren-Volk‹ entzieht«.[324] In *Großraumordnung und Großraumverwaltung* ergänzte Best am Beispiel des jüdischen Volkes, dass sich nach geschichtlichen Erfahrungen die »Vernichtung und Verdrängung fremden Volkstums« nicht widersprächen.[325] Zu zeigen, wie unterschiedlich Großraumordnungen hinsichtlich ihrer Verwaltung waren, ging Best in die Geschichte zurück – in das antike Rom, nach Russland, Großbritannien, Spanien, Portugal, Frankreich und in die USA. Anhand ihrer Beispiele leitete er vier mögliche Verwaltungstypen ab: die »Bündnis-», »Aufsichts-», »Regierungs-»sowie die »Kolonial-Verwaltung«.[326]

Der Rahmen der Beiträge, ihr Anlass und Veröffentlichungszeitpunkt impliziert einen Bezug auf die Frage nach dem Umgang mit Polen sowie den zukünftigen Umgang mit der Sowjetunion. Höhn und Stuckart lieferten wichtige Stichworte für Bests Überlegungen, in denen er nach einer Legitimation für die europaweite Vertreibungs- und Vernichtungspolitik der Deutschen suchte. Weitaus zurückhaltender agierten die *SS* und der *SD* im Fall Englands, gegen das ein militärischer Sieg zu dem Zeitpunkt zwar möglich, aber langwierig und schwierig erschien. Noch bevor Schmitt das Zusammenwirken von Land- und Seemächten im Völkerrecht der Neuzeit analysierte oder weniger bedeutende Autoren Englands Rückständigkeit betonten, beziehungsweise das *Schwarze Korps* im Oktober 1940 die Parole ausgab, dass eine neue Ordnung nur eine Ordnung ohne England sein kann, beschäftigte sich Höhn mit dessen geistigem Versagen »in der Auseinandersetzung mit dem neuen Deutschland«.[327] Demzufolge sehe ein Großteil der englischen Bevölkerung in Hitlers Bewegung einen »großangelegten Bluff« und im Nationalsozialismus die »Angelegenheit einer vorübergehend

323 Ebenda.

324 Ebenda.

325 Best, Werner: Großraumordnung und Großraumverwaltung, in: Zeitschrift für Politik 32/1942, S. 406f.

326 Best: Grundfragen einer deutschen Großraum-Verwaltung, in: Festgabe für Heinrich Himmler, S. 54ff.

327 Höhn, Reinhard: Der geistige Versager Englands. In der Auseinandersetzung mit dem neuen Deutschland, in: Deutsche Allgemeine Zeitung vom 28. August 1940; ders.: England gegen Dänemark. Eine zeitgemäße Betrachtung, in: Deutsche Allgemeine Zeitung vom 18. April 1940.

zur Herrschaft gelangten extremen Partei«.[328] Diese biete »Stoff für Sensationsberichte und groteske Schilderungen«, jedoch nicht den »Gegenstand ernsthafter geistiger Auseinandersetzung«.[329] Höhn begründete dieses »niedrige Niveau« mit dem Einfluss deutscher Emigranten.[330] Seiner Meinung nach bestimmten sie das Deutschlandbild der Engländer mit »Schauergeschichten, Konzentrationslagern und Judengreueln«.[331] Damit spielte Höhn vor Albert Einstein oder Lion Feuchtwanger auf den damals bereits verstorbenen Schriftsteller Ernst Toller an. Für die NS-Führungsriege war er wegen seiner jüdischen Herkunft und seines politischen Einsatzes eine Persona non grata und einer der von Goebbels erklärten Hauptfeinde des Reiches. Toller versuchte bis zu seinem Selbstmord im Mai 1939 in Stücken wie *Der entfesselte Wotan* und zuletzt *Pastor Hall* sowie in mehr als 200 Ansprachen, Vorträgen und Rundfunksendungen, Hitler vor den Augen der Weltöffentlichkeit zu demaskieren, die wahren Zustände in Deutschland zu zeigen, die Gewalt gegen Andersdenkende, die Konzentrationslager und dass es auch immer noch »andere« Deutsche gab.[332] Derweil machte Höhn bei den Engländern ein Gefühl aus, nach Jahren außenpolitischer Sicherheit in der eigenen Weltstellung wieder bedroht zu werden. Dadurch verfielen sie der Annahme, eine »typisch napoleonische Situation« vor sich zu haben.[333] Ein solches Denken sah Höhn derart in Englands Köpfen zementiert, dass diese überhaupt »keinen Sinn für die außenpolitischen Zielsetzungen des neuen Deutschlands« respektive die »großzügigen Möglichkeiten einer Neuorientierung des europäisch-englischen Verhältnisses« entwickeln könnten.[334]

Im Herbst 1941 schufen sich Höhn, Stuckart und Best mit der Zeitschrift *Reich – Volksordnung – Lebensraum* eine Plattform, um völkische Verfassungs- und Verwaltungsfragen zu vertiefen. Neben ihnen fungierten Staatssekretär Gerhard Klopfer sowie der Leiter der Rechtsabteilung im Oberkommando der Wehrmacht Rudolf Lehmann als Mitherausgeber. Bis auf wenige Ausnahmen stammten die ständigen Mitarbeiter aus Deutschland. Unter ihnen dominierte das akademische Milieu mit exponierten Hochschullehrern wie den Staatsrechtlern Theodor Maunz und Paul Ritterbusch, den Völkerrechtlern Friedrich Berger und Hans-Peter Ipsen und dem Arbeitsrechtler Wolfgang Siebert. Zum Autorenkreis von *Reich – Volksordnung – Lebensraum* gehörten auch der *Reichskommissar für die Niederlande* Arthur Seyß-Inquart sowie verschiedene Mitarbeiter, die Himmler als *Reichskommissar für die Festigung*

328 Höhn: Der geistige Versager Englands, in: Deutsche Allgemeine Zeitung vom 28. August 1940.
329 Ebenda.
330 Ebenda.
331 Ebenda.
332 Reimers, Kirsten: Das Bewältigen des Wirklichen. Untersuchungen zum dramatischen Schaffen Ernst Tollers zwischen den Weltkriegen, Würzburg 2000, S. 283.
333 Höhn: Der geistige Versager Englands, in: Deutsche Allgemeine Zeitung vom 28. August 1940.
334 Ebenda.

deutschen Volkstums zugeordnet waren. Die redaktionelle Arbeit der Zeitschrift übernahm Höhns *Institut für Staatsforschung*. Der Großteil der Mitwirkenden war Mitglied der *SS* und dort Inhaber von höheren Führungspositionen. Best erinnerte sich später an den intensiven Gedankenaustausch in ihrem Kreis.

Zwischen 1941 und 1943 erschienen insgesamt sechs Bände von *Reich – Volksordnung – Lebensraum*. Während der Verlag drei Ausgaben pro Jahr ankündigte, kam 1941 lediglich eine heraus, 1942 immerhin schon zwei und erst im letzten Erscheinungsjahr waren es dann die avisierten drei. *Reich – Volksordnung – Lebensraum* war als Diskussionsplattform, Korrektiv und Brücke zwischen Wissenschaft und politisch-ideologischer Praxis gedacht. Dafür hatten alle Beteiligten eine völkische Neuordnung Europas vor Augen. Die Qualität, die die Zeitschrift damit erreichte, lag über dem Niveau der übrigen Parteiliteratur. Allerdings ging mit dem Fortlauf des Krieges die Schere zwischen Weltanschauung und Wirklichkeit, Theorie und deren Umsetzbarkeit immer weiter auseinander.

Die Debatte um Schmitts Großraumordnung glimmte noch etwa bis 1944, ohne substanziell wirklich ergiebig zu sein. Schmitt selbst hatte sich unlängst von ihr zurückgezogen und wieder dem klassischen europäischen Völkerrecht zugewandt. Best erhielt im August 1941 vom Oberkommando der Wehrmacht den Auftrag, die verwaltungsrechtlichen Eigenarten in den besetzten nord- und westeuropäischen Gebieten im Zusammenhang von Struktur und Effektivität auszuarbeiten. Ungefähr zur gleichen Zeit referierte Höhn vor der deutsch-italienischen Studienstiftung über den Reichsbegriff als »Repräsentant einer neuen europäischen Ordnung«, »Verkünder eines neuen sozialen Ethos« und »Träger einer neuen Idee von der Macht in Europa«. Eine erweiterte Version seines Vortrags kam 1942 unter dem Titel *Reich, Großraum, Großmacht* auf den Markt, womit er außer den bekannten Phrasen kaum Neues bieten konnte.[335] Andere Vortragseinladungen erreichten Höhn aus Belgrad, Madrid, Paris und Sofia, denen er jedoch gesundheits- oder kriegsbedingt absagen musste. Ebenso platzte eine Übersetzung der von ihm herausgegebenen Schrift *Das ausländische Verwaltungsrecht der Gegenwart* ins Spanische. Das Buch erschien 1940 und verglich »Wesen, Aufgabe und Stellung der Verwaltung in Italien, Frankreich, Großbritannien und USA«.[336] Höhn verfolgte den Vergleich, »in welcher Weise sich praktisch politische Prinzipien, wie Parlamentarismus, Demokratie, Liberalismus und Faschismus in der Verwaltung auswirken«.[337] Denn das »Wissen um den Aufbau und den Ablauf der Verwaltung eines Volkes«, so Stuckart im Geleitwort, sei von »größter Bedeutung« für

335 Höhn, Reinhard: Reich, Großraum, Großmacht, Darmstadt 1942, S. 92-118.

336 Höhn, Reinhard (Hrsg.): Das ausländische Verwaltungsrecht der Gegenwart. Wesen, Aufgabe und Stellung der Verwaltung in Italien, Frankreich, Großbritannien und USA, Berlin 1940.

337 Ebenda, S. V, VIII.

die »Beurteilung seiner Einsatzfähigkeit« – insbesondere in »Zeiten des Existenzkampfes«.[338] Mit derartigen Veröffentlichungen wollte er dazu beitragen, Gesetze handhabbar für die deutsche Besatzverwaltung zu machen. Zusammen gaben Höhn und Stuckart die Reihe *Verfassungs-, Verwaltungs- und Wirtschaftsgesetze* heraus. Jeder Band widmete sich einem Land und versammelte dessen zentrale Gesetze, Verordnungen und Erlasse. Insgesamt 12 Ausgaben planten die Herausgeber. Tatsächlich veröffentlicht wurde jedoch nur einer: Band 1, der 1942 in seinem ersten Teil Norwegen behandelte.[339] Laut Verlagsangaben befanden sich der zweite Teil sowie zwei weitere Bände im Druck und die restlichen in redaktioneller Vorbereitung. Deren Untersuchungsgegenstände seien die Niederlande, Dänemark, Italien, Japan, Schweden, Spanien, Ungarn, die Türkei, Bulgarien sowie die Slowakei.

Während *Reich – Volksordnung – Lebensraum* in den ersten drei Ausgaben noch alleinig als Organ der staats- und verwaltungswissenschaftlichen Abteilung des *Reichsforschungsrates* fungierte, trat danach die *Internationale Akademie für Staats- und Verwaltungswissenschaft* an ihre Seite. Stuckart rief sie Anfang Mai 1942 ins Leben – ein Jahr nach der Schließung des in Brüssel verorteten *Internationalen Instituts für Verwaltungswissenschaften* durch die *Gestapo*. Dieses widmete sich seit 1907 den Verwaltungswissenschaften, mit dem Ziel Verwaltungsrecht und -praxis zu untersuchen und Verbesserungsmöglichkeiten zu finden. Deutschland war ab 1937 am Institut vertreten. Der Sektion gehörten neben Stuckart als Präsidenten auch Ritterbusch und Höhn an. Dieser bekam von Frick den Auftrag, das für Mitte September 1939 geplante Berliner Treffen vorzubereiten. Allerdings brach wenige Wochen vor dem geplanten Termin der Zweite Weltkrieg aus. Als Ausweichtermin visierte Höhn Juni 1940 an. Dieser scheiterte mit der Besetzung Belgiens. Anfang Mai 1941 schloss die *Gestapo* das *Internationale Institut für Verwaltungswissenschaften*. Stuckart ließ sich aus Brüssel von Vertretern des Reichsinnenministeriums mit Interna versorgen und Höhn schickte seinen Stellvertreter am *Institut für Staatsforschung* Bertold Hofmann, um über den dortigen Buchbestand im Bilde zu sein – wohl mit der Absicht, diesen beschlagnahmen und nach Berlin bringen zu lassen.[340]

Stuckart baute die *Internationale Akademie für Staats- und Verwaltungswissenschaft* nach dem »Führerprinzip« auf. Er selbst wurde Präsident und Höhn Wissenschaftlicher Direktor. Im Austausch mit Himmler Mitte Mai kündigte Stuckart an, die Akademie ähnlich wie die *Akademie für Staats- und Verwaltungswissenschaften* zu or-

338 Ebenda, S. VII.

339 Höhn, Reinhard/Schneider, Herbert/Stuckart, Wilhelm (Hrsg.): Verfassungs-, Verwaltungs- und Wirtschaftsgesetze Norwegens, Teil 1, Bd. 1, Darmstadt 1942.

340 Die Unterlagen gelangten nach Kriegsende über die Sowjetunion in die Ukraine, von wo aus sie schließlich wieder nach Brüssel gegeben wurden. 1952 gab es von offizieller Seite der Bundesrepublik eine Bücherspende, die möglicherweise als Ersatz für die geraubten Bücher gelten sollte.

ganisieren.[341] Allerdings beabsichtige sie mit Hilfe einer effektiven, völkisch-ausgerichteten Staats- und Verwaltungswissenschaft die Kräfteverhältnisse in Europa und Großasien neu auszurichten und dabei die englische und französische Kultur vom europäischen Kontinent zu verdrängen. Nach der Gründung der *Internationalen Akademie für Staats- und Verwaltungswissenschaft* schlossen sich ihr Japan, Spanien, Ungarn, Kroatien und Norwegen mit eigenen Delegationen an. Finanziell trug in erster Linie das Reichsinnenministerium die Einrichtung. Pro Jahr überwies es etwa 100.000 Reichsmark für Untersuchungen, Übersetzungen und Buchankäufe.[342] Gemessen am Anspruch der Führungsspitze sowie dem anfänglichen Medienecho fielen die Aktivitäten der *Internationalen Akademie für Staats- und Verwaltungswissenschaft* bis zu ihrem Ende eher spärlich aus. Für ein breiteres Fachpublikum war sie vor allem durch *Reich – Volksordnung – Lebensraum* sichtbar.

Im Juni 1942 wurde Höhn das *Kriegsverdienstkreuz 2. Klasse ohne Schwerter* verliehen; Himmlers *Totenkopfring* sowie den *Ehrendegen der SS* hatte er schon.[343] Die Ausführung »ohne Schwerter« honorierte vergleichbar mit dem *Eisernen Kreuz am Nichtkämpferband* Heimat- und Zivildienste ohne feindliche Waffenwirkung oder herausragende Verdienste in der Kriegsführung an der »Heimatfront«. Es war Höhns Auszeichnung für die Arbeit am *Institut für Staatsforschung* sowie an der Universität. Unbeeindruckt vom Verlauf des Krieges versuchte er dort den Lehrbetrieb bestmöglich aufrechtzuerhalten, während in zahlreichen Hochschulen und Universitäten wie etwa in Halle und Frankfurt am Main der Unterricht unlängst eingestellt werden musste. Bis Kriegsende zeigte sich der Lehrplan der Berliner Universität gut gefüllt. Noch im Sommersemester 1944 las Bilfinger »Verfassungsgeschichte der Neuzeit«, Ritterbusch »Staatslehre des Mittelalters«, Wilhelm Grewe »Geschichte des Völkerrechts«, Schmitt »Verfassung« und »Völkerrecht«, Berber »Außenpolitik und Völkerrecht« und Höhn »Volk und Staat«.[344] Der Großteil der Dozenten bot zusätzlich Seminare an – Höhn 1943 im Zweiwochenrhythmus sogar zwei.[345] Hinzukamen Ferienkurse und ein spezielles Angebot für Kriegsversehrte.

341 Forschungsstelle für Zeitgeschichte in Hamburg (Hrsg.): Der Dienstkalender Heinrich Himmlers 1941/42, Hamburg 1999, S. 465, Anm. 57.

342 Nach Fisch: Origins and History of the International Institute of Administrative Sciences from its Beginnings to its Reconstruction After World War II (1910 – 1944/47), in: Duggett/Rugge (Hrsg.): IIAS/IISA, S. 56.

343 HU Berlin, UA, UK H 365, Schreiben von Bernhard Rust an Karl Büchsel vom 18. Juni 1942.

344 Nach Pauly, Walter: Das Öffentliche Recht an der Berliner Juristischen Fakultät 1933 – 1945, in: Grundmann, Stefan/Kloepfer, Michael/Paulus, Christoph G. (Hrsg.): Festschrift 200 Jahre Juristische Fakultät der Humboldt-Universität zu Berlin. Geschichte, Gegenwart und Zukunft, Berlin/New York 2010, S. 787.

345 HU Berlin, UA, Nr. 515, Bl. 16.

Neben der Lehre fand Höhn Zeit für eigene Forschungen. Im Mai 1943 reiste er für drei Tage nach Posen und im Oktober für knapp zwei Wochen nach Wien. Auf der Rückreise stoppte Höhn in München bei Reichsschatzmeister Franz Xaver Schwarz, um ihm von seinen Fortschritten zu berichten. Mit dessen Zusage und der finanziellen Unterstützung der *Deutschen Forschungsgemeinschaft*, veröffentlichte er Anfang 1944 mit *Revolution – Heer – Kriegsbild* sein bisher umfangreichstes Werk.[346] Dieses umfasste über 700 Seiten, indessen viele Verlage wegen Papiermangels ihre Arbeit aufschieben, einschränken oder nicht selten einstellen mussten. Inhaltlich bediente Höhn abermals eine Erwartungshaltung, die er noch von Mahraun her kannte und die Wilfried Mönch einen »Dreisprung« von Sieg, Katastrophe und Endsieg nannte.[347] Es war die Vorstellung, aus der Geschichte heraus Errungenschaften als Grundlage der eigenen politischen Lebenswirklichkeit zu lesen. Für Höhn bedeutete das, den »Blick für den Zusammenhang zwischen Heer und Staatsform, Krieg und Weltanschauung« zu schärfen.[348] In gewohnter Manier breitete er hierfür das Neue und Zukunftweisende vor dem Alten und Überholten aus. Die neuen Ideen hätten mit einer solchen Gewalt einschlagen können, »wie es eben nur möglich ist, wenn die Zeit einer alten Epoche erfüllt ist und eine neue anbricht«.[349] Rücksichtslos seien »alle Schwächen des Gegners« aufgedeckt und Dogmen angegriffen worden.[350] Nur verpassten es die Aufklärer in Höhns Augen, die absolutistischen Strukturen aufzulösen und mit neuen Inhalten zu besetzen. Für ihn waren ihre Reformansätze das oberflächliche Kurieren ausgemachter Symptome. Auf das Heer bezogen, sei die Aufklärung lediglich Gehrungsstoff gewesen.[351] Ähnlich kritisch sah Höhn deren Menschenbild. Dieses sei zwar dem »inneren Bedürfnis [...] nach neuen Bindungen« entgegengekommen – jedoch erst nachdem sie erkannte, bei aller Freude am »rationalen Funktionieren« des stehenden Heeres, den Menschen vergessen zu haben.[352] Gemäß Kants Forderung, sich des eigenen Verstandes zu bedienen, strebte die Aufklärung dessen Selbstbestimmung an. Unter diesem Vorzeichen, dem Zeitgeist und dem Wunsch, den Konflikt zwischen »Maschine und Mensch zu beseitigen, um die gewünschte Vollendung der Heeresanstalt herbeizuführen«, machte sie für Höhn dem Heer »neue Ideen zugänglich«.[353] Fernab von Züchtigung und Reglementierung durfte der Soldat nun Ansprüche haben. So

346 Höhn, Reinhard: Revolution – Heer – Kriegsbild, Darmstadt 1944.
347 Mönch: »Rokokostrategen«, in: Gerteis/Hohrath (Hrsg.): Die Kriegskunst im Licht der Vernunft, Militär und Aufklärung im 18. Jahrhundert, S. 86.
348 Höhn: Revolution – Heer – Kriegsbild, S. XLVII.
349 Höhn: Die Stellung des Strafrichters in den Gesetzen der französischen Revolutionszeit (1791 – 1810), S. 37.
350 Ebenda, S. 38.
351 Höhn: Revolution – Heer – Kriegsbild, S. 71.
352 Ebenda, S. 73f.
353 Ebenda, S. 75.

zum Beispiel wenn es um seine Behandlung oder Versorgung ging. Selbst die Bezeichnung »Soldat« wurde diskutiert. Nur eine Chance, verwirklicht zu werden, habe der Ansatz nicht besessen. Zusammenfassend hielt Höhn fest, dass die Versuche der Aufklärung, unter anderem den Offizier »denkend zu machen«, auf lebhaften Widerspruch stießen.[354] Offiziere wie Leopold von Brenkenhoff, Major der Kavallerie unter dem Herzog von Braunschweig, verstanden ihren Dienst weiterhin als Handwerk, dessen Führer als solche geboren werden.

Höhn beschäftigte zudem der Gedanke einer alle Schichten vereinenden Kriegsbegeisterung. Der darin aufgehende Enthusiasmus verkörpere den »schöpferischen und kämpferischen Willen der Revolution, die politischen, wirtschaftlichen und militärischen Widerstände der Zeit um jeden Preis siegreich zu überwinden«.[355] Somit gehe er »jeden einzelnen Bürger unmittelbar« an und rechtfertige den »totalen Einsatz der Nation und aller Kraftreserven«.[356] Für Höhn machte der Enthusiasmus Energie für eine »neue Weltanschauung und ein neues politisches System« frei.[357] Das qualifizierte ihn in seinen Augen als »Ordnungsfaktor« und »entscheidendes neues Kriegsmittel«.[358] Um den Enthusiasmus als solches auch einsetzen zu können, schlug Höhn vor, entweder das bei Kriegshandlungen oftmals außen vor gebliebene Bürgertum zu aktivieren oder das Bild des einfachen Soldaten aufzuwerten. Wichtig sei ein einendes Identifikationsmoment. Als Inbegriff einer »neue Kampfform«des *levée en masse* nannte er den Tirailleur.[359] Wenn auch anfangs aus der Not entstanden und als Unterstützung gedacht, habe dieser am deutlichsten das alte Heeressystem als »neuer Menschentyp« durchbrochen.[360] Höhn beschrieb den Tirailleur als »naturhaften Krieger« und »Gegenstück zu dem als Nummer kämpfenden Soldaten des stehenden Heeres«.[361] In einer konkreten Gefechtssituation bestand die Aufgabe des Tirailleurs oder Plänklers darin, vor den eigenen Reihen die Aufmerksamkeit des Gegners auf sich zu ziehen und ihn aus der Reserve zu locken. Dafür bildeten die Glieder der Kompanien 300 Schritte vor der Aufstellungsfront cinc Kettc, in der sich die Tirailleure in Reihen je nach Auftragslage und Geländesituation fünf bis 20 Schritte nebeneinander bewegten.[362] Sie unterstanden keinem direkten Befehl. Da keiner seiner Schüsse umsonst sein durfte, musste der Tirailleur besonders geschickt im Ausnützen des Geländes und

354 Ebenda, S. 98.
355 Ebenda, S. 126.
356 Ebenda.
357 Ebenda.
358 Ebenda, S. 131.
359 Höhn: Revolution – Heer – Kriegsbild, S. 128.
360 Ebenda, S. 129.
361 Ebenda, S. 129f.
362 Schemfil, Viktor: Der Tiroler Freiheitskrieg 1809. Eine militärhistorische Darstellung, Innsbruck 2007, S. 31.

mit körperlicher Gewandtheit, List, Selbstvertrauen sowie einer schnellen Auffassungsgabe agieren.[363] Dieses System fand bereits im Amerikanischen Unabhängigkeitskrieg Einsatz. Damals glichen Siedler damit ihre Defizite gegenüber den überlegenen britischen Söldnertruppen aus.[364] Auch Napoleon griff auf Tirailleure zurück – zumeist mit Erfolg. Einen durchaus denkwürdigen Einsatz schilderte Mitte des 19. Jahrhunderts die *Allgemeine Encyclopädie der Wissenschaften und Künste*. So hatten französische Tirailleure auf einer der ab 1830 in Richtung des heutigen Algeriens gestarteten Expeditionen im Kampf gegen einheimische Aufständische bei geschätzten 10.000 getöteten gegnerischen Kombattanten in 14 Tagen mehr als 3.000.000 Patronen abgefeuert.[365] Laut Thomas Robert Bugeaud de la Piconnerie, der zeitweise das Oberkommando im Kampf gegen die algerischen Freiheitskämpfer innehatte, habe 60 Schuss pro Mann reichen müssen.[366] Unabhängig von solchen Beispielen unterstrich auch Bugeaud de la Piconnerie an der Person des Tirailleurs den Wert des moralischen Faktors für das Heer. Höhn sah in ihm mehr als eine soldatische Erscheinung – insbesondere an dem Punkt, wenn der Tirailleur über die Idee, für die er einsteht und kämpft, das Politische auf das Schlachtfeld bringt.[367] Auf diesem Wege habe der Tirailleur die Relevanz »weltanschaulich-politischer Propaganda« neu definiert.[368] Von dort aus schlug Höhn den Bogen in die Gegenwart. Ihr bescheinigte er, im Vergleich zu früheren Kriegen zu einer zielgerichteten Einstellung und Begeisterung gefunden zu haben. Historische Analogien dieser Art, bemühte der nationalsozialistische Führungskader zu verschiedenen Zwecken: zur Rechtfertigung eigener Herrschaftsansprüche oder zur Mahnung, Bestimmtes aus der Geschichte sich nicht wiederholen zu lassen. Goebbels etwa vermerkte im August 1943 mit Blick auf das Jahr 1918, dass man eine »Revolution wie im November 1918 [...] unter allen Umständen« verhindern werde.[369] Wie er und andere teilte auch Höhn die Bedenken, dass ein vom Gegner gesäter Aufstand den deutschen Sieg konterkarieren könnte – vergleich-

363 Ebenda.

364 Nach Jungmeier, Wolfgang Karl: War Rooms. Medienphilosophische Aspekte. Räumlichkeit – Zeitlichkeit – Medialität, Hamburg 2011, S. 14.

365 Ersch, Johann Samuel/Gruber, Johann Gottfried (Hrsg.): Allgemeine Encyclopädie der Wissenschaften und Künste, zweite Section, 17. Teil, Leipzig 1840, S. 156.

366 Nach Engels, Friedrich: Marschall Bugeaud über den moralischen Faktor im Kampf, in: Engels, Friedrich/Marx, Karl: Werke, Band 15, Berlin 1972, S. 250.

367 Lange Zeit blieben Höhns Thesen von der militärischen Bedeutung des Tirailleurs, die er in »Scharnhorsts Vermächtnis« wieder aufgriff, unwidersprochen. Friedrich Doepner, Oberst a. D. d. R., korrigierte Höhns »Tirailleurlegende«. Ders.: Über die Tirailleurlegende I-III, in: Wehrkunde 8-10/1975, S. 424-430, 481-487, 533-539.

368 Höhn: Revolution – Heer – Kriegsbild, S. 145, 147.

369 Fröhlich, Elke (Hrsg.): Die Tagebücher des Joseph Goebbels, Teil II, Band 9, München 1993, S. 483.

bar den Schilderungen des kommunistischen Publizisten Wilhelm Necker in *Nazi Germany can't win*.[370]

Im Frühjahr 1944 veröffentlichte Höhn die Broschüre *Die englische Ideologie vom Volksaufstand in Europa*.[371] Darin machte er England als Drahtzieher eines potenziellen Aufstandes in Europa aus. Hinweise liefere ein Blick in die Geschichte. So etwa als die Engländer 1870/71 an der Seite Frankreichs in den Deutsch-Französischen Krieg eingriffen oder 1918 dem bis dahin unbesiegten deutschen Landheer den entscheidenden »Dolchstoß« versetzten.[372] Höhn schlussfolgerte daraus, dass Englands »Ideologie vom Volksaufstand« mit Hitler als Inbegriff eines »modernen absoluten Herrschers« neuen Schwung erfahren habe.[373] Seit ungefähr 1942 sei es nun deswegen unter anderem an der Ostfront aktiv. Auch auf Sizilien hätten englische Einheiten versucht, die Kampfmoral der Italiener zu untergraben. Aus Höhns Sicht schafften sie es, diese zu Sturz und Verhaftung Mussolinis anzustiften. Mit Hitlers Eingreifen erklärte Höhn den englischen Invasionsversuchs allerdings für gescheitert.

Etwa zur gleichen Zeit schrieb der deutsche Generalmajor Berthold Keppelmüller in seinem Aufsatz *Zur geistigen Kriegsbereitschaft* über die Kampfmoral während des Krieges, dass dessen Hauptgewicht unverändert zunächst von der Waffe getragen werde. Erst danach folge das Ringen »Wirtschaft gegen Wirtschaft, Geist gegen Geist«.[374] Im Vergleich zu Höhn ergibt sich eine interessante Verschiebung. Waren die deutschen Truppen erfolgreich, dominierte wie bei Keppelmüller das Primat der Waffe. Überwogen aber Geschick und Fortune des Gegners, rückte die ökonomische Mobilisierung in den Vordergrund. Versagte aber wie gegen Ende des Krieges auch sie, lagen alle Hoffnungen auf der Moral. Kaum zufällig fokussierte Goebbels zu diesem Zeitpunkt die NS-Nachrichtenpolitik auf die »Dritte Front«.[375] Churchill setzte dem die Taktik des »moral bombing« entgegen. Praktisch sah das Vorgehen der Fliegerverbände meist ähnlich aus: Erst warfen sie Sprengbomben ab, um Fenster und Dächer zu zerschlagen. Danach folgten Brandbomben sowie Bomben mit Zeitzündern, die das Ziel zerstören und die Feuerwehr davon abhalten sollte, die Brände zu löschen. Hamburg sowie Berlin wurden zu Paradebeispielen für diese Taktik.

Während alliierte Bomber Anfang 1943 Berlin angriffen, blieb die dünnbesiedelte Region um den Wannsee zunächst von schweren Treffern verschont. Im Sommer ließ Höhn vorsorglich Teile des *Instituts für Staatsforschung* nach Deutsch-Gabel ausla-

370 Necker, Wilhelm: Nazi Germany can' t win, London 1939.

371 Höhn, Reinhard: Die englische Ideologie vom Volksaufstand in Europa, Prag 1944.

372 Ebenda, S. 39.

373 Ebenda, S. 21f.

374 Keppelmüller, Berthold: Zur geistigen Kriegsbereitschaft, in: Militärwissenschaftliche Mitteilungen 12/1942, S. 470.

375 Dazu Scurla, Herbert: Die Dritte Front. Geistige Grundlagen des Propagandakrieges der Westmächte, Berlin 1940.

gern. Mit der Leitung der Außenstelle beauftragte er seinen Mitarbeiter und Verfassungshistoriker Heinrich Muth. Aus Luftschutzgründen und Platznot versuchte Höhn, die Institutsstandorte zu streuen. Im Frühjahr 1944 reiste er deswegen für jeweils zwei Tage in die niederschlesischen Dörfer Wehrau und Klitschdorf, um mit Friedrich zu Solms-Baruth eine Teilnutzung des Klitschendorfer Schlosses zu besprechen.[376] Jedoch erledigte sich diese Option rasch, nachdem das Refugium wegen vermeintlich regimekritischer Äußerungen seines Besitzers beschlagnahmt wurde. Höhn wich auf Prag aus, wohin er einen Teil der Bibliothek und mit ihr Marginalien aus dem Nachlass von Karl Marx und Friedrich Engels verlagerte.[377] Da auch andere Einrichtungen nach Alternativen für ihre Dienststellen suchten, blieben solche Lösungen stets Notbehelfe. Bis etwa März 1945 musste das *Institut für Staatsforschung* zum Beispiel Räume an das *Reichssicherheitshauptamt* abtreten.[378] An der Universität bemühte sich Höhn derweil um Normalität. Im November 1944 bot er zweimal pro Woche Vorlesungen sowie Übungen im Staats- und Verwaltungsrecht an.[379] Daneben betreute Höhn Doktoranden.[380] Auch Förderungsbeihilfen wurden im Frühjahr 1945 noch beantragt und gezahlt – bei Roger Diener beispielsweise bis zum 31. März.[381]

Den Jahreswechsel 1944/45 verbrachte Reinhard Höhn zusammen mit seiner Familie in Berlin. Dafür ließ er die beiden Töchter aus dem thüringischen Eichsfeld holen, wo sie seit 1943 bei seiner Schwester zum Schutz vor alliierten Bombenangriffen untergebracht waren.[382] Der Krieg, sein Verlauf und möglicher Ausgang waren häufig Gesprächsgegenstand der Eheleute – darunter das Thema »Suizid«. Susanne wünschte sich, dass die Familie auch im Fall der Fälle zusammenbleibt.[383] Eine Situation, die an den Leipziger Stadtkämmerer Kurt Lisso denken lässt, der sich im April 1945 zusammen mit Frau und Tochter umbrachte – und für Höhn undenkbar war. Die Bilder der Leichen wurden zu Ikonen der Kriegsfotografie.

376 HU Berlin, UA, UK H 365, Schreiben von Reinhard Höhn an Karl Büchsel vom 21. März 1944.
377 Nach Kriegsende gelangten die Bestände unter anderem in den Besitz Prager Bibliotheken. Im Laufe der 1960er-Jahre kaufte das Frankfurter Antiquariat Sauer & Auvermann Mehrfachexemplare sowie kaum ausgeliehene Bücher aus früherem SPD-Bestand auf. Einige erwarb die Friedrich-Ebert-Stiftung, andere die Bibliothek für Verwaltungswissenschaft in Speyer und die Bibliothek des Bundestages.
378 Botsch, Gideon: Der SD in Berlin – Wannsee 1937 – 1945. Geheimes Wannsee-Institut, Institut für Staatsforschung und Gästehaus der Sicherheitspolizei und des SD, in: Kampe, Norbert (Hrsg.): Villenkolonien in Wannsee 1870 – 1945. Großbürgerliche Lebenswelt und Ort der Wannsee-Konferenz, Berlin 2000, S. 81.
379 HU Berlin, UA, Nr. 515, Bl. 7.
380 Ebenda.
381 Ebenda, PA Roger Diener, Bl. 66.
382 Auskunft von Elke Hein vom 4. Mai 2013.
383 Auskunft von Elke Hein vom 23. Dezember 2013.

Vom Wir zum Ich

Keine Stunde Null

Gemeinschaft in Trümmern

Es waren Worte ganz nach Goebbels Vorstellungen und Vorgaben, als in *Kolberg*, seiner als »Film der Nation« gepriesenen kinematographischen Wunderwaffe, der von Heinrich George gemimte Kolberger Bürgermeister Nettelbeck zu dem von Horst Caspar gespielten Gneisenau in einer Schlüsselszene sagte: »Und wenn wir uns mit unseren Nägeln in unseren Boden einkrallen, an unsere Stadt, wir lassen nicht los. Nein, da muß man uns die Hände einzeln abhacken, einem nach dem anderen [...] Lieber unter Trümmern begraben als kapitulieren.«[1] Am Ende Veit Harlans opulenter Inszenierung stand der einsame Triumph – Berlin dagegen lag in Schutt und Asche und mit ihm das *Dritte Reich*.

Aus dem früheren Führungskreis von *SD* und *SS* warf das finis germaniae, laut Ingrao, die Frage nach dem Schicksal von etwa 80 Personen auf.[2] Nettelbecks waren von ihnen nur wenige. Der überwiegende Teil wurde gefasst und inhaftiert. Einige lieferten die Westmächte an Drittstaaten aus. Suizide kamen dagegen trotz der beispielslosen Selbstmordwelle im Frühjahr 1945 selten vor. Und dann gab es noch die, die untertauchten und eine neue Identität annahmen. Das war freilich Glückssache, klappte jedoch insbesondere bei denen, deren Gesichter, Namen und Funktionen weder den Alliierten noch der deutschen Öffentlichkeit sofort präsent gewesen sind. Wild schätzte ihre Zahl allein bei ehemaligen Angehörigen des *Reichssicherheitshauptamtes* auf etwa fünf Prozent.[3] Zwei prominente Beispiele sind Siegfried Engel und Hans Ernst Schneider. Engel, *SS-Obersturmbannführer* und früherer Polizeichef in Italien, auch genannt der »Henker von Genua«, schaffte es erst aus amerikanischer Haft zu türmen und anschließend unter dem Alias Friedrich Schottenberg ungestört und

1 Nach Kunz, Andreas: Wehrmacht und Niederlage. Die bewaffnete Macht in der Endphase der nationalsozialistischen Herrschaft 1944 bis 1945, München 2007, S. 142f.

2 Ingrao: Hitlers Elite, S. 335.

3 Ebenda, S. 743.

unentdeckt neuanzufangen. Sein Fall gehörte zu den letzten großen Kriegsverbrecherprozessen.[4] 1999 verurteilte ein italienisches Gericht Engel wegen 246-fachen Mordes zu lebenslanger Haft. Einen späteren Richterspruch des Landgerichts Hamburg hob der Bundesgerichtshof allerdings im Jahr 2004 wieder auf.[5] In etwa zur gleichen Zeit sorgte Schneider für Schlagzeilen. Seine abenteuerliche Geschichte nannte die *Zeit* nicht ohne Grund den »sonderbarsten Fall, der sich vielleicht, seitdem deutsche Täter und Mittäter ihrer Vergangenheit entrinnen wollen, jemals zugetragen hat«.[6] Während des Nationalsozialismus war Schneider in verschiedenen Organisationen und Institutionen aktiv. Er gehörte zu Himmlers *Persönlichem Stab* und leitete als *SS-Hauptsturmführer* ab 1942 die Dienststelle *Germanischer Wissenschaftseinsatz* in dessen *Ahnenerbe*. Nach der deutschen Kapitulation schlug sich Schneider von Berlin aus nach Lübeck durch. Dabei wurde aus Hans Schneider, Hans Schwerte. Seine wahre Identität erklärte seine Frau für tot. Beide heirateten ein zweites Mal. Auch schrieb er sich ein zweites Mal an einer Universität ein, wo er ein zweites Mal promoviert wurde, wieder in Germanistik. Später habilitierte Schwerte sich mit der vielbeachteten und oft gelobten Arbeit über *Faust und das Faustische*.[7] Er wurde Lehrstuhlinhaber und an der Aachener Universität Rektor. Nach seiner Emeritierung begleitete Schwerte zusammen mit Bundespräsident Johannes Rau den länderübergreifenden Dialog zwischen der Bundesrepublik, den Niederlanden und Belgien. 1983 erhielt er das Bundesverdienstkreuz. Erst durch die Nachforschungen von Studenten und Kollegen kam die Doppel-Identität ans Tageslicht. Im April 1995 berichtete ein niederländisches Journalistenteam über Schwertes Fall. Seine Enttarnung fiel damit pikanterweise mitten in die Feierlichkeiten zum 50. Jahrestag des Kriegsendes sowie des 125. Jahrestages der Aachener Universität. Innerhalb der neuen NS-Täterforschung bot sich Schwerte als Ideal-Sujet an.[8] Er selbst verlor seinen Professorentitel und die damit verbundenen

4 Dazu Münch, Ingo von: Geschichte vor Gericht. Der Fall Engel, Hamburg 2004.

5 Dazu Focardi, Filippo: Das Kalkül des »Bumerangs«. Politik und Rechtsfragen im Umgang mit deutschen Kriegsverbrechern in Italien, in: Frei, Norbert (Hrsg.): Transnationale Vergangenheitspolitik. Der Umgang mit deutschen Kriegsverbrechern in Europa nach dem Zweiten Weltkrieg, Göttingen 2006, S. 536-567, bes. S. 561.

6 Greiner, Ulrich: Mein Name sei Schwerte, in: Die Zeit vom 12. Mai 1995.

7 Schwerte, Hans: Faust und das Faustische. Ein Kapitel deutscher Ideologie, Stuttgart 1962.

8 König, Helmut/Kuhlmann, Wolfgang/Schwabe, Klaus (Hrsg.): Vertuschte Vergangenheit. Der Fall Schwerte und die NS-Vergangenheit der deutschen Hochschulen, München 1997; Jäger, Ludwig: Seitenwechsel. Der Fall Schneider/Schwerte und die Diskretion der Germanistik, München 1998; Leggewie, Claus: Von Schneider zu Schwerte. Das ungewöhnliche Leben eines Mannes, der aus der Geschichte lernen wollte, München 1998; Rusinek, Bernd-A.: Von Schneider zu Schwerte. Anatomie einer Verwandlung, in: Loth, Wilfried/Rusinek, Bernd-A. (Hrsg.): Verwandlungspolitik. NS-Eliten in der westdeutschen Nachkriegsgesellschaft, Frankfurt am Main 1998, S. 143-180; Lerchenmüller, Joachim/Simon, Gerd: Maskenwechsel. Wie der SS-Hauptsturmführer Schneider zum BRD-Hochschulrektor Schwerte wurde und andere Geschichten über die Wendigkeit deutscher Wissenschaft im 20. Jahrhundert, Tübingen 1999.

Bezüge. Ebenso musste er das Bundesverdienstkreuz zurückgeben. Schwertes Fall zählte, wie Bernd-A. Rusinek es auf den Punkt brachte, zu den »zeithistorischen Letztmaligkeiten« und finalen Auftritten einer Tätergeneration. Und andererseits auch einer Generation, die politisch damit und daran großgeworden war, ehemalige Nationalsozialisten öffentlich zu demaskieren.[9]

Höhn alias Haeberlein

Auch Reinhard Höhn floh.[10] Wann genau, lässt sich nicht mehr feststellen. Er selbst gab an, Berlin am 4. April 1945 verlassen zu haben.[11] Nur erscheint das angesichts der damaligen Umstände und des Grundtenors seiner Arbeiten fast ein wenig früh. Denn noch war Berlin zu dem Zeitpunkt nicht eingeschlossen, geschweige denn aus der Sicht der NS-Führung verloren. Der sowjetische Zangenangriff erfolgte erst am 16. April, sodass es wahrscheinlicher ist, dass Höhn in den Tagen um Hitlers 56. Geburtstag, aber vor dem 25. April, mit dem sich der Ring um Berlin endgültig schloss, der Stadt den Rücken kehrte. Dafür spricht ein Eintrag im Melderegister, welcher den 20. April 1945 nannte. Dieses Datum fiel mit der sogenannten *Operation Clausewitz* zusammen. Als Teil der deutschen Verteidigungsstrategie ging es bei ihr auf Hitlers Anordnung hin um die systematische Räumung ortsansässiger Dienststellen, inklusive der Vernichtung belastender Unterlagen. Parallel dazu ist zu beobachten, dass in den folgenden Tagen immer weniger aus der obersten Führungsriege in Berlin ausharren wollten. Göring ging, ebenso von Ribbentrop, Dönitz, Speer, Himmler, während Goebbels und Bormann bei Hitler blieben.

Insgesamt befanden sich zu diesem Zeitpunkt noch etwa zwei Millionen Menschen in Berlin. Wer konnte, brachte sich oder zumindest seine Kinder in Sicherheit. Höhn überzeugte seine Frau, zusammen mit den beiden Töchtern nach Thüringen zu seiner Schwester fliehen. Ein LKW brachte das Wichtigste des gemeinsamen Hausstandes nach. In diesem Zusammenhang beseitigte die Frau gezielt potenziell verfängliches wie belastendes Material – mit Ausnahme von Höhns Manuskripten.[12] Er selbst kam kurz darauf uniformiert aus Berlin, um die Familie weiter zu Verwandten ins unterfränkische Dürrenried zu bringen. Danach fuhr Höhn zurück nach Berlin, um die weiteren Schritte der Flucht vorzubereiten. Diese führte ihn zunächst wieder

9 Rusinek, Bernd-A.: »Herein, wenn‹s kein Schneider ist«, in: FAZ vom 23. April 2005.

10 Im Zusammenhang der Schicksale früherer Kollegen erwähnte Theodor Beste im Frühjahr 1946 gegenüber Curt Eisfeld, dass von dem »ganz gefährlichen Burschen« Reinhard Höhn jede Spur fehle. StAHH 361-6, IV 213, Schreiben von Theodor Beste an Curt Eisfeld vom 4. April 1946.

11 LA Berlin, B Rep. 031-02-01 Nr. 12651/3, handschriftliche Notizen zur Vernehmung Höhns.

12 Auskunft von Elke Hein vom 4. Mai 2013.

nach Dürrenried. Die Eheleute verabredeten, sich getrennt voneinander Richtung Westen durchschlagen zu wollen. Obwohl früh versucht wurde, größere Flüchtlingswellen am Ruhrgebiet sowie Westfalen und Rheinland vorbeizulenken, gelang es Höhn, in Lippstadt unterzutauchen. Hier fand er Unterschlupf bei der Kaufmannswitwe Timmermann.[13] Einer rüstigen älteren Dame, die in einer Gründerzeitvilla lebte und in der ganzen Stadt wegen ihrer Heil- und Tarotkünste bekannt war. Von ihr lernte Höhn die Grundlagen des Händeauflegens. Vergleichbar dem japanischen Reiki verfolgt es den Gedanken, durch die Übertragung von Energie Körper, Geist und Seele ins Gleichgewicht zu bringen. Timmermann half ihm ebenso bei der Suche nach einem geeigneten Obdach. Hierzu brachte sie Höhn mit der Familie Dierse zusammen, Kunden von ihr, die in Lippstadt seit 1896 den kleinen Gasthof »Zur Stadtwaage« betrieben, der von jeher sein Kerngeschäft mit Bahnreisenden machte.[14] Als Rudolf Haeberlein mietete er eines der Gästezimmer: ungefähr zwölfeinhalb Quadratmeter groß, mit fließend Kaltwasser und Blick in den Hof. Sein Alter Ego war etwas älter als er, ein Kriegsvertriebener aus Nürnberg. Mitte September erreichten Susanne und die beiden Kinder das nur wenige Kilometer von Lippstadt entfernte Rixbeck.[15] Ihr Anlaufpunkt dort war ein kleiner Bauernhof im Südteil des Dorfes, der sogenannten Walachei, wo traditionell Industriearbeiter wohnten. Allerdings hielt sich die Familie unter dieser Adresse nur kurz auf. Susanne suchte etwas Standesgemäßes. Und so sprach sie bei dem ehemaligen Rixbecker Bürgermeister Anton Schulte-Thiemeyer vor. Ihm erzählte Susanne, dass sie die Frau eines in den Kriegswirren verschollenen Professors sei. Kurz darauf konnte die Familie im Haupthaus der Schulte-Thiemeyers, nun im Oberdorf, zwei Zimmer mit Ofen beziehen.

Untertauchen hieß für Höhn aber auch, sich um Ausweispapiere kümmern zu müssen. Generell galt, wer wegen des Krieges solche nicht mehr besaß, dem reichte zunächst eine Kennkarte. Diese wies ihren Besitzer mit Namen und Fingerabdruck aus. Fotos waren selten. Mit der Kennkarte konnte man umziehen, verreisen und Lebensmittelkarten bekommen. Da ein Rudolf Haeberlein zu der Zeit offiziell in Lippstadt nicht gemeldet war, liegt es nahe, dass sich Höhn anderweitig ein solches Dokument besorgte – oder selbst herstellte. Damit besuchte er zumeist mittwochs und sonntags seine Familie in Rixbeck. Nachbarn kannten den gut angezogenen Mann, der stets zu Fuß auf den Hof der Schulte-Thiemeyers kam, nur als »Onkel Rudi«, einen Hausfreund oder weitläufigen Verwandten von Frau Höhn. Das Paar blieb ihnen als schneidig, gebildet, vor allem aber als unnahbar und immer geschäftig in Erinne-

13 Auskunft von Elke Hein vom 4. Mai 2013.

14 Dazu Fennenkötter, Hans Christoph: Der Gasthof »Zur Stadtwaage«, in: Heimatpflege in Westfalen 3/2013, S. 47f.

15 Auskunft des Stadtarchivs Geseke vom 24. Juli 2013.

rung.[16] Susanne nähte für alle Familienmitglieder Kleider, sammelte Kräuter und bereitete Tees vor, die später verkauft wurden. Als Höhn wieder zu schreiben begann, las sie die Entwürfe gegen und tippte diese auf einer organisierten Schreibmaschine ab. Während die Töchter in der Schule waren, fuhr Susanne mit ihrem Reichsklasse-DKW zu Hausbesuchen sowie nach Lippstadt, um dort ihrem Mann in dessen »Praxis« zur Hand zu gehen. Der notbehelfsmäßige Behandlungsraum, der sich dahinter verbarg, war im Grunde nichts anderes als Höhns Herbergszimmer, dessen neue Bestimmung die mittig aufgestellte Pritsche auswies. Um dorthin zu gelangen, stand den Patienten ein separater Flur zur Verfügung, sodass sie den Gastraum nicht passieren mussten. Die Behandlung an sich lief stets gleich ab. Lauthin hörbar, insbesondere für den im Nachbarzimmer schlafenden Sohn der Gastwirtsfamilie, boxte Höhn dem Betreffenden zunächst in die Nieren, um etwaige Verspannungen zu lokalisieren. Je nach Befund verschrieb er dann homöopathische Präparate, legte die Hand auf oder griff auf schmerztherapeutische Maßnahmen zurück.

Vergessen über die Vergangenheit

Zurück in die Legalität

Höhns Praxis florierte. Oft stand die Kundschaft Schlange, da es zu dieser Zeit auch in Lippstadt wenige Ärzte gab. Finanziell kam die Familie dadurch gut über die Runden, obwohl sie darauf nicht angewiesen war. Noch gab es das Ersparte aus besseren Tagen, das Höhn auf seiner Flucht mitgenommen hatte. Der wachsende Abstand zum Kriegsende mit dem Nachlassen der Kontrollen gab ihm zusätzlich Sicherheit. Als Rudolf Haeberlein absolvierte er offiziell die Prüfung zum Heilpraktiker und trat als solcher sogar deren Berufsverband bei. Eingeweihte, die ihn hätten entlarven können, gab es in der alten Planstadt nicht. Einzig Schulte-Thiemeyer, der früher selbst Parteimitglied gewesen ist, wusste wohl Bescheid, sodass Gefahr eigentlich nur von seiner eigenen Unvorsichtigkeit und der seiner Familie drohte.[17] So etwa, wenn den Töchtern trotz aller eingeimpfter Selbstkontrolle doch ab und an ein »Papa« vor fremden Ohren über die Lippen huschte. In der Dorfschule und später dem evangelischen Mädchengymnasium in Lippstadt durften sie, wenn die Rede darauf fiel, immerhin sagen, dass

16 Auskunft von Hubert Marke vom 13. August 2013.
17 Auskunft von Hubert Marke vom 8. Oktober 2013.

ihr Vater ein verschollener Berliner Universitätsprofessor sei – ganz so, wie es in ihrer Anmeldung stand.[18]

Mit einer neugewonnenen Sicherheit machte sich Höhn bald schon über seine Frau daran herauszufinden, wer aus seinem frühen Umfeld überlebt hatte, wem er trauen und wer für die Zukunft nützlich sein könnte. Einer der frühen Korrespondenzpartner war Torsten Kreuger. Der stritt seinerzeit mit den schwedischen Sozialdemokraten über deren Vorwurf, er habe während des Krieges mit den Nationalsozialisten kollaboriert. Kreuger schickte mehrfach Pakete nach Rixbeck. Zumeist beinhalteten sie Praktisches wie Stoffe oder Wolle, manchmal aber auch Luxusgüter wie Schmuck.[19] Auch bei Helmut Seydel meldete sich Höhn. Dieser durchlief bis zu seiner Entlassung um 1950 verschiedene Internierungslager.[20] Nach eigenen Worten klappte er danach sein »erstes Leben als Album« zu, um mit einer »neuen Frau, neuen Kindern, neuem Wohnsitz und Arbeitsplatz ein zweites Leben angefangen«.[21] Dementsprechend verlief der Kontakt zwischen beiden. Höhn blieb Seydel als einer in Erinnerung, der mit geringem Aufwand hoch aufstieg und dann tief fiel, um als Heilpraktiker schließlich wieder mit geringem Einsatz erfolgreich zu sein.[22] Bei seinen Kindern prägte sich das Bild eines Mannes ein, der »Akazienblüten vom Ast fraß« und »aus allen möglichen Kräutern Tees bereitete«.[23]

Mit großen Erwartungen wandte sich Höhn an Ernst Achenbach, der wie er eine bewegte Vergangenheit hinter sich hatte. Achenbach war zunächst Attaché und später Abteilungsleiter in der Deutschen Botschaft in Paris. In dieser Funktion war er in die Deportation von Juden verwickelt. Nach Kriegsende und kurzer Haft ließ sich Achenbach in Essen als Anwalt nieder. Er vertrat prominente Industrielle in Gerichts- und Entnazifizierungsverfahren, was ihm den Ruf eines »Modeanwalts der Ruhrmetropole« einbrachte.[24] Achenbach kannte daher das alte Personal der Wilhelmstraße und war überdies gut vernetzt mit ihnen. Von ihm erwartete Höhn mehr über die Möglichkeiten zu erfahren, unbeschadet die Entnazifizierung zu überstehen, sie vielleicht sogar zu umgehen. Denn aus Höhns Sicht gab es in dieser Hinsicht genug Fallen, die der Staat den »Ehemaligen« stellte – so zum Beispiel das am 31. Dezember 1949 in Kraft getretene *Straffreiheitsgesetz*. Die Debatte über die jüngste deutsche Vergangen-

18 Auskunft von Hubert Marke vom 13. August 2013.
19 Ebenda.
20 Nachlass Theodor Oberländer, Band 107, Schreiben von Helmut Seydel an Theodor Oberländer vom 28. Dezember 1993.
21 Nachlass Theodor Oberländer, Band 107, Schreiben von Helmut Seydel an Theodor Oberländer vom 27. Dezember 1994.
22 Ebenda.
23 Ebenda.
24 Hagen, B. E.: Krise der FDP in Nordrhein-Westfalen – Die Naumann-Affäre und der Fall Middelhauve, in: Die Zeit vom 4. Juni 1953.

heit begleitete den Deutschen Bundestag seit seiner Konstituierung. Insbesondere die kleineren Fraktionen insistierten wiederholt auf ein Ende der Entnazifizierung sowie die Verabschiedung einer bundesweiten Amnestie. Sie kamen damit der gesellschaftlichen Erwartungshaltung entgegen, sich gegenüber den von außen verordneten politischen Säuberungen und generalisierenden Schuldzuweisungen zu emanzipieren. Adenauer brachte es in diesen Tagen für viele auf den Punkt, als er am 26. September 1949 sagte: »Wir haben so verwirrte Zeitverhältnisse hinter uns, daß es sich empfiehlt, generell tabula rasa zu machen«.[25] In der Folge wurde über deren praktische Umsetzung diskutiert, was sich beispielsweise auf die Kompetenzverteilung zwischen Bund und Ländern bezog. Der liberale Bundesjustizminister Thomas Dehler warb dafür, die Zuständigkeit des Bundes nicht anzuzweifeln. Sein Entwurf eines *Gesetzes über die Gewährung von Straffreiheit* sorgte für Gesprächsstoff, weil sich das *Grundgesetz* zum Begnadigungsrecht des Bundespräsidenten, nicht aber zu einer generellen Amnestierung äußerte.[26] Um Kritik vorzubeugen, verwies er zum Beispiel auf die Kompetenznorm des Artikel 72 Abs. 2 GG, was aber wiederum die Frage aufwarf, ob sich Amnestien zum bürgerlichen Recht, Strafrecht oder doch Strafvollzug zählen lassen.[27] Dehler bekam ein Veto seitens der Länder, nach deren Auslegung Amnestien einen Verzicht auf den Anspruch von Strafverfolgung darstellten. Auch ging ihnen Dehler in der Reichweite seines Entwurfes zu weit. Angesichts der allgemeinen Not schlug er vor, alle bereits rechtskräftigen oder noch zu erwartenden Freiheitsstrafen von bis zu einem Jahr Gefängnis und alle Geldstrafen bis zu 10.000 DM unter der Voraussetzung zu erlassen, dass die vorausgegangene Tat vor dem 15. September 1949 begangen worden war – Steuervergehen ausgeschlossen.[28] Hessen und Niedersachsen hielten im Vergleich dazu, von Wirtschaftsvergehen abgesehen, maximal sechs Monate für angemessen, Bayern und Württemberg sogar nur drei. Am Ende verständigte sich die Bundesregierung Mitte Oktober auf eine allgemeine Höchstgrenze von sechs Monaten. Bei Wirtschaftsdelikten blieb sie bei den vorgeschlagenen zwölf.

Einen Tag bevor das Papier an den Bundestag ging, suchte die nationalkonservative *Deutsche Partei* das Gespräch mit Adenauer. Ihr ging es dabei um die Frage nach dem Umgang mit den sogenannten Illegalen. Nur Eingeweihten war damals klar, wen sie damit meinten. All jene nämlich – zeitgenössische Quellen sprachen von etwa 100.000 Personen –, die nach 1945 aus politischen Gründen untertauchten.[29] Die Bundesregierung machte derweil Tempo. Bis Weihnachten sollte die Vorlage den

25 Nach Frei: Vergangenheitspolitik, S. 30f.

26 Deutscher Bundestag (Hrsg.): Grundgesetz für die Bundesrepublik Deutschland, Berlin 2012, S. 52.

27 Ebenda, S. 58f.

28 Nach Frei: Vergangenheitspolitik, S. 31.

29 Nach Trittel: »Man kann ein Ideal nicht verraten…«, S. 79.

Bundestag passiert haben. Dementsprechend zügig baute sie die Überlegungen der *Deutschen Partei* in den Entwurf ein. In ihrer Begründung hieß es: »Der Entwurf bezweckt die Jahre der Not, der sittlichen Verwilderung und der Rechtsverwirrung durch eine Maßnahme der Gesetzgebung abzuschließen. Insbesondere auf dem Gebiet der Bewirtschaftung von Waren und Erzeugnissen sowie dem der Marktregelung und der Preisregelung sind in den vergangenen Jahren zahlreiche Personen straffällig geworden, die unter normalen wirtschaftlichen Verhältnissen sich nicht gegen Strafgesetze vergangen hätten.«[30] Der Zusatzparagraph beinhaltete eine Freistellung von Straftaten, die ab dem 10. Mai 1945 »zur Verschleierung des eigenen Personenstandes aus politischen Gründen« begangen worden waren, insofern der »Täter bis spätestens 31. März 1950 bei der Polizeibehörde seines Wohnsitzes oder Aufenthaltsortes freiwillig seine unwahren Angaben wiederruft und bisher entgegen gesetzlicher Vorschrift unterlassene Angaben nachholt«.[31] Die Höhe der zu erwartenden Strafe spielte insofern keine Rolle, als dass sie nicht unter die §§ 211 bis §§ 213 StGB, sprich Mord, Totschlag und dessen minder schweren Fall oder »Verbrechen, die aus Grausamkeit, aus ehrloser Gesinnung oder aus Gewinnsucht verübt worden sind«, fielen.[32] Aus Sicht der Bundesregierung sollte darüber den »zahlreichen Personen, die sich bis zum heutigen Tage wegen ihrer früheren Verbindung mit dem Nationalsozialismus unter falschem Namen, mit falschen Papieren oder ohne ordnungsgemäße polizeiliche Meldung im Bundesgebiet aufhalten, Gelegenheit gegeben werden, wieder ein gesetzmäßiges Leben zu beginnen und einen auch im Interesse der öffentlichen Ordnung und Sicherheit höchstunerwünschten Zustand der Illegalität zu beseitigen«.[33]

Anfang Dezember 1949 ging der Entwurf in die erste Lesung. Obwohl er den Abgeordneten quasi erst in letzter Minute vorlag, begann sich von Anfang an eine deutliche Tendenz abzuzeichnen. Das Gros der Redner bekräftigte die Relevanz einer Amnestie, insbesondere in Hinsicht auf Wirtschafts- und Eigentumsvergehen. Dass es vergleichbare Straferlasse auf Länderebene unlängst gab, vernachlässigte die Diskussion genauso wie die Reichweite des Vorhabens, die gleichermaßen Körperverletzung mit Todesfolge inkludierte. Noch in der letzten Plenarsitzung vor Weihnachten wollte Dehlers Fraktion den Entwurf zur Abstimmung bringen. Hierfür präsentierte der Rechtsausschuss eine überarbeitete Fassung, die punktuell überraschte. So ging die darin beschriebene Anwendung der Amnestie für Gefängnisstrafen bis zu zwölf Mo-

30 Dazu Safferling, Christoph: »...daß es sich empfiehlt, generell tabula rasa zu machen...«. Die Anfänge der Abteilung II – Strafrecht im BMJ, in: Görtemaker, Manfred/Safferling, Christoph (Hrsg.): Die Rosenburg. Das Bundesministerium der Justiz und die NS-Vergangenheit, Göttingen 2013, S. 179.

31 Bundesministerium der Justiz zu Bonn (Hrsg.): Bundesgesetzblatt 9/1949, S. 38.

32 Ebenda.

33 Nach Frei: Vergangenheitspolitik, S. 37f.

naten oder Geldzahlungen bis zu 5000 DM, insofern die Taten nicht »aus Grausamkeit, aus ehrloser Gesinnung oder aus Gewinnsucht« begangen worden waren, über die ursprüngliche Variante hinaus.[34] Den nachträglich eingebrachten »Illegalen-Paragraphen« übernahm der Rechtsausschuss ohne Einwände. Die am Ende der dritten Lesung stehende Abstimmung brachte ein Votum für das *Gesetz über die Gewährung von Straffreiheit*. Einzig die CSU und ein Teil der *Bayernpartei* optierten dagegen, weil sie die Kompetenz des Bundes nach wie vor nicht akzeptierten. Als der Regierungsentwurf eine knappe Woche vor Weihnachten auch das grüne Licht der Länder bekam, war die letzte Hürde genommen, ihn der *Alliierten Hohen Kommission* vorzulegen. Trotz Unbehagen verzichtete sie auf Korrekturen oder Anmerkungen. Diese räumte die Kommission direkt mit Adenauer aus, sodass das *Straffreiheitsgesetz* als eines der ersten Gesetze der jungen Bundesrepublik am 31. Dezember 1949 annonciert werden konnte.[35] Die Presse reagierte darauf verhalten. Zumeist beließ sie es bei einer kurzen Meldung. Nur in wenigen Fällen wie etwa der *Neuen Zeitung* fielen die Kommentare länger aus.[36] Um einiges kontroverser retournierte man aus Rechtskreisen. Sozialdemokrat Adolf Arndt zum Beispiel begrüßte das *Straffreiheitsgesetz* als einen großzügigen Schritt in Richtung der Wiedergewinnung des Rechtsfriedens.[37] Der Strafverteidiger Erich Schmidt-Leichner hielt das Kompetenzproblem für noch nicht schlüssig geklärt, was auf die Frage hinauslief, ob das Gesetz überhaupt gültig sei.[38]

Laut Dehler profitierten bis zum 31. Januar 1951 insgesamt 792.176 Personen von der Amnestieregelung.[39] Allerdings schwanken seine Angaben. An anderer Stelle sprach er recht vage von »ungefähr 750.000 Personen«.[40] Mehr als jeder zweite Fall aber fiel unter eine allgemeine Amnestie, wie sie der § 2 beschrieb. Etwa eine Viertelmillion Verfahren wurden eingestellt und circa 35.000 auf Bewährung ausgesetzt. Nur insgesamt 516, also nicht einmal 0,1 Prozent, machten im Zusammenhang von »Handlungen auf politischer Grundlage« eine Anwendung des § 9 notwendig.[41] Den »Illegalen-Paragraphen« nutzten lediglich 241 Personen.[42] Nach Schätzungen der *Neuen Zeitung* hätten sich rund 80.000 Adressaten nicht gemeldet. Das *Bundesminis-*

34 Bundesministerium der Justiz zu Bonn (Hrsg.): Bundesgesetzblatt 9/1949, S. 37.

35 Am 29. Dezember 1949 beschloss der Bundestag das Gesetz zur Erhebung einer Abgabe »Notopfer Berlin« im Gebiet der Bundesrepublik Deutschland. Dazu Bundesministerium der Justiz zu Bonn (Hrsg.): Bundesgesetzblatt 8/1949, S. 35f.

36 O. A.: »Illegale« können legal werden, in: Neue Zeitung vom 9. Dezember 1949.

37 Dazu Arndt, Adolf: Das Amnestiegesetz, in: Süddeutsche Juristen-Zeitung 5/1950, S. 108-113.

38 Dazu Schmidt-Leichner, Erich: Die Bundesamnestie, in: Neue Juristische Wochenschrift 3/1950, S. 41-46.

39 Nach Frei: Vergangenheitspolitik, S. 50.

40 Deutscher Bundestag, 1. Wahlperiode, 273. Sitzung, Bonn, Donnerstag, den 18. Juni 1953, S. 13545.

41 Nach Frei: Vergangenheitspolitik, S. 51.

42 Ebenda.

terium für Justiz ging dagegen von annähernd 60.000 aus.[43] Wie die meisten dieser »U-Boote« tat auch Höhn sich erwähntermaßen schwer, dem versöhnlichen Signal von Bundesrat und Bundestag Glauben zu schenken und den ersten Schritt aus der eigenen Deckung zu wagen. Noch immer überwog Skepsis. Anfang 1950 setzte sich Höhn auf Drängen seiner Frau mit Achenbach in Verbindung, um sich über die neuen Regelungen aufklären zu lassen. Wie zuvor bei Werner Naumann, dem früheren persönlichen Referenten von Joseph Goebbels, erkundigte sich Achenbach nach Höhns Absichten, ob er ein Amt oder eine Entschädigung anstrebe. Andernfalls interessiere sich kein Mensch mehr für eine Entnazifizierung.[44] Naumann, der sich zuvor als Maurer in Süddeutschland durchschlug, meldete sich im Mai 1950 bei den Frankfurter Behörden – Höhn fast zur gleichen Zeit in Essen. Cläre Stinnes bestätigte als Leumundszeugin, dass er der war, für den er sich ausgab.[45] In dieser Zeit war Höhn unter Achenbachs Essener Adresse, Hohe Buchen 9, gemeldet.[46] Da in Nordrhein-Westfalen ein Gesetz zum Abschluss der Entnazifizierung damals noch ausstand[47], musste Höhn mit der Eröffnung eines Verfahrens rechnen. Das umging er mit einem Umzug nach Hamburg. Deren Bürgerschaft verabschiedete am 10. Mai 1950 das *Gesetz zum Abschluss der Entnazifizierung*. Damit fielen Beschäftigungsverbote, Vermögens- und Kontensperrungen. Höhns Fall wurde durchgewinkt, er selbst als »entlastet« eingestuft. Nun standen Höhns Chancen gut, unbeschadet in die junge Bundesrepublik übertreten zu können. Im Herbst kam seine Familie nach Hamburg. Übergangsweise wohnte man bei dem Bekannten Karl Samwer, der Höhn früher bei der Akquise neuer Bücher für das *Institut für Staatsforschung* beraten hatte und in Hamburg inzwischen wieder als Rechtsanwalt arbeitete. In der Hamburger Neustadt unweit der Binnenalster bezog die Familie im Oktober eine geräumige Dreizimmerwohnung. Anfangs praktizierte Höhn dort wieder als Heilpraktiker – wohl unter der Verwendung seines Professorentitels, was ihm eine Rüge der Ärztekammer eingebracht haben soll.

Den nächsten Schritt zurück in die Öffentlichkeit, zurück zu seiner sozialen wie beruflichen Rehabilitierung, machte Höhn im Winter 1951. Über den Geschäftsführer der *Evangelischen Akademie* Heinrich Eberbach, ein früherer hochdekorierter Panzergeneral aus dem Umkreis des Generalfeldmarschalls Erwin Rommel, erreichte ihn die Einladung, auf einer Tagung am Anfang Dezember 1951 in Bad Boll als Militärhistori-

43 O. A.: »Illegale« können legal werden, in: Neue Zeitung vom 9. Dezember 1949; nach Rusinek, Bernd-A.: Von Schneider zu Schwerte. Anatomie einer Verwandlung, in: Loth, Wilfried/Rusinek, Bernd-A. (Hrsg.): Verwandlungspolitik. NS-Eliten in der westdeutschen Nachkriegsgesellschaft, Frankfurt am Main 1998, S. 175.

44 Institut für Zeitgeschichte, ZS-0596-1, S. 4.

45 Auskunft von Elke Hein vom 4. Mai 2013.

46 Melderegisterauskunft des Bezirksamtes Harburg – Hamburg vom 7. Juni 2012.

47 Ein solches Gesetz trat in Nordrhein-Westfalen am 5. Februar 1952 in Kraft.

ker aufzutreten.[48] Was Höhn am Fuße der Schwäbischen Alb in der schmucken Villa Vopelius erwartete, beschrieb der Veranstalter folgendermaßen: »Unsere zweite Tagung blickt nach vorne und will versuchen, aus Vergangenheit und jetzigen Umständen die Folgerungen zu ziehen.«[49] Konkret meinte das, angesichts der Bodenoffensive Nordkoreas und der damit einhergehenden Erwartungshaltung der Westmächte gegenüber der Bundesrepublik, über das Für und Wider eines deutschen Verteidigungsbeitrags zu diskutieren. Dennoch stellte Tagungsleiter Eberhard Müller schon vorab klar, nicht dessen politische Dimension erörtern zu wollen, sondern »welchen Geist, welche Haltung und welche Form auf Grund unserer Erfahrungen, auf Grund der heutigen Verhältnisse und auf Grund der Forderungen, die das Christentum an den Soldaten stellt, eine gute Truppe haben sollte«.[50] Schnell einigten sich die Veranstalter, die elf Referenten und knapp 100 Tagungsteilnehmer darauf, dass es einen deutschen Wehrbeitrag geben sollte. Ihn abzulehnen sei für den Präsidenten des *Deutschen Evangelischen Kirchentages* Reinold von Thadden-Trieglaff eine gefährliche »Ohne-mich-Psychose«, die sich der Verantwortung vor der Zukunft verschließe.[51] Auch solle mit der Zustimmung nicht der Eindruck erweckt werden, einer Buße gegenüber dem *Dritten Reich* aus dem Weg zu gehen, so Müller. Diese zeige sich vielmehr in der »Rückkehr zu maßvoll gebrauchter Macht«.[52] Robert Tillmanns, ehemaliger Generalsekretär des *Evangelischen Hilfswerkes*, äußerte Zweifel, ob die Deutschen dafür schon genug Distanz zur jüngsten Vergangenheit entwickelt hätten.[53] Schließlich stürze viel zu schnell das Neue auf sie ein. In Hinblick auf ein geeintes Europa mahnte er, ganz genau zwischen Vorteilhaftem und Entbehrlichem abzuwägen. Damit lieferte Tillmanns das Stichwort für Albert Finet. Der Pastor und Hauptschriftleiter der protestantischen Zeitschrift *Réforme* sprang für den kurzfristig ausgefallenen vormaligen französischen Finanzminister André Philip ein. Finet lehnte die Haltung vie-

48 Der damalige Leiter des Grenzschutzkommandos Nord und frühere Oberst der Wehrmacht Franz von Gaertner erwähnte im Februar 1962 in einem Brief an Fritz Erler, seinerzeit Höhns »sehr guten« Vortrag über Scharnhorst veranlasst zu haben. Im Vorfeld sei er aber von seinem Umfeld gewarnt worden, wegen Höhns Vergangenheit vorsichtig zu sein. Von Gaertner war über Hamburg hinaus eng mit ehemaligen Offizieren vernetzt, darunter mit Eberbach und Johann Adolf Graf von Kielmannsegg, dem Leiter der Abteilung »Grundsatzfragen des Verteidigungsbeitrages« im Amt Blank. Friedrich-Ebert-Stiftung, Nachlass Fritz Erler 144 A, Brief von Franz von Gaertner an Fritz Erler vom 7. Februar 1962.

49 Archiv der Evangelischen Akademie Bad Boll, Einladung.

50 Ebenda.

51 Ebenda.

52 Walter, Uwe: Welt in Sünde – Welt in Waffen. Der Streit um die Wiederbewaffnung der Bundesrepublik und die Evangelische Akademie Bad Boll, in: http://www.ev-akademie-boll.de/fileadmin/res/otg/06-11-Walter.pdf, S. 2.

53 Der Titel seines Referates lautete: Das Wagnis eines Verteidigungsbeitrages. Dazu o. A.: Bekenntnis zur europäischen Armee. Zweite Soldatentagung der Evangelischen Akademie Bad Boll, in: Frankfurter Zeitung vom 13. Dezember 1951.

ler Franzosen ab, die Wiederbewaffnung der Bundesrepublik aus Prinzip zurückzuweisen. Aus seiner Sicht war für Europa die Zeit der nationalen Armee vorbei.[54] Für eine künftige Europaarmee und ihre neue Soldatengeneration wünschte sich Finet klare sittliche Vorstellungen und christliche Werte. Mit den damit verbundenen Herausforderungen für das militärische Führungspersonal beschäftigten sich acht Referenten – einschließlich Höhn. Er sprach über »Scharnhorsts Vermächtnis für den Offizier von morgen«.[55] Für Höhn brauchte es wie nach 1806 einen neuen Offizierstypus. Gebildet, ein Lehrer, ein Forscher, und politisch solle dieser sein. Einer, hinter dem Staat und Gesellschaft stehen. Kein neutraler Diener, sondern ein »Mittler des Bündnisses zwischen Regierung und Nation«, worin Höhn das eigentliche Vermächtnis Scharnhorsts sah.[56] Hierfür rekapitulierte er: Das Deutsche Reich existiere nicht mehr. An Bismarck oder Weimar ließe sich nicht anknüpfen. Und die Bundesrepublik sei bislang ein Provisorium, demokratische Werte überzogen, Ideologien verbraucht oder verdächtig.[57] Diesem Chaos stehe der Offizier bislang hilflos gegenüber, sodass sich für ihn zwangsläufig die Frage stelle, wofür er einstehen, vielleicht sogar kämpfen solle. An dieser Stelle müsse er, so Höhn, eine Selbstreinigung vollziehen und selbst zu einem geistigen Vorkämpfer werden.[58] Praktisch gesehen hieß das zu entscheiden, wie viel Tradition künftige deutsche Soldaten brauchen und vor allem, wo diese ansetzte. Höhn schlug Scharnhorst als Anker vor. Wie der »Offizier von morgen« habe er aus der Geschichte mit ihren Gefechten, Siegen und vor allem Niederlagen lernen müssen.[59] Was sich als Lehre daraus bewährt habe, war es wert für Höhn, erhalten zu werden – oder anders ausgedrückt: »Die Tradition in der Armee hat es zu sein, an der Spitze des Fortschritts zu marschieren.«[60]

Während Höhn mit frappierender inhaltlicher wie sprachlicher Kontinuität für die Erneuerung und Schulung des modernen Offiziers warb, referierten der Pfarrer Wolfgang Böhme sowie der General a. D. Hermann Foertsch über die »Menschenführung in militärischen Verbänden der Zukunft«.[61] Sie knüpften an Höhns Erziehungsgedanken an, nur dass sie ihn vorrangig auf den modernen Soldaten bezogen. Diesen gelte es über ein neues Selbstverständnis zu einem freien Mann heranzuziehen. Dressur und Drill im Stile Remarques Unteroffizier Himmelstoß entspreche nicht mehr der Zeit. Daneben regten Böhme und Foertsch eine Neuregelung der Beschwerdeordnung an. Außerdem wurde auf der Soldatentagung die Form einer künftigen deutschen Ar-

54 Archiv der Evangelischen Akademie Bad Boll, Pressespiegel.
55 Ebenda, Referatszusammenfassung.
56 Ebenda, Pressespiegel.
57 Ebenda, Referatszusammenfassung.
58 Ebenda.
59 Ebenda.
60 Ebenda.
61 Ebenda, Pressespiegel.

mee besprochen. Ein Berufsheer konnten sich die wenigsten vorstellen, dafür aber eine allgemeine Wehrpflicht im Sinne einer »bürgerlichen Dienstpflicht«.[62] In der mehrfach betonten Notwendigkeit, zu einem neuen und zeitgemäßen soldatischen Selbstverständnis zu kommen, sah Höhn eine Chance. Ausgangspunkt war das *Grundgesetz*, welches sich wie zu keinem anderen Zeitpunkt der deutschen Geschichte für die Rechte des Bürgers einsetzte sowie verschiedene Aspekte staatlicher Macht beschrieb. Nur zur Frage der nationalen Verteidigung blieb es vage, da Sicherheitspolitik in der Entstehungszeit des *Grundgesetzes* noch in den Händen der *Alliierten Hohen Kommission* lag. Das änderte sich mit Adenauers Westintegration, sowie als das internationale Gefüge mit der Berlinkrise und der ersten sowjetischen Atombombe in Bewegung geriet. Insbesondere der Koreakrieg mehrte die Stimmen für eine verteidigungsfähige Bundesrepublik. Unterstützt durch ausgewählte ehemalige Offiziere reiften im Amt Blank die Pläne, nach 1921 und 1935 wieder deutsche Streitkräfte aufzustellen. Ging es nach Adenauer, waren diese frei von Traditionszwängen. Ambitioniert versprach er der *Alliierten Hohen Kommission*, hierfür das Militär zu reformieren und auf demokratische Füße zu stellen. Einfach war das nicht. Vor allem aber zwang sein Vorstoß die Regierung genau hinzuschauen, was an Verwertbarem überhaupt noch vorhanden war. Mit den Nationalsozialisten hatten sich die Reihen reaktivierbarer Vorbilder gelichtet. Viele erschienen unbrauchbar, mit Ausnahme von: Helmuth von Moltke, Friedrich der Große, Carl von Clausewitz – und Gerhard von Scharnhorst.[63] Höhn sah in ihm einen Wegweiser und Erfolgsmentor. Er schwärmte von Scharnhorsts Antworten in einer »Zeit der Ratlosigkeit und des Versagens« und seinem »unbestechlich scharfen Blick« als Gründer einer »Schule der Wissenden«.[64] Das blieb auch Höhns Umfeld nicht verborgen. Heinz Karst etwa, der als Referent im *Amt Blank* die Entwicklung der *Inneren Führung* begleitete, nannte es eine Art »Liebe«.[65] Dabei hätten beide kaum unterschiedlicher sein können. Da war Scharnhorst, der, anders als man es von einem preußischen Offizier erwarten würde, auf öffentlichem Parkett zurückhaltend, fast schon schüchtern und in seinen Vorträgen oftmals unbeholfen und schwerfällig wirkte.[66] Und da war Höhn: selbstbewusst,

62 Ebenda.

63 Zur Scharnhorst-Rezeption in der Bundesrepublik: Thoß, Bruno: Allgemeine Wehrpflicht und Staatsbürger in Uniform, in: Opitz, Eckardt (Hrsg.): Gerhard von Scharnhorst. Vom Wesen und Wirken der preußischen Heeresreform. Ein Tagungsband, Bremen 1998, S. 147-162.

64 Höhn, Reinhard: Scharnhorsts Vermächtnis, Bonn 1952, S. 381.

65 Karst, Heinz: Deutsche Wehrgeschichte. Streifzug durch die Werke von Reinhard Höhn, in: Die neue Feuerwehr 224/1970, S. 16.

66 Sikora, Michael: Scharnhorst. Lehrer, Stabsoffizier, Reformer, in: Lutz, Karl-Heinz /Rink, Martin /Von Salisch, Marcus (Hrsg.): Reform, Reorganisation, Transformation. Zum Wandel in den deutschen Streitkräften von den preußischen Heeresreformen bis zur Transformation der Bundeswehr, München 2010, S. 45.

zuweilen arrogant, der obgleich er nie gedient hatte, über die Ausstrahlung eines Generals verfügte, der seinen Auftritt brauchte, jene »Knalleffekte«, die Scharnhorsts Zeitgenossen seinerzeit bei ihm vermissten, dessen Vortrag stets akribisch vorbereitet, lebendig und sicher formuliert war, der unterhalten aber genauso ver- wie vorführen konnte.[67] So war es nur konsequent, dass Höhns erste Veröffentlichung nach dem Krieg ihm galt. 1952 gab die *Auslandswissenschaftliche Gesellschaft* die Broschüre *Scharnhorsts Gedanken zum Koalitionskrieg* heraus.[68] Ihr lag ein Vortrag zu Grunde, den Höhn auf Einladung des Soziologen Karl Heinz Pfeffer auf der Tagung »Vielvölkerkriege und Koalitionskriege« gehalten hatte. Pfeffer gehörte damals der Geschäftsführung der *Auslandswissenschaftlichen Gesellschaft* an. Vor 1945 war er in Berlin Six' Nachfolger als Dekan derAuslandswissenschaftlichen Fakultät. Im Januar 1946 wurde Pfeffer kurz nach Six, dem er zuvor auf seiner Flucht in die Anonymität geholfen hatte, verhaftet. Nach seiner Freilassung als »Professor zur Wiederverwendung« eingestuft, arbeitete er an verschiedenen Instituten und ab 1952 am *Hamburgischen Welt-Wirtschafts-Archiv*. Bis 1956 gab Pfeffer die *Zeitschrift für Geopolitik* heraus. Seit seiner Haftzeit litt er an fast täglich auftretenden schweren Asthmaschüben. So verband Pfeffer die Vortragseinladung mit einer von Höhns heilpraktischen Behandlungen. Und tatsächlich: Höhn schaffte es, durch eine Ernährungsumstellung, Pfeffers Beschwerden auf ein erträgliches Maß zu reduzieren.[69] Im Gegenzug setzte sich dieser für einen Vorabdruck von Höhns neuem Buch *Scharnhorsts Vermächtnis* ein, das 1952 im *Athenäum-Verlag* in Druck ging; im selben Jahr publizierte der bekannte Historiker Hans Rothfels das Scharnhorst-Fragment von Rudolf Stadelmann.[70] Höhn machte bereits im Vorwort klar, dass den Leser keine Biografie erwarte. Eine Faktenchronik sei es auch nicht, aber ein Ratgeber. Einer für jeden »politischen Menschen in Katastrophenzeiten«, »der sich darauf besinnt, wie entscheidende Männer der Vergangenheit mit den schwierigsten politischen und militärischen Situationen fertig geworden sind«.[71] Höhn verstand das Buch als Quellenarbeit. Deren Wert steigere sich, da das ihr zugrunde liegende Material teilweise nicht mehr zugänglich war oder im Krieg zerstört wurde.[72] Höhn spielte damit auf den Brand an, der infolge der Bombardie-

67 Ebenda.

68 Zu einer Übersicht der Themen: Höhn, Reinhard: Scharnhorsts Gedanken zum Koalitionskrieg, Sonderdruck aus Auslandsforschung Heft 1, o. O. 1952, S. 101; speziell zu dem Vortrag Gunther Ipsens über »Das Heer der Österreichisch-Ungarischen Monarchie«: Sehested von Gyldenfeld, Christian: Gunther Ipsen zu Volk und Land. Versuch über die Grundlagen der Realsoziologie in seinem Werk, Berlin 2008, S. 27f.

69 Auskunft von Georg Pfeffer vom 9. Mai 2013.

70 Stadelmann, Rudolf: Scharnhorst. Schicksal und geistige Welt. Ein Fragment, Wiesbaden 1952.

71 Höhn, Reinhard: Scharnhorsts Vermächtnis, Bonn 1952, S. 5.

72 Ebenda, S. 6.

rung Potsdams im April 1945 einen Teil der nicht ausgelagerten Bestände des *Heeresarchivs* zerstört hatte.

Scharnhorsts Vermächtnis war Höhns erste eigenständige Monographie seit *Revolution – Heer – Kriegsbild*. Streckenweise waren sie einander auffallend ähnlich. So etwa, wenn Höhn über Scharnhorsts Kampf um den Fortschritt im Heer, dessen pädagogisches Programm oder Soldatenbild schrieb. Auch das stark Repetitive, mitunter Unpräzise und Unkritische setzte sich in *Scharnhorsts Vermächtnis* fort. Am Ende stand kein einfaches, geschweige denn massentaugliches Buch. »In short«, so das Urteil von Harold Gordon Jr., »it is a hard book to read and is really aimed only at the specialist or at a possible convert to its basic ideas.«[73] Der Historiker kritisierte auch, dass Literaturangaben gänzlich fehlen.[74] Ungeachtet dessen legte Höhn mit *Scharnhorsts Vermächtnis* im Umkreis der Traditionsdebatte eine aktuelle und soweit recht erfolgreiche Arbeit vor. In ihrer Außendarstellung griff die Bundeswehr mehrfach auf die darin abgewandelte Beschreibung von Scharnhorts Traditionsvorstellung zurück – zum Beispiel für Reden[75] oder innerhalb des *Handbuchs Innere Führung*[76]. Mit Franz Josef Strauß schaffte es das Aperçu im März 1978 in die Parteipolitik.[77] Über seine Präsenz als Militärhistoriker ergaben sich für Höhn beruflich neue Möglichkeiten. Ende 1952 fand er eine Anstellung bei der *Volkswirtschaftlichen Gesellschaft*, die ihren Sitz in Hamburg hatte. Unklar ist, ob Höhn von sich aus den Kontakt herstellte, ihn jemand mit dem Verein bekannt machte oder dieser ihm einen Posten offerierte.[78]

Die *Volkswirtschaftliche Gesellschaft* war im September 1946 in Hamburg gegründet worden. Sie war die Initiative norddeutscher Unternehmer, an deren Spitze der

73 Gordon Jr., Harold: Scharnhorsts Vermächtnis, in: Canadian Journal of History 8/1973, S. 176.

74 Ebenda, S. 177.

75 Theodor Blank zum Beispiel benutzte den Ausspruch anlässlich der Vereidigung der ersten Bundeswehrfreiwilligen am 12. November 1955, Scharnhorsts 200. Geburtstag, wie sein Amtsnachfolger Thomas de Maizière am 28. Juni 2013 zu dessen 200. Todestag. Arbeitsgemeinschaft Demokratischer Kreise (Hrsg.): Aufgabe und Verantwortung. Eine Auswahl von Reden des Bundesministers für Verteidigung Theodor Blank, Bad Godesberg 1956, S. 5; Bundesministerium für Verteidigung (Hrsg.): Rede des Bundesministers der Verteidigung, Dr. Thomas de Maizière, zum 200. Todestag von General Gerhard Johann David v. Scharnhorst am Freitag, 28. Juni 2013, im Eichensaal des Bundesministeriums für Wirtschaft und Technologie in Berlin: http://www.bmvg.de/portal/a/bmvg/!ut/p/c4/NYuxDsIwDET_yE5gQGWjysLKAu2C0saKLDVJZdyy8PEkQ--kJ52eDkeszX7n6JVL9gucJj5On1hSnuExJk_SsJbgkDyPjYIBcr4bPdAMJdM2qiUlSujeC0CaxFdmtlEqgEOOBjremPNEfvruosbxtPZunv_wDWl2x_2H-ug/, 2. September 2014.

76 Bundesministerium für Verteidigung, Führungsstab der Bundeswehr (Hrsg.): Handbuch Innere Führung. Hilfe zur Klärung der Begriffe, o. O. 1957, S. 51.

77 Auf einer Wahlkampfveranstaltung in Neustadt bei Coburg sagte Strauß: »Konservativ heißt, nicht nach hinten blicken, konservativ heißt, an der Spitze des Fortschritts zu marschieren.« Http://www.fjs.de/fjs-in-wort-und-bild/zitate.html, 2. September 2014.

78 Teevs erwähnte in diesem Zusammenhang den Industriemanager Ernst Wolf Mommsen. Nach Saldern: Das »Harzburger Modell«, in: Etzemüller (Hrsg.): Die Ordnung der Moderne, S. 327.

Fabrikant Curt Köhler stand. Köhler leitete das *Maschinenbauunternehmen Alfred Gutmann*, welches in früheren Jahren mit der ersten Schleuderrad-Strahlanlage von sich reden machte. Bekanntestes Mitglied des Gründerzirkels um Köhler war der Nationalökonom Alfred Müller-Armack. Seine Idee von einer sozialen Marktwirtschaft prägte Ausrichtung und Auftreten der Gesellschaft, die für sich in Anspruch nahm, deren Wiege zu sein.[79] Folglich postulierte sie eine »freie Wirtschaft ohne staatliche Sozialisierung«, die »zugleich eine tragfähige soziale Ordnung für alle Bevölkerungsschichten« bieten sollte.[80]

Die britischen Besatzungsstellen unterstützten die *Volkswirtschaftliche Gesellschaft* von Anfang an. In ihren Augen erfüllte sie gleich zwei wichtige Funktionen: die Selbsterziehung oder Selbstbildung sowie die Bildung von Mitarbeitern und Führungskräften, die auf diesem Wege mit dem Gedanken einer offenen Gesellschaft und demokratischen Lebensformen vertraut gemacht werden konnten.[81] Diesem Bildungsvorhaben wollte die *Volkswirtschaftliche Gesellschaft* betontermaßen ein neutrales Forum bieten. Dafür griff sie die Themen ihrer Zeit auf: Mangel und Demontage, Produktionsbehinderung. Das änderte sich mit dem *European Recovery Program*. Fortan stand die Vermittlung wirtschaftlicher Zusammenhänge und betrieblicher Abläufe, gleichsam als Antwort auf die von Müller-Armack ausgemachte Lethargie in der »Wirtschaftslenkung«, im Mittelpunkt.[82] Aus dem »Betriebsangehörigen als Objekt« sollte ein am »Betriebsgeschehen mitwirkendes Subjekt« werden.[83] In diesem Zusammenhang setzte die *Volkswirtschaftliche Gesellschaft* früh auf Mitarbeiteraussprachen als Form der Mitbestimmung. Diese seien, so die *Zeit* damals, der »richtige Weg«, »endlich einmal aus den inhaltslos gewordenen Schlagworten um den ›Menschen im Betrieb‹ zur gedanklichen Klarheit zu kommen«.[84] Mit den *Human Relations*, sprich der Pflege der zwischenmenschlichen Kommunikation zwischen Führenden und Mitarbeitern, behandelte die *Volkswirtschaftliche Gesellschaft* ein weiteres zeitaktuelles Thema. Auf dieser Grundlage entwickelte sie Lehrinhalte, die ab 1948 in einen regelmäßigen Seminarbetrieb einflossen. Didaktisch umfasste die Angebotspalette Vorträge, Gesprächsrunden bis hin zu Abendkursen und mehrtägigen Lehrgängen. Sie beschäftigten sich mit »Problemen des Vorgesetzten«, »Die Menschenführung und ihre

79 O. A.: Portrait des Tages. Curt Köhler, in: Hamburger Abendblatt vom 15. Juni 1959; Katzler, Hubert von: 25 Jahre Deutsche Volkswirtschaftliche Gesellschaft e. V., in: Harzburger Hefte 6/1971, S. 382.

80 Ebenda.

81 Olbrich, Josef: Geschichte der Erwachsenenbildung in Deutschland, Opladen 2001, S. 313.

82 Müller-Armack, Alfred: Wirtschaftslenkung und Marktwirtschaft, Hamburg 1947, S. 5.

83 Katzler, Hubert von: 25 Jahre Deutsche Volkswirtschaftliche Gesellschaft e. V., in: Harzburger Hefte 6/1971, S. 383.

84 O. A.: »Mitarbeiter-Aussprachen«, in: Die Zeit vom 1. März 1951; ferner o. A.: Erfolgreiche Mitarbeiteraussprachen, in: Die Zeit vom 16. August 1951.

Auswirkung auf die Produktivität der Wirtschaft« oder »Leistungssteigerung im Betrieb als Führungsaufgabe«.[85] Tagesaktuelle Fragestellungen koppelte die Gesellschaft unter dem Primat einer lebensnahen Verbindung von Theorie und Praxis in eigenständigen Tagungen aus – so etwa im Frühjahr 1955, als Arbeitgeber, Gewerkschafter, Wirtschaftsvertreter und Wissenschaftler in gleich zwei Veranstaltungen über die 40-Stunden-Woche diskutierten.[86]

Innerhalb eines halben Jahrzehnts war die *Volkswirtschaftliche Gesellschaft* so aufgestellt, dass sie Mitarbeiter, Führungskräfte, den Führungsnachwuchs und Lehrer gleichermaßen ansprechen konnte. Zwischen 1953 und 1955 organisierte sie vier Tagungen mit dem Schwerpunkt »Wirtschaft und Schule«. Zeitgleich liefen 37 Wirtschaftsseminare mit jeweils bis zu 80 Teilnehmern.[87] Bis 1954 begründete die Gesellschaft mit *Wirtschaft und Schule*, *Lebendige Wirtschaft* und *Gegenwartskunde* drei Publikationsreihen. Aufgrund ihrer bundesweiten Präsenz, entschied das Präsidium, dass sich diese Entwicklung in dem Namen der *Volkswirtschaftlichen Gesellschaft* widerspiegeln sollte. Ab Anfang Juni 1955 firmierte sie unter *Deutsche Volkswirtschaftliche Gesellschaft*.[88] Die Vereinsführung blieb die gleiche – mit Höhn als Geschäftsführendem Präsidialmitglied. Seiteneinsteiger hatten es mitunter schwer, in einer Institution oder einem Unternehmen Fuß zu fassen. Für Höhn galt das nicht. Er war gut vernetzt. Instinktsicher gelang es ihm, Vertrauen aufzubauen und andere von sich zu überzeugen. Aus dem Stand heraus wurde er Anfang 1953 in das Präsidium der *Volkswirtschaftlichen Gesellschaft* berufen. Ihr Präsident Hubert von Katzler resümierte, dass mit Höhn »eine neue Phase in der Entwicklung der Gesellschaft« begonnen habe.[89] Höhn nutzte seine Chance, beruflich wieder einzusteigen. Der Anwaltsberuf war keine Alternative, da er kein Volljurist war. Eine Dozententätigkeit kam ebenfalls nicht infrage, weil diese einer alliierten Zustimmung bedurft hätte. Das setzte eine Überprüfung voraus. Für Höhn bedeutete der Posten in der *Volkswirtschaftlichen Gesellschaft* ein Ankommen im neuen Staat, Bestätigung und finanzielle Sicherheit. Mit seinem Einstiegsgehalt von monatlich etwa 2.000 DM konnte er an alte Berliner Tage anknüpfen.[90] Eine der ersten größeren Anschaffungen der Familie war ein neues Auto. Nach einem DKW und einem VW Käfer wurde es wieder ein Mercedes, wieder in grün. Auch seinem Hobby, der Jagd, ging Höhn bald wieder nach. 1956/57 mietete er

85 Katzler, Hubert von: 25 Jahre Deutsche Volkswirtschaftliche Gesellschaft e. V., in: Harzburger Hefte 6/1971, S. 383.
86 Dazu Haller, Heinz/Kroebel, Gerhard/Seischab, Hans (Hrsg.): Die 40-Stunden-Woche, Darmstadt 1955.
87 Tätigkeitsbericht der Deutschen Volkswirtschaftlichen Gesellschaft 1955, S. 15.
88 Ebenda.
89 Katzler, Hubert von: 25 Jahre Deutsche Volkswirtschaftliche Gesellschaft e. V., in: Harzburger Hefte 6/1971, S. 383.
90 Auskunft von Elke Hein vom 4. Mai 2013.

einen Jagdgrund unweit des Tiroler Höhenweges am Fuße des Sattelberges. Zur gleichen Zeit kaufte er ein kleines Haus in St. Gilgen am Wolfgangsee, wo die Familie Weihnachten, Ostern und Pfingsten verbrachte. Im Sommer verreiste man an den Timmendorfer Strand oder in das schweizerische Arosa.

Mit der Gründung einer festen Einrichtung, einer eigenen Akademie, machte die *Deutsche Volkswirtschaftliche Gesellschaft* zu ihrem 10-jährigen Bestehen, wie sie später schrieb, einen konsequenten Schritt nach vorn.[91] Ihre Standortwahl fiel auf Bad Harzburg – nicht wegen dessen idyllischer Lage, wie Höhn später einmal meinte, oder wegen der antidemokratischen *Harzburger Front*, wie seine Kritiker sagten. Bei der Entscheidung war die Gesellschaft pragmatisch. Bad Harzburg lag im Zonengrenzgebiet, in unmittelbarer Nachbarschaft zur innerdeutschen Grenze, dem sogenannten *Grünen Band*. Da Regionen wie diese speziellen Bestimmungen unterlagen, waren sie für Unternehmen kaum attraktiv. Diesen Nachteil versuchte die Bundesregierung in den 1950er-Jahren mit Investitionszulagen und Förderprogrammen auszugleichen. Dafür nahm sie über einen Zeitraum von fünf Jahren jährlich rund 25 Millionen DM in die Hand.[92] Auch die *Deutsche Volkswirtschaftliche Gesellschaft* profitierte davon. Als Leiter der neuen Akademie bestimmte sie Reinhard Höhn. Von Katzler schrieb später, sich im Vorfeld von dessen Berufung intensiv mit ihm, seinen Einstellungen und Werten auseinandergesetzt und nichts Auffälliges gefunden zu haben.[93] Für sein Umfeld schien Höhn mit seiner politischen Vergangenheit abgeschlossen zu haben. Dieser Eindruck wurde dadurch bestärkt, dass er sich nicht offen parteipolitisch äußerte oder engagierte. Dennoch funktionierte diese Flucht in die Neutralität nicht immer. Mitunter waren es Andeutungen, die Zweifel aufkommen ließen. Am offensivsten ging Höhn mit seinen esoterischen und scheinbuddhistischen Ansichten um. Sie waren bestimmt von Himmlers Vorstellungswelt, der ebenso die Übertragung von Energie, das *Dritte Auge* oder das Pendeln zuzurechnen sind. Nur meditierte Höhn nicht. Er wendete Autogenes Training an. Am deutlichsten aber zeigte sich sein eigenwilliger Spagat am Beispiel der »Reinkarnation«. Für den Buddhisten ist nicht sie, sondern die überweltliche Realität eines Nirwana das Entscheidende. Höhn glaubte wie Himmler an die vielen Leben eines Geistkontinuums, auch wenn sich das mit seinem, auch auf Druck der *SS*, nie abgelegten, christlichen Bekenntnis schwerlich vertrug. Dieses beinhaltete zwar die Wiedergeburt, nicht aber die Reinkarnation.

91 Tätigkeitsbericht der Deutschen Volkswirtschaftlichen Gesellschaft 1956, S. 3.

92 2. Förderungsprogram für den Grenzstreifen entlang dem Eisernen Vorhang, in: http://www.bundesarchiv.de/cocoon/barch/0101/x/x1951e/kap1_2/kap2_41/para3_2.html, 16. Juli 2013.

93 Nachlass Reinhard Höhn, Stellungnahme des Präsidiums der Deutschen Volkswirtschaftlichen Gesellschaft e. V. zu dem Verfahren betreffend Herrn Professor Dr. Reinhard Höhn vor der Berliner Spruchkammer vom 19. August 1958.

Zur Eröffnung der *Akademie für Führungskräfte der Wirtschaft* am 16. März 1956 titelte die *Zeit* schlicht: »Eine neue Akademie«.[94] Diese, so ihre Empfehlung, gelte es mit Interesse zu beobachten, da sie sich in die von der Industrie und ihren Verbänden getragenen Bemühungen um die Förderung des Unternehmernachwuchses einreihte.[95] Infolge des Krieges fehlten der deutschen Wirtschaft Führungskräfte aller Altersklassen. Institutionen, die Aus- und Weiterbildung anboten, begannen sich erst nach und nach zu gründen. Anders jedoch als in früheren Phasen der deutschen Geschichte war der sie umgebene Wandel der Arbeitswelt Teil einer Erfolgsgeschichte. Die 1950er-Jahre kennzeichneten Sicherheit und Normalität sowie technische Innovation und »aufregende Modernisierung«.[96] Aus der Sicht vieler Linker standen sie, wie Erich Kästner es nannte, für den »motorisierten Biedermeier«, für eine Zeit der Restauration und des patriarchalischen CDU-Staates unter dem »Alten«, Konrad Adenauer.[97]

Trotz des Aufbruchs und der Ankunft im Aufschwung blieb das Bild des Unternehmers ein überwiegend konservativ-paternalistisches. Auch im Bereich der Unternehmensführung sollte mit den Geldern des Marshallplans ein Umdenken angeregt werden. Das *United States Technical Assistance and Productivity Program* zum Beispiel ermöglichte ausgewählten Personen die Teilnahme an speziellen Seminaren und Diskussionen.[98] Dazu förderte es gegenseitige Besuche. Auf diesem Wege reisten im Laufe der 1950er-Jahre insgesamt 1.739 Deutsche in die Vereinigten Staaten.[99] Vor Ort sollten sie in den Unternehmen verschiedene Managementansätze kennenlernen und wieder mit zurücknehmen, um sie bei sich im Betrieb anzuwenden. Einen lohnenswerten Einblick in den so entstandenen Austausch bot Ludwig Vaubel.[100] Der Generaldirektor des Chemiekonzerns *Vereinigte Glanzstoff-Fabriken* nahm für drei Monate an dem *Advanced Management Program* der renommierten *Harvard Business School* teil. Laut ihrer Beschreibung, war es auf Personen zugeschnitten, die sich bereits im Topmanagement befanden oder kurz vor der Übernahme einer entsprechenden Stel-

94 O. A.: Eine neue Akademie, in: Die Zeit vom 15. März 1956. Nach Angaben der Akademie berichteten weit über 100 Zeitungen von der Gründung, und das überwiegend positiv. Dazu Tätigkeitsbericht der Deutschen Volkswirtschaftlichen Gesellschaft 1956, S. 6f.

95 O. A.: Eine neue Akademie, in: Die Zeit vom 15. März 1956.

96 Wildt, Michael: Reiche Leute, große Autos, in: Die Zeit vom 12. Juni 1992.

97 Nach Hübner, Klaus: Das unerwartete Echo. Eine Kästner-Renaissance?, in: Ladenthin, Volker (Hrsg.): Erich Kästner Jahrbuch, Band 4, Würzburg 2004, S. 85.

98 Dazu Boel, Bent: The European Productivity Agency and Transatlantic Relations. 1953 – 1961, o. O. 2003, S. 21.

99 Grünbacher, Armin: The Americanisation that never was?, in: Business History 2/2012, S. 247.

100 Vaubel, Ludwig: Unternehmer gehen zur Schule. Ein Erfahrungsbericht aus USA, Düsseldorf 1952.

lung.[101] Diese sollten auf den Gedanken des *General Management* sensibilisiert werden, bei dem der Blick auf das Unternehmen als Einheit im Vordergrund stand. Über diesen Personen- und Wissenstransfer nahmen die USA Einfluss auf die deutsche Unternehmensführung. Allerdings schlossen hohen Kosten Führungskräfte nachfolgender Führungsebenen von einem solchen Austausch aus. Dennoch bildeten sich unter seinem Eindruck Institutionen wie Anfang 1951 in Köln das *Deutsche Industrie-Institut*, welches sich im Zusammenspiel mit der Wissenschaft für eine breite volkswirtschaftliche Aufklärungsarbeit einsetzte.[102] In Kooperation mit dem *Rationalisierungskuratorium der deutschen Wirtschaft* organisiert man dort beispielsweise die ersten Betriebsführergespräche. Ungefähr zur gleichen Zeit beauftragte der *Bundesverband der deutschen Industrie* eine Arbeitsgruppe zu untersuchen, wie Unternehmen künftig besser in die Ausbildung und die Förderung des Führungsnachwuchses einbezogen werden können. In ihrem 1953 vorgelegten Abschlussbericht betonte sie die Bedeutung konsequenter Weiterbildung, um den bevorstehenden Generationswechsel in den Chefetagen auszugleichen.[103] In Absprache mit dem *Bundesverband deutscher Arbeitgeberverbände* und dem *Deutschen Industrie- und Handelskammertag* bildeten sich daraus die *Baden Badener-Unternehmergespräche*.

In der Praxis geriet die amerikanische Überlegung einer umfassenden und praxisorientierten Ausbildung mit der deutschen Vorstellung in Konflikt, Spezialisten ausbilden zu wollen. Viele wähnten die deutsche »Wertarbeit« in Gefahr. Ein praktisches Beispiel für die Skepsis gegenüber der allzu raschen Adaption amerikanischer Managementansätze war der Begriff des »Managers«. Bis weit in die 1960er-Jahre musste er um seine Akzeptanz in deutschen Unternehmen ringen. Lange Zeit assoziierten Führungskräfte »managen« mit »hindeichseln« oder »zurechtdrehen«.[104] Weitaus flexibler zeigten sie sich immer dann, wenn eine Übernahme profitabel für das eigene Geschäft erschien. An diesem Punkt bot sich Raum für Experimente, die zu einer Modernisierung von Teilen der Unternehmenslandschaft führten. Für das Bildungsfeld spielte beispielsweise der 1955 ins Leben gerufene *Wuppertaler Kreis* eine zentrale Rolle. Dieser verstand sich als Plattform für das Veranstaltungsangebot gemeinnütziger Einrichtungen, sofern sie Weiterbildung betrieben. Ab 1956 veröffentlichte der

101 Nach Pack, Ludwig: Ausbildung und Weiterbildung von Führungskräften an amerikanischen und deutschen Universitäten, Wiesbaden 1969, S. 69f.

102 Dazu Deutsches Industrie-Institut (Hrsg.): Fünfzehn Jahre Deutsches Industrieinstitut, Köln 1966.

103 Nach Kipping, Matthias: »Importing« American ideas to West Germany, 1940s to 1970s: From associations to privat consultancies, in: Kipping, Matthias/Kudo, Akira/Schröter, Harm G. (Hrsg.): German and Japanese Business in the Boom Years. Transforming American management and technology models, London 2004, S. 41.

104 Stein, Gustav (Hrsg.): Unternehmer in der Politik, Düsseldorf 1954; O. A.: Arbeit für andere, in: Der Spiegel 25/1965, S. 47.

Wuppertaler Kreis einen Veranstaltungskalender, in dem sich insgesamt elf Institutionen präsentierten.[105] Er sprach die Unternehmerschaft mit einem einleitenden Text an, der sie von der Notwendigkeit der Weiterbildung ihrer Führungskräfte überzeugen sollte. Dieser stellte reibungslose Arbeit sowie freie Köpfe und Schreibtische in Aussicht, deren Weg über eine Delegation von Verantwortung und Arbeit führe.[106] Auch die *Deutsche Volkswirtschaftliche Gesellschaft* mit ihrer *Akademie für Führungskräfte der Wirtschaft* gehörte dem *Wuppertaler Kreis* an. Diese startete kurz nach ihrer Eröffnung in den aktiven Seminarbetrieb. Ihr Kundenstamm bestand im Juni 1956 aus 106 Firmen.[107] Ende des Jahres waren es fast 200.[108] Zu den prägenden Themen dieser Zeit zählte die Automation. Die darüber entfaltete Debatte nutzte Argumente und Bilder, die ihrem amerikanischen Pendant ähnelten. Sozialdemokraten und Gewerkschafter fürchteten künftig leere Werkshallen und hohe Arbeitslosenzahlen. Deshalb machte die SPD »Atomenergie« und »Automatisierung« zu Kernthemen ihres Parteitages im Juli 1956. Ähnliches war bei dem Kongress des *Deutschen Gewerkschaftsbundes* Anfang Oktober zu beobachten. Für Unternehmer war die Automation der Inbegriff für Fortschritt und zugleich »modernste Form der Betriebsführung«.[109] Etwaige Bedenken oder Fortschrittsangst taten sie als Widerstand gegen Veränderungen ab, denen mit Aufklärung und Schulung zu begegnen sei.[110]

Zusammen mit der *Deutschen Volkswirtschaftlichen Gesellschaft* führte die *Akademie für Führungskräfte der Wirtschaft* im Juli 1956 in Heiligenstadt die erste Aussprache zum Thema »Automatisierung in den modernen Industriestaaten« durch.[111] Im Mittelpunkt der Veranstaltung stand das Zusammenspiel von Automatisierung und Wirtschaftsordnung. In ihrer Neuauflage im November in Bad Harzburg wurden von den insgesamt 32 Teilnehmern die Auswirkungen der Automation auf die Bundesrepublik diskutiert. Unter ihnen befanden sich beispielsweise Gerhard Drechsel, Cultural Officer am Amerikanischen Generalkonsulat in Hamburg, Karl-Heinz Friedrichs von der *IG Metall* und Stephanie Münke, Privatdozentin der Freien Universität Berlin. Außerdem: Gerd Mackrodt, Abteilungsleiter der *Unterharzer Berg- und Hüttenwerke AG*, Martin Bolte vom Soziologischen Seminar der Universität Kiel, Hanns Martin

105 Faßbender, Siegfried. Überbetriebliche Weiterbildung von Führungskräften. Der Wuppertaler Kreis und seine Mitglieder, Essen 1969, S. 19.

106 Ebenda, S. 19f.

107 Tätigkeitsbericht der Deutschen Volkswirtschaftlichen Gesellschaft 1956, S. 5.

108 Ebenda.

109 O. A.: Die Revolution der Roboter, in: Der Spiegel 31/1955, S. 20.

110 Nach Rohweder, Dirk: Informationstechnologie und Auftragsabwicklung. Potentiale zur Gestaltung und flexiblen kundenorientierten Steuerung des Auftragsflusses in und zwischen Unternehmen, Berlin 1996, S. 18.

111 Bad Harzburg Stiftung, Nachlass Herbert Ahrens, Eröffnungsansprache von Herrn Professor Dr. Reinhard Höhn.

Reinhard Höhn (re.) im Seminar »Die Automation in Westdeutschland«, 23. November 1956, von links Gerhard Kroebel (Sachbearbeiter in der Abteilung »Wirtschaftspolitik« des DGB), Gisela Böhme (Dozentin, Akademie für Führungskräfte der Wirtschaft), Roger Diener (Pressereferent, Akademie für Führungskräfte der Wirtschaft), Wilhelm Bittorf (Wirtschaftsjournalist)

Schleyer, Direktor der *Daimler-Benz AG* und Gunther Ipsen, der seit 1951 Abteilungsleiter der Sozialforschungsstelle der Universität Münster war.[112] In der Aussprache forderte Höhn, im Zuge der zukunftsträchtigen Automation die deutsche Wirtschaft frühzeitig auf Anforderungen und Veränderungen vorzubereiten. Im Sinne Scharnhorsts müsse jedes einzelne Unternehmen gegenüber der Konkurrenz in Form bleiben.[113]

Das Angebot der *Akademie für Führungskräfte der Wirtschaft* deckte verschiedene Bereiche ab, darunter Rechnungswesen und Marketing. In Abendkursen oder mehrtägigen Lehrgängen wurden zusätzlich Themen wie »Der moderne Wohlfahrtsstaat«, »Produktivität und Lohn in Wissenschaft und Praxis« sowie »Aktuelle Konjunktur-

112 Bad Harzburg Stiftung, Nachlass Herbert Ahrens, Teilnehmerliste.
113 Bad Harzburg Stiftung, Nachlass Herbert Ahrens, Eröffnungsansprache von Herrn Professor Dr. Reinhard Höhn.

probleme der westdeutschen Marktwirtschaft« behandelt.[114] Auf Höhns Anregung hin wurde im Dialog mit verschiedenen Betriebsräten ein Seminar »Sozialismus und Wirtschaftsordnung« angeboten. Bei ihm ergänzte die *Deutsche Volkswirtschaftliche Gesellschaft* prophylaktisch, dass es nicht deren Anspruch sei, für oder gegen den Sozialismus zu entscheiden, sondern den Teilnehmern historische Grundlagen zu vermitteln.[115] Daneben übernahm die Akademie bestimmte, bereits bestehende Formate der *Deutschen Volkswirtschaftlichen Gesellschaft*. Ein gutes Beispiel war das Mitarbeiterseminar Hamburg, welches weiterhin ein »Treffpunkt für die Mitglieder und Freunde der Gesellschaft aus den maßgeblichen Kreisen der hamburgischen und schleswig-holsteinischen Geschäftswelt« blieb.[116] Dieses Selbstverständnis setzte sich in der Wahl von Referenten fort. Im Sommer 1956 konnte der Sohn des früheren amerikanischen Präsidenten William Howard Taft, Charles P. II., für einen Vortrag über die Organisation der Stadtverwaltung Cincinnatis gewonnen werden, deren Bürgermeister er zwischen 1955 und 1957 war.[117]

Neu innerhalb des Seminarprogramms der *Akademie für Führungskräfte der Wirtschaft* war, dass auf Wunsch von Unternehmen wie der *Hoesch AG* innerbetriebliche Sonderlehrgänge durchgeführt wurden. Diese umfassten für den Zeitraum von 14 Tagen vier Seminare, an denen jeweils etwa 30 Mitarbeiter beziehungsweise 25 Meister, Vorarbeiter und Gruppenführer teilnahmen.[118] Dem schlossen sich Auseinandersetzungskurse zu aktuellen Fragestellungen wie dem »Wettbewerbsproblem in der Grundstoffindustrie« oder der 40-Stunden Woche an, die damals auf der Liste der Gewerkschaftsforderungen ganz oben rangierte.[119] Über den Lehrstab der Akademie erfahren wir hingegen leider nur wenig. Beilagen, in denen die Dozenten vorgestellt wurden, haben sich, soweit bekannt, nicht erhalten, sodass lediglich die ab 1955 jährlich erscheinenden Tätigkeitsberichte der *Deutschen Volkswirtschaftlichen Gesellschaft* Hinweise geben. Diese informierten über die angestrebte Balance von Theorie und Praxis und den damit verbundenen Mix aus Wirtschaftsvertretern, Professoren sowie akademischem Nachwuchs.[120] Höhn selbst sprach unterschiedliche Personen aus seinem Umfeld an. Helmut Seydel bot er auf diesem Wege die Leitung einer Wettbewerbstagung an, seinem ehemaligen Doktoranden Eleftherios Sossidi ganz allgemein »eine gute Position« innerhalb der Akademie und Eduard Prohaska, einem Medizi-

114 Tätigkeitsbericht der Deutschen Volkswirtschaftlichen Gesellschaft 1956, S. 7.
115 Ebenda.
116 Ebenda, S. 9.
117 Ebenda.
118 Ebenda.
119 Ebenda, S. 11.
120 Ebenda.

nalrat und Tiroler Jagdkollegen, eine Kooperation zum Thema »Funktionstraining«.[121] Für öffentliches Aufsehen sorgten Roger Diener, Justus Beyer und Franz Alfred Six. Höhns Kritikern lieferten sie den Beweis, dass er dabei war, alte Kräfte zu bündeln. Frei sieht darin eher einen in »älteren Loyalitäten gründenden Gnadenakt als eine rationale Geschäftsentscheidung«.[122] Für Höhn war sicherlich beides relevant. Schließlich wusste er von den teils schwierigen Lebenssituationen der drei, deren unsicheren Zukunftsaussichten, jedoch auch deren Qualitäten. Demnach erschien es weniger Zufall als Berechnung, dass Six nur für einzelne Veranstaltungen engagiert wurde, Diener fest in den Akademiebetrieb eingebunden war und Beyer sich in der öffentlichen Wahrnehmung in einer Grauzone zwischendrin bewegte. Für ihn mochte aus Höhns Sicht seine in der *Deutschen Gewerbezeitung* gesammelte journalistische Erfahrung gesprochen haben. Demgemäß setzte er Beyer in der Akademie ein, wo er auf Besprechungen wenig sagte und seinen Kollegen kaum auffiel.[123] Six dagegen arbeitete nach seiner Freilassung 1952 auf Vermittlung von Best und Achenbach zunächst bei dem Darmstädter Verlag *C. W. Leske*. Zwischen 1957 und 1963 war er Werbechef bei der *Porsche Diesel Motorenbau GmbH*. Zu Beginn seiner Tätigkeit dort steuerte Six einen Aufsatz zu dem Sammelband *Der Werbeleiter im Management* bei, der von der *Deutschen Volkswirtschaftlichen Gesellschaft* herausgegeben wurde.[124] Daneben liefen die Auflagen von Six‹ *Marketing in der Investitionsgüterindustrie* über den *Verlag für Wissenschaft, Wirtschaft und Technik*.[125]

Den persönlichsten Bezug hatte Höhn zu Roger Diener, den er am längsten kannte. Seit 1930 begleitete Höhn dessen Entwicklung, förderte und lenkte sie. Er schätzte an Diener Charakterzüge wie Verlässlichkeit und Treue, die auch privat darüber entschieden, ob er jemanden an seiner Seite haben wollte oder nicht. Regelmäßig trafen sich beide zu Spaziergängen. »Dr. Diener«, darauf legte Höhn stets großen Wert, wurde dabei zu einem Freund der Familie. Gerade Tochter Elke blieb er als galant, bescheiden und introvertiert in Erinnerung.[126] Zwischen Mai 1950 und April 1954 wohnte Diener mit Frau Louise und Tochter Jutta repräsentativ in dem Berliner Stadt-

121 Nachlass Reinhard Höhn, Schreiben von Reinhard Höhn an Helmut Seydel vom 19. Juli 1958, Schreiben von Reinhard Höhn an Eleftherios Sossidi vom 26. Juni 1958; Prohaska, Eduard: Funktionstraining, zwei Sprechplatten, Bad Harzburg 1963; ders.: Funktionstraining, Bad Harzburg 1963.

122 Frei: Hitlers Eliten nach 1945 – eine Bilanz, in: Frei (Hrsg.): Karrieren im Zwielicht, S. 316.

123 Auskunft von Christian Freilinger vom 12. April 2013.

124 Mahnke, Horst/Wolff, Georg: 1954. Der Frieden hat eine Chance, Darmstadt 1953; Six, Franz Alfred: Der Werbeleiter im Management, in: Bergler, Reinhold/Andersen, Eduard (Hrsg.): Der Werbeleiter im Management, Darmstadt 1957, S. 330-334; dazu Wild: Generation des Unbedingten, S. 775f.

125 Six, Franz Alfred: Marketing in der Investitionsgüterindustrie. Durchleuchtung, Planung, Erschließung, Bad Harzburg 1968, 1971.

126 Auskunft von Elke Hein vom 6. Juli 2013.

teil Grunewald, ehe Höhn ihn nach Hamburg und im Juni 1967 nach Bad Harzburg lotste.[127] An der *Akademie* für Führungskräfte der Wirtschaft, in deren Peripherie auch Louise[128] zeitweise aktiv gewesen ist, zeichnete Diener lange Jahre für die Pressearbeit verantwortlich.

Für die Bundesrepublik waren die 1950er-Jahre die Zeit wirtschaftlicher Superlative, und die *Akademie für Führungskräfte der Wirtschaft* wurde zu einem Spiegel dafür.[129] In ihrem ersten Jahr begann sie mit 19 Seminaren. 1957 waren es schon 39, 1958: 84, 1959: 157, 1960: 229 und 1961 schließlich 305.[130] In 833 Veranstaltungen verzeichnete die Akademie über 7.000 Teilnehmer.[131] Ähnlich zügig wuchs die Nachfrage nach Sonderlehrgängen, Mitarbeiter-, Unternehmer- und Auseinandersetzungsseminaren sowie Wirtschaftsseminaren für Lehrer. Allein ihre Zahl stieg zwischen 1955 und 1957 von 37 auf 107.[132] Um dieser Entwicklung Rechnung zu tragen, bündelte die *Deutsche Volkswirtschaftliche Gesellschaft* einzelne Bereiche zu eigenständigen Institutionen. Im Oktober 1959 eröffnete die *Wirtschaftsakademie für Lehrer* und im Januar 1961 die *Akademie für Fernstudium*. Über die Veranstaltungen der drei Einrichtungen informierte in jedem Trimester ein »Seminarführer« mit einer Auflage von 7.000 Stück. Er wurde durch Terminpläne ergänzt, die in einer Auflage von insgesamt 19.000 Stück erschienen.[133] 1961 umfasste der Lehrkörper der *Akademie für Führungskräfte der Wirtschaft* 13 hauptamtliche und 40 Honorardozenten.[134] 1969 waren es rund 90 Personen, davon 15 hauptamtliche.[135] Hinzukamen fast 80 Bürokräfte.[136] Mit Höhns Bekanntem Karl Kötschau bekam die *Akademie für Führungskräfte der Wirtschaft* 1960 eine Abteilung, die auf Fragen der Lebensführung und der Leistungssteigerung spezialisiert war. Mit ihr wurde die Gesundheitsvorsorge erstmals in das Ausbildungsprogramm einer Wirtschaftsakademie aufgenommen. Den Teilnehmer erwarteten Hilfestellungen auf den Gebieten Ernährung, Entspannung, Körperhaltung und Lebensführung. Kötschau zog 1955 nach Bad Harzburg, wo er vor Höhns

127 Melderegisterauskünfte der Städte Berlin, Hamburg und Bad Harzburg vom 31. Januar 2014, 20. November 2013 und 11. Dezember 2013.

128 Diener, Louise: Fibel für den Umgang mit Vorgesetzten, Kollegen und Mitarbeitern im Betrieb, Darmstadt 1955; Böhme, Gisela/Diener, Louise: Vorzimmerbrevier. Die Sekretärin im Umgang mit Besuchern, Vorgesetzten und Kollegen, Bad Harzburg 1968.

129 Der Vergleich mit ähnlichen Einrichtungen fällt aufgrund fehlender Vergleichsstudien und -zahlen schwer. Die Baden Badener-Unternehmergespräche beispielsweise führten in den ersten 50 Jahren ihres Bestehens insgesamt 115 Veranstaltungen mit über 3.500 Teilnehmern durch. Dazu Grünbacher: The Americanisation that never was?, in: Business History 2/2012, S. 252.

130 Tätigkeitsbericht der Deutschen Volkswirtschaftlichen Gesellschaft 1961, S. 7.

131 Ebenda.

132 Ebenda, S. 15.

133 Faßbender: Überbetriebliche Weiterbildung von Führungskräften, S. 108.

134 Tätigkeitsbericht der Deutschen Volkswirtschaftlichen Gesellschaft 1961, S. 10.

135 Faßbender: Überbetriebliche Weiterbildung von Führungskräften, S. 109.

136 Ebenda.

Anwerbung als Chefarzt arbeitete. Die Abteilung an der *Akademie für Führungskräfte der Wirtschaft* leitete Kötschau bis 1964. Dann gab er sie in die Hände seines Nachfolgers Wilhelm Preußer. Vor 1945 wirkte Kötschau als Prodekan in Jena und Leiter der *Reichsarbeitsgemeinschaft für eine Neue Deutsche Naturheilkunde*. In Bad Harzburg konnte er an seine frühere leistungsorientierte Gesundheitspolitik anknüpfen.[137]

Bei der Themenauswahl ihrer Seminare war die *Akademie für Führungskräfte der Wirtschaft* am Puls der Zeit – so auch bei der Humanisierung der Arbeit, Leitbild eines sich zu demokratisieren beginnenden Arbeitslebens. Noch im 19. Jahrhundert lag der Schwerpunkt innerbetrieblicher Gesundheitspolitik auf der Vermeidung von Unfällen und berufsbedingten Krankheiten. Erst die Humanisierung der Arbeit setzte in den 1960er- und 1970er-Jahren mit der menschengerechten Arbeitsgestaltung neue Impulse, um parallel zum technischen Fortschritt die Qualität des Arbeitslebens zu verbessern. Konkret ging es etwa um die Folgen restriktiver Arbeit, die Abkehr von gesundheitsgefährdenden Arbeitsbedingungen und die soziale Anerkennung des Arbeitnehmers. Während sich die Humanisierung der Arbeit später unter anderem in *Betriebsverfassungsgesetz* und *Arbeitssicherungsgesetz* niederschlug, wurde sie an der *Akademie für Führungskräfte der Wirtschaft* zu einem Ausgangspunkt für Seminare über Menschenführung und Personalauslese sowie ab 1961 über Public Relations. Daneben thematisierte die Akademie im Kontext der Konfrontation von West und Ost wiederholt Fragen zur wirtschaftlichen Entwicklung der DDR sowie der Sowjetunion. Ende der 1950er-Jahre lauteten die Seminartitel beispielsweise: »Die Sowjetunion und der Westen im Außenhandel«, »Die Sowjetunion und die Wirtschaftsentwicklung im Nahen und Fernen Osten«, »Die Wirtschaftsentwicklung der DDR in der Kritik der Sowjetunion« oder »Die Integration Europas in der sowjetischen Kritik«.[138] Der überwiegende Teil der Kursteilnehmer stammte aus der unteren und mittleren Führungsebene. Meister, Vorarbeiter und Gruppenführer, die durchschnittlich bis zu 80 Prozent Fortsetzungskurse oder Abschlusslehrgänge buchten.[139] Mit ihren guten Kontakten in die Wirtschaft und den scheinbar richtigen Topoi gelang es der Akademie gleichzeitig das Topmanagement zu erreichen, worauf insbesondere Höhn gedrängt hatte. 1958 gab die *Akademie für Führungskräfte der Wirtschaft* ihren Beinamen »middle management« auf. Parallel dazu führte sie innerbetriebliche Seminare

137 Zur biografischen Einordnung: Hauf, Alfred: Die Reichsarbeitsgemeinschaft für eine Neue Deutsche Heilkunde (1936/37). Ein Beitrag zum Verständnis von Schulmedizin, Naturheilkunde und Nationalsozialismus, Husum 1985, S. 85f.; Pross, Christian: Die Sicht deutscher Emigrantenärzte auf die NS-»Rassenhygiene«, in: Deutsches Ärzteblatt 50/2010, S. 2494-2496; Gegenwärtig bearbeitet Rebecca Pohl am Institut für Medizingeschichte und Wissenschaftsforschung der Universität Lübeck das Dissertationsprojekt »Zur ganzheitlichen Medizin Karl Kötschaus im Wechsel der politischen Systeme«.

138 Tätigkeitsbericht der Deutschen Volkswirtschaftlichen Gesellschaft 1958, S. 23.

139 Tätigkeitsbericht der Deutschen Volkswirtschaftlichen Gesellschaft 1957, S. 3f.

ein.[140] Und Höhn rückte zunehmend davon ab, Informationen ausschließlich aus der Praxis zu gewinnen, sprich keine eigene Forschung zu betreiben. Dies ging auf den Auftrag *des Rationalisierungskuratoriums der Deutschen Wirtschaft* zurück, einen neuen Führungsansatz zu explorieren. Die Ergebnisse verarbeitete Höhn 1961 in *Die Führung mit Stäben in der Wirtschaft* und *Menschenführung im Handel.*[141]

Neben seiner Arbeit als Leiter der *Akademie für Führungskräfte der Wirtschaft* veröffentlichte Höhn Anfang 1959 die ersten beiden Bände von *Sozialismus und Heer*. Sie fielen in eine Zeit, in der die Fragen zur Wehrpolitik über Parteigrenzen hinweg kontrovers diskutiert wurden. Aus der Sicht seiner Partei bezeichnete Helmut Schmidt die Beziehung zur neugeschaffenen Bundeswehr damals als das schwierigste Gebiet.[142] Die SPD mühte sich, es zu normalisieren. Höhn versuchte sie mit einem Blick in die Geschichte darin zu bestärken. So der Grundtenor seines Redebeitrags auf dem Seminar »Sozialismus und Heer« am 14. Mai 1959, zu dem ihn die Marburger Hochschulgruppe des *Sozialistischen Deutschen Studentenbundes* an der Seite nationaler und internationaler Offiziere eingeladen hatte. Und so auch der Grundtenor von *Sozialismus und Heer*. In Band 1 erkundete Höhn das Heeres- und Kriegsbild von Marx und Engels sowie das der SPD, ihre Gemeinsamkeiten und Unterschiede.[143] In Band 2 analysierte er das Verhältnis der Sozialdemokratie zum Moltkeschen Heer.[144] In beiden bemühte sich Höhn, entgegen früherer Kritik, wissenschaftlich exakter zu arbeiten. Den Quellennachweis stellte er den Texten nun nahezu demonstrativ voran. Und auch von dem stark essayistischen Stil kam Höhn etwas weg. Dabei avancierte er zu einem Kommentator einer unwahrscheinlichen Materialfülle, die er mit dem abschließenden dritten Band auf insgesamt rund 1.800 Seiten ausbreitete.[145] Die Resonanz auf *Sozialismus und Heer* fiel in Fachkreisen zunächst verhalten aus. Der Historiker Peter-Christian Witt wertete es als Versuch zu zeigen, dass das gegenseitige Misstrauen his-

140 Tätigkeitsbericht der Deutschen Volkswirtschaftlichen Gesellschaft 1961, S. 12.

141 Höhn, Reinhard Die Führung mit Stäben in der Wirtschaft, Bad Harzburg 1961; ders.: Menschenführung im Handel, Bad Harzburg 1962.

142 Schmidt, Helmut: Beiträge, Stuttgart 1967, S. 611.

143 Höhn, Reinhard: Sozialismus und Heer, Band I, Heer und Krieg im Bild des Sozialismus, Bad Homburg/Berlin/Zürich 1959.

144 Höhn, Reinhard: Sozialismus und Heer, Band II, Die Auseinandersetzung der Sozialdemokratie mit dem Moltkeschen Heer, Bad Homburg/Berlin/Zürich 1959.

145 Höhn, Reinhard: Sozialismus und Heer, Band III, Der Kampf des Heeres gegen die Sozialdemokratie, Bad Harzburg 1969. Eigentlich war noch ein vierter Band geplant, ein Dokumentenband, mit dem sich der Leser, so Höhn, selbst ein Bild davon hätte machen können, dass die Geschichte der Sozialdemokratie von ihren Gegnern geschrieben wurde. Allerdings scheiterte die Veröffentlichung am Wirbel um Höhns Person, einer offen gebliebenen Finanzierung sowie einem gewandelten Zeitgeist. Friedrich-Ebert-Stiftung, Nachlass Fritz Erler 179 A, Schreiben von Reinhard Höhn an Fritz Erler vom 29. Dezember 1959.

torische Ursachen hatte.[146] Für den Historiker Wolfram Wette wollte Höhn auf diesem Wege die Sozialdemokratie mit der Idee eines »wehrhaften Staates« versöhnen und die »häufig noch falsche Frontstellung zwischen Sozialismus und Heer« berichtigen, wie Ernst August Nohn schrieb.[147] Höhn selbst berichtete dem SPD-Abgeordneten und Wehrexperten Fritz Erler, einem Wegbereiter des *Godesberger Programms*, von seinem Eindruck, wonach ein »Teil der Zeitgenossen recht ärgerlich« sei, dass das »Problem überhaupt wissenschaftlich exakt« mit Resultaten behandelt wird, die von der landläufigen Meinung abweichen.[148] Allerdings zog gerade seine Arbeitsweise Kritik auf sich. Witt sah schon auf den ersten Blick handfeste Defizite. Vor allem der Forschungsstand fiel in seinen Augen denkbar knapp aus. Im Prinzip beschränke sich dieser auf den Hinweis, dass es im Wechselspiel von Sozialismus und Heer kaum Reflektionen gebe. Auch Wette monierte das Fehlen wichtiger zeitgenössischer Quellen und Veröffentlichungen, darunter Carl E. Schorskes *German Social Demo*cracy oder Fritz Fischers *Griff nach der Weltmacht*.[149] Höhns persönlichen Griff nach der Wahrheit hielten weder Witt noch Wette für gelungen. Der eine sprach von »recht gewagten Konstruktionen«, einem »großen Steinbruch«, bei dem sich der Leser durch »Massen von trübem Gestein« graben müsse, der andere von »Substanzlosigkeit« und einer »Reihe von zum Teil schwerwiegenden Fehlinterpretationen«.[150] Ganz besonders aber störten sich beide an der Wortschöpfung des »proletarischen Kriegers«, über den Höhn im ersten Band schrieb: »Nach dem germanischen Volkskrieger, dem Ritter der Feudalzeit, dem Söldner und Soldaten des stehenden Heeres im kapitalistischen Zeitalter tritt am Ende der Entwicklung als neuer Kriegertyp der proletarische Krieger in Erscheinung, der damit zugleich eine neue Epoche einleitet.«[151] Auch wenn Höhn die Idee dahinter Marx zuschrieb, dem damit ein »ganz entscheidender ideologischer Zug« gelungen sei, fühlte sich Wette nicht ganz zu Unrecht an das geschichtsontologische Denken der Nationalsozialisten erinnert.[152] Ungeachtet dieser Kritik erfreuten sich die Bände auch über wohlwollenden Zuspruch. So dankte der SPD-Abgeordnete

146 Witt, Peter-Christian: Militärgeschichte von vorgestern. »Heer und Sozialismus« – viel Material, kaum Analyse, in: Die Zeit vom 21. Januar 1972.

147 Wette, Wolfram: Sozialismus und Heer. Eine Auseinandersetzung mit R. Höhn, in: Archiv für Sozialgeschichte 14/1974, S. 611; Nohn, Ernst August: Rezension, in: Historische Zeitschrift 190/1960, S. 596.

148 Friedrich-Ebert-Stiftung, Nachlass Fritz Erler 179 A, Schreiben von Reinhard Höhn an Fritz Erler vom 29. Dezember 1959.

149 Schorske, Carl E.: German Social Democracy, 1905 – 1917. The Development of the Great Schism, Cambridge 1955; Fischer, Fritz: Griff nach der Weltmacht. Die Kriegszielpolitik des kaiserlichen Deutschland 1914/18, Düsseldorf 1961.

150 Witt: Militärgeschichte von vorgestern, in: Die Zeit vom 21. Januar 1972; Wette: Sozialismus und Heer, in: Archiv für Sozialgeschichte 14/1974, S. 613; Höhn: Sozialismus und Heer, Band 1, S. 34.

151 Höhn: Sozialismus und Heer, Band 1, S. 344.

152 Ebenda, S. 345.

und Verleger Hermann Schmitt-Vockenhausen Höhn auf dem Postweg für seine Arbeit und den »guten Beitrag für den Aufbau des jungen demokratischen Staates«.[153] Erler wünschte ihr »gute Verbreitung« und die Bundeswehr listete sie in ihren Bibliotheken und setzte sie zu Schulungszwecken ein.[154] Vor allem der Bundeswehroffizier und Lerngruppenkommandeur an der *Schule der Bundeswehr für Innere Führung* Heinz Karst lobte *Sozialismus und Heer* als ein »wichtiges Stück geschichtlicher Besinnung«, als aktuell und notwendig für die vorurteilsfreie Einordnung der Entwicklung der Wehrerfassung.[155] Auf Sympathien dieser Art konnte sich Höhn auch 1963 bei der Veröffentlichung seines Buches *Die Armee als Erziehungsschule der Nation* verlassen, das die Bundeswehr zum Thema für einen Freizeitwettbewerb für Offiziere machte.[156] Erneut quellentechnisch breit angelegt schnitt Höhn damit, wie er schrieb, »eines der interessantesten Kapitel aus der Geschichte der Armee in Deutschland« an.[157] Dahinter verbarg sich das Spannungsfeld zwischen Armee, Politik und Gesellschaft in historischen Umbruchsituationen. So etwa in der ersten Hälfte des 19. Jahrhunderts, als sich die Armee gegenüber der Gesellschaft selbst zur Erziehungsschule der Nation ausrief, was, laut Höhn, einer Kampfansage an die bürgerliche Gesellschaft gleichkam und sie gleichzeitig isolierte. Mit dieser Idee meldete die Armee einen geistigen Führungsanspruch an, der 1848, mit dem Ziel, den Soldaten zum Bürger zu machen, realisiert werden konnte. Zu einer Versöhnung von Armee und Bürgertum sei es allerdings erst 1866 unter dem Eindruck von Bismarcks Politik und dem Deutschen Krieg gekommen. Zu dieser Zeit wuchs der Einfluss der Sozialdemokratie, die ihrerseits versucht habe, die Armee in die Rolle des bloßen Technikers zurückzudrängen, wogegen sich das Bürgertum diesmal für die Armee verwandte. Darüber hinaus zeigte sich für Höhn, wie wenig die Armee aus sich selbst heraus mit der Sozialdemokratie oder ihrer von Wilhelm II. vorgesehenen Rolle als Motor nationaler Einheit umgehen

153 Nach Palmer, Hartmut: Dem SS-Mann ein Lob per Brief erteilt. Abdruck im »Vorwärts« erbost sozialdemokratischen Verfasser, in: Kölner Stadt-Anzeiger vom 15./16. Januar 1972.

154 Friedrich-Ebert-Stiftung, Nachlass Fritz Erler 179 A, Schreiben von Fritz Erler an Reinhard Höhn vom 2. Januar 1959.

155 Karst, Heinz: Deutsche Wehrgeschichte, in: Die neue Feuerwehr 224/1970, S. 17.

156 Im Herbst 1959 wurde der Wettbewerb als Teil der Bildungsarbeit der Bundeswehr ins Leben gerufen. Laut deren Generalinspekteur Heinz Trettner sollten sich darin junge Offiziere im Erschließen neuer Sachgebiete und Zusammenhänge üben, um so zu einem selbstständigen Denken und Urteilsvermögen zu kommen. Der Siegeressay der »Winterarbeiten 1964/ 65«, »Die Armee als Erziehungsschule der Nation – Das Ende einer Idee. Auseinandersetzung mit dem Buche gleichen Titels von Reinhard Höhn«, stammte von Oberleutnant z. S. Jörg Ullmann, der ab 1965 im Führungsstab der Marine diente. O. H.: Leutnante heute. Über Fragen der Vergangenheit und Gegenwart, Boppard am Rhein 1965, S. 5; Ullmann, Jörg: Die Armee als Erziehungsschule der Nation – Das Ende einer Idee. Auseinandersetzung mit dem Buche gleichen Titels von Reinhard Höhn, in: O. H.: Leutnante heute, S. 9-65.

157 Höhn, Reinhard: Die Armee als Erziehungsschule der Nation. Das Ende einer Idee, Bad Harzburg 1963, S. XLVI.

konnte, was sich spätestens im Ersten Weltkrieg rächen sollte. Während Höhn an dieser Stelle seine Betrachtung, für die er ganze Abschnitte vom ersten Band von *Sozialismus und Heer* übernahm[158], enden ließ, ist es interessant, sich vergleichend den integrativen Erziehungsgedanken der Armee der Nationalsozialisten kurz zu vergegenwärtigen. Schon früh war die ideologische Indoktrination der Wehrmacht Teil des offiziösen politischen Konzepts. 1935 wurde sie verstärkt, als sich Vorwürfe über deren Unzuverlässigkeit und entsprechende Erlasse häuften. In einem nahm Reichswehrminister Werner von Blomberg hinsichtlich der »Erziehung in der Wehrmacht« das Bild der »großen Erziehungsschule der Nation« in Anspruch.[159] Mit Bezug auf Hitler postulierte er, dass es ihre Aufgabe sein müsse, ein »nationaler und gesellschaftlicher Schmelztiegel für die Erziehung des neuen deutschen Menschen« zu sein.[160] Damit bewegte er sich zwischen dem Alleinerziehungsanspruch von Partei und Heer auf deren Gleichberechtigung innerhalb der nationalsozialistischen Gesellschaft zu. Von Blomberg war davon überzeugt, dass die Armee dafür aber dauerhaft über den Zweifel mangelnder Loyalität und politischer Unzuverlässigkeit erhaben sein muss. Dafür ließ er ab 1937 an Kriegsschulen nationalpolitischen Unterricht sowie Lehrgänge einführen, die den Soldaten und Offizieren die innergesellschaftlichen Wechselbeziehungen zwischen Staat, Volk und Bewegung vor Augen führen sollten, um sie zu »praktizierenden« Nationalsozialisten zu machen.

Wie in früheren Arbeiten sollte sich dem Leser auch in *Die Armee als Erziehungsschule der Nation* die Aktualität der darin aufgehenden Forschungen über den Blick in die Geschichte ergeben. Auf die Verortung der jungen Bundeswehr bezogen, hieß das im Sinne einer angestrebten Einheit, wegzukommen von klassenspezifischem Denken und alten Frontstellungen, »überständigen Positionen und Begriffen«, um sie nach historischem Vorbild in Einklang mit der Politik inmitten der Gesellschaft zu installieren.[161] Wie Diener näher erläuterte, war es wichtig, »ideologische Restbestände« durch die »mit der demokratischen Gesellschaft übereinstimmende Bildung und Ausbildung« von Offizieren und Soldaten zu überwinden.[162]

158 So zum Beispiel im Fall der Kapitel »Das Kriegsbild des deutschen Frühliberalismus« und »Heer und Krieg in der marxistischen Vorstellungswelt«. Höhn: Sozialismus und Heer, Band I, S. 13-17, 31-36; ders.: Die Armee als Erziehungsschule der Nation, S. 36-39, 105-117.

159 Nach Müller, Klaus-Jürgen: Das Heer und Hitler. Armee und nationalsozialistisches Regime 1933 – 1940, Stuttgart 1969, S. 186.

160 Ebenda.

161 Diener, Roger: Das Ende einer Idee. Die Armee hat keine eigenständige Erziehungsfunktion mehr, in: Die Zeit vom 28. Februar 1964.

162 Ebenda.

Berliner Sühneverfahren

Am Beispiel Berlins lässt sich die enge Verzahnung der allgemeinen politischen Entwicklung mit dem Fortlauf der Entnazifizierung gut nachvollziehen. Ab Juni 1945 begann die sowjetische Militäradministration ehemalige NSDAP-Mitglieder dort aus ihren Ämtern zu entfernen. Die Alliierten zogen im September ihrerseits mit einer allgemeinen Meldepflicht als Grundlage von Entlassungen nach. Bis Sommer 1949 gab die Kontrollratsdirektive Nr. 24 hierfür den rechtlichen Rahmen vor. Im Vergleich zu anderen Ländern räumte sie jedoch entlassenen beziehungsweise nicht wieder eingestellten Personen die Möglichkeit ein, einen Antrag auf Rehabilitation zu stellen.

Sühneverfahren waren in Westberlin anfangs weder bekannt noch vorgesehen. Erst mit der Ankündigung der Alliierten, Ende Mai 1949 die Entnazifizierung auslaufen lassen zu wollen, erfolgte ihre Einführung. Zu diesem Zeitpunkt standen die Urteile in Tausenden Fällen aus. Andere Verfahren waren noch nicht einmal eröffnet. Dies zu kompensieren, griff das Berliner Abgeordnetenhaus im Anschluss an das *Gesetz zum Abschluss der Entnazifizierung* auf das Rechtsinstrumentarium des Sühneverfahrens zurück. Deren praktische Umsetzung fiel der Spruchkammer zu. Laut einer Schätzung des Berufungsausschusses Groß-Berlin, übernahm sie allein bis November 1950 circa 3.000 Überprüfungsfälle von den bisher zuständigen Bezirksausschüssen.[163] Die Zahl derer, die pro Monat hinzukamen, extrapolierte er auf etwa 1.000.[164] Parallel dazu galt es rund 10.000 Fälle zur Terminverfolgung und Verbuchung zu verwalten und ungefähr 3.000 laufende Sühnefristen zu überwachen und anfallende Rehabilitierungsbescheinigungen auszustellen.[165] Auch stand in zahlreichen Fällen die Neutaxierung der Vermögenswerte betroffener Personen an.[166] Für ihre praktische Arbeit erhielt die Spruchkammer den Akten- und Sachbestand ihrer Vorgängerinstitutionen und teilte ihn gestaffelt nach Bezirken den drei einzurichtenden Spruchkammerabteilungen zu. Insgesamt handelte es sich um knapp 200.000 Verfahrensakten.[167] Hinsichtlich ihres Personals empfahl der Berufungsausschuss Groß-Berlin, dem Vorsitzenden 18 Beisitzer zur Seite zu stellen und 12 der Berufungskammer. Tatsächlich aber waren die drei Abteilungen bis Frühjahr 1953 mit jeweils nur einem Vorsitzenden und zwei Beisitzern und die Berufungskammer mit einem Vorsitzenden und vier Beisitzern besetzt.[168] Auf der Grundlage des *Gesetzes zum Abschluss der Entnazifizierung*

163 Botor, Stefan: Das Berliner Sühneverfahren. Die letzte Phase der Entnazifizierung, Frankfurt am Main 2006, S. 105.
164 Ebenda.
165 Ebenda.
166 Ebenda.
167 Ebenda, S. 107.
168 Ebenda, S. 109.

behandelte die Spruchkammer vier Arten von Verfahren: laufende Verfahren, Überprüfungsverfahren sowie Wiederaufnahme- und Sühneverfahren.[169]

Wie bei einem Strafprozess gingen bei dem Sühneverfahren Ermittlungen voraus, die den in Rede stehenden Sachverhalt untersuchen. In Höhns Fall ergab sich wegen seines hohen *SS*-Ranges ein hinreichender Ausgangsverdacht. Ihn wertete die Spruchkammer als Indikator dafür, dass Höhn »in der NSDAP oder ihren Gliederungen, im früheren öffentlichen Dienst oder in der Wirtschaft durch die Art der Ausführung seines Amtes, seiner Stellung oder durch seine sonstige Tätigkeit den Nationalsozialismus wesentlich gefördert oder unterstützt« beziehungsweise »Handlungen begangen oder an solchen mitgewirkt hat, durch die in Befolgung der nationalsozialistischen Ziele anderen Personen nicht unerhebliche Nachteile entstanden sind oder zugefügt werden sollten«.[170] Am 10. September 1951 leitete der Vorsitzende der Spruchkammer Jakob Levinsohn das Sühneverfahren gegen Höhn ein. Da dessen Aufenthaltsort damals nicht ermittelt werden konnte oder nicht abzusehen war, ob er überhaupt noch lebte, ging der Eröffnungsbeschluss an die letztbekannte Adresse: Salzachstraße 6 in Berlin-Zehlendorf.[171] Das Haus, das sich dahinter verbarg, hatte das Ehepaar Höhn am 3. Februar 1936 von dem Juristen Wilhelm Cnefelius und dessen Frau Johanna für 52.000 RM gekauft, wobei sie auch deren eingetragene Darlehenshypothek von 30.000 RM nebst Zinsen übernahmen.[172] Nach Kriegsende wurde die Immobilie vom Berliner Haupttreuhänder für NSDAP-Vermögen verwaltet und weitervermietet. Auf diesem Wege wurde sie zum letzten Wohnsitz von Otto Weidt, der als »stiller Held« während des Krieges mehreren Juden das Leben rettete. Seine Geschichte verarbeitete Regisseur und Drehbuchautor Kai Christiansen in dem Spielfilm *Ein blinder Held – Die Liebe des Otto Weidt*.[173] Im November 1945 bezog Weidt zusammen mit seiner Frau das Haus in der Salzachstraße. Während er im Dezember 1947 verstarb, blieb sie noch bis etwa August 1953 darin wohnen.[174]

Für den weiteren Verfahrensweg spielte die Frage »verzogen, verschollen oder verstorben« keine Rolle, da Sühneverfahren auch posthum geführt wurden. Anfallende

169 Ebenda, S. 111.

170 LA Berlin, B Rep. 031-02-01 Nr. 12651/ 1, Beschluss der Spruchkammer zur Eröffnung des Verfahrens vom 10. September 1951.

171 Die Straße wurde Ende des 19. Jahrhunderts als Alexanderstraße angelegt und 1939 in Gobineaustraße umbenannt. Ihren heutigen Namen bekam die Salzachstraße im Jahr 1947.

172 LA Berlin, B Rep. 031-02-01 Nr. 12651/ 1, Kaufvertrag vom 3. Februar 1936.

173 Dazu Kain, Robert: Otto Weidt. Vom Anarchisten zum »Gerechten unter den Völkern«, in: Coppi, Hans/Heinz, Stefan (Hrsg.): Der vergessene Widerstand der Arbeiter. Gewerkschafter, Kommunisten, Sozialdemokraten, Trotzkisten, Anarchisten und Zwangsarbeiter, Berlin 2012, S. 185-198. Zum gegenwärtigen Zeitpunkt schreibt Kain am Institut für Geschichtswissenschaften der HU Berlin im Rahmen seiner Dissertation an einer Biografie Otto Weidts.

174 Auskunft des Museums Blindenwerkstatt Otto Weidt vom 30. September 2014.

Sühneleistungen wurden dann über den Nachlass abgegolten – unabhängig von letztwilligen Verfügungen oder Ansprüchen der Erben.

Trotz der Verfahrenseröffnung blieb der eigentliche Verhandlungstermin zunächst offen, weil es der Spruchkammer zu dem Zeitpunkt an verlässlichen Informationen und Fakten fehlte. Um diese zu bekommen, aktivierte sie das *Berlin Document Center*, welches hinsichtlich der NSDAP und ihrer Schwesterorganisationen über wertvolle Personenbestände verfügte. Das so gewonnene Material erhärtete im Januar 1954 den Anfangsverdacht gegen Höhn. Spätestens im Sommer stand für den Vorsitzender der inzwischen zusammengelegten Spruchkammern Alwin Caesar Hardtke fest, dass bei Höhn eine »erhebliche politische Belastung« vorlag.[175] Daraufhin legte er den Verhandlungstermin auf den 30. Juli 1954 fest.[176] Angesichts der übersichtlichen Beweislage und der fehlenden Zeugen fiel dieser kurz aus. Die Verteidigung, ein Rechtsanwalt Paul, der an diesem Tag Höhns Abwesenheitspfleger Hermann Haenecke vertrat, drängte auf die Einstellung des Verfahrens, da der Beschuldigte vermutlich gar nicht mehr am Leben und das gemeinsame Haus ohnehin schon zur Hälfte freigegeben worden sei. Genauso wenig ließ er sich auf Hardtkes Argumentation ein, von einem hohen Dienstrang automatisch auf eine aktive ideologische Gesinnung zu schließen. Am Ende wurde die Verhandlung vertagt.

Eine der zwei Anfragen, die die Spruchkammer daraufhin Anfang August absetzte, war an die FU Berlin adressiert. In ihrem Archiv vermutete Hardtke Höhns Personalakte. Die aber befand sich noch immer im Besitz der Universität im Ostteil der Stadt, weil Höhn nach dem Krieg weder die Institution wechselte noch die FU bei ihrer Gründung im Dezember 1948 Fremdbestände übernahm. Erfolgreicher verlief die zweite Anfrage. In ihr wandte sich die Spruchkammer an den Berliner Senator für Volksbildung Joachim Tiburtius. Über ihn erreichte Hardtke ein wichtiger Hinweis des Zivilrechtlers Arwed Blomeyer. Dieser hatte sich am 25. August 1954 an Tiburtius gewandt, um ihm mitzuteilen, dass sich Höhn seit mehreren Jahren in Hamburg aufhielt und dort als Naturheilkundiger auftrat.[177] Mehr wusste Blomeyer nicht zu berichten, nur dass sich Höhn ohne Rückhalt dem Nationalsozialismus in die Arme geworfen habe und einer seiner »unerfreulichsten Vertreter« gewesen sei.[178] Für Hardtke war Blomeyers Brief aber noch wegen eines anderen Details verfahrensrelevant. So erwähnte er darin den damals in Köln lehrenden Staatsrechtler Hans Peters, der nach dem Krieg die Hamburger CDU gründen half, für sie die Nürnberger Prozesse beglei-

175 LA Berlin, B Rep. 031-02-01 Nr. 12651/1, Vermerk vom 3. Juni 1954.
176 LA Berlin, B Rep. 031-02-01 Nr. 12651/1, Spruchkammerbeschluss vom 4. Juni 1954.
177 LA Berlin, B Rep. 031-02-01 Nr. 12651/1, Schreiben von Arwed Blomeyer an Joachim Tiburtius vom 25. August 1954.
178 Ebenda.

tete und mehr über Höhn wissen könnte.[179] Einen Tag nachdem Hardtke am 19. Oktober beim Hamburger Meldeamt Blomeyers Angaben überprüfen ließ, schrieb er an Peters. Der bestätigte ihm am 21. Dezember, dass Höhn mittlerweile in Hamburg lebe. Diesen habe er seinerzeit als einen aktiven und energischen Nationalsozialisten erlebt, der sich ihm gegenüber allerdings »persönlich einwandfrei verhalten« habe.[180] Peters vermutete, dass es Höhn sogar gewesen sein könnte, der »auf Grund seiner Stellung in politisch schwierigen Situationen seine Hand« über ihn hielt.[181]

Am 29. November wurde die Verhandlung wieder aufgenommen – mit zwei Briefen im Mittelpunkt. Der eine war der von Hans Peters und der andere stammte von Rechtsanwalt Haenecke, der über die Auflösung seiner Pflegschaft informierte. Beide wurden verlesen. Danach vertagte Hardtke die Sitzung. In der Zwischenzeit war nun auch Höhn in Kenntnis über das Verfahren gegen ihn. Mit seiner Vertretung beauftragte er den Rechtsanwalt Günter Syrup,einen früheren »subordinate of Heydrich«.[182] In Absprache mit ihm fuhr Höhn nach Bonn, um bei der SPD-Abgeordneten Jeanette Wolff vorzusprechen, die als jüdische Holocaust-Überlebende bei einer öffentlichen Verwendung für ihn über jeden Zweifel etwaiger alter Seilschaften erhaben gewesen wäre.[183] Höhn bat sie, das in seinen Augen zu Unrecht geführte Sühneverfahren niederzuschlagen, da er unlängst entnazifiziert sei. Tatsächlich erkundigte sich Wolff Anfang Dezember telefonisch bei Hardtke nach dem Verfahren gegen Höhn. In dem Gespräch klärte Hardtke sie über Höhns politisches Vorleben auf.

Der nächste Verhandlungstermin stand am 14. Dezember 1955 an. Syrups Versuche, ihn unter Verweis auf Höhns vollen Terminkalender im Vorfeld zu verschieben, misslangen. Von einem persönlichen Erscheinen war Höhn entbunden worden. Ihn vertrat Rechtsanwalt Rudolf Strauch, dem Hans W. Pape am Vortag eine Untervollmacht ausgestellt hatte, die er wiederum von Syrup erteilt bekam. An neuem Beweismaterial legte Hardtke beispielsweise einen Auszug aus der Dienstaltersliste der SS vor, in der Höhns Namen verzeichnet war. Da Strauch das Dokument nicht kannte und angab, nicht genügend Zeit besessen zu haben, sich in den Fall einzuarbeiten, wurde die Verhandlung erneut vertagt.

Zum Jahreswechsel 1955/56, inmitten der Hochphase der Sühneverfahren, wechselte Hardtke beruflich auf die Seite der Staatsanwaltschaft. Als Ankläger setzte er, dem seine Kritiker nachsagten, er frühstücke jeden Tag einen Nazi, sich nach eigener

179 Breunig, Werner: Verfassungsgebung in Berlin 1945 – 1950, Berlin 1990, S. 138.
180 LA Berlin, B Rep. 031-02-01 Nr. 12651/3, Schreiben von Hans Peters an die Spruchkammer Berlin vom 21. Dezember 1954.
181 Ebenda.
182 Toland, John: Adolf Hitler. The Definitive Biography, London 1977, S. 812.
183 Institut für Zeitgeschichte, München, Nachlass Alwin Caesar Hardtke, ED 467/41, Aktenvermerk von Hardtke vom 3. September 1958.

Aussage dafür ein, das Sprichwort ad absurdum zu führen, dass man die Kleinen hängt und die Großen laufen lässt.[184] Hartnäckig spürte Hardtke Vermögenswerte und Hinterlassenschaften ehemaliger Nationalsozialisten auf.[185] Bei Höhn drehte es sich um die Liegenschaft in der Salzachstraße. Hardtkes Nachfolger, Herbert Ohning, interessierte es nun, wie genau der Kauf damals vonstatten ging. Dafür forderte er über den Berliner Innensenator vom Amtsgericht Zehlendorf den Kaufvertrag an. Dieser sollte zeigen, wer wovon welchen Teil des Hauses erwarb. Das war nicht zuletzt dafür entscheidend, inwiefern Höhns Frau in das Verfahren einbezogen werden musste. Gleichzeitig setzte Ohning die intensive Recherche seines Vorgängers fort. Wiederholt wandte er sich hierbei an das *Berlin Document Center* oder den Innensenator und bestellte Bücher, Artikel, Aufsätze, darunter Arendts *The Origins of Totalitarianism*.[186] Gegen Jahresende lag der Kaufvertrag vor. Da aus ihm nicht zu ersehen war, ob Susanne ihren Teil des Objektes aus eigenen Mitteln erworben hatte, wurde Anfang März 1957 auch sie gebeten, eine Stellungnahme abzugeben. In der Zwischenzeit taxierte der Haupttreuhänder das Haus inklusive Grundstück auf einen Gesamtwert von 47.100 DM. Da er jedoch im Vorfeld unsauber gearbeitet hatte und das Bezirksamt Zehlendorf noch einmal nachmessen musste, wurde die Zahl Mitte August auf etwa 44.000 DM korrigiert.[187]

Hinter vorgehaltener Hand machte Höhns Spruchkammerverfahren schnell die Runde. Im April sprach ein *DGB*-Vertreter Hardtke an, um mehr über Höhns politische Belastung zu erfahren.[188] Er berichtete ihm, dass er Höhn auf einer Tagung in Düsseldorf kennen und fachlich schätzen gelernt habe. Vor allem Höhns Art, die Probleme zwischen Arbeitgebern und Arbeitnehmern objektiv geschickt anzupacken, imponiere ihm.[189] Von Höhns früherem politischen Engagement wusste der Gewerkschafter wenig. Als ihn Hardtke aufklärte, ging er auf Distanz zu Höhn – ganz wie es ihm andere *DGB*-Mitglieder ans Herz gelegt hatten.

Höhns vermeintliche Entnazifizierung verfolgte Hardtke nicht weiter. Aus anderen Verfahren wie gegen den früheren Leiter der *NSDAP-Auslandsorganisation* Ernst-

184 O. A.: Johannes Otto sprach mit: Alwin-Cäsar Hardtke, in: Berliner Morgenpost vom 10. September 1958.

185 Dazu o. A.: Konten werden in West-Berlin entnazifiziert. Das Abgeordnetenhaus verabschiedete ein Gesetz, das den Entnazifizierungs-Schlußtermin hinausschiebt, in: Mannheimer Morgen vom 17. Dezember 1955; o. A.: Die Erbschaft der NS-Prominenz. Hohe Privatkonten der ehemaligen Parteiführer werden sichergestellt, in: Badische Zeitung vom 17./18. Dezember 1955.

186 Arendt, Hannah: Elemente und Ursprünge totaler Herrschaft, Frankfurt am Main 1955, S. 543, 577, 589f., 631f.

187 LA Berlin, B Rep. 031-02-01 Nr. 12651/1, Nachtrag des Haupttreuhänders vom 24. August 1956.

188 LA Berlin, B Rep. 031-02-01 Nr. 12651/3, Vermerk von Hardtke vom 9. April 1957.

189 Ebenda.

Wilhelm Bohle[190] wusste er, dass sich die Einsicht dieser Akten äußerst zäh gestalten konnte, da sie von der Freigabe der jeweiligen Behörde sowie der Einwilligung des Betroffenen abhängig war. Allerdings entschied er, Susanne Höhn zu befragen. Im Frühjahr 1958 war sie angehalten, innerhalb von drei Wochen nachzuweisen, aus welchen Mitteln sie den Kauf ihrer Hälfte des gemeinsamen Hauses in der Salzachstraße finanziert hatte. Derweil akquirierte ihr Mann potenzielle Entlastungszeugen. Um ihrem Gedächtnis auf die Sprünge zu helfen, skizzierte er in seinen Anschreiben das, was ihm inhaltlich wichtig war. Schlagwörter, die diese übernehmen könnten. Im Juni/Juli lagen Höhn sechs Antworten vor.[191] Roger Diener war wenig überraschend der erste Bürge. Ihm folgten der Finanzberater Horst-Günther Hisam, der Diplomingenieur Leo Hausleiter, der Krebsforscher Wilhelm von Brehmer, der Rechtsanwalt Karl Samwer sowie Franz Grosse, Höhns Vorstandskollege innerhalb der *Deutschen Volkswirtschaftlichen Gesellschaft*. Mit den entsprechenden Gedächtnisstützen versuchten sie die Spruchkammer in ihren Stellungnahmen von Höhns gelebter Distanz zum NS-Staat zu überzeugen. An verschiedenen Stellen äußerten sie sich anerkennend über dessen sachliche Lehrveranstaltungen. Hisam bescheinigte Höhn persönlichen Mut, diese eben nicht zu einem »Tummelplatz irgendwelcher politischer Tendenzen« werden zu lassen.[192] Dazu gehöre auch, dass er sich uneigennützig, ungeachtet möglicher Konsequenzen, für Bekannte eingesetzt habe. Auf diesem Wege habe Höhn, laut Hausleiter, seinen früheren Mitarbeiter Eleftherios Sossidi[193] vor politischen Attacken und sogar einer Internierung geschützt.[194] Und Samwer berichtete davon, dass

190 Dazu Hausmann, Frank-Rutger: Ernst-Wilhelm Bohle. Gauleiter im Dienst von Partei und Staat, Berlin 2009, S. 248f.

191 Höhn hatte sich am 19. Juli 1958 auch an Helmut Seydel gewandt, dem er einen »Entwurf« mit »einigen Anhaltspunkten« mitschickte. Sein Brief blieb allerdings unbeantwortet. Nachlass Reinhard Höhn, Schreiben von Reinhard Höhn an Helmut Seydel vom 19. Juli 1958.

192 LA Berlin, B Rep. 031-02-01 Nr. 12651/2, Eidesstattliche Erklärung von Horst-Günther Hisam vom 23. Juni 1958.

193 Am 26. Juni 1958 bat Höhn Sossidi um Unterstützung. Antwort bekam er keine, was aber nicht heißt, dass der Kontakt damals gänzlich gekappt war. So erinnert sich Sossidis Sohn, dass sein Vater einige Male noch mit Höhn wegen der Akademie für Führungskräfte der Wirtschaft zu tun hatte. Sossidi selbst ist nach dem Krieg Rundfunkjournalist geworden und berichtete für den Nordwestdeutschen Rundfunk unter dem Pseudonym »Andreas Günther« von den Nürnberger Prozessen. 1952 stieg er zum stellvertretenden Chefredakteur des NWDR auf, wo er die Reihe »Analyse des Nationalsozialismus« mitentwickelte. Nach seiner aktiven Zeit als Auslandskorrespondent übernahm Sossidi kurz vor seiner Pensionierung 1974 die Leitung der Zentralredaktion der Hauptabteilung Wort. Nachlass Reinhard Höhn, Schreiben von Reinhard Höhn an Eleftherios Sossidi vom 26. Juni 1958; Auskunft von Elef Sossidi vom 17. April 2013.

194 Auf Höhns Anregung hin beschäftigte sich Sossidi 1937/38 mit dem »ausgesprochen preußischen« Thema »Die staatsrechtliche Stellung des Offiziers im absoluten Staat und ihre Abwandlung im 19. Jahrhundert«. HU Berlin, UA, Nr. 333, Bl. 265; Sossidi, Eleftherios: Die staatsrechtliche Stellung des Offiziers im absoluten Staat und ihre Abwandlung im 19. Jahrhundert, Berlin 1939; LA Berlin, B Rep. 031-02-01 Nr. 12651/2, Eidesstattliche Erklärung von Leo Hausleiter vom 7. Juli 1958.

Höhn dem 1944 vom Volksgerichtshof zum Tode verurteilten Widerstandskämpfer Johannes Popitz erleichterte Haftbedingungen verschafft haben soll.[195] Von Brehmer schilderte derweil einen Part der eigenen Geschichte.[196] Ausgangspunkt war seine Entlassung innerhalb des Nürnberger *Paracelsius-Instituts* im Herbst 1937. Nach dem vergeblichen Versuch, in Berlin Fuß zu fassen, habe er, politisch isoliert, den Staatsdienst verlassen und versucht, privat weiter an seiner Krebserregertheorie zu forschen.[197] Hierbei sei er von der *Gestapo* überwacht worden, so von Brehmer, die ihn sogar als geisteskranken Kurpfuscher wegsperren wollte. Höhn habe ihm in dieser Zeit »auf Grund eigener biologischer Studien« geholfen, ein Privatlaboratorium aufzubauen und seine Studien fortzusetzen.[198] Die authentischste Perspektive schilderte derweil Diener.[199] Er verwies auf Höhns Unterstützung, als er seine arische Herkunft nicht nachweisen konnte. Diese scheiterte an Dieners Mutter Bertha, die sich seinerzeit weigerte, die Identität von Rogers Vater offenzulegen.[200] 1898 hatte sie den jüdischen Fabrikanten und Polyhistor Friedrich Eckstein[201] geheiratet, mit dem sie im Wiener Umland einen mondänen Salon unterhielt, zu dessen Freundeskreis so illustre Geister wie Rainer Maria Rilke, Anton Bruckner und Sigmund Freud gehörten. Arthur Schnitzler setzte ihm in *Das weite Land* literarisch ein Denkmal.[202] Allerdings scheiterte die Ehe. 1904 verließ Eckstein-Diener ihren Mann. 1910 wurden beide geschieden. Danach begann sie zu schreiben und unter dem Synonym Sir Galahad als Übersetzerin und Literatin auf sich aufmerksam zu machen.[203] Im Scheidungsjahr kam ihr zweiter Sohn Roger zur Welt, den sie, nachdem eine Einigung mit dessen

195 LA Berlin, B Rep. 031-02-01 Nr. 12651/2, Eidesstattliche Erklärung von Karl Samwer vom 22. Juli 1958; dazu Nagel, Anne C.: Johannes Popitz (1884 – 1945). Görings Finanzminister und Verschwörer gegen Hitler. Eine Biographie, Köln/Weimar/Wien 2015.

196 LA Berlin, B Rep. 031-02-01 Nr. 12651/2, Erklärung von Wilhelm von Brehmer vom 7. Juli 1958.

197 Dazu Krämer, Elke: Ein bewegtes Forscherleben auf der Suche nach dem Krebsparasiten – Dr. phil. Wilhelm von Brehmer, in: http://www.ig-df.de/index.php?option=com_content&view=article&id=4:dr-phil-wilhelm-von-brehmer&catid=25:verstorbene-forscher&Itemid=10, 29. März 2013.

198 Zu den Unterstützern von Brehmers gehörten unter anderem Robert Bosch, Hugo Stinnes Jr. und Ludwig Roselius, der auch Künstlern wie Paula Modersohn-Becker finanziell zur Seite stand. Von Brehmers Einrichtung wurde gegen Kriegsende bei einem Luftangriff zerstört. Ein Großteil seiner Unterlagen ging auf seiner anschließenden Flucht verloren.

199 LA Berlin, B Rep. 031-02-01 Nr. 12651/2, Eidesstattliche Erklärung von Roger Diener vom 20. Juni 1958.

200 Dazu Mulot-Déri, Sibylle: Sir Galahad. Porträt einer Verschollenen. Frankfurt am Main 1987.

201 Dazu Gatscher-Riedl, Gregor: Der Polyhistor aus Perchtoldsdorf. Notizen zum 150. Geburtstag Friedrich Ecksteins, in: Heimatkundliche Beilage zum Amtsblatt der Bezirkshauptmannschaft Mödling 1/2011, S. 3f.

202 Schnitzler, Arthur: Das weite Land, Berlin 1910.

203 Sir Galahad: Die Kegelschnitte Gottes, München 1921; ders.: Mütter und Amazonen. Ein Umriß weiblicher Reiche, München 1932.

Vater, dem jüdischen Psychologieprofessor Theodor Beer[204], gescheitert war, zu einer Pflegefamilie nach Görlitz gab. Erst 1936 kamen beide wieder in Kontakt, wobei Diener die Frage nach seinem Vater erst sehr viel später ansprach, nämlich erst im Dezember 1947.[205] In einem Brief wollte Eckstein-Diener ihm alles erklären. Der jedoch blieb unvollendet und erreichte seinen Adressaten erst nach ihrem Tod im Februar 1948.

Samwer erwähnte außerdem ein »Norweger-Gutachten« des *Instituts für Staatsforschung*.[206] Darin sei von Höhn »objektiv« und »unbeeinflußt von den Wogen des Hasses« die Völkerrechtswidrigkeit der an verschiedenen Orten praktizierten Erschießung all jener Norweger kritisiert worden, die sich nach ihrer Flucht dem bewaffneten Widerstand angeschlossen hatten.[207] Ein anderer Teil der Erklärungen bezog sich auf Höhns vermeintliches Ausscheiden aus der *SS* im Jahr 1937. Auch hier tat sich Samwer hervor. Für ihn war es das Ergebnis einer »Denunziation wegen früherer Aussprüche gegen Hitler und den Nationalsozialismus sowie wegen seiner Haltung gegenüber dem jüdischen Rechtslehrer Pappenheim«.[208] Aufgrund dieser »politischen Kesseltreiberei« habe sich Höhn resigniert in die rein historische Forschung der Heeresgeschichte zurückgezogen.[209] Hausleiter, der seinerzeit über das von ihm geleitete *Hamburgische Welt-Wirtschaftsarchiv* mit Höhn zu tun hatte, formulierte es so: »Herr Prof. Höhn mußte im Jahre 1937 aus der SS ausscheiden, weil Veröffentlichungen von ihm, die der offiziellen Linie zuwiderliefen, durch Walter Frank (Präsident des Institutes für Geschichte des Neuen Deutschlands) an Hitler herangetragen worden waren, und weil darüber hinaus Herr Prof. Höhn sich für seinen früheren jüdischen Lehrer Prof. Pappenheim (Universität Kiel) eingesetzt hatte.«[210] Der einzige, der von dem Sextett noch am ehesten über die wahren Umstände Bescheid wusste, war Roger Diener. Und der gab sich auffallend reserviert, wobei er es ganz allgemein bei der Aussage beließ, dass sich Höhn im Sommer 1937 auf seine wissenschaftlichen Arbeiten zurückgezogen habe. Hausleiter und Grosse sprachen zudem die Zeit nach 1945 an. Laut Grosse, sei Höhn ohne Geheimnisse, sehr offen mit seiner Vergangenheit umgegangen. Über Höhns Arbeit im Vorstand der *Deutschen Volkswirtschaftlichen Gesellschaft* habe er

204 Dazu Soukup, R. Werner (Hrsg.): Die wissenschaftliche Welt von gestern. Die Preisträger des Ignaz L. Lieben-Preises 1865 – 1937 und des Richard Lieben-Preises 1912 – 1928. Ein Kapitel österreichischer Wissenschaftsgeschichte in Kurzbiografien, Wien/Köln/Weimar 2004, S. 89-96.

205 Dazu Mulot-Déri: Sir Galahad, S. 259-262.

206 LA Berlin, B Rep. 031-02-01 Nr. 12651/2, Erklärung von Karl Samwer vom 22. Juli 1958.

207 Ebenda.

208 Ebenda.

209 Ebenda.

210 LA Berlin, B Rep. 031-02-01 Nr. 12651/2, Eidesstattliche Erklärung von Leo Hausleiter vom 7. Juli 1958.

zudem die Auffassung gewonnen, dass sich dieser ehrlich, aufrichtig und in voller Überzeugung zur Demokratie bekenne.[211] Für Grosse hatte Höhn realisiert, wie verfehlt sein früherer Weg gewesen ist, sodass, auch wenn er »einmal aus Idealismus zum Nationalsozialismus« gestoßen war, ihm »aus der politischen Vergangenheit keinerlei Schwierigkeiten mehr erwachsen« sollten.[212]

Zu diesem Zeitpunkt dauerte die Verhandlung von Höhns Sühneverfahren bereits vier Jahre. Mit dem *Zweiten Gesetz zum Abschluss der Entnazifizierung* im Dezember 1955 beschloss das Berliner Abgeordnetenhaus, anders als die übrigen Bundesländer, an den Sühneverfahren festzuhalten. Dafür sprach deren Abschlussquote von über 90 Prozent sowie dass zahlreiche der ab Juni 1951 eingeleiteten 956 Verfahren noch offen waren.[213] Dieser Umstand war nicht zuletzt für den Berliner Haushalt relevant, zumal parallel zu der Debatte über deren Gerechtigkeit immer wieder alte Vermögenswerte ehemaliger Funktionsträger auftauchten, die noch keine Entnazifizierung in Berlin durchlaufen hatten. Am Gestaltungsrahmen der Sühneverfahren änderte sich de facto wenig. Es blieb dabei, sie eigenständig zu regulieren und nicht über zivil- oder strafprozessuale Bestimmungen laufen zu lassen. Neu war hingegen die Überarbeitung der Durchführungsverordnung. Diese zeigte sich mit ihren 11 Abschnitten und 33 Paragraphen ausführlicher und systematischer als ihre Vorgängerin. Was sich bei Höhn änderte, war Ende Juli der Name seines Rechtsbeistandes. Bereits im Mai trennte er sich von Syrup. Zwischenzeitlich korrespondierte Höhn mit dem Rechtsanwalt Hermann Lenders. Im Juli entschied er sich für den »bekannten sozialdemokratischen Anwalt« Günther Rühe.[214] Aus dem Urlaub im Berner Oberland schickte er ihm eine Stellungnahme zu seiner Tätigkeit in der Zeitschrift *Deutsches Recht*. In dieser bezeichnete Höhn sie als »rotes Gift«, gegen deren Übernahme er sich persönlich »in jeder Weise gesträubt« und so inhaltlich in keiner Weise einen Bezug gefunden habe.[215] Vielmehr sei er eine Art »Platzhalter« gewesen, der Schlimmeres habe abwenden wollen.[216] Würde man ihm nun daraus Vorwürfe machen, so ergänzt Höhn im Postskript, »dann müßten diese Vorwürfe allen denen gegenüber gemacht werden, die im ›Deutschen Recht‹ geschrieben haben – und das ist der größte Teil der deutschen Rechtslehrer – sowie allen denen, die sich in der Arbeit der ›Akademie für deutsches Recht‹ maßgeblich eingesetzt haben für eine nationalsozialistische Rechtserneuerung«.[217] Trotz intensiver Vorbereitung war sich Höhn unsicher, was der Verhand-

211 LA Berlin, B Rep. 031-02-01 Nr. 12651/2, Erklärung von Franz Grosse vom 11. Juli 1958.
212 Ebenda.
213 Botor: Das Berliner Sühneverfahren, S. 218.
214 Nachlass Reinhard Höhn, Schreiben von Reinhard Höhn an Helmut Seydel vom 19. Juli 1958.
215 Nachlass Reinhard Höhn, Schreiben von Reinhard Höhn an Günther Rühe vom 28. Juli 1958.
216 Ebenda.
217 Ebenda.

lungstag am 30. Juli 1958 bringen würde. Er hoffte auf einen positiven Verlauf und rechnete doch mit dem Schlimmsten. Für diesen Fall wies Höhn seinen Rechtsbeistand bereits im Vorfeld an, weiterzumachen und Berufung einzulegen.[218]

Nach der Eröffnung der Verhandlung setzte sich Ohning zunächst mit Höhns früheren Publikationen auseinander. Insgesamt 13 Passagen aus den Jahren zwischen 1934 und 1939 zitierte er. Um davon zügig wegzukommen, stellte Rühe den Antrag, Franz Müller zu hören. Dieser sollte bezeugen, dass Höhn auf Weisung Hitlers aus der *SS* gedrängt und später nur noch ehrenhalber dort geführt wurde. Was Müller stattdessen bei seiner Vernehmung vorbrachte, war allerdings kaum überzeugend – für Ohning und Hardtke in Sachen Glaubwürdigkeit und Höhn in puncto Verlässlichkeit. Von Höhns politischer Arbeit wollte er nichts gewusst haben, obwohl er von sich aus angab, auch privat mit Höhn verkehrt zu haben. Zum Thema »SS« erinnerte sich der Forstmeister a. D. an Schwierigkeiten mit Heydrich, bei denen es »um‹ s Ganze« gegangen sein soll.[219] Mehr wusste Müller nicht. Erst als sich Hardtke dezidiert für sein politisches Vorleben bei der *SS* zu interessieren begann, kamen weitere Details ans Licht.[220] So sagte der ehemalige *SS-Oberführer* aus, dass besagte Probleme über die »Behandlung der Skandinavischen Staaten« entbrannt seien.[221] Vorbeugend berief sich Müller jedoch im gleichen Atemzug darauf, kurz nach Kriegsende an einer »schweren peneziösen Anemie« gelitten zu haben, womit er sicherlich perniziöse Anämie, Morbus Biermer, meinte, die noch immer sein Gedächtnis in Hinblick auf Zahlen beeinträchtigen würde.[222] Nach fünf Stunden Verhandlungsdauer verschob Ohning das Verfahren auf den 1. August. Dort kamen nun auch die Entlastungsschreiben zum Zug. Für die Urteilsfindung liess sich Ohning weitere acht Tage Zeit. Nach einer Verfahrensdauer von fast sieben Jahren wurde Reinhard Höhn schließlich am 9. August 1958 zu einer Geldstrafe von 12.000 DM verurteilt.[223] Die Spruchkammer sah es als erwiesen an, dass er sich als Universitätslehrer an einer »besonders verantwortlichen Stelle in der Verwaltung« für den Nationalsozialismus betätigt hatte.[224] Mit der ganzen Verantwortung dieser Position habe Höhn auch die Hauptschriftleitung der Zeitschrift *Deutsches Recht* übernommen, in der er selbst durch entsprechende Beiträ-

218 Nachlass Reinhard Höhn, Schreiben von Reinhard Höhn an Günther Rühe vom 27. Juli 1958.
219 LA Berlin, B Rep. 031-02-01 Nr. 12651/2, Protokoll der Sitzung vom 30. Juli 1958.
220 Mueller-Darß gab an, mit dem Rang eines Hauptsturmführers ungefähr 1938 zur allgemeinen SS gekommen und während des Krieges zur Waffen-SS gewechselt zu sein. Erst auf Anfrage gestand er, dass er bereits am 9. November 1936 Mitglied der allgemeinen SS wurde. LA Berlin, B Rep. 031-02-01 Nr. 12651/2, Protokoll der Sitzung vom 30. Juli 1958.
221 Ebenda.
222 Ebenda.
223 LA Berlin, B Rep. 031-02-01 Nr. 12651/2, Protokoll der Sitzung vom 9. August 1958.
224 Ebenda.

ge »sehr aktiv« gewesen sei.[225] In ihnen habe Höhn den Nationalsozialismus gefeiert und in der Rechtspflege zu verbreiten versucht. An dieser Stelle war es aus Sicht der Spruchkammer unwesentlich, ob Höhn zu einem nicht näher bestimmbaren Zeitpunkt nur noch nominell Schriftleiter war oder nicht. Gar keinen Glauben schenkte sie dem vermeintlichen Ausschluss aus der *SS*. Auch Müller habe das letzten Endes nicht bestätigen können. Dabei wollte die Spruchkammer prinzipiell nicht in Abrede stellen, dass Meinungsverschiedenheiten mit Heydrich existierten. Nur konnten diese, mit einem Blick auf die im *Berlin Document Center* hinterlegten Akten, ihrer Meinung nach so »ungewöhnlich bedeutsam« nicht gewesen sein.[226] Gerade sein rasches Aufrücken »in die höchsten Rangstellen der SS« wertete die Spruchkammer als zwingenden Schluss für eine »besonders aktive« politische Betätigung.[227] Auf dieser Grundlage ordnete sie Höhn dem Kreis der Hauptschuldigen zu. Die verschiedenen Entlastungserklärungen und Eidesstattlichen Versicherungen änderten nichts daran. Als schlichtweg unzutreffend sah die Spruchkammer Höhns Behauptung an, unlängst in Hamburg entnazifiziert worden zu sein. Vielmehr wertete sie Ohning als einen Versuch, sich auf diesem Wege einem regulären Verfahren zu entziehen. Und dafür fand er deutliche Worte. Demnach sei es »unbillig«, wenn ein aktiver Nationalsozialist wie Höhn völlig freikommen und ungehindert an seine vollen Vermögenswerte kommen könnte, »nachdem er offenbar in den Bundesländern nicht den Mut gehabt hat, sich einem Läuterungsverfahren zu unterziehen«.[228] »Besonders erschwerend« wirkte sich auf das Strafmaß aus, »daß die Opfer seiner aktiven nationalsozialistischen Betätigung gerade der juristische Nachwuchs war und hierdurch große Gefahren für die Rechtspflege hervorgerufen worden sind«.[229] Als mildernde Umstände gestand die Spruchkammer Höhn jedoch zu, sich »in einzelnen Fällen sehr wohl schützend vor gefährdete Personen« gestellt zu haben.[230] Ebenso konnte sie keine Indizien dafür finden, dass auf sein Wort hin Personen verfolgt wurden. Bei der Bemessung der zu leistenden Sühne orientierte sich Ohning zunächst einmal am Wert der Höhnschen Liegenschaft sowie an seinen Einkommensverhältnissen. Auf sie bezogen beantragte Hardtke sogar eine Geldstrafe von 30.000 DM, was etwa einem Jahresverdienst entsprach.[231] Ohning rechnete allerdings mit einem Verkehrswert von insgesamt 26.300 DM, wovon er Höhn die Hälfte zumaß.[232] Nach Abzug aller strafmildernden Faktoren kam er auf besagte 12.000 DM – exklusive der Kosten des Verfahrens. Aus der Sicht der Spruch-

225 Ebenda.
226 Ebenda.
227 Ebenda.
228 Ebenda.
229 Ebenda.
230 Ebenda.
231 Ebenda.
232 Ebenda.

kammer diente diese Summe zur Wiedergutmachung des Unglücks, welches die Nationalsozialisten heraufbeschworen hatten. Auf weiterführende Sühnemaßnahmen wie etwa der Aberkennung des Rechts auf politische Betätigung oder den Ausschluss von öffentlichen Ämtern und Positionen verzichtete Ohning. Andere Leistungen, auf die er hätte zugreifen können, bezog Höhn nicht und auf die Entziehung des Wahlrechts war nach dem *Zweiten Gesetz zum Abschluss der Entnazifizierung* ohnehin verzichtet worden.

Insgesamt 45 Mal tagte die Berliner Spruchkammer im Laufe des Jahres 1958 – darunter gegen prominente Nationalsozialisten wie Gunter d‹Alquen, Werner Best und Roland Freisler.[233] In 18 Fällen ergingen Strafen in Höhe von 343.280 DM.[234] Zwölf davon wurden der Berufungskammer überstellt.[235] Auch Höhn beauftragte noch am Tag der Urteilsverkündung seinen Rechtsbeistand, die Chancen einer Revision auszuloten. Und Rühe hielt es rechtlich gesehen für durchaus lohnenswert, das Urteil anzufechten. Für ihn stellte es eine »elementare Rechtsverletzung« dar, welche die »Grundfeste des sozialen Rechtsstaates« bedrohe.[236] Denn normalerweise verbiete es die Gesetz- und Rechtsmäßigkeit der Verwaltung, das Handeln einer anderen Verwaltungsstelle der gleichen Rangstufe in Widerspruch zu setzen. Allerdings zweifelte Rühe, an diesem Punkt zu dieser Zeit zu einer Klärung zu kommen. Deswegen riet er Höhn von einer Berufung ab – auch aus einem anderen Grund. Dafür malte Rühe ein Szenario aus, in dem durch die in den Medien geschaffene Öffentlichkeit seines Falles bei allen weiteren Schritten noch mehr kritische Fragen und noch mehr kritische Berichte folgen würden. Gerade über sie hielt er Höhn regelmäßig auf dem Laufenden. Am 4. August schickte Rühe ihm zwei Artikel der *Berliner Morgenpost* und des *Abend*. Den einen hielt er in der Form für »ziemlich neutral«, den anderen für recht »merkwürdig«.[237] Und »merkwürdig« war aus Rühes Sicht die auch von verschiedenen Zeitungen abgedruckte Meldung, seinem Mandanten habe bis zum Eingreifen der Einleitungsbehörden für eine avisierte Publikation mit dem Titel *Reich, Volksordnung, Lebensraum* ein Druckkostenzuschuss des Bundes in der Höhe von ungefähr 50.000 DM in Aussicht gestanden.[238] Über die genauen Umstände dieser ominösen Kofinanzierung aber geben weder die Beiträge, noch die Verhandlungsniederschriften Aufschluss. Als interessant erweist sich jedoch, dass nur wenige Tage nach dem Erscheinen der Meldung, Bundespressechef Felix von Eckardt zu jenem geheimnisumwitterten Fonds Stellung nahm, aus dem auch Höhns Veröffentlichung gespeist werden sollte –

233 Botor: Das Berliner Sühneverfahren, S. 196.
234 Ebenda.
235 Ebenda, S. 197.
236 Nachlass Reinhard Höhn, Schreiben von Günther Rühe an Reinhard Höhn vom 4. August 1958.
237 Ebenda.
238 Ebenda.

dem »Reptilienfonds«, wie es seinerzeit in Anlehnung an Bismarck hieß.[239] Geheimes hafte ihm demnach nicht an. Schließlich sei der Fonds im Bundeshaushalt ausgewiesen. Laut von Eckardt diente er zur »Förderung des Informationswesens«.[240] Dafür standen Adenauer allein 1957 11,5 und 1958 12,2 Millionen DM zur Verfügung.[241] Mit diesen Geldern sollte über Projekte und verschiedene Druckerzeugnisse die öffentliche Meinung durch nicht-staatliche, aber regierungsnahe Organisationen beeinflusst werden. In der Praxis war das der Opposition oftmals zu dubios, wie entsprechende Äußerungen beispielsweise im Umfeld der Haushaltsdebatte des Jahres 1958 zeigen.[242] Sie befürchtete, dass der Fonds für die Öffentlichkeitsarbeit verschiedener Ministerien herhalten müsste, wie im Fall Höhns für die des *Bundesverteidigungsministeriums*. Im Zusammenhang der Berichterstattung über Höhns Phantombuch schritt Rühe mehrfach ein, um das Temperament seines Urhebers zu bremsen.[243] Mitte August riet er Höhn, »daß es in vielen Fällen letztlich bedeutend vorteilhafter ist, nicht gegen teilweise sehr absurde Pressestimmen anzugehen, sondern die Sache in unserer schnelllebigen Zeit – trotz allen Ärgers – auf sich beruhen zu lassen«.[244] Das hielt Höhn dennoch nicht davon ab, Berichtigungen zu verschicken, in denen er sich zum Beispiel dagegen verwehrte, überhaupt einen Bundeszuschuss beantragt zu haben beziehungsweise jemals *Generalleutnant* der *Waffen-SS* gewesen zu sein.[245] In dieser Zeit erreichte Höhn ein Brief von Hermann Schmitt-Vockenhausen. Dieser bedauerte darin, dass er trotz seines »guten Beitrages für den Aufbau des jungen demokratischen Staates« in der Form in die öffentliche Diskussion geraten ist.[246] Seine persönliche Recherche, so Schmitt-Vockenhausen, habe gezeigt, dass »einige Zeitungen ausgesprochenen Tendenzmeldungen zum Opfer« gefallen seien.[247] Er versprach Höhn, weiter mit politischen Freunden über seinen Fall zu sprechen, um dem entstandenen Schaden etwas entgegenzusetzen. Die bisherige Resonanz aber beweise, dass »alle, die Sie und Ihre

239 O. A.: Die Fütterung der Reptilien, in: Der Spiegel 28/1958, S. 16.

240 Deutscher Bundestag, 3. Wahlperiode, 35. Sitzung, Bonn, Donnerstag, den 26. Juni 1958, S. 1958.

241 Ebenda.

242 Ebenda.

243 O. A.: Bundeszuschuß für NS-Schriftsteller?, in: Frankfurter Allgemeine Zeitung vom 9. August 1958; o. A.: 30000 D-Mark Gehalt für Nazi, in: Neues Deutschland vom 10. August 1958; o. A.: Nazi mit 30000 DM Gehalt, in: Berliner Zeitung vom 13. August 1958; o. A.: NS-»Menschenführer« Höhn, in: Die Tat vom 16. August 1958.

244 Nachlass Reinhard Höhn, Schreiben von Günther Rühe an Reinhard Höhn vom 12. August 1958.

245 O. A.: Keinen Bundeszuschuß beantragt, in: Frankfurter Allgemeine Zeitung vom 20. August 1958; o. A.: »Großraumpolitiker Höhn vor der Spruchkammer«, in: Frankfurter Rundschau vom 19. August 1958; o. A.: Prof. Höhn antwortet, in: Die Welt vom 16. August 1958.

246 Nachlass Reinhard Höhn, Schreiben von Hermann Schmitt-Vockenhausen an Reinhard Höhn vom 12. August 1958.

247 Ebenda.

Arbeit aus den letzten Jahren kennen, Ihre Arbeit und Ihre Haltung in den Vordergrund stellen, zumal bei dem gesamten Verfahren offensichtlich keine Vorgänge zur Sprache gekommen sind, die nach dem in der Bundesrepublik geltenden Recht zu irgendwelchen Maßnahmen gegen Sie führen werden«.[248]

Das Präsidium der *Deutschen Volkswirtschaftlichen Gesellschaft* nahm am 19. August 1958 zu Höhns Urteilsspruch Stellung. In dem Schreiben hieß es: »Das Präsidium hält es für seine Pflicht, die Freunde der Gesellschaft darauf aufmerksam zu machen, daß in der Einstellung des Präsidiums zu Professor Höhn und seiner Arbeit keine Änderung eingetreten ist und daß er nach wie vor das volle Vertrauen des Präsidiums besitzt«.[249] Zweifel an der Ordnungsmäßigkeit seiner Entnazifizierung hatte man keine, da es offensichtlich lediglich »um die Einziehung von in Berlin vorhandenen Vermögenswerten« gegangen sei.[250] Das Verfahren hielt das Präsidium nach den in der Bundesrepublik geltenden Rechtsgrundsätzen für bedeutungslos.[251] »Dies umso mehr, als selbst der Vorsitzende der Spruchkammer in der Begründung des Entscheids zum Ausdruck bringen mußte, daß Professor Höhn aus seiner menschlichen und persönlichen Haltung während der Zeit des Nationalsozialismus keine Vorwürfe zu machen seien und ihm persönlich ein in jeder Weise einwandfreies Verhalten bestätigt wurde.«[252]

Mit einer Auflage von mehreren Hundert Stück wurde die Stellungnahme an Freunde und Kunden der drei Harzburger Akademien verschickt. Höhn ließ weiterhin Gegendarstellungen abdrucken. In separaten Briefen wandte er sich unter anderem an die Geschäftsführung des *Deutschen Industrieinstituts*, in der bereits am 4. August eine Artikelsammlung über ihn kursierte: »Es ist mir unverständlich, wie man überhaupt annehmen kann, dass ein vernünftiger Mensch sich heutzutage mit der Absicht trägt, ein solches Buch herauszugeben, geschweige denn dafür Bundesmittel zu beantragen«.[253] Ebenso energisch dementierte er eine Mitgliedschaft bei der *Waffen-SS*; Er sei unlängst entnazifiziert. Anfang September machte Rühe Höhn auf eine Leserzuschrift in der *Welt* aufmerksam. Diese empörte sich darüber, dass mit »irreführenden sogenannten Berichtigungen die Öffentlichkeit von denen hinters Licht

248 Ebenda.

249 Nachlass Reinhard Höhn, Stellungnahme des Präsidiums der Deutschen Volkswirtschaftlichen Gesellschaft e. V. zu dem Verfahren betreffend Herrn Professor Dr. Reinhard Höhn vor der Berliner Spruchkammer vom 19. August 1958.

250 Ebenda.

251 Ebenda.

252 Ebenda.

253 Nachlass Reinhard Höhn, Schreiben der Geschäftsführung des Deutschen Industrieinstituts an die Deutsche Volkswirtschaftliche Gesellschaft vom 4. August 1958. Schreiben der Geschäftsführung des Deutschen Industrieinstituts an die Deutsche Volkswirtschaftliche Gesellschaft vom 20. August 1958.

geführt wird, die das Volk schon einmal belogen«.[254] Wirklich hilfreich in seiner Sache war ein *Tagesspiegel*-Artikel vom 19. August. In »Spruchkammer falsch besetzt« versuchte der Journalist Rolf Lamprecht anhand des Sühneverfahrens gegen den damals in Berlin als Kaufmann lebenden ehemaligen *Reichsjugendführer* Artur Axmann zu belegen, dass die Spruchkammer als ein »verfassungswidrig besetztes Gericht den Urteilsspruch getroffen hat«.[255] Seine Bedenken zielten hauptsächlich auf die Personalunion Ohnings als Vorsitzender der Spruchkammer und Vertreter des Berliner Abgeordnetenhauses. Ähnlich argumentierte Axmanns Rechtsbeistand, der Ohning deswegen als befangen zurückwies. In der Tat beschrieb Lamprecht eine rechtlich knifflige Situation. Auch in anderen Verfahren war sie Gegenstand diverser Rügen. Normalerweise hätte sich Ohning entscheiden müssen, in welcher Funktion er auftreten wolle. Beides zusammen widersprach streng genommen dem Prinzip der Gewaltenteilung. Das *Bundesverwaltungsgericht* stellte diesbezüglich sogar fest, dass die von der Spruchkammer gefällten Urteile im Grunde gar keine richterlichen Entscheidungen seien, sondern vielmehr Verwaltungsakte.[256] Und gegen die ließe sich bei einer nicht ordnungsgemäßen Besetzung der Ehrengerichtshöfe vor dem Verwaltungsgericht Widerspruch einlegen. Ähnlich argumentierte der *Bundesgerichtshof*.[257] Dabei wurde das Dilemma offensichtlich, dass Verwaltungsgerichte Gesetze nicht auf ihre Gesetzmäßigkeit überprüfen durften. Das wiederum wäre Aufgabe eines Verfassungsgerichtshofes gewesen, der sich allerdings erst im Mai 1992 konstituierte.[258] Ebenso fehlte er im Umfeld von Wahlen. Anfechtungen mussten bei dem 1954 eingerichteten *Wahlprüfungsgericht* eingereicht werden, welches, wie Lamprecht bemerkte, ebenfalls noch nicht umfänglich den Erfordernissen eines demokratischen Rechtsstaates entsprach. Doch darauf ging Rühe nicht weiter ein. Er kopierte den Artikel und schickte ihn Höhn am 21. August mit der Empfehlung, insofern er es möchte, doch Berufung einzulegen.[259] Diesmal zögerte er, was wohl daran lag, dass er den genauen Wortlaut des Urteilsspruchs noch nicht erhalten hatte. Der erreichte ihn am 22. November. Am Ende war es Berlins Innensenator, der ihm in einem ungewöhnlichen Schritt die Entscheidung abnahm und seinerseits in Berufung ging.[260] An dieser Stelle holte sich

254 Sinn, Otto: Das Volk belogen, in: Die Welt vom 5. September 1958.

255 Lamprecht, Rolf: Spruchkammer falsch besetzt. Prinzip der Gewaltenteilung verletzt – Verfassungsgerichtshof fehlt noch immer in Berlin, in: Der Tagesspiegel vom 19. August 1958; Nachlass Reinhard Höhn, Schreiben von Günther Rühe an Reinhard Höhn vom 21. August 1958.

256 Nach Lamprecht: Spruchkammer falsch besetzt, in: Der Tagesspiegel vom 19. August 1958.

257 Ebenda.

258 Dazu Wille, Sebastian: Der Berliner Verfassungsgerichtshof, Berlin 1993.

259 Nachlass Reinhard Höhn, Schreiben von Günther Rühe an Reinhard Höhn vom 21. August 1958.

260 LA Berlin, B Rep. 031-02-01 Nr. 12651/ 1, Schreiben von Joachim Lipschitz an die Berufungsspruchkammer Berlin vom 25. November 1958.

Höhn die Meinung zweier Akademiekollegen ein. Martin-Ulrich Foerster, Rechtsanwalt der *Deutschen Shell AG* und Seminarleiter für Arbeitsrecht, riet ihm von rechtlichen Gegenschritten ab.[261] Aus seiner Sicht fehlte es an einer ehrenkränkenden Verletzung innerhalb der Ausführungen der Spruchkammer. Was den Leserbrief in der Welt anbetraf, da vertrat Foerster durchaus die Auffassung, »daß man böswilligen Verleumdungen entgegentreten sollte«.[262] Vier Tage nachdem die Verfahrensakten am 23. Dezember an die Berufungsspruchkammer gingen, erhielt Höhn die zweite Einschätzung. Sie stammte von dem Arbeitsrechtsexperten Karlheinz Gericke. Er attestierte der Spruchkammer im Zurückweisen von Höhns Entnazifizierung einen »grundlegenden Rechtsirrtum, mit dessen Richtigstellung die ganze Entscheidung« des Verfahrens entfallen würde.[263] Gericke begründete seine Position mit einem Hinweis auf die Verletzung des Grundsatzes »ne bis in idem« sowie dem Verstoß gegen das Prinzip der Rechtmäßigkeit. Wie Foerster riet Gericke Höhn Anfang Januar 1959 dazu, die Situation praktisch zu betrachten und sich nicht weiter provozieren zu lassen – Federn müsse er so oder so lassen.[264] Aus Höhns Sicht zahlte sich diese passive Strategie aus. Zwar wollte das Landgericht Mitte Januar noch einmal eine Stellungnahme zu seiner Tätigkeit beim *Deutschen Recht*. Doch die schob Höhn zunächst wegen einer Dienstreise auf. Nachdem die Berufungskammer auch in den kommenden Monaten nicht wirklich vorankam, zog die Einleitungsbehörde am 26. März 1959 ihre Berufung wieder zurück.[265] Mit der schrittweisen Begleichung der Geldstrafe war für Höhn das Sühneverfahren am 2. März 1961 abgeschlossen. Die Verstimmung verschiedener Partner blieb. Ein prominentes Beispiel war das sozialdemokratisch geführte niedersächsische Kultusministerium von Richard Voigt. Noch am 19. Februar 1960 hatte der frühere hessische Minister für Wirtschaft und Verkehr, Harald Koch, voller Euphorie an Voigt geschrieben, welche Freude es ihm bereite, zu sehen, »wie positiv sich die Verbindung zwischen dem Kultusministerium von Niedersachsen und der Akademie in Bad Harzburg auf die im Interesse der Wirtschaft so dringend notwendige Zusammenarbeit von Wirtschaft und Schule ausgewirkt hat«.[266] Der allerdings fror im Sommer 1960 jegliche Zusammenarbeit mit den drei Akademien in Bad Harzburg ein.[267]

261 Nachlass Reinhard Höhn, Schreiben von Martin-Ulrich Foerster an Reinhard Höhn vom 4. Dezember 1958.

262 Ebenda.

263 Nachlass Reinhard Höhn, Schreiben von Karlheinz Gericke an Reinhard Höhn vom 27. Dezember 1958.

264 Nachlass Reinhard Höhn, Schreiben von Karlheinz Gericke an Reinhard Höhn vom 6. Januar 1958.

265 LA Berlin, B Rep. 031-02-01 Nr. 12651/1, Schreiben von Joachim Lipschitz an die Berufungsspruchkammer Berlin vom 26. März 1959.

266 Nachlass Reinhard Höhn, Schreiben von Harald Koch an Richard Voigt vom 19. Februar 1960.

267 Nachlass Reinhard Höhn, Schreiben von Harald Koch an Richard Voigt, undatiert.

Zusammen mit Koch versuchte Höhn in den kommenden Monaten das Eis zu brechen.[268] Dafür antwortete er Ende des Jahres auf ein vom Ministerium eingeholtes, aus seiner Sicht offensichtlich tendenziöses Gutachten mit einer ausführlichen Stellungnahme.[269] In ihr präsentierte sich Höhn als früher Verfechter einer »wahren Demokratie« und Kritiker des Nationalsozialismus, der dessen folgenhafte Reichweite nicht abschätzen konnte und lediglich aus behördlicher Routine heraus befördert wurde. Im Frühjahr 1961 signalisierte Voigt auf Vermittlung von Schmitt-Vockenhausen Gesprächsbereitschaft. Ähnlich lief es im Fall des Bundesverbandes Deutscher Volks- und Betriebswirte. Dieser meldete über Generalsekretär Harro Schmitz seine Bedenken gegenüber Höhn an. Diesmal wurde Grosse für die Deutsche Volkswirtschaftliche Gesellschaft aktiv. Mitte August 1960 zog er gegenüber Schmitz alle bewährten Register, um ihn von dem demokratisch-integeren Gestaltungswillen seines Vorstandskollegen zu überzeugen. Eine Kopie des Schreibens ging an Höhn – als eine »kleine Freude«, wie Grosse vermerkte.[270] Die Gewerkschaftsseite war sich dagegen uneins, wie sie mit Höhn umgehen sollte. Anfang März 1959 kappte der Bundesvorstand des Deutschen Gewerkschaftsbundes offiziell sämtliche Beziehungen.[271] Wirklich durchsetzen konnte er sich bei seinen Mitgliedern jedoch nicht. Ein im November 1960 zu diesem Thema vorgestelltes Exposé machte sich für eine Weiterführung der Zusammenarbeit mit Höhn stark, indem es auf die »engen Berührungspunkte« mit der gewerkschaftseigenen Schulungs- und Bildungsarbeit sowie die Größe und die Bedeutung der Akademie für Führungskräfte der Wirtschaft verwies. Höhns fairer und neutraler Umgang mit Gewerkschaftsfragen setze sich in deren Kursen fort, so der Urheber des Papiers.[272] Zu dem gleichen Ergebnis komme eine Befragung von ehemaligen Seminarteilnehmern. 78 Prozent gaben an, dass die von ihnen besuchten Kurse objektiv geführt worden sind. 16 Prozent fanden, dass der unternehmerische Standpunkt do-

268 Bei Walter Auerbach hatte er damit wenig Erfolg. Der Sozialdemokrat und ehemalige »Staatsfeind« der Nationalsozialisten war zu dieser Zeit Staatssekretär im niedersächsischen Arbeits- und Sozialministerium und hatte nach eigener Aussage die Landesarbeitsminister früh schon über Höhn orientiert. Dieser, ein Mann, der »1.000 Jahre federgewandt Hirne und Seelen […] braun zu vergiften suchte«, habe über genügend Möglichkeiten verfügt, »von einem echten Gesinnungswandel andere erfahren zu lassen«. Dieses nachweisliche »Damaskus«, so Auerbach, stehe allerdings noch aus. Aus diesem Grunde beauftragte er den Bildungspolitiker Ulrich Lohmar mehr über Höhn in Erfahrung zu bringen. Für Auerbach ging es nicht nur um die »Sicherheit gegen neonazistische Zellen«, sondern um »unsere Glaubwürdigkeit gegenüber der jungen Generation«. Friedrich-Ebert-Stiftung, Nachlass Walter Auerbach 1 29, Schreiben von Walter Auerbach an Heinrich Albertz vom 19. November 1960.

269 Nachlass Reinhard Höhn, auf Dezember 1960 datierte Stellungnahme, S. 2.

270 Nachlass Reinhard Höhn, Schreiben von Franz Grosse an Reinhard Höhn vom 18. August 1960.

271 Nachlass Reinhard Höhn, Schreiben der Hauptabteilung Wirtschaftspolitik an die Mitglieder des Geschäftsführenden Bundesvorstandes vom 15. November 1960.

272 Nachlass Reinhard Höhn, Schreiben der Hauptabteilung Wirtschaftspolitik an die Mitglieder des Geschäftsführenden Bundesvorstandes vom 15. November 1960.

minierte.[273] Am Ende konnte sich der *Deutsche Gewerkschaftsbund* zu keiner einheitlichen Position zum Umgang mit Reinhard Höhn durchringen und blieb bei seiner Person gespalten.

Führung im Mitarbeiterverhältnis (Harzburger Modell)

Grundzüge

Führung im Mitarbeiterverhältnis

Aus den »veränderten wirtschaftlichen, technischen und soziologischen Gegebenheiten« wurde aus Höhns Sicht ein »neuer Führungsstil« notwendig: die *Führung im Mitarbeiterverhältnis*.[274] In Abkehr von absolutistischen Führungsformen sollten betriebliche Entscheidungen nicht mehr von einem oder einigen wenigen an der Unternehmensspitze getroffen werden, sondern jeweils von den Mitarbeitern auf den Ebenen, wo sie sich als notwendig erwiesen.[275] Damit erwuchs die Verantwortung aus den Aufgaben und den dazugehörigen Kompetenzen. Das »grundlegend Neue« an der *Führung im Mitarbeiterverhältnis* bestand für Höhn darin, den Mitarbeiter nicht mehr durch einzelne Aufträge zu führen.[276] Er erhielt vielmehr einen festen Aufgabenbereich mit bestimmten Kompetenzen, in dem er selbstständig handeln und entscheiden konnte. Um dies verwirklichen zu können, brauchte es einen Mitarbeiter, der bereit war, Verantwortung zu übernehmen. Dieser musste laut Höhn den Willen und die Fähigkeit besitzen, selbstständig zu denken und zu handeln und eigene Initiative zu entwickeln. Das hieß, wegzukommen von der Vorstellung des »Betriebsuntertanen«. An dem Vorgesetzten lag es wiederum, einen solchen »Mitarbeiter« überhaupt haben zu wollen. Dafür sollte auch er sich von alten Leitbildern und Vorstellungen freimachen, denen zufolge der Vorgesetzte mehr weiß und kann als alle seine Mitarbeiter.

Delegation von Verantwortung

Die Delegation von Verantwortung war erklärtermaßen das Kernstück der *Führung im Mitarbeiterverhältnis*. An der *Akademie für Führungskräfte der Wirtschaft* tauchte sie im Mai 1956 im Zuge eines in Darmstadt durchgeführten Auseinandersetzungsseminars erstmals auf. Damals referierte das Präsidiumsmitglied der *Deutschen*

273 Ebenda.
274 Höhn: Führungsbrevier der Wirtschaft, S. 18.
275 Ebenda.
276 Ebenda.

Volkswirtschaftlichen Gesellschaft Ernst Wolf Mommsen über die *Aufgaben der Unternehmensleitung und das Problem der delegierten Verantwortung*.[277] Höhn schrieb 1959 zum ersten Mal über »Die Delegation von Verantwortung« sowie darüber, welche gesellschaftspolitische Bedeutung er mit ihr verband.[278] Im Zuge der *Führung im Mitarbeiterverhältnis* setzte diese voraus, dass bestimmte Aufgabenbereiche mit den dazugehörigen Kompetenzen geschaffen wurden, in denen der Mitarbeiter im Sinne eines verantwortungsbewussten Staatsbürgers selbstständig denken, handeln und entscheiden konnte und für sein Vorgehen voll verantwortlich war. Dafür mussten die Aufgabengebiete klar umrissen und gegeneinander abgegrenzt sein sowie die stellenbezogenen Faktoren Aufgabe, Befugnisse und Verantwortung übereinstimmen. Für die Verantwortung galt, dass der Mitarbeiter die Handlungsverantwortung und der Vorgesetzte die Führungsverantwortung trug.

Aus der Delegation von Verantwortung deduzierte Höhn verschiedene Pflichten für Mitarbeiter und Vorgesetzte. Beim Mitarbeiter umfassten diese, »selbstständig mit eigener Initiative zu handeln und zu entscheiden«, den eigenen »Delegationsbereich zu intensivieren«, an der eigenen Weiterbildung zu arbeiten, den Vorgesetzten »in allen Fällen verantwortlich zu beraten«, ohne dabei der Rückdelegation zu verfallen.[279] Im Gegenzug musste der Vorgesetzte dafür Sorge tragen, dass er für die ihm unterstellten Bereiche die passenden Mitarbeiter findet, er diese frei entscheiden lässt und nicht in deren Delegationsbereiche eingreift.[280] Auch oblag es ihm, seine Mitarbeiter und deren Delegationsbereiche im Sinne der Unternehmensziele zu koordinieren, Einzelziele auszugeben, die Handlungs- und Entscheidungsfreudigkeit seiner Mitarbeiter anzuregen und zu fördern sowie diese über alles Notwendige zu unterrichten und sie auf ihre Erfolge hin zu kontrollieren.[281]

Entschied sich ein Unternehmen für eine Umstellung auf das Prinzip der Delegation von Verantwortung, riet Höhn, zunächst die notwendigen organisatorischen Voraussetzungen zu schaffen. Der erste Schritt dahin war eine Tätigkeitsanalyse und »geistige Inventur«, die auf eine Auseinandersetzung mit der Organisationsstruktur des Unternehmens abzielte.[282] Nach der Analyse der Aufgaben, die auf den verschiedenen Ebenen zu erfüllen waren, folgte die Überprüfung der zur Verfügung stehenden Mitarbeiter. Hierbei sei die Unternehmensführung gezwungen, zwangsläufige

277 Tätigkeitsbericht der Deutschen Volkswirtschaftlichen Gesellschaft 1956, S. 12.
278 Höhn, Reinhard: Die Delegation von Verantwortung, in: Zeitschrift der Akademie für Führungskräfte der Wirtschaft 3/1959, S. 9f.
279 Ebenda, S. 22f.
280 Ebenda, S. 24f.
281 Ebenda.
282 Ebenda, S. 28.

Kompromisse zu schließen und für die Umstellung ihrer Führung und Organisation eine befristete Anlaufzeit in Kauf zu nehmen.

Führung mit Stäben

Der Stabsbegriff war in der Organisationsliteratur der 1960er-Jahre zwar bekannt, jedoch selten eindeutig beschrieben. Trotz dieser Unschärfe ließen sich innerhalb der einschlägigen Publikationen gemeinsame Definitionsansätze identifizieren, die auch für Höhn galten. Der Stab war eine organisatorische Einheit, eine Hilfsinstanz der Führung, die das Unternehmen berät und informiert. Sein Ziel bestand darin, Entscheidungen vorzubereiten, nicht aber selbst zu treffen – »Stab ist Dienst und nicht Kommando«, so Höhn, der die Funktionsreichweite des Stabes damit deutlich kürzer fasste als sein angelsächsisches Pendant.[283] Das Aufgabenfeld des Stabes leitete sich inklusive der dazugehörigen Kompetenzen von den entsprechenden Linieneinheiten ab, ohne dass es dabei zu Überschneidungen kommt. Dort sei er für Höhn auch organisatorisch zu verankern.

Die Notwendigkeit, in der Wirtschaft mit Stäben zu arbeiten, führte Höhn auf einen tiefgreifenden Wandel der deutschen Gesellschaft zurück.[284] Demnach verlange eine sachgerechte Entscheidung ein wachsendes Maß an Spezialwissen, »das die führenden Männer eines Unternehmens selbst nicht mehr besitzen können«.[285] Ähnliche Hinweise, den Sinn der Stabsbildung in dem Erreichen einer Leistungsgrenze leitender Instanzen sowie der Erweiterung ihrer Aktionsmöglichkeiten zu suchen, fanden sich expliziert an verschiedenen Stellen der angelsächsischen Literatur der ersten Hälfte des 20. Jahrhunderts. Höhn sah die Durchsetzung des Stabes im Kontext des Ringens der Wirtschaft um den »Abbau der absolutistischen Formen der Menschenführung und Organisation«.[286] Das hieß für ihn, dass sich Vorgesetzte von alten autoritären Leitbildern mit dem Prinzip von Befehl und Gehorsam trennen mussten. Im Gegenzug erwartete Höhn von den Kräften der Stabsstellen neben Kontaktfreudigkeit und fachlicher Qualifikation vor allem Zivilcourage und, angelehnt an Scharnhorst, die Neigung zur wissenschaftlichen Arbeit und Bereitschaft zur Arbeit in der Anonymität.

Information

Für Höhn war der Vorgesetzte im Rahmen der autoritären Führung von seinem Untergebenen über alles zu informieren, was sich in dessen Bereich bei der Durchfüh-

283 Höhn: Führungsbrevier der Wirtschaft, S. 121.
284 Ebenda, S. 120.
285 Ebenda.
286 Ebenda, S. 121.

rung seiner Aufgaben ergab.[287] Bei einer Führung mit Delegation von Verantwortung hingegen sei der Vorgesetzte durch den Mitarbeiter nur insoweit zu informieren, dass er die für seine Entscheidungen wichtigen Tatbestände kennt und den Gesamtüberblick behält. Dabei unterschied Höhn drei Informationsformen: die Information des Vorgesetzten durch den Mitarbeiter, die Information des Mitarbeiters durch den Vorgesetzten sowie die Querinformation zwischen Mitarbeitern verschiedener Ebenen und Bereiche.[288] Um das Risiko von Fehlentscheidungen zu mindern, empfahl Höhn die wichtigsten Tatbestände aus dem Delegationsbereich des Mitarbeiters festzulegen und schriftlich zu fixieren, über die der Vorgesetzte informiert werden musste. Der so entstandene Informationskatalog sollte dem Mitarbeiter helfen, seiner Informationspflicht nachzukommen. Diese galt im Gegenzug auch für den Vorgesetzten, denn der Mitarbeiter, so Höhn, habe ein Recht auf Information. Als Führungsaufgabe war sie für ihn zentrale Voraussetzung für die erfolgreiche Wahrnehmung seines Delegationsbereiches. Das beinhaltete Grundinformationen über die Struktur und die Führung des Unternehmens sowie über den fachlichen Aufgabenbereich des Mitarbeiters. Sie bildeten die Basis für dessen Handeln. Laufende Informationen sollten dem Mitarbeiter ermöglichen, sein Handeln einer veränderten Situation anzupassen. Zu ihnen zählte Höhn unter anderem für den Mitarbeiter relevante Terminabsprachen, Entscheidungen, Zahlen und Untersuchungsergebnisse.[289] In diesem Zusammenhang sprach er sich für einen Informationskatalog des Vorgesetzten aus.

Die Information von Stelle zu Stelle war die Querinformation. Sie ermögliche dem Mitarbeiter schnell und unter Ausschaltung bürokratischer Hemmnisse das für ihn Wichtige zu erfahren.[290] Damit half die Querinformation aus Höhns Sicht zum Beispiel Doppelarbeit zu vermeiden. Auch für sie schlug er die Erstellung eines Informationskataloges vor, der die Informationspflicht jedes Mitarbeiters für seinen Arbeitsbereich konkretisierte und aus Sicht des Vorgesetzten als Hilfsmittel für die Dienstaufsicht fungierte.

Mitarbeitergespräch und Mitarbeiterbesprechung

Mitarbeitergespräche und Mitarbeiterbesprechungen haben ihren Ursprung in der amerikanischen Nachkriegszeit. In der Bundesrepublik konnten sie sich als Instrument der Personalentwicklung insbesondere in den 1970er-Jahren durchsetzen. Dabei verstand Höhn unter »Mitarbeitergespräch« die Aussprache des Vorgesetzten mit einem Mitarbeiter, unter »Mitarbeiterbesprechung« die Aussprache des Vorgesetzten

287 Höhn: Führungsbrevier der Wirtschaft, S. 79.
288 Ebenda, S. 78.
289 Ebenda, S. 88.
290 Ebenda, S. 90f.

mit mehreren seiner Mitarbeiter. Aus seiner Sicht dienten sie vorrangig dazu, im Arbeitsablauf auftretende außergewöhnliche Fälle zu behandeln. Diese entstünden, wenn der Mitarbeiter eine Entscheidung zu treffen hat, die seine Kompetenz übersteigt oder wenn der Vorgesetzte vor einer Entscheidung steht, die in seinen Delegationsbereich fällt, jedoch Auswirkungen auf die Delegationsbereiche seiner Mitarbeiter hat.[291]

Im Gegensatz zur autoritären Führung entschied der Vorgesetzte bei einer *Führung im Mitarbeiterverhältnis* nach Anhörung seiner Mitarbeiter. In Hinblick auf die im *Betriebsverfassungsgesetz* verankerte Mitbestimmung wurden sie dadurch aktiv an der Entscheidungsfindung des Vorgesetzten beteiligt und in das betriebliche Gesamtgeschehen mit einbezogen. Aus der Sicht des Vorgesetzten boten Mitarbeitergespräche und Mitarbeiterbesprechungen außerdem die Möglichkeit, Näheres über die »menschlich-gesellschaftliche Sphäre« seiner Mitarbeiter zu erfahren, womit beide für Höhn ein wertvolles Instrument zur »Auslese und Förderung begabter Kräfte« gewesen sind.[292] Für deren Anwendung brauche es jedoch »eine ganz bestimmte geistige Grundhaltung«.[293] Diese dürfe nichts mehr mit alten Denkschemata und alten Leitbildern zu tun haben. Für Höhn musste sich der Vorgesetzte bewusst werden, dass er nicht alles weiß und kann. Und der Mitarbeiter musste sich von der Rolle des reinen Befehlsempfängers emanzipieren und zu einem offenen Gesprächspartner werden.

Von Mitarbeitergesprächen und der Mitarbeiterbesprechungen grenzte Höhn Dienstgespräche und Dienstbesprechungen ab.[294] Diese seien dazu da, Anweisungen zu geben, Informationen auszutauschen und Entscheidungen zu kommunizieren. Nur gehe es in Dienstgesprächen und Dienstbesprechungen nicht mehr um Gesprächs-, sondern um Befehlsautorität und Anweisungsbefugnis. Dementsprechend begegnen sich Vorgesetzter und Mitarbeiter gemäß ihrer Positionen im Unternehmen.

Kontrolle

In einem Unternehmen ist Kontrolle ein wichtiger Bestandteil von Arbeitsabläufen. Es gibt kaum einen Bereich, zu dem sie keine Beziehung unterhält. In autoritär geführten Betrieben wurde Kontrolle, Höhn zufolge, in erster Linie als ständige und lückenlose Arbeitsaufsicht verstanden, die nach dem Prinzip »Alles läuft über meinen Schreibtisch« verfuhr. Bei der *Führung im Mitarbeiterverhältnis* sei sie dagegen »entscheidendes Mittel«, um die »Führung des an den Mitarbeiter delegierten Bereiches sicherzustellen«.[295] »Alles, was delegiert worden ist, muß auch kontrolliert werden«,

291 Höhn: Führungsbrevier der Wirtschaft, S. 43.
292 Ebenda, S. 45.
293 Ebenda, S. 43.
294 Ebenda, S. 59-66.
295 Ebenda, S. 97.

rief Höhn als »oberstes Kontrollprinzip« aus.[296] Dieses beinhaltete die Kontrolle der fachlichen Leistungen sowie des Führungsverhaltens. Hierfür war der Vorgesetzte angehalten, pflichtbewusst, aktiv und aufwandseffizient zu handeln. Seine Kontrollpflicht weiter zu delegieren, untersagte Höhn. In der Summe sollte das helfen, dass vermittels der Kontrolle der delegierte Bereich mit dem Vorgesetzten eng verbunden bleibt.[297] Dafür standen dem Vorgesetzten bei der *Führung im Mitarbeiterverhältnis* zwei Führungsmittel zur Verfügung: die Dienstaufsicht und die Erfolgskontrolle. Mit der Dienstaufsicht schaltete sich der Vorgesetzte über Stichproben diskret in den Arbeitsablauf ein, um die Einhaltung bestehender Richtlinien zu überwachen, Abweichungen festzustellen und um gegebenenfalls korrigierend einzugreifen. Für den Fall ausbleibender Besserung blieb den Vorgesetzten die verschärfte Dienstaufsicht. Ihr Einsatz bedeutete, in kürzeren Abständen, oft mehrmals hintereinander Stichproben vorzunehmen. Kam der Vorgesetzte aufgrund seiner Stichproben zu dem Ergebnis, dass der Mitarbeiter den ihm anvertrauten Delegationsbereich nicht mehr wahrnehmen kann, riet Höhn, dafür Sorge zu tragen, dass er von seiner Stelle abgelöst wird.[298]

Die Erfolgskontrolle betraf hingegen das Endergebnis einer bestimmten Tätigkeit. Mit ihrer Hilfe prüfte der Vorgesetzte, ob das erzielte Resultat der vorgegebenen Zielsetzung entsprach und bewertete es anschließend. Auf diesem Wege zog er nach einer systematischen Auswertung Bilanz aus der gesamten Tätigkeit des Mitarbeiters während eines längeren Zeitraums.

Allgemeine Führungsanweisung

Die Festlegung allgemein verbindlicher Führungsprinzipien für Vorgesetzte und Mitarbeiter in Form einer *Allgemeinen Führungsanweisung* pries Höhn als »etwas gänzlich Neues für die betriebliche Führung und Organisation«.[299] In autoritär geführten Unternehmen gab es aus seiner Sicht keine schriftlich festgehaltenen Anweisungen darüber, wie Vorgesetzte ihre Untergebenen zu führen oder diese sich gegenüber ihren Vorgesetzten zu verhalten hatten.[300] Bestehende Regeln habe man als bekannt vorausgesetzt. Innerhalb der *Führung im Mitarbeiterverhältnis* wurde mit der *Allgemeinen Führungsanweisung* die Relation zwischen Vorgesetzten und Mitarbeitern für beide Seiten bindend geregelt, was innerbetriebliche Prozesse berechenbar und steuerbar gestaltete. Dementsprechend enthielt sie die Grundsätze und Führungsmittel der *Führung im Mitarbeiterverhältnis*. Die Inkraftsetzung der *Allgemeinen Führungsanweisung* in Form einer Dienstanweisung beschrieb Höhn als »Ereignis, das tiefgreifende Kon-

296 Ebenda, S. 98.
297 Ebenda, S. 99.
298 Ebenda, S. 106.
299 Höhn: Führungsbrevier der Wirtschaft, Bad Harzburg 1966, S. 184.
300 Ebenda.

sequenzen nach sich zieht« und »Schlußstein« einer »geistigen Umstellung«.[301] Für ihn war sie ein »Wegweiser«, »ausgesprochen gewissensschärfend« und stimulierend zur »Verwirklichung des neuen Führungsstils.[302] Neben die *Allgemeine Führungsanweisung* konnte »von Fall zu Fall« eine *Spezielle Führungsanweisung* treten.[303] Diese konkretisierte die *Allgemeine Führungsanweisung* für eine bestimmte Stelle wie etwa einen Meister, Abteilungsleiter oder Betriebsleiter, wenn es stellenbezogene Besonderheiten zu regeln gab oder Anhaltspunkte für Schwierigkeiten bei der Umsetzung der *Allgemeinen Führungsanweisung* vorlagen.

Stellvertretung, Ersatzmann, Platzhalterschaft

Die Stellvertretung beschrieb Höhn als einen »Fall der Delegation von Verantwortung auf Zeit«.[304] Mit ihr ließen sich Abwesenheiten von Führungskräften überbrücken, um den kontinuierlichen Arbeitsablauf zu gewährleisten. Damit war die Stellvertretung für Höhn ein »lebenswichtiges Element der Betriebsführung«.[305] Der Stellvertreter handelte und entschied im Namen des Vertretenden, jedoch in eigener Verantwortung. Im nächsten Schritt unterschied Höhn die echte von der begrenzten Stellvertretung. Bei einer echten Stellvertretung übte der Vertreter alle Funktionen desjenigen aus, den er vertrat, ohne dass es dafür eine eigene Stellenbeschreibung brauchte. Bei der begrenzten Stellvertretung gingen vielmehr bestimmte Aufgabengebiete auf den Stellvertreter über. Dementsprechend nach innen und außen beschränkt war er in seinen Vollmachten. An dieser Stelle riet Höhn, diese Begrenzung in einer eigenen Stellenbeschreibung festzulegen.

Echte und begrenzte Stellvertretung konnten hauptamtlich wie nebenamtlich wahrgenommen werden. Bei hauptamtlicher Stellvertretung arbeiteten Stelleninhaber und Stellvertreter gleichzeitig nebeneinander. Damit konnte der hauptamtliche Stellvertreter auch bei Anwesenheit des Stelleninhabers den Auftrag erhalten, in dessen Namen zu handeln. War der Stelleninhaber abwesend, trat der hauptamtliche Stellvertreter ohne besondere Aufforderung in Tätigkeit. Höhn sah ihn seinem Wesen und seinem Charakter nach nicht als »zweiten Mann«, sondern als »ersten Mann an zweiter Stelle«.[306] Bei der nebenamtlichen Stellvertretung wurde ein Mitarbeiter zusätzlich zu seiner regulären Tätigkeit mit der Aufgabe betreut, den ausgefallenen Stelleninhaber während seiner Abwesenheit zu vertreten. Dies konnte durch einen Kollegen, einen bewährten Mitarbeiter, einen »Springer« oder durch den Vorgesetzten des Stel-

301 Ebenda, S. 185, 188.
302 Ebenda, S. 186.
303 Ebenda, S. 190.
304 Höhn: Führungsbrevier der Wirtschaft, S. 139.
305 Ebenda.
306 Ebenda, S. 142.

leninhabers geschehen. Eine andere Möglichkeit war die sogenannte geteilte Stellvertretung. In ihrem Fall wurden die Aufgaben unter mehrere Stellvertreter aufgeteilt.

Der Ersatzmann war für Höhn eine besondere Form, die Arbeit bei Abwesenheit oder Ausfall des Stelleninhabers weiterzuführen.[307] Ganz gleich ob rein ausführende Tätigkeit oder fachlich hochqualifizierte Arbeit kam er überall dort zum Einsatz, wo »kein Handeln im Sinne und Geist des Stelleninhabers« notwendig war.[308] Für den Zeitraum seines Einsatzes war der Ersatzmann selbst Stelleninhaber und handelte im eigenen Namen sowie auf eigene Verantwortung. Davon grenzte Höhn den Platzhalter ab. Er nahm die Funktion der Stelle nicht im eigenen Namen wahr und war auch nicht der Vertreter des Stelleninhabers. Der Platzhalter ermöglichte dem Stelleninhaber vielmehr trotz Abwesenheit mit der Stelle verbunden zu bleiben.

Kritik und Anerkennung

Über den amerikanischen Psychologen Carl Rogers gelangte in den ausgehenden 1950er-Jahren der Begriff der Wertschätzung in das Vokabular der Unternehmensführung.[309] Diese sah in ihr die allgemeingültige Achtung eines jeden Mitarbeiters, unabhängig davon, welchen Status er besaß oder welche Leistungen er erbrachte. Davon differenzieren sich Kritik und Anerkennung an dem Punkt, wenn sie wie bei Höhn als Führungs- und Motivationsmittel und somit als Instrument zur Ausgestaltung der Beziehung zwischen Vorgesetzten und Mitarbeitern verstanden wurden. Höhn sprach in diesem Zusammenhang von Stellungnahmen des Vorgesetzten zu den Leistungen seiner Mitarbeiter, die entweder positiv oder negativ ausfallen können und demgemäß auf das Verhalten des Mitarbeiters einwirken sollen.

Kritik und Anerkennung zählten bei Höhn zu den nicht delegierbaren Pflichten des Vorgesetzten. Das Ziel von Kritik bestand aus seiner Sicht darin, »nicht zu strafen, sondern zu bessern«.[310] Das bedeutete, auf eine zukunftsweisende Veränderung des Verhaltens des Mitarbeiters hinzuwirken, um Abweichungen zu korrigieren und Fehlerquellen zukünftig auszuschalten. Da die Wirkung von Kritik immer auch von der Form abhängt, mit der sie ausgesprochen wird, skizzierte Höhn das »Modell des

307 Ebenda, S. 157.

308 Ebenda, S. 156.

309 Dazu Rogers, Carl: A Theory of Therapy. Personality and Interpersonal Relationships, As Developed in the Client-Centered Framework, in: Koch, Siegmund (Hrsg.): Psychology. A Study of a Science. Formulations of the Person and the Social Context, New York 1959, S. 184-256; Henderson, Valerie/Kirschenbaum, Howard (Hrsg.): The Carl Rogers Reader. Selections from the Lifetime Work of America' s Preeminent Psychologist, Author of On Becoming a Person and A Way of Being, Boston 1989, S. 236-263.

310 Höhn: Führungsbrevier der Wirtschaft, S. 68.

Kritikgespräches«.[311] Mit ihm sollte der Vorgesetzte lernen, Kritik zu üben und überflüssige Fehler zu vermeiden. Darunter verstand Höhn beispielsweise die Kritik an einem Mitarbeiter durch einen beauftragten Dritten oder vor dessen Mitarbeitern und Kollegen. Genauso schwer wog für ihn die stillschweigende oder indirekte Kritik des Vorgesetzten am Mitarbeiter. Anerkennung war ein Führungsmittel, welches am leichtesten vom Vorgesetzten eingesetzt werden konnte. Offen ausgesprochen, diente sie der Vermittlung von Zufriedenheit und Selbstsicherheit des Mitarbeiters und somit dessen Motivation. »Anerkennung hebt die Arbeitsfreude, ist ein wichtiger Ansporn zur Leistungssteigerung und beeinflußt das gesamte Betriebsklima positiv«, so Höhn.[312] Nichtausgesprochene Anerkennung sei dagegen wie vorenthaltener Lohn.

Baustein

Wirtschaft

Der wirtschaftliche Boom der 1950er begann die Bundesrepublik tiefgreifend zu verändern, sodass sie im Folgejahrzehnt im Übergang zu einer postindustriellen Gesellschaft die Phase des Wiederaufbaus endgültig hinter sich lassen konnte. Mit Raten teils weit über dem EU-Durchschnitt waren die 1960er-Jahre für die bundesdeutsche Wirtschaft eine Dekade dynamischen Wachstums. Das reale Bruttosozialprodukt wuchs. Es herrschte praktisch Vollbeschäftigung. Das Sozialsystem wurde ausgebaut und der Lebensstandard angehoben. Die *Akademie für Führungskräfte der Wirtschaft* profitierte von alledem. Ihre Leitung war stolz, ein »wirtschaftliches Unternehmen« zu sein, das seine Ausgaben selbst verdient, obwohl der ihr zu Grunde liegende Verein als gemeinnützig anerkannt war.[313] Zwischen 1960 und 1969 wuchs die Zahl der jährlichen Seminarteilnehmer von etwa 6.000 auf fast 26.000 an.[314] Ähnlich verhielt es sich mit dem Kursangebot, welches in diesem Zeitraum von 229 auf 1.006 Seminare erweitert wurde.[315] Den größten Zulauf verzeichnete die *Akademie für Führungskräfte der Wirtschaft* in den Jahren 1964/65 und 1968/69, als das reale Wachstum der bundesdeutschen Wirtschaft seine größten Margen erreichte. Umgekehrt fiel der erste ungedeckte Bundeshaushalt 1966 mit einem Nachfragerückgang von knapp fünf Prozent zusammen, der von der *Deutschen Volkswirtschaftlichen Gesellschaft* insbesondere in

311 Ebenda.

312 Ebenda, S. 76.

313 Nach Faßbender, Siegfried: Überbetriebliche Weiterbildung von Führungskräften. Der Wuppertaler Kreis und seine Mitglieder, Essen 1969, S. 109.

314 Tätigkeitsbericht der Deutschen Volkswirtschaftlichen Gesellschaft 1960, S. 8; Tätigkeitsbericht der Deutschen Volkswirtschaftlichen Gesellschaft 1969, S. 5.

315 Tätigkeitsbericht der Deutschen Volkswirtschaftlichen Gesellschaft 1960, S. 8; Tätigkeitsbericht der Deutschen Volkswirtschaftlichen Gesellschaft 1969, S. 5.

den unteren Führungsebenen lokalisiert wurde.[316] In den Jahren von 1956 bis 1969 ließen etwa 2.440 Firmen und Verbände über 120.000 Führungskräfte unterschiedlicher Entscheidungsebenen an der *Akademie für Führungskräfte der Wirtschaft* schulen.[317] Dafür nahmen sie allein im Laufe des Jahres 1963 um die vier Millionen DM an Lehrgangsgebühren, Pensions- und Fahrtkosten in die Hand, was sich innerhalb von fünf Jahren auf gut 10 Millionen DM mehr als verdoppelte.[318] Der Großteil der Unternehmen war dem Industriesektor zuzuordenen. *Ford, BMW, Hanomag, Menck & Hambrock*, das *Hüttenwerk Oberhausen*, die *Thyssen-Röhrenwerke AG, Colgate-Palmolive, Beate Uhse, Triumph International*, die *Berliner Kindl Brauerei AG*, die *König Brauerei KG, Hewlett Packard, Esso* und die *Mannesmann AG* waren nur einige Beispiele. Für das Jahr 1963 schätzte die *Deutsche Volkswirtschaftliche Gesellschaft* ihren Anteil auf 73 Prozent[319], den des Handels beziehungsweise des Dienstleistungsgewerbes dagegen auf 22 und fünf Prozent.[320] An dieser Verteilung hat sich in den kommenden Jahren nichts geändert. 1969 lagen die Werte bei 63, 19 und 18 Prozent, wobei allerdings infolge einer Tertiarisierung der Volkswirtschaft der wachsende Anteil der Dienstleistungsbranche ins Auge stach.[321]

Indikator des wirtschaftlichen Erfolgs der *Akademie für Führungskräfte der Wirtschaft* waren die *Chefseminare*. Mit ihnen buhlte Höhn um die obersten Führungsebenen. Der erste Kurs startete im Herbst 1962 mit 32 Vertretern aus Industrie und Handel.[322] Ihnen vermittelte Höhn mit einer Mischung aus klassischem Frontalunterricht und praktischem Rollenspiel das, was er als unerlässlich für eine bessere Wettbewerbspositionierung und unternehmerische Krisenfestigkeit ansah, kurzum unter »zeitgerechter Menschenführung« verstand.[323] Auf Wunsch der Kursteilnehmer wurde der behandelte Stoff im Anschluss auf weiterführende Lehrgänge ausgedehnt. 17 solcher Kurse führte die *Akademie für Führungskräfte der Wirtschaft* im Jahr 1963

316 Tätigkeitsbericht der Deutschen Volkswirtschaftlichen Gesellschaft 1967, S. 5.

317 Tätigkeitsbericht der Deutschen Volkswirtschaftlichen Gesellschaft 1966, S. 7; Tätigkeitsbericht der Deutschen Volkswirtschaftlichen Gesellschaft 1969, S. 7.

318 Tätigkeitsbericht der Deutschen Volkswirtschaftlichen Gesellschaft 1963, S. 5; Tätigkeitsbericht der Deutschen Volkswirtschaftlichen Gesellschaft 1968, S. 6.

319 In ihrer produktbezogenen Diversität stehen sie Berghahns These entgegen, wonach es vor allem die »konservative Schwerindustrie« gewesen ist, die aus »Widerstand gegen amerikanische Ideen« mit der Akademie für Führungskräfte der Wirtschaft zusammengearbeitet hat. Ebenso missverständlich erscheint, wenn er schreibt, dass sie aus »der privaten Initiative ihres Leiters« erwachsen war. Dazu Berghahn, Volker: Industriegesellschaft und Kulturtransfer. Die deutsch-amerikanischen Beziehungen im 20. Jahrhundert, Göttingen 2010, S. 40.

320 Tätigkeitsbericht der Deutschen Volkswirtschaftlichen Gesellschaft 1964, S. 7

321 Tätigkeitsbericht der Deutschen Volkswirtschaftlichen Gesellschaft 1969, S. 7.

322 Tätigkeitsbericht der Deutschen Volkswirtschaftlichen Gesellschaft 1962, S. 5.

323 Tätigkeitsbericht der Deutschen Volkswirtschaftlichen Gesellschaft 1965, S. 9.

Reinhard Höhn (re.) in einem »Colloqium für Spitzenkräfte der Wirtschaft«, 1965

durch, 1965: 33 und 1969 insgesamt 41.[324] Bereits in ihrem ersten Jahr zogen die *Chefseminare* insgesamt über 600 Spitzenführungskräfte an.[325] 1965 stieg ihre Zahl auf 1.606 und 1969 sogar auf 2.678.[326] Die von der *Deutschen Volkswirtschaftlichen Gesellschaft* vorgelegten Zahlen dokumentierten überdies, wie Höhn die Kursinhalte in der Außenwahrnehmung auf seinen Führungsansatz ausgerichtet hatte. Demnach wurden 1969 knapp 76 Prozent aller Seminarteilnehmer mit seiner ab 1963 von Journalisten als *Harzburger Modell* abgekürzten Führungslehre fit gemacht – das Gros von ihnen über Firmenkurse, Middle-Management- und Führungstechnikseminare.[327]

1962 nahm die *Akademie für Führungskräfte der Wirtschaft* Seminare für Chefsekretärinnen in ihr Programm auf.[328] In der Sekretärin sah Höhn mehr als die jeglichen

324 Tätigkeitsbericht der Deutschen Volkswirtschaftlichen Gesellschaft 1963, S. 5; Tätigkeitsbericht der Deutschen Volkswirtschaftlichen Gesellschaft 1965, S. 7; Tätigkeitsbericht der Deutschen Volkswirtschaftlichen Gesellschaft 1969, S. 8.

325 Tätigkeitsbericht der Deutschen Volkswirtschaftlichen Gesellschaft 1963, S. 5

326 Tätigkeitsbericht der Deutschen Volkswirtschaftlichen Gesellschaft 1965, S. 7; Tätigkeitsbericht der Deutschen Volkswirtschaftlichen Gesellschaft 1969, S. 8.

327 Tätigkeitsbericht der Deutschen Volkswirtschaftlichen Gesellschaft 1965, S. 7; Tätigkeitsbericht der Deutschen Volkswirtschaftlichen Gesellschaft 1969, S. 6.

328 Tätigkeitsbericht der Deutschen Volkswirtschaftlichen Gesellschaft 1969, S. 6.

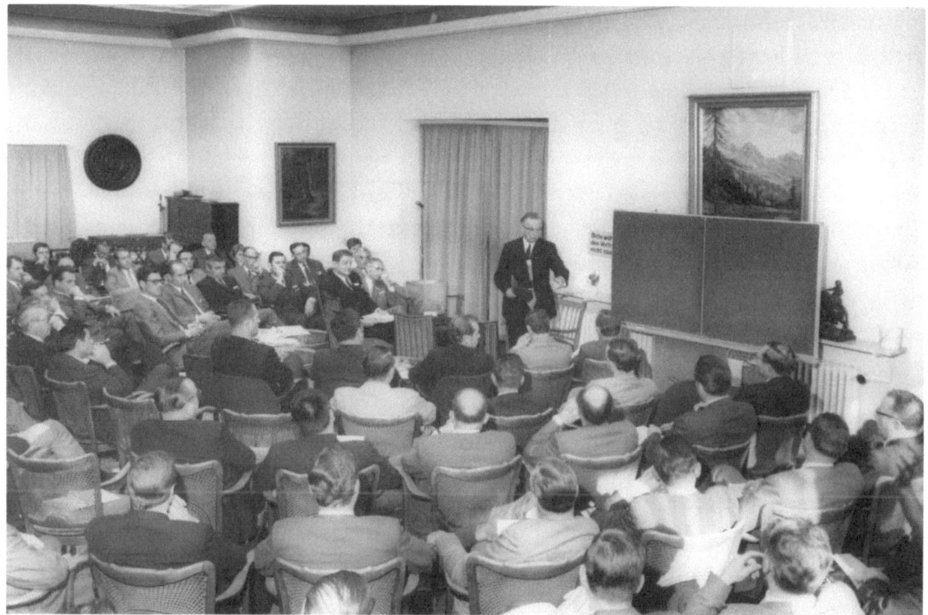

Reinhard Höhn (stehend) im 200. Chefkurs, 20. Oktober 1969

Rollenklischees gerecht werdende »Gabriele«, die neben Stenografie und Schreibmaschineschreiben lediglich ihre Landessprache beherrschte.[329] Für ihn musste sie das Fachgebiet ihres Chefs überblicken, Führungsprinzipien kennen, Gesprächspartnerin sein und ihm Zeit lassen, damit dieser denken, analysieren und planen konnte. Zusammen mit Gisela Böhme, die die beiden Schwesterakademien leitete, bearbeitete Höhn das Thema.[330] Sogar einen mit einer Prämie von 6.000 DM dotierten Schreibwettbewerb lobte er dazu aus. Zugpferd und »wichtigstes Mittel, die Unternehmen mit dem Harzburger Modell in Berührung zu bringen«, sollten jedoch weiterhin die *Chefseminare* sein.[331]

329 Bei »Gabriele, die perfekte Sekretärin« handelt es sich um ein Fachblatt, das insbesondere in den 1950er-Jahren erfolgreich vertrieben wurde. Dazu Wiese, Renate: Das Bild der berufstätigen Frau in der Zeitschrift »Gabriele, die perfekte Sekretärin« von 1955 – 1960, Magisterarbeit, Hamburg 2001.

330 Dazu Böhme, Gisela/Höhn, Reinhard: Die Sekretärin und der Chef. Die Sekretärin in der Führungsordnung eines modernen Unternehmens, Bad Harzburg 1964; dies.: Die Sekretärin als Führungsgehilfin des Chefs, Bad Harzburg 1981; dies.: Von der Chefsekretärin zur Chefassistentin, Bad Harzburg 1982; dies.: Die Sekretärin und die innere Kündigung im Unternehmen. Ihr Verhalten im Spannungsfeld zwischen Chef und Mitarbeitern, Bad Harzburg 1983.

331 Tätigkeitsbericht der Deutschen Volkswirtschaftlichen Gesellschaft 1969, S. 6.

Zusätzlich installierte Höhn 1965 das *Harzburg-Kolleg*. Mit ihm wandte er sich gezielt dem Führungsnachwuchs zu. Durch die vielen Gefallenen sowie wiedereinsetzende Elitenbildung boten sich den damals 30- bis 40-Jährigen beträchtliche Aufstiegsmöglichkeiten. Bude ging davon aus, dass diese Geburtenkohorte spätestens gegen Ende der 1960er-Jahre in den Unternehmensspitzen angekommen war.[332] Den zehn Teilnehmern des ersten *Harzburg-Kollegs* stand dieser Schritt erst noch bevor. Sie waren im Schnitt 28 Jahre alt, junge Führungskräfte von Kapitalgesellschaften oder Söhne von Familienunternehmen. Martin André beispielsweise vertrat den Hamburger *Forster-Verlag*, der mit dem Verkauf von Kalendern und Grußkarten einen Jahresumsatz von rund sechs Millionen DM erwirtschaftete.[333] Von Stuttgart aus schickte die Firma *Taylorix* Adolf Hanschke nach Bad Harzburg. Der Spezialist für die Auswertung von Buchführungs- und Verwaltungsdatensätzen gehörte zu den Marktführern seiner Branche. Diese heterogene Zusammensetzung des Teilnehmerfeldes ließ sich über Bernd Busch vom gleichnamigen Düsseldorfer Möbelhaus, über Hans Klaussner von dem später von ihm übernommenen Gengenbacher Polstermöbelwerk *Hukla* und Klaus Uhse, dessen Mutter mit ihrem »Versandhaus für Ehehygiene« seinerzeit jährlich rund zehn Millionen DM umsetzte[334], bis hin zu Hermann-Hinrich Reemtsma verfolgen, der von seinem 1961 verstorbenen Vater innerhalb des traditionsreichen Zigarettenkonzerns zu höchsten Aufgaben vorgesehen war. Der Lehrstoff, der ihnen sowie künftigen Kollegteilnehmern über einen Zeitraum von zehn Wochen an die Hand gegeben wurde, konzentrierte sich auf diejenigen Wissensbereiche, die aus der Sicht der *Deutschen Volkswirtschaftlichen Gesellschaft* von grundlegender Bedeutung für jeden Unternehmer waren – allen voran »Menschenführung und Betriebsorganisation«. Von ihr sagte Höhn auf einer Pressekonferenz zum Abschluss des ersten Kollegs Ende November 1965, dass sie vielmehr »Grundvoraussetzung moderner Unternehmensführung« als ein Fachgebiet im üblichen Sinne sei.[335] Spätere unternehmerische Entscheidungen könne nur der erfolgreich treffen, der im Mitarbeiterverhältnis zu führen verstehe, so Höhn.

»Menschenführung und Betriebsorganisation« schlossen sich fünf weitere Lehrgebiete an. Der Bereich »Unternehmenspolitik und unternehmerische Entscheidung« sollte die Teilnehmer praxisnah in die »modernen Erkenntnisse der betriebswirtschaftlichen Forschung« einführen und sie über »neuzeitliche Verfahren auf den Gebieten der finanziellen Führung des Unternehmens, der Investitionsrechnung und der Ab-

332 Bude, Heinz: Das Altern einer Generation. Die Jahrgänge 1938 – 1948, Frankfurt am Main 1997, S. 42f.

333 O. A.: Bitte wieder lieb, in: Der Spiegel 46/1965, S. 77.

334 O. A.: Beate Uhse. Dieses und jenes, in: Der Spiegel 22/1965, S. 92f.

335 Tätigkeitsbericht der Deutschen Volkswirtschaftlichen Gesellschaft 1965, S. 13.

satzpolitik« orientieren.[336] In »Das Unternehmen in der Gesamtwirtschaft« ging es um volkswirtschaftliche Zusammenhänge, nicht zuletzt vor dem Hintergrund von Fragen zur Struktur- und Wachstumspolitik sowie Einkommensbildung und Einkommensverteilung. Eine Einführung in die Soziologie und darin, welche Stellung der Mensch in der Gesellschaft einnimmt, wie sich Berufsstrukturen wandeln und soziale Schichtungen verändern, avisierte das Lehrgebiet »Soziale Grundprobleme der industriellen Gesellschaft«, dessen Überschrift in Hinblick auf den Untertitel des damals populären Werkes *Die Seele im technischen Zeitalter* von Arnold Gehlen vielleicht nicht zufällig gewählt wurde.[337] Dem standen abschließend mit »Arbeits- und Sozialrecht« und »Lebensführung und Leistungssteigerung« zwei ganz praktische Themenfelder zur Seite, die dem Teilnehmer einen Überblick über damals bestehendes Arbeitsrecht mit Schwerpunkt auf die individuelle Gestaltung von Arbeitsverträgen sowie »moderne medizinische Erkenntnisse der Gesundheitsvorsorge« geben sollten.[338]

Für die Konzeption und Gesamtleitung des *Harzburg-Kollegs* sowie für den Bereich »Menschenführung und Betriebsorganisation« zeichnete Höhn verantwortlich. Auf den übrigen Lehrgebieten unterstützte ihn ein fester Stamm von sechs akademieeigenen und etwa genauso vielen akademiefremden Dozenten.[339] Sie sollten helfen, für einen »zweckmäßigen Kontakt zwischen Theorie und Praxis« sowie einen didaktischen Wechsel der täglichen Programmgestaltung zwischen Lehrvortrag, Diskussion, Gruppenarbeit und Rollen- beziehungsweise Planspiel zu sorgen.[340] Insgesamt zwei solcher Kollegs, an deren Ende das benotete *Harzburg-Diplom* stand, führte die *Akademie* für Führungskräfte der Wirtschaft zwischen 1966 und 1969 pro Jahr mit durchschnittlich 15 Teilnehmern durch.[341] 1969 kamen außerdem zwei und bis 1972 vier weitere speziell für ausscheidende Bundeswehroffiziere hinzu.[342] Mit den so knapp 80 geschulten Soldaten, wurden zwischen 1963 und 1972 insgesamt 1.168 Kameraden in Bad Harzburg auf das zivile Berufsleben vorbereitet.[343]

336 Ebenda, S. 14.
337 Gehlen, Arnold: Die Seele im technischen Zeitalter. Sozialpsychologische Probleme in der industriellen Gesellschaft, Hamburg 1957.
338 Tätigkeitsbericht der Deutschen Volkswirtschaftlichen Gesellschaft 1965, S. 16.
339 Zusammen mit einem Harzburger Kollegen übernahm beispielsweise Harald Jürgensen das Fachgebiet »Das Unternehmen in der Gesamtwirtschaft«. Der Wirtschaftswissenschaftler war zwischen 1960 und 1990 Inhaber des Lehrstuhls für Volkswirtschaft an der Universität Hamburg und neben seiner universitären Verpflichtung ein gefragter Referent und Gutachter. Gleichzeitig konnte Höhn die damals in München und Hamburg lehrenden Soziologen Karl Martin Bolte und Heinz Kluth für das Lehrgebiet »Soziale Grundprobleme der industriellen Gesellschaft« gewinnen.
340 Tätigkeitsbericht der Deutschen Volkswirtschaftlichen Gesellschaft 1965, S. 16.
341 Tätigkeitsbericht der Deutschen Volkswirtschaftlichen Gesellschaft 1969, S. 8.
342 Friedrich-Ebert-Stiftung, Nachlass Helmut Schmidt, 1/ HSAA005779, schriftliche Antwort von Karl Wilhelm Berkhan vom 29. Februar 1972 auf die Anfrage von Hans Batz.
343 Ebenda.

Reinhard Höhn (re.) in einem Seminar für Bundeswehroffiziere, 28. Juni 1968

Neben dem *Harzburg-Kolleg*, einer Vielzahl von Vorträgen, Firmen- und Fachkursen waren seit 1957 durchgeführte und thematisch recht breit aufgestellte Sonderkurse eine feste Größe im Programm der *Akademie für Führungskräfte der Wirtschaft*. 1966 veröffentlichte die *Deutsche Volkswirtschaftliche Gesellschaft* eine Liste der Kunden, die sich 1965/66 für dieses Format entschieden hatten. Herauskam eine Übersicht von 185 Geschäftspartnern, von denen acht ihren Firmensitz in der Schweiz und zehn in Österreich hatten.[344] Um Führungskräfte beider Länder bemühte sich Höhn früh – über persönliche Kontakte[345] sowie mit einem eigenständigen Seminarprogramm,

344 Tätigkeitsbericht der Deutschen Volkswirtschaftlichen Gesellschaft 1966, S. 31f.

345 Nicht zuletzt was Höhns Rezeptionskreis anbetrifft, ist sein Kontakt zu dem Schweizer Divisionär und Unternehmensberater Gustav Albert Däniker interessant. Däniker, Jahrgang 1928, war unter anderem Mitglied der Studienkommission für Strategische Fragen sowie des International Institute for Strategic Studies. Er lehrte an der Militärakademie MILAK in Zürich und leitete ab 1958 die PR-Agentur Dr. Rudolf Farner. Militärpublizistisch wurde der Offizierssohn 1966 mit der Schrift »Strategie des Kleinstaats« als Fürsprecher der seit Ende 1945 von der Studienkommission für Atomenergie betriebenen und Ende der 1960er-Jahre nach diversen Rückschlägen wieder ad acta gelegten Pläne einer schweizerischen Atombewaffnung einem größerem Leserkreis bekannt. Über den Verlag Dr. Max Gehlen ließ Däniker Höhn am 17. September 1959 seine 1954 fertiggestellte und ein Jahr später in den Züricher Beiträgen zur Geschichtswissenschaft erschienene Promotion »Entstehung und Gehalt der ersten eidgenössischen Dienstregelelemen-

welches sich im Fall Österreichs ab 1961 an Kursen orientierte, die er zwischen September 1959 und Oktober 1960 in Bad Ischl und St. Wolfgang gehalten hatte.[346] Allerdings schaffte es weder der schweizerische noch der österreichische Markt, der *Akademie für Führungskräfte der Wirtschaft* ähnlich hohe Zuwachsraten zu bescheren, wie es der bundesdeutsche tat. Diesen Eindruck verstärkt die Gegenüberstellung der Zahlen von 1966 mit einer erweiterten Version der Aufstellung aus dem Jahr 1969. Diese umfasste 247 Unternehmen und Verbände, von denen wiederum elf in der Schweiz und 15 in Österreich ansässig waren.[347] Auch hier entstammte der überwiegende Teil der Industrie – Firmen wie *Netstal, Merkur, Shell Austria, Underberg* und die beiden 1993 fusionierten Aktiengesellschaften *Luwa* und *Zellweger*. Verbände sowie Handels- und Dienstleistungsunternehmen waren unterrepräsentiert.

Ihr Kerngeschäft machte die *Akademie für Führungskräfte der Wirtschaft* innerhalb der Unternehmenslandschaft der Bundesrepublik. Im nicht-deutschsprachigen Ausland war sie nur punktuell präsent. Höhns Jagdsozius Karl Ludwig Schweisfurth baute den Kontakt zu der im lothringischen Homécourt ansässigen *Société Lorraine de Produits Alimentaire* auf. Die *Solpa* gehörte seit ihrer Übernahme im Oktober 1959 zu dem von Schweisfurth geführten Fleischwarenkonzern Herta. Ab Mitte der 1960er-Jahre arbeitete er mit Höhn zusammen – die *Solpa* ab 1968/69, am Schlusspunkt einer 1964 eingeleiteten Neuausrichtung. Ein anderes Projekt realisierte die *Akademie für Führungskräfte der Wirtschaft* im November 1964 zusammen mit der Kölner *Carl-Duisberg-Gesellschaft*. Gegenstand war ein »Seminar für mittlere und gehobene betriebliche Führungskräfte aus Entwicklungsländern«, an dem zwölf Regierungspraktikanten aus Korea, Pakistan und dem damaligen Ceylon teilnahmen.[348] Für die Ingenieure und Chemiker war es Teil eines 18-monatigen Ausbildungsprogrammes,

te« zukommen, in der seiner Aussage nach gerade das erste Kapitel von Höhns »Revolution, Heer, Kriegsbild« profitiert hat. Weiterhin berichtete Däniker, »Sozialismus und Heer« mit »grossem Gewinn« studiert zu haben, wobei er sich mit dem Gedanken trug, selbst »eine ähnliche Untersuchung für die Schweiz durchzuführen«. Ob es zu dem von beiden Seiten avisierten, persönlichen Gedankenaustausch, wie etwa über die »Beziehungen zwischen deutschen und schweizerischen Sozialisten« kam, muss allerdings offen bleiben. Belegt ist Dänikers Einladung zu dem von der Seengen AG nachgefragten Kursus »Grundfragen der Public Relations« im März 1965 auf dem Schloss Brestenberg, welche Höhn ihm am 25. Januar 1965 über die Chefin der akademieeigenen Einladungsabteilung, Lilo Elissen-Greif, zustellen ließ. Dazu Däniker, Gustav: Entstehung und Gehalt der ersten eidgenössischen Dienstregelelemente. Ein Beitrag zur Untersuchung der moralischen Grundlagen der schweizerischen Armee in der ersten Hälfte des 19. Jahrhunderts, Zürich 1955; ders.: Strategie des Kleinstaats, Stuttgart 1966; AfZ, Nachlass Gustav Albert Däniker, 1245: Briefe von Gustav Albert Däniker an Reinhard Höhn vom 17. September 1959 und 15. November 1959, Briefe von Reinhard Höhn an Gustav Albert Däniker vom 13. Oktober 1959 und 25. Januar 1965.

346 Dazu Tätigkeitsbericht der Deutschen Volkswirtschaftlichen Gesellschaft 1960, S. 12f.

347 Tätigkeitsbericht der Deutschen Volkswirtschaftlichen Gesellschaft 1969, S. 31f.

348 Bad Harzburg Stiftung, Nachlass Herbert Ahrens, Information zu einer Pressekonferenz am 12. November 1964 in Bad Harzburg, Hotel Victoria.

das ihnen mit der Unterstützung des *Bundesministeriums für Wirtschaftliche Zusammenarbeit* einen Einblick in verschiedene bundesdeutsche Unternehmen ermöglichte.

Im Mittelpunkt des 12-tägigen Zwischenstopps in Bad Harzburg standen die »Grundlagen einer modernen Menschenführung und Betriebsorganisation«. Daneben stellte Höhn Themenblöcke aus den Bereichen Wirtschaftspolitik, Entwicklungshilfe, Wirtschaftstheorie und Soziologie zusammen. »Man hat damit Neuland betreten«, schrieb das *Handelsblatt* kurz nach Kursbeginn über den »Modellversuch«.[349] Von ihm erwartete das Blatt, das dauerhaft derartige Seminare an der *Akademie für Führungskräfte der Wirtschaft* implementiert würden. Tatsächlich aber lief das Pilotprojekt nach einem zweigeteilten Fortsetzungslehrgang im Mai sowie im Juli 1965 ohne Nachfolger aus. In anderen Fällen profitierte die *Akademie für Führungskräfte der Wirtschaft* von den internationalen Kontakten der *Deutschen Volkswirtschaftlichen Gesellschaft*. Ende Januar 1964 fungierte sie als Gastgeber eines deutsch-französischen Wirtschaftstreffens, bei dem die »Harmonisierung der Methoden zur Heranbildung von Führungskräften in der Wirtschaft von Deutschland und Frankreich« auf der Agenda stand.[350] Ähnlich verhielt es sich mit dem Besuch des Schwiegersohns des 1966 verstorbenen indischen Ministerpräsidenten Lal Bahadur Shastri, Shri Konshal Kumar, der auf seiner Deutschlandreise vom 7. bis zum 10. Januar 1967 Bad Harzburg besuchte. Unter den Gesprächsthemen waren die Vielfalt von Wirtschaftsorganisationen, die Führung bundesdeutscher Unternehmen sowie die *Akademie* für Führungskräfte der Wirtschaft, ihre Lehrmethoden und natürlich das *Harzburger Modell*. Das ihm zu Grunde liegende Prinzip der Verantwortungsdelegation habe Konshal Kumar laut der damaligen Lokalpresse bereits von der indischen Wirtschaft gekannt.[351] In diesem Zusammenhang interessierte er sich unter anderem dafür, wie sich Unternehmensleitung und Arbeitnehmerschaft von straff hierarchisch geführten Firmen für die Ziele einer modernen Betriebsführung gewinnen ließen.[352]

Mit ihrem Erfolg wuchs die *Akademie für Führungskräfte der Wirtschaft* auch als Institution. 1962 eröffnete sie zur Ergänzung ihrer Lehr- und Forschungsarbeit ein eigenes Lesezentrum, deren Herzstück eine Präsenzbibliothek mit über 8.000 Bänden gewesen ist.[353] Die Mischung aus allgemeiner Einführungs- und Vertiefungsliteratur sowie akademieeigenen Veröffentlichungen diente den Lehrgangsteilnehmern zur Vorbereitung und geistigen Nachlese ihrer Seminare. Die *Akademie für Führungskräfte der Wirtschaft* warb damit, sie dabei mit »geschultem Personal« bei der Erlernung

349 O. A.: Manager für Entwicklungsländer, in: Handelsblatt vom 4./5. November 1964; ferner o. A.: Asiaten in der Akademie, in: Hannoversche Allgemeine Zeitung vom 5. November 1964.

350 Bad Harzburg Stiftung, Nachlass Herbert Ahrens, Pressetext vom 27. Januar 1964.

351 Bad Harzburg Stiftung, Nachlass Herbert Ahrens, Pressetext vom 9. Januar 1967.

352 Ebenda.

353 Faßbender: Überbetriebliche Weiterbildung von Führungskräften, S. 109.

der »Technik der geistigen Arbeit« anzuleiten.[354] In Kombination mit einer aktiven »Gesundheitspflege«, »heiteren Vorträgen, musikalischen Einlagen sowie Tanzmusik« bot die Akademie ihrer Kundschaft eine ganzheitliche Betreuung auf körperlich-gesundheitlicher, menschlich-persönlicher wie geistig-literarischer Ebene.[355] Daneben installierte sie Mitte der 1960er-Jahre eine Abteilung, die die Veröffentlichungen der Organisation für wirtschaftliche Zusammenarbeit und Entwicklung sowie die Lehrinhalte von vergleichbaren Instituten im In- und Ausland systematisch erfasste und auswertete. Außerdem gehörte zu ihren Aufgaben, die »zahlreichen Anfragen von Studierenden verschiedener Hochschulen zu dem ›Harzburger Modell‹ und seinen Führungstechniken zu bearbeiten und zu beantworten«.[356] Mehr Teilnehmer, mehr Seminare, mehr Dozenten bedeutete für die *Akademie für Führungskräfte der Wirtschaft* vor allem, dass mehr Platz dafür benötigt wurde. Erste Schritte einer Erweiterung ihrer Kapazitäten unternahm Höhn im Juli 1969. Hierzu kaufte die Akademie in dem Ort Bündheim das ehemalige Verwaltungsgebäude der stillgelegten Eisenerzgrube *Fredericke*. In dem 42 Zimmer umfassenden Haus wurden Teile der Hauptverwaltung untergebracht sowie der akademieeigene *Verlag für Wissenschaft, Wirtschaft und Technik*. Mit ihm zogen auch die *Akademie für Fernstudium* und die *Wirtschaftsakademie für Lehrer* nach Bündheim um. In Bad Harzburg sollte ein moderner Zweckbau die steigende Zahl von Lehrgangsteilnehmer auffangen. Auf 740m² verteilt, bot dieser Platz für drei Hörsäle, 42 Einzelzimmer sowie verschiedene Wirtschaftsräume, Sauna-, Massage- und Bademöglichkeiten.[357] Am 1. September 1969 war die Grundsteinlegung. Nach knapp 12-monatiger Bauzeit konnte der Komplex in Betrieb genommen werden.

Zusammen mit den Räumlichkeiten in neun weiteren Bad Harzburger Hotels standen der *Akademie für Führungskräfte der Wirtschaft* insgesamt 21 Lehrräume zur Verfügung. Im Schnitt waren diese mit bis zu 20 Seminaren pro Woche gebucht.[358] Durch den Neubau erhöhte sich die akademieangeschlossene Beherbergungskapazität auf 99 Zimmer, die bei fehlender Auslastung auch von Kurgästen gemietet werden konnten. Für den Standort Bad Harzburg war die *Akademie für Führungskräfte der Wirtschaft* ein wichtiger Wirtschaftsfaktor. Insbesondere die Hotellerie und das Gastgewerbe profitierten von ihren Seminarteilnehmern, die im Durchschnitt vier Tage in der Stadt blieben. 1968/69 belief sich ihre Zahl wöchentlich auf etwa 400 Personen.[359] 1969 wur-

354 Tätigkeitsbericht der Deutschen Volkswirtschaftlichen Gesellschaft 1962, S. 16f.
355 Tätigkeitsbericht der Deutschen Volkswirtschaftlichen Gesellschaft 1963, S. 16.
356 Tätigkeitsbericht der Deutschen Volkswirtschaftlichen Gesellschaft 1965, S. 29.
357 Bad Harzburg Stiftung, Nachlass Herbert Ahrens, Mitteilung der Presse- und Informationsabteilung der Deutschen Volkswirtschaftlichen Gesellschaft vom 15. August 1969.
358 Ebenda.
359 Ebenda.

Rückansicht des Jagdhofs mit Neubau, um 1971

de die Marke von 100.000 Übernachtungen überschritten. Höhns Verdienste für die Stadt und ihre Bekanntheit stellte auch Bürgermeister Fritz Schrader heraus, der ihm anlässlich seines 65. Geburtstages den damals zum ersten Mal verliehenen Ratspokal überreichte. Bei dieser Gelegenheit breitete Höhn die Erfolge der *Akademie für Führungskräfte der Wirtschaft* aus, die immer auch seine eigenen waren – so wie er es bereits im Juni 1961 zum fünfjährigen Bestehen der Akademie getan hatte. Damals schon betonte Höhn, ihre »Mission«, sich über alle Widerstände hinweg mit der Ausbildung und Förderung von Führungskräften für die Stärkung der deutschen Wettbewerbsfähigkeit und den Erhalt ihrer Leistungsfähigkeit einzusetzen.[360] Der Rückblick auf die Arbeit der *Akademie für Führungskräfte der Wirtschaft* von zehn Jahren im Jahr 1966 bestätigte ihn in seiner Auffassung. Höhn feierte das Jubiläum zusammen mit einflussreichen Vertretern langjähriger Kunden wie *Karstadt*, *Zellweger*, *Lemcke & Co.*, *Deutsche Worthington*, *Deutsche Advance Produktion* und *Rheinische Kalksteinwerke*. Auch Delegationen des Landes Niedersachsen sowie des *Bundesministeriums*

360 Höhn, Reinhard: Probleme der Erziehung und Ausbildung in Wirtschaft und Gesellschaft. Fünf Jahre Akademie für Führungskräfte der Wirtschaft, in: Zeitschrift der Akademie für Führungskräfte der Wirtschaft 6/1961, S. 11.

für Arbeit und Sozialordnung kamen nach Bad Harzburg. Nicht minder hochkarätig las sich die Autorenliste der von Roger Diener betreuten Festschrift – darunter der Ökonom Harald Jürgensen, der Soziologe Karl Martin Bolte sowie der Wirtschaftswissenschaftler Knut Bleicher. Höhn steuerte den Leitaufsatz bei. In »Der Wandel im Führungsstil der Wirtschaft« berichtete er von der Menschenführung nach dem Zusammenbruch des Nationalsozialismus, deren Neuanfang in der jungen Bundesrepublik, von alten und neuen Führungsleitbildern und seiner Führungslehre.[361] Sichtlich bemühte sich Höhn wieder um Wissenschaftlichkeit. Insbesondere in dem Teil seines Aufsatzes, in dem er die Auflösung der Gegensätzlichkeit von Besitzenden und Nichtbesitzenden in den Jahren zwischen 1933 und 1945 abhandelte. Jenem Versuch, Klassengegensätze miteinander zu versöhnen, den Höhn noch aus seinen jungdeutschen Tagen kannte. Ein persönliches Statement, an dem man ihn hätte messen können, umging er. Vielmehr zitierte Höhn Roland Reichwein, Sohn des wegen seiner Kontakte zum *Kreisauer Kreis* umgebrachten Pädagogen Adolf Reichwein. Dieser habe »zu Recht« bemerkt, dass durch das Führerprinzip beziehungsweise die Führer-Gefolgschafts-Ideologie der »alte Gegensatz zwischen Arbeitern und Unternehmern zweifellos etwas überspielt und gemildert« wurde.[362] Seine Basis habe das »starre Denken in der Gegensätzlichkeit«, so Höhn, jedoch erst mit den »sozialen Veränderungen und Umschichtungen« im »Gefolge des zweiten Weltkrieges« verloren.[363] Die »Bombennächte und Flüchtlingsschicksale« kennzeichneten dies.[364] Höhn fragte: »Wer war eigentlich nach 1945 Proletarier: Der Arbeiter, der seinen, wenn auch geringen, Besitz erhalten hatte, oder der Bürger, der ehemalige Klassenfeind, der ausgebombt war bzw. flüchtend aus dem Osten kam?«.[365] Von hier aus leitete er auf das politisch weitaus unverfänglichere *Betriebsverfassungsgesetz* über, das den betrieblichen Klassenkampf ganz verneine.

Ein weiterer Schritt, nach außen hin zu illustrieren, welche Erfahrungen Unternehmen mit der *Führung im Mitarbeiterverhältnis* machten, wie erfolgreich sie damit arbeiteten und zufrieden waren, war das 1966 erstmals durchgeführte Rundgespräch über »Die Führung im Mitarbeiterverhältnis in der Praxis«. Ausgewählte Statements druckte die *Deutsche Volkswirtschaftliche Gesellschaft* anonymisiert in ihren Tätigkeitsberichten ab. Von der Unternehmensleitung eines westfälischen Mittelbetriebs für Herrenkonfektion war so zu erfahren: »Teilweise standen unsere Mitarbeiter den

361 Höhn, Reinhard.: Der Wandel im Führungsstil der Wirtschaft, in: Diener, Roger/Richter, Hans Ludwig (Hrsg.): Führung in der Wirtschaft. Festschrift zum 10jährigen Bestehen der Akademie für Führungskräfte der Wirtschaft (1956 – 1966), Bad Harzburg 1966, S. 9-87.

362 Ebenda, S. 15f.

363 Ebenda, S. 15.

364 Ebenda.

365 Ebenda.

neuen Ideen zunächst sehr skeptisch gegenüber, weil sie […] durch ihre handwerklichen Lehrbetriebe völlig andere Vorstellungen mit auf den Weg bekommen hatten.«[366] Die Firma *Lemcke & Co.*, von der hier möglichweise die Rede war, buchte diverse Fernkurse, Lehrbesprechungen, Einzelkurse und geschlossene Firmenseminare. Ihre Ergebnisse bezeichnete die Leitung des Unternehmens als »sehr gut«.[367] Insbesondere den technischen Führungskräften sei es zügig gelungen, »sich von ihren alten Vorstellungen zu lösen« und den neuen Führungsstil »mit einem Interesse« aufzunehmen, »das teilweise überraschend war«.[368] In eine ähnliche Richtung gingen die Ausführungen des Junior-Chefs eines Großbetriebes der textilverarbeitenden Industrie. Auch er schilderte anfängliche Skepsis, die sich jedoch bald habe entkräften lassen.

Unternehmen entschieden sich aus unterschiedlichen Gründen für eine Zusammenarbeit mit Höhn und der *Akademie für Führungskräfte der Wirtschaft*. Häufig war es deren Slogan, eine zeitgemäße und moderne Art des Führens anzubieten. Damit lag Höhn auf einer Linie mit der Meinung damaliger Organisationstheoretiker und Psychologen, für die dem kooperativen Führen die Zukunft gehörte. Unter diesem Vorzeichen wurden Anfang der 1960er-Jahre zum Beispiel die Eigentümer der *Gustav Lichdi AG* auf Höhn aufmerksam.[369] Am 18. Juni 1963 hörten deren Filialleiter auf einer Tagung der *Evangelischen Akademie Bad Boll* Höhn über die »Weitergabe von Verantwortung als Erziehungsaufgabe« sprechen. Die *Gustav Lichdi AG*, 1904 in Heilbronn gegründet, erlebte die Währungsreform und die soziale Marktwirtschaft als wirtschaftliche Befreiung von staatlicher Reglementierung.[370] In den Jahren zwischen 1949 und 1959 meisterte das Handelsunternehmen den Wandel vom Kolonialwarenladen zum Super- beziehungsweise Selbstbedienungsmarkt. In diesem Zeitraum stieg der Umsatz von etwa neun auf über 40 Millionen DM. Die Zahl der Filialen wuchs von 63 auf 77 und ihre Verkaufsfläche von 2.700 auf mehr als 7.700 Quadratmeter.[371] 1962 schloss die *Gustav Lichdi AG* ihre letzte Bedienungsfiliale. Gleichzeitig legte das Unternehmen großen Wert auf eine intensive Schulung des eigenen Personals, dem aus Sicht ihrer Leitung die »Bereitschaft zur Dienstleistung« abhandengekommen war.[372] Höhns Delegations-Vortrag in Bad Boll enthielt für sie weniger substanziell Neues als die Bestätigung dessen, wonach die *Gustav Lichdi AG* längst arbeitete.

366 Tätigkeitsbericht der Deutschen Volkswirtschaftlichen Gesellschaft 1966, S. 24.
367 Ebenda, S. 25.
368 Ebenda.
369 Auskunft von Diether Götz Lichdi vom 28. Juni 2013.
370 Lichdi, Diether Götz: Kurt Lichdi (1907 – 2000), in: Arnold, Ulrike (Hrsg.): Standpunkte – Perspektiven. Aufsätze und Artikel von Diether Götz Lichdi, Norderstedt 2010, S. 179.
371 Ebenda, S. 181.
372 Ebenda, S. 179.

Modern zu führen war auch der Anspruch von Beate Uhse.[373] Das »Spezial-Versandhaus für Ehe- und Sexualliteratur und für hygienische Artikel« wurde 1951 ins Leben gerufen. 1956 erwirtschaftete es erstmals über eine Million DM Umsatz. Und 1962 eröffnete Uhse in Flensburg mit dem »Fachgeschäft für Ehehygiene« den ersten Sexshop der Welt. Im gleichen Jahr begann ihre Zusammenarbeit mit der *Akademie für Führungskräfte der Wirtschaft*. Im Mittelpunkt stand Höhns *Führung im Mitarbeiterverhältnis*. Für Uhse bedeutete sie nicht nur modernes Führen, sondern auch, den künftigen Führungsnachwuchs selbst auszubilden. Sie war davon überzeugt, dass nur tüchtige Menschen selbstsicher und zufrieden sind und nur gut ausgebildete Mitarbeiter ein Unternehmen voranbringen können.[374] Dafür aktivierte Uhse jedes Jahr einen Betrag im sechsstelligen Bereich. Im Jahr 1972 gab sie circa 130.000 DM für Seminare und Lehrgänge in Bad Harzburg aus.[375] Zur Firmenphilosophie bei Uhse gehörte es fernerhin, die Gehälter ihrer Belegschaft zu veröffentlichen. Das sollte Transparenz schaffen und die Mitarbeiter motivieren. Als Spiegel der Unternehmensorganisation übernahm Uhse Gedanken wie diese auch in die Ausgestaltung der Büroräume. *Open-Space-Büros* lagen seinerzeit im Trend. Die Autoren Heinz Haupt und Rolf Schwalbe bilanzierten 1970 in ihrer Studie *Chefbüros heute und morgen* – für die sie auch Beate Uhse befragten –, dass zwischen 70 und 80 Prozent der deutschen Führungskräfte Wert auf eine moderne repräsentative Arbeitsstätte legen.[376] Ein jeweiliger Anteil von 10 bis 15 Prozent bevorzuge nach wie vor ein streng konventionelles Büro oder sei für experimentelle Varianten im Stile eines *Action Office* offen.[377]

Das Unternehmen von Beate Uhse ist ein Beispiel für eine frühe Übernahme und Umsetzung der *Führung im Mitarbeiterverhältnis* in einem betrieblichen Organisationssystem. Wie beim Gros vergleichbarer Unternehmen dürfte sie bei Uhse allerdings auch nur in Teilen umgesetzt worden sein. Die Gründe für diese Selektion und Konzentration variieren. Sicherlich aber knüpfen sich die komplexen Anforderungen und Regeln von Höhns Führungsmodell genauso daran, wie die jeweilige Marktsituation des Unternehmens, seine Belegschaft sowie das Vorhandensein von Führungsalternativen. Ähnlich wie *Aldi Nord*, *Karstadt* oder *Kaufhof* ist Beate Uhse gleichzeitig aber auch ein gutes Beispiel für ein ausdauerndes Festhalten an der *Führung im Mitarbeiterverhältnis*. Dahinter verbarg sich der Versuch, das eigene System idealerweise vor äußeren Einflüssen abzuschirmen, möglichst resistent gegenüber Trends und anderen

373 Rousselet, Wolf: Nachschlüssel zum Erfolg? Über Erfolgs- und Managerschulen, Nordschau Hannover (NDR) vom 10. Februar 1972.

374 Ebenda.

375 Ebenda.

376 Haupt, Heinz/Schwalbe, Rolf: Chefbüros heute und morgen. Einrichtungsbeispiele – Maximen – Tendenzen, München 1970, S. 14f.

377 Ebenda.

Managementmethoden zu sein, aber dennoch im Marktumfeld agieren zu können. Hinzu kam die Abwägung der Kosten, die die Umstellung auf ein anderes Führungssystem mit sich gebracht hätte. Uhses Erfahrungsberichte nutzte die *Akademie für Führungskräfte der Wirtschaft* in ihrer Außendarstellung als Bestätigung der eigenen Führungskonzeption. Anfang der 1970er-Jahre versuchte sie damit einer wachsenden kritischen Öffentlichkeit zu begegnen, die neben den Vorteilen auch auf die Nachteile und Grenzen der *Führung im Mitarbeiterverhältnis* hinwies.

Verwaltung

Über Höhn erzählte man sich in seinem Kollegenkreis scherzhaft, dass er unsterblich sei. Nicht nur weil er sich selbst dafür hielt, sondern weil der Herrgott, Jesus und alle Engel Angst hätten, dass er auch im Himmel versuchen würde, das *Harzburger Modell* einzuführen.[378] Das Bonmot griff eine wichtige Beobachtung auf, die Höhn mit vielen Managern teilte. Für ihn folgte sein Beruf gleichzeitig einer Berufung, einem höheren Auftrag, einer Mission, die er konsequent und unnachgiebig verfolgte. Dabei entwarf Höhn das Konzept der *Führung im Mitarbeiterverhältnis* bewusst so, dass Unternehmen egal welcher Größe und Branche mit ihr angesprochen werden konnten. 1967 erweiterte Höhn das Portfolio der *Akademie für Führungskräfte der Wirtschaft* um Kurse, die speziell für die Verwaltung zugeschnitten waren.[379] Den Anstoß lieferten im Dezember 1966 die Teilnehmer eines *Chefseminars* – darunter Helmuth Kern.[380] Der Hamburger Wirtschaftssenator verriet damals der Lokalpresse, nach Bad Harzburg gekommen zu sein, um mehr über die Leistungssteigerung behördlicher Administration zu erfahren.[381] Auch wenn Höhn ihm das zunächst schuldig blieb, reagierte er. Fortan bildete die »Delegation von Verantwortung als Führungs- und Organisationsprinzip der öffentlichen Verwaltung« ein »umfassendes Forschungsgebiet« der *Akademie für Führungskräfte der Wirtschaft*.[382] Im Mai 1969 veranstaltete sie das erste Spezialseminar für die öffentliche Verwaltung.[383] 1970 legte Höhn das Buch *Verwaltung heute* vor.[384] Die Sozial- und Politikwissenschaft begann sich etwa ab

378 Auskunft von Werner Siegert vom 16. August 2011.

379 Tätigkeitsbericht der Deutschen Volkswirtschaftlichen Gesellschaft 1967, S. 15.

380 In der Hamburger Behörde für Wirtschaft und Verkehr leitete Kern gegen Ende der 1960er-Jahre die Arbeitsgruppe »Harzburger Modell«, die sich damit beschäftigte, inwieweit sich Höhns Führungsmodell auf die öffentliche Verwaltung übertragen lässt. Eine ähnliche Gruppe existierte auch bei der Berliner Polizei, deren Hamburger Pendant im Oktober 1969 eine Allgemeine Führungsanweisung vorstellte, die den Richtlinien einer Führung im Mitarbeiterverhältnis folgte.

381 Bad Harzburg Stiftung, Nachlass Herbert Ahrens, Pressetext vom 8. Dezember 1966.

382 Tätigkeitsbericht der Deutschen Volkswirtschaftlichen Gesellschaft 1968, S. 18.

383 Tätigkeitsbericht der Deutschen Volkswirtschaftlichen Gesellschaft 1969, S. 16.

384 Höhn, Reinhard: Verwaltung heute. Autoritäre Führung oder modernes Management, Bad Harzburg 1970.

Mitte der 1960er-Jahre verstärkt für die öffentliche Verwaltung zu interessieren. Mit Fritz Morstein Marx' *Verwaltung* und Werner Thiemes *Verwaltungslehre* erschienen grundlegende Schriften, die wichtige Orientierungen innerhalb der Verwaltungswissenschaft skizzierten.[385] Höhn siedelte *Verwaltung heute* an der Schnittstelle zwischen Verwaltungswissenschaft, Verwaltungsrecht und modernem Management an. Anders beispielsweise als Morstein Marx, der sich in seiner empirisch abgesicherten Darstellung an Max Weber sowie der amerikanischen Public Administration orientierte, und Thieme, der eine juristische Betrachtungsweise wählte, argumentierte Höhn gewohnterweise aus der Geschichte heraus. Wieder setzte er dafür beim absoluten Staat an. Wieder verglich er Führungsstile in Armee, Wirtschaft und Verwaltung, um von ihnen auf die *Führung im Mitarbeiterverhältnis* und ihre gesellschaftliche Bedeutung überzuleiten. Die Verwaltung verstand Höhn als Partner des Staates sowie der »politischen und sozialen Kräfte«.[386] Zur Ausgestaltung der sozialen Ordnung erwartete er, dass sie mit Blick auf Sicherheit, Konjunktur und Prosperität integrative Aufgaben im Gemeinwesen übernimmt. Für diese Aufgabe brauchte es aus Höhns Sicht eine zeitgemäße Organisation und Struktur sowie ein »völlig neues Denken und Handeln«.[387] Bestätigung suchte Höhn unter anderem bei dem damaligen rheinland-pfälzischen Ministerpräsidenten Helmut Kohl sowie dem früheren Bundesinnenminister Ernst Benda, der Ende 1968 im Zuge der geplanten Reform der Bundesverwaltung für eine stärkere Einbeziehung von Erkenntnissen aus der Wirtschaft plädiert hatte. Daneben zitierte Höhn in *Verwaltung heute* die Forderung des Bundestagsabgeordneten Konstantin von Bayern nach »modernen Management-Methoden« in der öffentlichen Verwaltung, um deren Leistungsfähigkeit zu steigern.[388] Aus dem Kreis der Wirtschaft nannte Höhn mit der *Deutschen Bundespost* und der *Deutschen Bundesbahn* zudem die damals größten Arbeitgeber des Landes. Insbesondere innerhalb der Bahn wurden seinerzeit Vorschläge diskutiert, sie als wirtschaftliches Unternehmen stärker nach den Grundsätzen eines modernen Managements zu führen, um den steigenden Fehlbeträgen entgegenzusteuern, die unter anderem von hohen Personalkosten herrührten. Mit der seit den frühen 1950er-Jahren andauernden Sozialstaatsdiskussion bot sich Höhn ein zusätzlicher Anknüpfungspunkt. Bei ihr hielt er sich in *Verwaltung heute* allerdings kaum länger auf als bei der kommunalen Gebietsreform der ausgehenden 1960er-Jahre.

Modernes Management und Verwaltung implizierte konsequenterweise für Höhn ein neues Beamtenbild. Dieser sollte nicht länger »Staatsdiener im althergebrachten

385 Morstein Marx, Fritz: Verwaltung. Eine einführende Darstellung, Berlin 1965; Thieme, Werner: Verwaltungslehre, Köln 1967.

386 Höhn: Verwaltung heute, S. 132f.

387 Ebenda, S. 136.

388 Ebenda, S. 143.

Sinn« sein, sondern selbst Führungskraft.[389] In Anlehnung an Scharnhorst schrieb Höhn: »Was Fortschritt ist, bestimmt für die Armee der Gegner, für die Verwaltung sind es die Forderungen, die das Jahr 2000 stellen wird und die sich heute schon erkennen lassen.«[390] Das größte Defizit machte er bei der Aus- und Weiterbildung von Beamten fest. Hier stecke man in Verhältnissen wie vor 50 Jahren fest. Als Ausnahme nannte Höhn den Beschluss der Innenministerkonferenz Ende November 1968 über die Fortbildung für Probebeamte des höheren Dienstes. Daneben machte Höhn auf Seminare aufmerksam, die leitende Beamte zusammen mit Vertretern der Wirtschaft besuchen könnten.[391] Dafür zählte er nach der *Akademie für Führungskräfte der Wirtschaft* die im September 1969 gegründete *Akademie für Führungskräfte der Deutschen Bundespost* auf.

Wie im Fall des Mitarbeiters sah Höhn den Beamten als Teil eines Wandlungsprozesses. Bei diesem reiche es nicht aus, sich zu einem modernen Management zu bekennen und möglichst viele Begriffe aus der Wirtschaft zu adaptieren.[392] Höhn hatte eine Beschäftigung mit dem autoritären Führungsstil und seinen Leitbildern vor Augen. Sein Ziel war es, auch innerhalb der öffentlichen Verwaltung weg von dem Prinzip von Befehl und Gehorsam zu kommen. Der Beamte sollte ein »kritisch-rationaler Staatsdenker« werden, der genug Mut besaß, »alles in Frage zu stellen«.[393] Hierfür begrüßte Höhn die forcierte Aufgabenverteilung und die angestoßene organisatorische Vereinfachung früherer Reformansätze. Die Neubestimmung verwaltungsinterner Führungsverhältnisse war für ihn nicht zuletzt als Pendant zum Arbeitsrecht eine Auseinandersetzung mit dem Beamtenrecht. In der praktischen Ausgestaltung innerbehördlicher Interaktion setzte Höhn auf die bekannten Elemente seiner *Führung im Mitarbeiterverhältnis*. So war auch der Mitarbeiter in der Verwaltung verpflichtet, den ihm übertragenen Delegationsbereich selbstständig und mit Eigeninitiative auszufüllen, während der Vorgesetzte ihm diese Freiheiten zu gewähren hatte. Dafür mussten sich beide von früheren Leitbildern freimachen. Auch in diesem Fall untersagte Höhn die Rückdelegation. Anhand zahlreicher praktischer Beispiele bot Höhn in *Verwaltung heute* eine präskriptive Handlungsanweisung für »fortschrittliche Behördenleiter«.[394] Diese ergänzte er mit Antworten auf häufig gestellte Fragen – wie etwa: »Kann man überhaupt in der Verwaltung einem Mitarbeiter so weitgehende Befugnis geben, ohne Einwirkung seines Vorgesetzten im Einzelfall selbstständig zu handeln

389 Höhn: Verwaltung heute, S. 154.
390 Ebenda, S. 152.
391 Dazu Meyer, Karl: Fortbildung in der Hamburger Verwaltung. Aufgaben und Leistungen, Hamburg 1968.
392 Höhn: Verwaltung heute, S. 163.
393 Ebenda, S. 198.
394 Ebenda, S. 249.

und zu entscheiden?« oder »Werden es die Mitarbeiter in der Verwaltung nicht ablehnen, mehr Verantwortung als bisher zu tragen, und lieber auf größere Handlungs- und Entscheidungskompetenzen verzichten, so daß man schon aus diesem Grunde bei dem bisherigen System bleiben muß?«.[395] In ihnen machte Höhn deutlich, dass die Verantwortungsdelegation nicht das Ende der Hierarchie bedeutete, sondern »einen Wandel in ihrer Bedeutung und Funktion«.[396] Das galt aus seiner Sicht gleichzeitig für die Teamarbeit. Sie sah Höhn als Sonderfall der Delegation von Verantwortung. Demnach lag ihr Zweck in der Ergänzung der bestehenden Hierarchie, um Chaos entgegenzuwirken. Allerdings sei die Teamarbeit kein »Allheilmittel«.[397] Höhn warnte sogar explizit vor einer »Team-Euphorie«.[398]

Im Vergleich zur Wirtschaft ergaben sich für die *Führung im Mitarbeiterverhältnis* in der Verwaltung zwei »Sonderprobleme der Verantwortung«.[399] Das erste bezog sich auf die Verantwortung gegenüber außerbehördlichen Stellen. »Es ist eine bekannte Sache«, so Höhn, »daß der Behördenleiter von der Öffentlichkeit (Presse, Rundfunk, Fernsehen, Bürgerverein, Gewerkschaft, Interessenverbände etc.) für alles verantwortlich gemacht wird, was im Gesamtbereich seiner Behörde geschieht.«[400] Er sah darin die Gefahr, dass sich eine von der »Öffentlichkeit geltend gemachte schrankenlose externe Verantwortung des Behördenleiters« im Fall der Fälle erschwerend auf die sachgerechte Regelung der internen Verantwortung auswirkt.[401] Dadurch gerate der Behördenleiter leicht in Versuchung, intern einzugreifen, um das eigene Risiko zu mindern. Dann würde er die nächste ihm nachgestellte Instanz für alles verantwortlich machen, ohne dabei zu fragen, »ob die Untergebenen als Vorgesetzte jeweils verantwortlich sein können oder nicht«.[402] Die *Führung im Mitarbeiterverhältnis* sah hingegen vor, dass sich der Behördenleiter der Öffentlichkeit stellte und nicht schweigend versuchte, sie zu übergehen. Aus Höhns Sicht war es seine Pflicht zu antworten, sprich »Auskunft darüber zu geben, wie es zu der beanstandeten Angelegenheit kam, wie sie behandelt wurde und welche Vorkehrungen getroffen wurden, um eine Wiederholung zu verhüten«.[403] Das zweite Sonderproblem betraf die politische Verantwortung. Im Kern spiegelte sich bei ihr die von Höhn über die *Führung im Mitarbeiterverhältnis* zur Frage der Verantwortung entwickelten Grundprinzipien. So galt auch hier die Auskunftspflicht. Daneben musste der Leiter einer Behörde nicht automatisch »für

395 Ebenda, S. 251f.
396 Ebenda, S. 219.
397 Ebenda, S. 222.
398 Ebenda.
399 Ebenda, S. 356.
400 Ebenda.
401 Ebenda.
402 Ebenda, S. 357.
403 Ebenda.

alles Tun oder Unterlassen im nachgeordneten Bereich« einstehen.[404] Oder anders formuliert: Er konnte nur für Zurechenbares verantwortlich gemacht werden. Der Gedanke, Verantwortlichkeit als Rechenschaftspflicht mit der Idee der Zurechenbarkeit zu verbinden, wurde durch den Staatsrechtler Fritz Marschall von Bieberstein Gegenstand der deutschen Staatslehre.[405] Ihn verband Höhn mit der Forderung des Staatsrechtlers Klaus Vogel, daraus ein »allgemeines Prinzip organisatorischer Gerechtigkeit« abzuleiten.[406] Die hierfür als Grundlage dienende politische beziehungsweise parlamentarische Verantwortung war bereits im Umfeld der italienischen Städterepubliken zu beobachten.[407] Damals musste sich der Podestà nach dem Ablauf seiner Amtszeit für einen gewissen Zeitraum für mögliche Klagen gegen ihn zur Verfügung halten. Schon hier zeigte sich ihre Nähe und Verknüpfung mit zivil- und strafrechtlicher Verantwortung. In ihrer modernen Ausprägung war die parlamentarische Verantwortung ein Instrument politischer Kontrolle.[408] Das jedoch, klammerte Höhn aus.

In *Die Verwirklichung der Führung im Mitarbeiterverhältnis in der Verwaltung* erweiterte Höhn 1971 die praxisorientierte Schwerpunktsetzung von *Verwaltung heute*. Das Buch versprach seinem Leser einen »Stufenplan«, eine »Art Leitfaden«, der dem »Behördenleiter bei der Lösung der wichtigsten Fragen und Probleme, die während der Umstellung auf die Führung im Mitarbeiterverhältnis auftreten können«, eine Hilfe sein sollte.[409] Höhns Ausgangspunkt dafür war die »geistige Vorbereitung der Mitarbeiter und Vorgesetzten« auf die Arbeit mit der *Führung im Mitarbeiterverhältnis*.[410] Zur allgemeinen Orientierung schlug er konkret drei Wege vor: die Teilnahme an Sonderseminaren, die Teilnahme an Colloquien für Spitzenkräfte der öffentlichen Verwaltung respektive die Teilnahme an einer Grundsatzdiskussion allein mit der Behördenspitze.[411] In diesem Zusammenhang stellte Höhn die wichtige Frage, »ob der Personalrat beteiligt werden muß, d.h. ob er ein Recht auf Mitbestimmung, auf Mitwirkung oder auf Anhörung und Information besitzt« – und überließ ihre Beantwortung weitestgehend dem Behördenleiter.[412] Wurde der Personalrat einbezogen, durfte sich dieser aber nicht über dessen Wort hinwegsetzen. Allerdings relativierte das

404 Ebenda, S. 361.
405 Dazu Klein, Eckart: Die verfassungsrechtliche Problematik des ministerialfreien Raumes. Ein Beitrag zur Dogmatik der weisungsfreien Verwaltungsstellen, Berlin 1974, S. 40-43.
406 Höhn: Verwaltung heute, S. 363.
407 Zippelius, Reinhold: Varianten und Gründe rechtlicher Verantwortlichkeit, in: Lampe, Ernst-Joachim (Hrsg.): Verantwortlichkeit und Recht, Opladen 1989, S. 262.
408 Ebenda.
409 Höhn, Reinhard: Die Verwirklichung der Führung im Mitarbeiterverhältnis in der Verwaltung. Ein Stufenplan, Bad Harzburg 1971, S. VII.
410 Ebenda, S. VIII.
411 Ebenda, S. 73f.
412 Ebenda, S. 74.

Höhn mit einem Verweis auf das 1955 in Kraft getretene *Personalvertretungsgesetz*. Demnach griff für die Bestimmung eines Führungsstils das Organisationsrecht, wodurch der Behördenleiter letztlich nicht an die Zustimmung des Personalrats gebunden war. Unter dem Eindruck der 1971 wiederaufkommenden Debatte über eine Überarbeitung des *Personalvertretungsgesetzes* ergänzte Höhn jedoch: »Es wäre nun aber völlig verfehlt, aus dieser rein rechtlichen Situation die Konsequenz abzuleiten, daß sich die Umstellung einer Behörde auf die Führung im Mitarbeiterverhältnis ohne aktive Mithilfe des Personalrates durchführen ließe«.[413] Viel wichtiger war in seinen Augen eine vertrauensvolle Zusammenarbeit zwischen Behördenleitung und Personalvertretung.

Für die Umstellung auf die *Führung im Mitarbeiterverhältnis* unterschied Höhn drei Phasen. Nach einer generellen Orientierung der Mitarbeiter über den neuen Führungsansatz folgten ihre systematische Unterweisung und das Einüben des Gelernten in der Praxis.[414] Daneben musste die Behörde auch organisatorisch auf die Umstellung vorbereitet werden. Höhn riet zunächst eine Ist-Analyse durchzuführen, dann die Delegationsbereiche festzulegen und die allgemeinen Führungsrichtlinien auszuarbeiten. Als Hilfestellung versammelte er thematisch gestaffelte Stichworte wie etwa Unterstellung, Kontrollspanne, Zeichnungsrecht oder Stabs- und Linienfunktion. Dabei warnte Höhn vor Übergangsschwierigkeiten. In dem Fall sah er die Behördenleitung in der Pflicht, die auftretenden Mängel anzusprechen und zu korrigieren. Allerdings sollte die »Toleranzzeit« nicht länger als ein Jahr dauern.[415] Höhn empfahl, im Anschluss die gesammelten Erfahrungen und erzielten Ergebnisse auf den Prüfstand zu stellen. Ziel sei es zu eruieren, ob sich Stellenbeschreibung und *Allgemeine Führungsanweisung* als praxistauglich bewiesen haben und inwiefern die Positionen mit Kräften besetzt sind, die den Anforderungen der jeweiligen Stellen entsprechen. Danach oblag es dem Vorgesetzten, welche Konsequenzen er daraus zog. Ein generelles »ungeeignet für die neue Führung« hielt Höhn indes für problematisch.[416] Stattdessen riet er nach Stärken und Schwächen zu schauen und im Anschluss zu entscheiden. Den »Konsequenzen bei mangelnder Eignung von Mitarbeitern und Vorgesetzten zur Führung im Mitarbeiterverhältnis« widmete Höhn in *Die Verwirklichung der Führung im Mitarbeiterverhältnis in der Verwaltung* ein eigenständiges Kapitel.[417] Aus diesem ging hervor, dass Höhn bei Mitarbeitern der unteren Führungsebenen die größten Probleme erwartete. Für diesen Fall schlug er vor, gemäß des Ausbildungsniveaus und der Qualifikation der Mitarbeiter zweigleisig zu fahren, sprich zwischen »echten Mit-

413 Ebenda, S. 78.
414 Ebenda, S. 92-96.
415 Ebenda, S. 227.
416 Ebenda, S. 233.
417 Ebenda, S. 235.

arbeitern« und den anderen zu differenzieren, die weiterhin autoritär geführt werden wollen.[418] Derartige Ausnahmen ließ Höhn ab der mittleren Führungsebene nicht mehr gelten. Mit weniger Schwierigkeiten rechnete er in Spitzenpositionen, wo der Tätigkeitsschwerpunkt auf dem Gebiet der Führung und weniger in fachlichen Aufgaben lag. Bewegte sich dort ein Stelleninhaber weiterhin autoritär, sah Höhn kaum einen anderen Ausweg, als seine Position neu zu besetzen.

Die Trias seiner zentralen Verwaltungsarbeiten komplettierte 1972 die Schrift *Moderne Führungsprinzipien in der Kommunalverwaltung*. Anders als ihre Vorgänger war sie die Reaktion auf ein »aktuelles Ereignis«, wie Höhn schrieb.[419] Dies hing mit der *Kommunalen Gemeinschaftsstelle für Verwaltungsvereinfachung* zusammen. In der Reihe ihrer gerade bei Gemeinden weitverbreiteten Gutachten erschien Ende Januar 1971 der Bericht *Funktionelle Organisation; Delegation von Entscheidungsbefugnissen*. Darin behandelten seine Verfasser Erwin Hesmert, Werner Jähnig und Erhard Mäding, Höhns früherer Bekannter, die verwaltungsbezogene Delegation. Ihre Ergebnisse zur Entlastung der Beamten fassten sie in der *Hamburger Regelung* zusammen. Diese enthielt zum Beispiel die Verlagerung der Pflicht des Vorgesetzten zur »Erfüllung einer bestimmten Aufgabe« nach unten.[420] Praktisch gesehen, bestand für Hesmert, Jähnig und Mäding die große Herausforderung darin, zu gewährleisten, dass der Sachbearbeiter einerseits aktiv und selbstständig tätig war und andererseits die richtige innere Einstellung zum Delegationsgedanken mitbrachte. Häufig aber müsse dafür erst ein »Prozeß des Umdenkens« in Gang gesetzt werden.[421] Über ihn gelte es überkommene Leitbilder abzustreifen und delegationsbedingte Regeln zu internalisieren.[422] Arbeitsplatzbeschreibungen sowie Dienst- und Geschäftsanweisungen sollten dabei helfen. Für Hesmert, Jähnig und Mäding waren sie der Schlüssel zur Einführung einer Delegation von Entscheidungsbefugnissen. Von ihr versprachen sie sich eine »Fortentwicklung der bisherigen Verwaltungspraxis«, mit der sich Doppelarbeit vermeiden ließ.[423] Ihr Aushängeschild dafür war die Hamburger Stadtverwaltung. Von der *Führung im Mitarbeiterverhältnis* versuchte sich die *Hamburger Regelung* klar abzusetzen. Denn aus ihrer Sicht machte die unter Höhn zum Dogma erhobene Delegation von Verantwortung den Verwaltungsapparat unnötig schwerfällig, »anstatt ihn lebendiger und in der Abwicklung der Verwaltungsaufgaben flexibler und wirtschaft-

418 Ebenda, S. 236.

419 Höhn, Reinhard: Moderne Führungsprinzipien in der Kommunalverwaltung. Zugleich eine Antwort an die Kommunale Gemeinschaftsstelle für Verwaltungsvereinfachung (KGSt), Bad Harzburg 1972, S. VI.

420 Kommunale Gemeinschaftsstelle für Verwaltungsvereinfachung (Hrsg.): Funktionelle Organisation; Delegation von Entscheidungsbefugnissen, Bericht 3/1971, S. 5.

421 Ebenda, S. 7.

422 Ebenda.

423 Ebenda.

licher zu gestalten«.[424] Außerdem kritisierten Hesmert, Jähnig und Mäding in ihrem Bericht den geschlossenen Charakter der *Führung im Mitarbeiterverhältnis*. Hinsichtlich ihrer Übertragung auf die öffentliche Verwaltung bemerkten sie: »Die Aufgaben und Ziele eines Unternehmens sind anders gelagert als die der Kommunalverwaltung. Während Unternehmen bestrebt sind, primär Gewinne zu erzielen, hat die Kommunalverwaltung neben hoheitlichen Aufgaben vor allem die der Daseinsfürsorge zu erfüllen.«[425] In *Moderne Führungsprinzipien in der Kommunalverwaltung* widersprach Höhn nicht, dass es diese Diskrepanz gab. Die Übertragungsproblematik war damals weder von der Wirtschaft noch der Betriebswissenschaft befriedigend aufgelöst worden. Dementsprechend pragmatisch verhielt sich Höhn. »Management« war für ihn weit mehr als nur ein Thema für Unternehmen. Wäre es nach Höhn gegangen, würde jede Einrichtung und Organisation nach modernen Managementmethoden führen – auch Kliniken und Universitäten. Hesmert, Jähnig und Mäding warf er umgekehrt vor, »unzulässigerweise« die vielfältigen Verflechtungen zwischen Wirtschaft und Verwaltung zu ignorieren.[426] Nicht zuletzt verwies Höhn darauf, dass Verwaltungen in zunehmendem Maße die an sie gestellten Aufgaben unter sparsamster Mittelverwendung und der Berücksichtigung des Nutzens, des Ertrages sowie der Leistung erfüllen müssen.[427] Einem Indizienprozess vergleichbar sezierte er in *Moderne Führungsprinzipien in der Kommunalverwaltung* die Einwände von Hesmert, Jähnig und Mäding – so etwa bei der Frage, was mit Mitarbeitern geschehen soll, die sich trotz aller Bemühungen als unfähig für ihre Aufgabe erwiesen. Hesmert, Jähnig und Mäding hielten Höhn an dieser Stelle die *Landesbeamtengesetze* sowie die Laufbahnvorschriften vor. Aus dem *Grundgesetz* ergab sich das Lebenszeitprinzip als hergebrachter Grundsatz des Berufsbeamtentums. Kündbar war nur der Beamte, der auf Widerruf oder Probe eingestellt wurde oder durch schwere Verfehlungen auffiel. Folglich bleibe der Verwaltung nicht erspart, »einen gewissen Prozentsatz unfähiger Mitarbeiter auf Dauer mitzuschleppen« –, und zwar solange, bis sich der Gesetzgeber dazu durchringe, einen »Trottelparagraphen« einzuführen.[428] Die Zahl derer, die unter einen solchen Paragraphen fallen würden, hielt Höhn jedoch für zu gering, als dass sie die Einführung eines neuen Führungsstils tatsächlich in Frage stellen könnten.

Auf Unverständnis stieß bei Höhn der Bericht von Hesmert, Jähnig und Mäding auch an dem Punkt, als sie Zweifel anmeldeten, ob die in der *Führung im Mitarbeiterverhältnis* verankerte verschärfte Dienstaufsicht rechtlich überhaupt einwandfrei sei. In seinen Augen blieb der Beweis für eine solche Behauptung jedoch offen – geschwei-

424 Ebenda, S. 14.
425 Ebenda, S. 3.
426 Höhn: Moderne Führungsprinzipien in der Kommunalverwaltung, S. 46.
427 Dazu ebenda, S. 40.
428 Ebenda.

ge denn, dass Höhn »die Grundbegriffe des Harzburger Modells in diesen und auch anderen Ausführungen der KGSt nicht immer richtig« wiedergegeben sah.[429] Für ähnlich willkürlich hielt er die von dem Autorenteam formulierten verfassungsrechtliche Bedenken gegenüber der *Führung im Mitarbeiterverhältnis*. Bei der Rückdelegation oder der Allzuständigkeit seien sie zu Fehlschlüssen gekommen. Auch vermisste Höhn eine saubere Trennung zwischen den im Bericht verwendeten Begriffen und eine Analyse der einzelnen Gemeindeordnungen, ob und inwieweit sie eine Delegation von Verantwortung zuließen. Dies besorgte Höhn in *Moderne Führungsprinzipien in der Kommunalverwaltung* selbst. Trotz einzelner Besonderheiten in Bundesländern wie Bayern und Nordrhein-Westfalen sah er keine rechtlichen Schwierigkeiten für eine Delegation von Verantwortung in der öffentlichen Verwaltung. So war der Bericht *Funktionelle Organisation; Delegation von Entscheidungsbefugnissen* für Höhn »nur ein kleiner Ausschnitt« aus dem »vielfach mißverstandenen Harzburger Modell«.[430]

Parallel zu Höhns Verwaltungsveröffentlichungen begannen erste Verwaltungen testweise mit der *Führung im Mitarbeiterverhältnis* zu arbeiten. Dazu gehörten die Stadtverwaltungen Speyer und Grenchen, die Landratsämter Bergzabern und Ludwigshafen sowie ausgewählte Reviere der Berliner Polizei.[431] Die Stadt Remscheid beispielsweise war seit Anfang der 1950er-Jahre Mitglied der *Kommunalen Gemeinschaftsstelle für Verwaltungsvereinfachung*. 1959 trat sie aus und vier Jahre später wieder ein. In dieser Zeit bereitete die Stadtverwaltung die Umgestaltung ihrer Verwaltungsarbeit vor. Probleme sollten allerdings intern gelöst werden. Hierfür vertraute man anfänglich dem Delegationsmodell der *Kommunalen Gemeinschaftsstelle für Verwaltungsvereinfachung*. Danach wechselte die Stadtverwaltung zur *Führung im Mitarbeiterverhältnis*, bis auch sie schließlich verworfen wurde.[432]

429 Ebenda, S. 115.

430 Ebenda, S. 92, 94. Im Nachgang einer Forumsdiskussion Mitte November 1974 in Koblenz, wo Heinrich Siepmann von der KGSt und ein Vertreter aus Bad Harzburg unter anderem über die Schwächen von Höhns Führungslehre debattierten, kam es zu einer Annäherung, die allerdings auf das offen gebliebene Angebot von beiden Seiten hinauslief, nach Möglichkeiten einer Kooperation zu suchen.

431 Die Unterlagen zur Implementierung der Führung im Mitarbeiterverhältnis innerhalb der Landratsämter Bergzabern und Ludwigshafen verwahrt das Landeshauptarchiv Koblenz im Bestand der Staatskanzlei Rheinland-Pfalz. Im Falle der Berliner Polizei ist es die Polizeihistorische Sammlung Berlin, deren Bestand über ein entsprechendes Pilotprojekt aus dem Jahr 1971 Auskunft gibt.

432 Stadt Remscheid (Hrsg.): Neuorganisation der Stadtverwaltung Remscheid, Remscheid 2008, S. 24.

Mit *Moderner Führungsstil in der Forstwirtschaft* legte Höhn 1974 die erste Monografie speziell für einen Verwaltungsbereich vor.[433] Ko-Autor war der von der *Daimler-Benz AG* an die *Akademie für Führungskräfte der Wirtschaft* gewechselte Christian Freilinger, Höhns gelegentlicher Sozius bei der Jagd im Salzkammergut.[434] Die Struktur des Buches bot zunächst einmal wenig Überraschendes. So betonten seine Autoren, es aus der Praxis und den Erfahrungen der Verwaltungspraktiker heraus geschrieben zu haben. Ihre Argumentation entwickelten sie aus einem gewohnten historischen Umfeld, in dem der Absolutismus und sein Führungsleitbild als Inbegriff des Überholten fungierten. Daneben zogen Freilinger und Höhn Querverbindungen zum Militär. Sie taten das für eine Zeit, als die Aufnahme in den Forstdienst noch von der vollen Wehrtauglichkeit des Aspiranten abhing und Forstwarte gleichzeitig Schutzorgane waren. Praktisch ablesbar war diese gemeinsame Schnittmenge für Freilinger und Höhn unter anderem am Ausbildungsweg der Forstbeamten und dort im Meisterprinzip.[435] Über Jahrzehnte hinweg seien durch dieses routinemäßig Aufgaben und Kompetenzen aber keine Verantwortung delegiert worden. Dem setzten Freilinger und Höhn veränderte Herausforderungen mit wachsenden Behörden, wachsender Spezialisierung und neuen Fragestellungen wie die der Umweltvorsorge entgegen. So gelte auch für die Forstwirtschaft der Wirtschaftlichkeitsgrundsatz, das ökonomische Prinzip. Zu ihm stehe ein autoritäres Führen im »krassen Widerspruch«.[436] Außerdem sprächen der demokratische Wandel und die starke Dezentralisation eindeutig für einen Wandel. Damit nutzten Freilinger und Höhn zentrale Vokabeln verschiedener Kommissionen, die sich etwa zur gleichen Zeit auf Landesebene zur Diskussion neuer Führungsrichtlinien gebildet hatten. Im Ergebnis orientierten sich die Landesforsten in Baden-Württemberg früh in Richtung der *Führung im Mitarbeiterverhältnis*. Ähnlich verhielt es sich in Hessen, Niedersachsen, Rheinland-Pfalz und Schleswig-Holstein. In Nordrhein-Westfalen wurde 1971 begonnen, den Dienstbetrieb umzustellen.[437] Da es in der Folgezeit nur selten zu Rückfällen in autoritäres Führungsverhalten im Sinne der preußischen Dienstanweisung von 1927 kam, entschloss man sich 1995 an der *Führung im Mitarbeiterverhältnis* festzuhalten.[438] Bei der bayri-

433 Freilinger, Christian/Höhn, Reinhard: Moderner Führungsstil in der Forstwirtschaft, Bad Harzburg 1974.

434 Auskunft von Christian Freilinger vom 12. April 2012.

435 Zum Ausbildungsweg am Beginn des 19. Jahrhunderts: Bernhardt, August: Geschichte des Waldeigenthums, der Waldwirthschaft und Forstwissenschaft in Deutschland, Heidelberg 1875, bes. S. 70-80.

436 Freilinger/Höhn: Moderner Führungsstil in der Forstwirtschaft, S. 19.

437 Freilinger/Höhn: Moderner Führungsstil in der Forstwirtschaft, S. 19; Heukamp, Bernhard: Die Forstverwaltungen, in: Schulte, Andreas (Hrsg.): Wald in Nordrhein-Westfalen, Band 1, Münster 2003, S. 299.

438 Heukamp: Die Forstverwaltungen, in: Schulte (Hrsg.): Wald in Nordrhein-Westfalen, S. 299.

schen Forstverwaltung vollzog sich eine ähnliche Entwicklung. Hier datiert die letzte Überarbeitung auf das Jahr 2005.[439] Für Freilinger und Höhn war die bayerische Forstverwaltung ein Vorzeigeobjekt der *Akademie für Führungskräfte der Wirtschaft*. Keine der übrigen staatlichen Forstverwaltungen ließ sich so umfangreich in Bad Harzburg schulen wie sie.[440] Das beinhaltete die systematische Weiterbildung von Mitarbeitern aus insgesamt 274 Forstämtern und 1.300 Dienstbezirken.[441] Für sie entwarf Höhn eine stufenweise Fortbildung. Zunächst wurden die leitenden Beamten des Staatsministeriums und der Oberforstdirektion sowie die Amtsvorstände und die Behördenleiter mit den Grundlagen der *Führung im Mitarbeiterverhältnis* vertraut gemacht. Dem folgten 275 ausgesuchte Beamte, die man in Lehrgängen vorrangig auf pädagogische Aufgaben vorbereitete.[442] In anschließender Gruppenarbeit sollten sie den übrigen Mitarbeitern den thematischen Einstieg erleichtern. Widerstände seien dabei kaum aufgetreten. Freilinger und Höhn bilanzierten in relativ kurzer Zeit trotz dezentralisierter Organisationsform eine Steigerung des allgemeinen Leistungsniveaus sowie eine Verbesserung des Betriebsklimas.[443] Im Sommer 1973 traten in Bayern die Dienstordnung für Forstämter sowie die *Allgemeinen Führungsrichtlinien* in Kraft.[444] Es scheint, dass neben Stellenbeschreibungen gerade sie länderübergreifend in der öffentlichen Verwaltung von der *Führung im Mitarbeiterverhältnis* übriggeblieben sind.[445] Diesen Eindruck erhärten die Forstverwaltungen Nordrhein-Westfalens und Hessens, wo man weiterhin mit Zielvereinbarungen oder der AKV-Regel arbeitet, nicht aber explizit mit Höhns Führungsansatz.[446] Die meisten Anläufe, die *Führung im Mitarbeiterverhältnis* in der Verwaltung zu installieren, kamen häufig nicht über eine Testphase hinaus – mit Ausnahme vielleicht einzelner Landesforstverwaltungen. Und dennoch waren es Ansätze wie die der *Akademie für Führungskräfte der Wirtschaft* oder der *Kommunalen Gemeinschaftsstelle für Verwaltungsvereinfachung*, die den Wandel innerhalb der Verwaltung hin zum kooperativen Führen voranbrachten, auch wenn dieser noch nicht endgültig vollzogen wurde.[447]

439 Auskunft der Servicestelle der Bayrischen Staatsregierung vom 20. Dezember 2012.
440 Freilinger/Höhn: Moderner Führungsstil in der Forstwirtschaft, S. VII.
441 Ebenda, S. 101.
442 Ebenda.
443 Ebenda, S. VII.
444 Ebenda, S. 103f.
445 Walter, Alfred: Das Unbehagen in der Verwaltung. Warum der öffentliche Dienst denkende Mitarbeiter braucht, Berlin 2011, S. 95.
446 Auskunft der Betriebsleitung der Niedersächsischen Landesforsten vom 18. Januar 2013; Auskunft der Landesbetriebsleitung der Hessischen Landesforstverwaltung vom 28. Januar 2013.
447 Brede: Grundzüge der Öffentlichen Betriebswirtschaftslehre, S. 158.

Dynamit

Stern, Spiegel, Engelmann

An der *Akademie für Führungskräfte der Wirtschaft* wurde Reinhard Höhn zu dem, was er in den zurückliegenden Jahrzehnten immer wieder selbst für sich gesucht hatte: einem Leitbild, einem Wegweiser. Während sie beständig wuchs und nach immer neuen Anwendungsfeldern suchte, galt er weithin mehr, als nur ihr Kopf und Gründer zu sein – Höhn war die Akademie, l' Académie, c' est il.

Sie war es, die sein Leben bestimmte, ihm Wohlstand bescherte und einen Platz in der Gesellschaft zuwies. Konkurrierende Anforderungen, wie sie etwa sein Privatleben an ihn stellte, ordnete Höhn dem konsequent unter. Dass das funktionieren konnte, dafür sorgte nicht zuletzt seine Familie. Tochter Elke arbeitete inzwischen selbst an der *Akademie für Führungskräfte der Wirtschaft* als Dozentin und organisierte zusammen mit ihrer Mutter das Leben zu Hause, alle Notwendigkeiten, die Höhn weiterdelegiert hatte. Nur seine älteste Tochter verweigerte sich dem konsequent und fand fernab vom Akademiealltag ihren Weg. In dieser Zeit war allerdings nicht Susanne nach außen die Frau an Höhns Seite, sondern Gisela Böhme, eine 1921 geborene, verwitwete Fremdsprachenkorrespondentin. Sie hatte Höhn über das *Hamburgische Welt-Wirtschafts-Archiv* kennengelernt. 1957 zog Böhme von Lübeck nach Bad Harzburg. Vor allem aber war sie die Tochter des langjährigen Präsidenten der *Deutschen Volkswirtschaftlichen Gesellschaft* Curt Köhler. Böhme beriet Höhn, leitete mit ihm Veranstaltungen und half bei der Abfassung fast jeder größeren Publikation. Zu seinem außerehelichen Sohn Bernd, der, 1946 geboren, aus einer Liaison mit einer Patientin hervorgegangen war, bestand lange Zeit gar kein Kontakt. Höhn hatte ihn in jungen Jahren mit sich genommen und in die Obhut von Pflegeeltern gegeben. Im Alter von 19 Jahren sprach der Sohn in Bad Harzburg vor. Was sich daraus entwickelte, nannte er später »Audienzen«, kurze Gespräche von etwa zwei Stunden, wenige Male im Jahr, herzlich, vor allem aber professionell geführt, in denen es wenig um Familiäres und viel um beider Arbeit ging.[448] Der Vater schenkte dem Sohn die neuesten Bücher und Seminarpläne. Daneben gab er ihm Ernährungstipps oder schickte ihn zum Rhetoriktrainer. Eine engere, tiefere Verbindung kam jedoch nicht zustande. Ihre Beziehung blieb belastet, wohl von den Erwartungen, die beide aneinander hatten – und nicht erfüllen konnten. Dem Sohn fehlte es am richtigen Umfeld, der richtigen Ausbildung, dem Vater an Empathie und Zeit. Auch zu den eigenen Eltern, die in Wasungen lebten, hatte Höhn nur wenig Kontakt. Seine Schwester sah er erst 1988 und nach der deutschen Wiedervereinigung wieder. In den Jahren zuvor war es vor allem Tochter Elke, die den Kontakt nach Thüringen hielt und die Tante besuchte.

448 Auskunft von Bernd Raffler vom 10. Februar 2012.

Wanddetail im Neubau der Akademie für Führungskräfte der Wirtschaft, undatiert

Höhn selbst hielt Abstand, um den Eltern womöglich weitere Schwierigkeiten zu ersparen, wie sie sie in den ersten Jahren nach dem Krieg erdulden mussten, weil der Sohn in den Augen der neuen Machthaber ein Kriegsverbrecher war.

So sehr sich die DDR als antifaschistischer Musterstaat zu legitimieren versuchte, konnte auch sie einen vollständigen Elitenwechsel nicht ohne Kompromisse vollziehen. Auch sie brauchte die Ehemaligen, um neuanzufangen. Schließlich brachten diese wichtige Eigenschaften wie Parteiverbundenheit, Klassenbewusstsein und Prinzipienfestigkeit mit, die nun wieder gefragt waren. Bis weit in die 1970er-Jahre hinein war dem Arbeiter- und Bauernstaat Höhns Name ein fester Begriff. Die nach dem Krieg angelegte und bis 1952 auf rund 10.000 Titel ergänzte »Liste der auszusondernden Literatur« führte ihn zwar nicht durchgängig, aber dennoch für mehrere Jahre.[449] Gleich ihr erster Band listet insgesamt neun Titel auf.[450] Im Zweiten sind es zwei und in der

449 Steigers, Ute: Die Mitwirkung der Deutschen Bücherei an der Erarbeitung der »Liste der auszusondernden Literatur« in den Jahren 1945 bis 1951, in: Zeitschrift für Bibliothekswesen und Bibliographie 3/1991, S. 244.

450 Deutsche Verwaltung für Volksbildung in der sowjetischen Besatzungszone (Hrsg.): Liste der auszusondernden Literatur, Leipzig 1946, S. 181.

abschließenden Ausgabe insgesamt drei.[451] Ebenso taucht er im Umfeld der dem Journalisten Karl Gerold offerierten »Blutdokumente«[452] auf sowie als Operationsgegenstand der Staatssicherheit[453] oder als Negativbeispiel in verschiedenen Publikationen. In *Westdeutsche Schule – im Gleichschritt, marsch* war Höhn mit einer Kurzbiografie vertreten und ausführlich im *Braunbuch*.[454] Im Sommer 1965 in Ostberlin von Initiator Albert Norden vorgestellt, fasste es das zusammen, was mehrere hundert Rechercheure ab den späten 1950er-Jahren über ehemalige Funktionäre in westdeutschen Eliten zusammentragen konnten. Wenn auch im Kern nicht immer zutreffend, mitunter sogar juristisch fragwürdig und wie im Fall des Sozialdemokraten Wenzel Jaksch frei erfunden, war das Ergebnis vor allem öffentlichkeitswirksam und propagandatauglich. Höhn wurde dem Leser an der Seite von Hermann Raschhofer, Arnold Gehlen und Hans Globke, quasi derjenigen, die in den Augen der Urheber damals das geistige Gesicht der Bonner Republik prägten, als »SS-Führer und Kronjurist Himmlers« sowie als einer seiner engsten Mitarbeiter und Berater für staatsrechtliche Fragen vorgestellt.[455] Der Artikel bot einen grob skizzierten und stellenweise fehlerhaften Überblick über frühere Äußerungen und Stationen. Gleich im ersten Satz beförderte er Reinhard Höhn zum geschäftsführenden Präsidenten der *Deutschen Volkswirtschaftlichen Gesellschaft*. Tatsächlich aber war er zu dieser Zeit geschäftsführendes Präsidialmitglied und Hubert von Katzler deren Präsident. Auch bekleidete Höhn weder die Position des Ausschussvorsitzenden für Polizeirecht an der *Akademie für Deutsches Recht* noch war er *Brigadeführer* oder *Generalleutnant* der *Waffen-SS*. Die DDR-Spitze wertete das *Braunbuch* als propagandistischen Erfolg – nicht zuletzt weil es durch das »Wechselspiel aus Skandal und Tabu« seine diskreditierende Wirkung entfalten konnte.[456] In der Bundesrepublik interessierten sich mit Lüneburg und Hamburg zwei Gerichte für dessen Beschlagnahmung. Ungeachtet davon wurde das *Braunbuch* 1967 auf der *Frankfurter Buchmesse* präsentiert – sieben ganze Tage lang, bis das Frankfurter Amtsgericht kurz vor Messeschluss zum Ärger der 38 Aussteller

451 Deutsche Verwaltung für Volksbildung in der sowjetischen Besatzungszone (Hrsg.): Liste der auszusondernden Literatur, Leipzig 1947, S. 68; Ministerium für Volksbildung in der Deutschen Demokratischen Republik (Hrsg.): Liste der auszusondernden Literatur, Leipzig 1953, S. 86.

452 O. A.: Blutdokumente liegen für Herrn Gerold bereit. Frankfurter Chefredakteur kann die Akten Globke & Co. einsehen, in: Neues Deutschland vom 6. Mai 1961.

453 Behörde des Bundesbeauftragten für die Stasi-Unterlagen, ZA VI 1354 A. 05, Bl. 1-33, ZA VI 3322 A. 20, Bl. 1-79.

454 Deutsches Pädagogisches Zentralinstitut (Hrsg.): Westdeutsche Schule – im Gleichschritt, marsch. Dokumente und Berichte, Berlin 1960, S. 126f.

455 Nationalrat der Nationalen Front des Demokratischen Deutschland (Hrsg.): Braunbuch. Kriegs- und Naziverbrecher in der Bundesrepublik. Staat, Wirtschaft, Verwaltung, Armee, Justiz, Wissenschaft, Berlin 1968, S. 433.

456 Nach Schwartz, Michael: Funktionäre mit Vergangenheit. Das Gründungspräsidium des Bundesverbandes der Vertriebenen und das »Dritte Reich«, München 2012, S. 48.

aus der DDR, des Frankfurter Börsenvereins und der Frankfurter Staatsanwaltschaft entschied, aktiv zu werden und es aus dem Verkehr zu ziehen.[457] Noch im Vorfeld versicherte Hessens Generalstaatsanwalt Fritz Bauer, dass von seiner Seite her nichts geschehen werde. Und selbst Bundespräsident Heinrich Lübke, der wohl Bekannteste der im *Braunbuch* Aufgeführten, ließ wissen, dass er kein Interesse an einer strafrechtlichen Verfolgung hege. Anders als Lübke, der sich damals generell mit einer gerichtlichen Aufarbeitung von Meldungen über seine NS-Zeit schwertat, stellten Adenauer und Globke schließlich wegen übler Nachrede und Beleidigung Strafanzeige gegen Unbekannt.[458] Häufig bedienten sich viele der bundesdeutschen Antworten einer kaum geringeren Polemik. Allerdings zeigten die Rücktritte der Vertriebenenminister Theodor Oberländer und Hans Krüger sowie die Debatte über die politische Vergangenheit von Spitzenbeamten und Regierungsmitgliedern, dass sich etwas in der Gesellschaft und ihrer politischen Kultur tat.[459] Wie aber war es bei Reinhard Höhn? Noch vor der Veröffentlichung des *Braunbuches* interessierte sich die polnische Auslandspresseagentur *West* für seine NS-Vergangenheit. Im März 1965 veröffentlichte sie im Nachgang der Verjährungsdebatte den »Lebenslauf eines ehrenwerten Professors«. Es war ein Versuch, Höhn in der allgemeinen Diskussion um Gehilfen und Täter bei bundesdeutschen Tageszeitungen, Zeitschriften, Rundfunksendern und Institutionen einer dieser Zuschreibungen zu überführen: »Was jedoch in keiner deutschen Quelle, weder aus der Vorkriegs- noch aus der Nachkriegszeit, erwähnt wird, ist die Tatsache, daß Reinhard Höhn, angeblich wissenschaftlicher Berater Himmlers, eine aktive Rolle beim Aufbau des nazistischen Vernichtungssystems gespielt hat«.[460] Höhn selbst erfuhr Anfang April durch Six von dem knapp dreiseitigen Abriss. Der hatte kurz zuvor von einem unbekannten Absender folgende Notiz erhalten: »Empfehle dringend Höhn sofort zu informieren. Das ›Bulletin‹ wird von vielen Links-Publikationen in der BRD als Basis für Artikel benutzt.«[461] Noch aber blieb die befürchtete große mediale Aufmerksamkeit aus.

Am 21. September 1966 erreichte Höhn ein Schreiben aus Berlin. Absender war die Berliner Staatsanwaltschaft. Die eröffnete ihm, ein Verfahren »wegen des Mordes

457 Dazu o. A.: Was möglich ist, in: Der Spiegel 44/1967, S. 76; Seyer, Ulrike: Die Frankfurter Buchmesse in den Jahren 1967 –1969, in: Füssel, Stephan (Hrsg.): Die Politisierung des Buchmarkts. 1968 als Branchenereignis, Wiesbaden 2007, S. 184-188.

458 Dazu Weber, Hartmut (Hrsg.): Die Kabinettsprotokolle der Bundesregierung, Band 14, 1961, München 2004, S. 65f.

459 Nach Schwartz: Funktionäre mit Vergangenheit, S. 48.

460 Dazu Breyer, Richard: 15 Jahre Nachrichtenagentur West (ZAP), in: Wissenschaftlicher Dienst für Ost- und Mitteleuropa der Presseagentur West 11/1961, S. 122; o. A.: Lebenslauf eines ehrenwerten Professors, in: Informationsbulletin der Presseagentur West 3/1965, S. 37.

461 Nachlass Reinhard Höhn, Notiz, undatiert.

an Polen« gegen ihn eingeleitet zu haben.[462] Seit Kriegsende liefen gegen rund 100.000 Personen Ermittlungen wegen ihrer Beteiligung an den NS-Gräuel. Als Wendepunkt des Umgangs der bundesdeutschen Justiz mit ihnen gilt der Ulmer Einsatzgruppenprozess im Frühjahr 1958, bei dem laut der damaligen Presse nicht nur die zehn Angehörigen des *Einsatzkommandos Tilsit*, sondern eine ganze Epoche auf der Anklagebank saß.[463] Nicht zuletzt aber ging von ihm ein wichtiger Impuls aus, mit einer zentralen Einrichtung die Aufarbeitung früherer Untaten zu systematisieren. Anfang Dezember 1958 wurde in Ludwigsburg die *Zentrale Stelle der Landesjustizverwaltungen zur Aufklärung nationalsozialistischer Gewaltverbrechen* initiiert. Ihre Aufgabe bestand darin, Vorermittlungen durchzuführen, das hieß belastendes Material zu agglomerieren und auszuwerten, welches dann, da sie selbst keine Anklage erheben durfte, den zuständigen Staatsanwaltschaften übergeben wurde. Ab 1963 untersuchte ein elfköpfiges Team der Berliner Staatsanwaltschaft die Verstrickung des ehemaligen Führungskaders des *Reichssicherheitshauptamtes* in Verbrechen an Juden und Kriegsgefangenen.[464] Hunderte Verfahren wurden eingeleitet und mehr als 2.000 Zeugen gehört.[465] Neben Six geriet auch Höhn wegen seiner Anwesenheit bei einer der Amtschefbesprechungen ins Fadenkreuz der Fahnder. Anders als Six, der sich neben seiner angeschlagenen Gesundheit vorzugsweise auf Erinnerungslücken berief, wehrte sich Höhn mit vollen Kräften, in irgendeiner Form in Verbindung mit den sogenannten Polenmorden gebracht zu werden. So versuchte er klarzustellen: »Im September 1939 war ich bereits seit zwei Jahren und vier Monaten nicht mehr Amtschef. Ich konnte daher an der Amtschefbesprechung vom 11. September 1939 im RSHA nicht teilnehmen und habe an ihr auch nicht teilgenommen«.[466] Mitte Oktober 1966 übergab Höhn den Fall an Hans Laternser. In seinen Augen war er ein Insider. Einer der mit fachlicher Raffinesse agierte und die Rechtslage dessen überblickte, was Ulrich Herbert die »Wissenschaft der ›NSG-Verfahren‹« nannte.[467] Mit ihm an der Seite wollte Höhn nur eines: »so rasch als möglich aus diesem Verfahren« herauskommen.[468] Laternser galt damals als Institution, Koryphäe und Staranwalt. In den Ausschwitz-Prozessen vertrat er die deutsche Generalität und darüber hinaus einen Kurt Leibbrand, einen Otto

462 Nachlass Reinhard Höhn, Schreiben des Generalstaatsanwaltes des Kammergerichtes an Reinhard Höhn vom 21. September 1966.

463 Nach Müller, Sabrina: Zum Drehbuch einer Ausstellung. Der Ulmer Einsatzgruppenprozess von 1958, in: Finger, Jürgen/Keller, Sven/Wirsching, Andreas (Hrsg.): Vom Recht zur Geschichte. Akten aus NS-Prozessen als Quellen der Zeitgeschichte, Göttingen 2009, S. 205.

464 Herbert: Best, S. 498.

465 Ebenda.

466 Nachlass Reinhard Höhn, Schreiben von Reinhard Höhn an den Generalstaatsanwalt des Kammergerichtes vom 29. September 1966.

467 Herbert: Best, S. 493.

468 Nachlass Reinhard Höhn, Schreiben von Reinhard Höhn an Hans Laternser vom 12. Oktober 1966.

Hunsche oder Victor Capesius. Laternsers Bilanz sprach trotz seines zuweilen eigenwilligen Auftretens für sich. Als Mann der Rechten wollte er dennoch nicht verstanden werden: »Jeder Angeklagte hat das Recht auf einen Anwalt. Warum also nicht auch jene [...] die damals doch nichts anderes taten, als Befehle auszuführen, in Treue fest zu ›Führer, Volk und Vaterland‹«.[469] Eine der ersten Fragen, die Höhn Laternser stellte, war: »Muß ich mich als Bundesbürger überhaupt in ein Verfahren einlassen, das in Berlin angestrengt wird?«.[470] Musste er. Das machte Laternsers ebenso bekannter Kanzleisozius Fritz Steinacker deutlich. In dem Maße, wie die Strafverfolgung ausgebaut wurde, wuchs die Nervosität der Betroffenen. Höhn bildete da keine Ausnahme. Vorsorglich bereitete er eine Stellungnahme vor, in der er seinen früheren Wirkungsbereich innerhalb des *SD* mit der Kultur in ein wesentlich unverfänglicheres Ressort verlegte. Höhn rechnete damit, dass ihn die Staatsanwaltschaft in seiner Bewegungsfreiheit einschränken könnte. Prophylaktisch tauschte er die Leiter einiger Seminare aus, um sich und wohl auch Six aus der Schusslinie zu nehmen. Mit ihm sprach er generell viel über das Verfahren. Auch suchte Höhn Rat und Unterstützung bei Schmitt-Vockenhausen. Mit ihm beriet er sich am 17. Oktober 1966. Zur gleichen Zeit traf sich Laternser in Berlin mit Vertretern der Staatsanwaltschaft. In beiden Terminen lief es günstig für Höhn: Schmitt-Vockenhausen signalisierte, »sich von seiner Seite einzuschalten«, und Laternser sprach über die offenkundig dünne Beweislage in seinem Fall.[471] Insgesamt bezogen sich die Ermittlungen mit dem Protokoll der vermeintlichen Amtschefbesprechung auf ein Dokument. Das damals über »laufende Fragen« diskutiert wurde, wertete die Staatsanwaltschaft als Verbindung zu den »Polentötungen«. »Ich habe dem widersprochen und die Meinung vertreten, dass aus dieser allgemeinen Fassung im Vermerk über den 11. 9. 1939 gar nichts gefolgert werden könne. Mir wurde von beiden anwesenden Staatsanwälten nicht widersprochen«, ließ Laternser Höhn noch am 17. Oktober wissen.[472] Daneben erwirkte er, Höhns für den 4. November angesetzte Vernehmung abzubiegen. Auch wenn die Staatsanwaltschaft in der Folgezeit keine neuen Beweise vorlegen konnte, so versuchte sie wenigstens, Höhn als Zeugen zu gewinnen. Was wurde an jenem 11. September 1939 besprochen? Wer wusste was? Details, die sie an anderer Stelle hätten voranbringen können. Doch Laternser teilte der Staatsanwaltschaft mit, dass sich sein Mandant an keine weiteren Einzelheiten erinnern könne.

Mit den Verfahren betrat nicht nur die Justiz Neuland, sondern auch die zeithistorische Forschung. Bis dato lagen kaum konkrete Forschungsergebnisse vor. Umso

469 Nach Strohmann, Dietrich: Das Tribunal der Advokaten, in: Die Zeit vom 8. Mai 1964.

470 Ebenda.

471 Nachlass Reinhard Höhn, Schreiben von Gisela Böhme an Franz Alfred Six vom 19. Oktober 1966, Schreiben von Hans Laternser an Reinhard Höhn vom 17. Oktober 1966.

472 Nachlass Reinhard Höhn, Schreiben Hans Laternser an Reinhard Höhn vom 17. Oktober 1966.

mehr avancierten die Prozesse für die bundesdeutsche Geschichtswissenschaft zu einer Initialzündung. Die so entstandenen Arbeiten von Martin Broszat, Hans Buchheim, Hans-Adolf Jacobsen und Helmut Krausnick[473] bildeten den Grundstock der Aufarbeitung der nationalsozialistischen Massenverbrechen. Im Umfeld der wachsenden Aufarbeitung von *SS* und *SD* fiel immer öfter auch Höhns Namen – bei Shlomo Aronson etwa, Helmut Heiber und dem Arendt-Klassiker *The Origins of Totalitarianism*, worin er allerdings mit einer Verschiebung seines Vornamens von Reinhard zu Reinhold auskommen musste.[474] Anders als Six, der sein politisches Vorleben kategorisch abkapselte[475], gab Höhn Historikern Auskunft. Vor allem dann, wenn zu erwarten war, Einfluss darauf nehmen zu können, was sie über ihn schrieben. Der Journalist Heinz Höhne analysierte damals für den *Spiegel* die Entwicklung der *SS*. Ihm präsentierte Höhn das Bild eines politisch in Ungnade Gefallenen. Der *Spiegel* stellte sich früh der jüngeren deutschen Zeitgeschichte. Ab den 1950er-Jahren besprach er regelmäßig historiografische Neuerscheinungen. Daneben folgten Artikelserien, wie zum Beispiel über den Reichstagsbrand oder die *SS*, den damaligen Forschungsansätzen.[476] Höhnes *SS*-Serie umfasste insgesamt 21 Artikel. In sieben nahm er namentlich Bezug auf Höhn. In seinen Augen war er neben Walter Schellenberg, Otto Ohlendorf und Franz Alfred Six »Musterbild des unsentimentalen SS-Technokraten«, »klug, illusionslos, ohne Skrupel, kaum noch einer Ideologie verschrieben außer jener der Macht«.[477] Einer, der die »Führerdiktatur mit jeder gewünschten formalrechtlichen oder organisatorischen Formel bediente«.[478]

Das im Ermittlungsverfahren gegen ihn zur Sprache gekommene Protokoll beschäftigte Höhn. Er wollte mehr darüber wissen und recherchierte auf eigene Faust. Höhn störte sich vor allem daran, dass das damalige Mittagessen als Amtschefbesprechung verstanden wurde. Mitte November teilte er Laternser mit, dass es falsch sei, von einer solchen zu sprechen. Interne Fragen seien »auf keinen Fall« vor »Außenstehenden« besprochen worden.[479] Höhn war die Empörung und Verbitterung anzumerken: »Ich betrachte es als unerhört, daß auf Grund einer solchen vagen Unterlage eine Beschuldigung erhoben werden kann [...] Am liebsten würde ich mich gegen dieses

473 Broszat, Martin/Buchheim, Hans/ Jacobsen, Hans-Adolf/Krausnick, Helmut (Hrsg.): Anatomie des SS-Staates, zwei Bände, München 1965.

474 Arendt: The Origins of Totalitarianism, S. 363.

475 Hachmeister: Der Gegnerforscher, S. 341.

476 Bösch, Frank: Getrennte Sphären? Zum Verhältnis von Geschichtswissenschaft und Geschichte in den Medien seit 1945, in: Arnold, Klaus/Hömberg, Walter/Kinnebrock, Susanne (Hrsg.): Geschichtsjournalismus. Zwischen Information und Inszenierung, Berlin 2012, S. 56.

477 Höhne, Heinz: Orden unter dem Hakenkreuz. Die Geschichte der SS, in: Der Spiegel 46/1966, S. 95.

478 Ebenda.

479 Nachlass Reinhard Höhn, Schreiben von Reinhard Höhn an Hans Laternser vom 14. November 1966.

Vorgehen beschweren.«[480] Allerdings hielt Laternser nichts davon und schrieb Höhn das auch. Er riet ihm ein bis zwei Monate abzuwarten und dann die Einstellung des Verfahrens zu beantragen. Am 2. Dezember 1966 wurde das Verfahren gegen Reinhard Höhn offiziell eingestellt. Der Anfangsverdacht hatte sich nicht erhärten lassen. Andererseits wäre eine etwaige Beihilfe zu dem Zeitpunkt ohnehin verjährt gewesen.[481] Schmitt-Vockenhausen musste also nicht intervenieren.

Anfang März 1967 endete Höhnes Serie über die *SS*. Über ihre gesamte Laufzeit erreichten die *Spiegel*-Redaktion Zuschriften, die auf sie Bezug nahmen. Häufig erkundigten sich ihre Schreiber, ob die Artikelserie als Buch veröffentlicht werde. Andere gaben Hinweise, von denen sie glaubten, dass Höhne sie unbedingt beachten und einbauen müsse. Dem Bundesvorstand der *Hilfsgemeinschaft auf Gegenseitigkeit der Angehörigen der ehemaligen Waffen-SS* fehlte zum Beispiel die Bemerkung, dass Gefangene und Verwundete während der Schlacht von Arnheim sehr wohl »ritterlich« behandelt worden seien.[482] Ein anderer Leser machte Höhne auf Konrad Meyer-Hetling aufmerksam, der seinerzeit Professor an der Technischen Hochschule in Hannover war, zuvor am *Generalplan Ost* mitgewirkt und in den Augen des Schreibers seinen Gesinnungswechsel noch nicht vollzogen hatte.[483] Auch auf Höhn bezogen sich verschiedene Zuschriften. Der Großteil wollte wissen, ob der innerhalb der Serie erwähnte Höhn identisch mit dem der *Akademie für Führungskräfte der Wirtschaft* sei. Im März 1967 berichtete Heinz Bertschinger-Spörri vom *Arbeitssoziologischen Beratungsdienst* in Zürich von Höhns »fundiertem« und »sehr geschicktem« Auftreten in der Schweiz und seinen Zweifeln, ob ausgerechnet dieser Mann berufen sei, in Führungsfragen ethisch zu argumentieren.[484] Höhn selbst kannte derartige Einwände noch aus der Zeit, als er von der Berliner Spruchkammer verurteilt wurde. Mit Höhne hatte er abgeschlossen. Eine Vereinbarung wie bei Best, die den Gebrauch aktueller Aussprüche oder Publikationen regelte, gab es nicht und auf ein Dementi verzichtete Höhn. Er hoffte, es ausgestanden zu haben – auch als der *Spiegel* Anfang März 1967 auf Nachfrage seiner Leser die »Schicksale prominenter SS-Führer« gegenüberstellte.[485] Höhn widmete sich in der Zwischenzeit seiner Arbeit. Er hielt Seminare und

480 Ebenda.

481 LA Berlin, B Rep. 057-01 Nr. 1509, Schreiben von Horst Severin an den Senat der Freien und Hansestadt Hamburg vom 4. Januar 1967.

482 Institut für Zeitgeschichte, München, Nachlass Heinz Höhne, ED 876/5, Schreiben von Walter Harzer an Heinz Höhne vom 24. Oktober 1966.

483 Institut für Zeitgeschichte, München, Nachlass Heinz Höhne, ED 876/5, Schreiben von Moritz Hering an Heinz Höhne vom 13. Dezember 1966.

484 Institut für Zeitgeschichte, München, Nachlass Heinz Höhne, ED 876/5, Schreiben von Heinz Bertschinger-Spörri an Heinz Höhne vom 12. März 1967.

485 O. A.: Geflohen – Hingerichtet – Überlebt. Das Schicksal prominenter SS-Führer, in: Der Spiegel 11/1967, S. 64.

Vorträge, schrieb und reiste viel. Anfang 1968 lud die *Führungsakademie der Bundeswehr* Höhn ein, über »Sinn und Aufgabe moderner Menschenführung und Betriebsorganisation – Die Delegation von Verantwortung in der Praxis« zu referieren. Das griff später der *Stern* auf, um Mitte Februar in der Rubrik »Personalien« aufzudecken, dass der »Experte für Unternehmensführung einflußreiche Positionen in der Führung des Dritten Reiches« innehatte, »Himmlers enger Berater« war und als Direktor des *Instituts für Staatsforschung* »schnell in der SS-Hierarchie« aufgestiegen war.[486] Bereits im Januar veröffentlichte das Magazin ein Gutachten des Schriftexperten J. Howard Haring, das es über das *Ministerium für Staatssicherheit* zugespielt bekam. Mit weiterem belastendem Material sollte das Schriftstück Lübkes Beteiligung am Bau von Konzentrationslagern belegen. Allerdings stellte sich heraus, dass dieses manipuliert worden war und auch das abgedruckte Gutachten fachliche Mängel aufwies. Mit dem Eichmann-Prozess wurde der deutschen Gesellschaft schlagartig die schwer fassbare Dimension des nationalsozialistischen Vernichtungsgedankens wieder in Erinnerung gerufen. Kaum zufällig brachte der *Stern* Lübke und Höhn mit ihm in Verbindung. Bei Höhn zitierte er aus einem Schreiben, welches ihn in die Nähe von Massensterilisationen von Kriegsgefangenen rückte. Datiert auf Oktober 1941, stammte es aus der Feder des Wiener Facharztes für Haut- und Geschlechtskrankheiten Adolf Pokorny, der sich 1946/47 im Nürnberger Ärzteprozess verantworten musste, dort aber freigesprochen wurde und danach abtauchte. »Getragen von dem Gedanken, daß der Feind nicht nur besiegt, sondern vernichtet werden muß«, schlug Pokorny Himmler darin vor, ein Medikament zu entwickeln, das als »neue wirkungsvollste Waffe« zur unbemerkten dauerhaften Sterilisierung eingesetzt werden könne.[487] »Allein der Gedanke«, so schwärmte er, »daß die 3 Millionen momentan in deutscher Gefangenschaft befindlichen Bolschewisten sterilisiert werden könnten, so daß sie als Arbeiter zur Verfügung stünden, aber von der Fortpflanzung ausgeschloßen wären, eröffnet weitgehendste Perspektiven«.[488] Höhn wurde in dem Schreiben als Mittler erwähnt. Pokorny habe den »direkten Weg« über ihn zu Himmler gewählt, »um den langsameren Dienstweg zu vermeiden und die Möglichkeit einer Indiskretion« auszuschalten.[489] Ob das Schriftstück tatsächlich durch Höhns Hände lief, wissen wir nicht – auch nicht, in welchem Verhältnis er zu dessen Absender stand. Er selbst jedenfalls distanzierte sich von beidem: Inhalt und Verfasser.

486 O. A.: Personalien, in: Der Stern 8/1968, S. 9.
487 Nachlass Reinhard Höhn, Schreiben von Adolf Pokorny an Heinrich Himmler von Oktober 1941.
488 Ebenda.
489 Ebenda.

Die 1960er-Jahre waren ein ungestümes Jahrzehnt.[490] Keines seiner Jahre besitzt jedoch eine solche Anziehungskraft wie 1968: als Chiffre für Dynamik, für Umbruch und für die Studentenbewegung. Gerade ihre Generation besaß ein »tiefsitzendes Vertrauensdefizit« mit den vom Nationalsozialismus geprägten Eltern, das über die Auseinandersetzung mit der jüngeren Vergangenheit einen dauerhaften »historischen Resonanzboden« für antifaschistische, antiautoritäre und antikapitalistische Haltungen fand.[491] Kurzerhand rief sie das Ende der Bundesrepublik aus sowie die Gründung einer zweiten. Was der Philosoph Jürgen Habermas als Einklage einer normativen Auseinandersetzung mit der nationalsozialistischen Vergangenheit und einer reflektierten Aneignung von Traditionen verstand, sah die Forschung bereits in den 1950er-Jahren einsetzen und durch 1968 allenfalls beschleunigt.[492] Im Kontrast zu einschlägigen Ausstellungen, Filmen und Romanen, in denen man sich bewusst ins Private zurückzuziehen begann, berichteten Zeitungen und Zeitschriften von den Verstrickungen von Einzelpersonen und ganzen Berufsständen mit dem Nationalsozialismus und der in seinem Namen verübten Verbrechen. Ihre Protagonisten waren Teil der bundesrepublikanischen Wirklichkeit. Skandalisierung passte da als Spitze einer allgemein steigenden Informiertheit in das Bild der Zeit. Rolf Seeliger vom *Fränkischen Kurier* verarbeitete einige Informationen in einem im Mai verschickten Bulletin, welches auf Äußerungen von Maximilian Schubart aufgebaut war. Gegenüber dem Wirtschaftsmagazin *Capital* hatte der vermeintlich »erfolgreichste Vermittler von Spitzenpositionen in der Bundesrepublik« zuvor verkündet: »Ich habe eine interessante Feststellung gemacht […]. Ich habe bei Freunden und vor allem bei verschiedenen Vorständen und Geschäftsführern einmal den Werdegang besprochen. Ich kann natürlich keine Namen nennen; das würde zu Unzuträglichkeiten führen. Aber ich habe ein paar Elitegruppen festgestellt, die tatsächlich – zwar unsichtbar, aber doch evident – bis in die heutige Zeit hinein existieren.«[493] In ihren Reihen machte der promovierte Psychologe mit ausgeprägtem Hang zur Egozentrik und selbsternannte »Picasso unter den Personalberatern« »Generalstäbler« sowie »Abkömmlinge der Adolf-Hitler-Schulen, der Reiter-SS und der Waffen-SS« ausfindig.[494] Weiterhin rechnete Schubart vor:

490 Mausbach, Wilfried: Wende um 360 Grad? Nationalsozialismus und Judenvernichtung in der »zweiten Gründungsphase« der Bundesrepublik, in: Siegfried, Detlev/Hodenberg, Christina von (Hrsg.): Wo »1968« liegt. Reform und Revolte in der Geschichte der Bundesrepublik, Göttingen 2006, S. 15.

491 Nach Fischer, Torben/Lorenz, Matthias N. (Hrsg.): Lexikon der »Vergangenheitsbewältigung« in Deutschland. Debatten- und Diskursgeschichte nach 1945, Bielefeld 2007, S. 194.

492 Nach Mausbach: Wende um 360 Grad?, in: Siegfried/ Hodenberg (Hrsg.): Wo »1968« liegt, S. 16.

493 O. A.: Nachruf auf Maximilian Schubart, in: Der Spiegel 10/1982, S. 220; Seeler, Rolf: »Kriegsführung in der Wirtschaft«. Ehemalige Generalstäbler und SS-Führer in Spitzenpositionen, in: Bulletin des Fränkischen Kuriers Mai 1968, S. 29.

494 Seeliger: »Kriegsführung in der Wirtschaft«, in: Bulletin des Fränkischen Kuriers, S. 29.

»Ich würde sagen, in der Altersgruppe von 45 bis 60 stammen 65 bis 70 Prozent aller heutigen Führungskräfte aus solchen Organisationen. Und die überwiegende Zahl – sagen wir 98 Prozent – jener Altersgruppe stammt aus einer Erziehung, die eigentlich im Dritten Reich ihre Grundlage findet.«[495] Gleichsam bestätigte er die an das *Braunbuch* erinnernde Suggestivfrage des Reporters, wonach die bundesdeutsche Wirtschaft von »rund hundert Männern« beherrscht werde, die nur sich selbst verantwortlich und »zum überwiegenden Teil die gleichen Personen sind, die in der Zeit des braunen Gewaltregimes Adolf Hitler als Bundesgenossen gegen die Arbeiterschaft begrüßt haben«.[496] Seeliger nutzte dieses Setting als Beweis für eine »strukturelle, personelle und geistige Kontinuität« in der Wirtschaft.[497] »Vieles ist beim Alten geblieben«, bilanzierte er – und an der *Akademie für Führungskräfte der Wirtschaft* tue man sein Übriges.[498] Der Beitrag stilisierte Höhn zur Galionsfigur einer antidemokratischen »Bewegung« mit einem »militanten Kodex«.[499] An der *Akademie für Führungskräfte der Wirtschaft* dauerte es meist nie lang, bis solche Veröffentlichungen auf Höhns Schreibtisch landeten. Von dort aus wurden sie registriert und archiviert. Kritische Stimmen taten Akademiemitarbeiter überwiegend als Ausdruck puren Neides ab. »Der Neider gibt es viele«, war nur eine der Wendungen, die dazu benutzt wurden. Gleichzeitig sammelte die *Deutsche Volkswirtschaftliche Gesellschaft* die Briefe von Kunden, die nach dem Wahrheitsgehalt des Gelesenen fragten. Am 17. Mai 1968 erkundigte sich beispielsweise die *Vereinigung der Arbeitgeberverbände im Aachener Industriegebiet* im »Auftrage einer Mitgliedsfirma« nach ihrer Haltung gegenüber dem *Stern*-Artikel.[500] Die Antwort überließ Höhn Gisela Böhme. Gut zwei Wochen später wies sie ihn in ihrer Replik als »ausgesprochen irreführend« zurück.[501] Im Fall des Pokorny-Briefes sei die Berichterstattung »völlig aus der Luft gegriffen«.[502] Höhn müsse sich »deshalb auch auf das Schärfste gegen den zwischen den Zeilen der ›Stern‹-Notiz liegenden Vorwurf verwahren, als hätte er sich – wenn auch nur intellektuell – an Vorbereitungshandlungen zur Sterilisierung von Kriegsgefangenen beteiligt«.[503] Daneben verwies Böhme auf die frühere »sehr eingehende« Beschäftigung des Präsidiums mit Höhn und dessen Vergangenheit.[504] Ein ähnlicher Wortlaut ging Anfang

495 Ebenda.
496 Ebenda.
497 Ebenda.
498 Seeliger: »Kriegsführung in der Wirtschaft«, in: Bulletin des Fränkischen Kuriers, S. 29.
499 Ebenda, S. 30.
500 Nachlass Reinhard Höhn, Schreiben der Vereinigung der Arbeitgeberverbände an die Deutsche Volkswirtschaftliche Gesellschaft vom 17. Mai 1968.
501 Nachlass Reinhard Höhn, Schreiben von Gisela Böhme an die Vereinigung der Arbeitgeberverbände im Aachener Industriegebiet e. V. vom 28. Mai 1968.
502 Ebenda.
503 Ebenda.
504 Ebenda.

April an die *CIBA AG.* Dort hatte man zuvor dem eigenen Ärger über Höhns politische Vergangenheit Luft gemacht und sich die Zusendung von Werbematerial zukünftig verbeten. Anfang April antwortete Böhme auch der *Rentrop GmbH.* Deren Führung wollte wissen, was es mit dem *Stern*-Beitrag auf sich hatte. Ihr offerierte Böhme, offene Fragen im persönlichen Gespräch zu klären. Wie viele solche Nachfragen eintrafen, wen sie überzeugten und wer die Zusammenarbeit mit der *Akademie für Führungskräfte der Wirtschaft* kappte, lässt sich kaum mehr rekonstruieren. Das von der *Deutschen Volkswirtschaftlichen Gesellschaft* veröffentlichte Zahlenmaterial wies jedoch keine auffälligen Verläufe oder Einbrüche auf, sodass sich deren Präsidium nicht dazu veranlasst sah, selbst Stellung zu beziehen. Erst mit Bernt Engelmann wurde Höhns politisches Vorleben zum Politikum. Engelmann war Journalist und Schriftsteller, ein Linksintellektueller, der, wie sich der Politologe Johano Strasser rückblickend erinnerte, durch die eigene Biografie so wie Willy Brandt das »andere Deutschland« verkörperte.[505] Unter den Nationalsozialisten interniert, schrieb er gegen dessen Kinder an. Ob im *Spiegel*, *Panorama* oder seinen Büchern – Engelmann spürte alten Seilschaften nach, Verquickungen von Politik und Großkapital. Engelmann jagte Skandale. Anfang Dezember 1971 begann er sich in der Gewerkschaftszeitung *Metall* mit Höhn und der *Akademie für Führungskräfte der Wirtschaft* auseinanderzusetzen. Als Einstiegshilfe diente Engelmann eine Karikatur des Brünner Zeichners Peter Leger, der damals für verschiedene Gewerkschaftsblätter sowie den *Vorwärts*, die *Hannoversche Presse* und die *Süddeutsche Zeitung* arbeitete. In ihr fanden sich Engelmanns Kernthemen wieder: Kapital, Wirtschaft, Militär. So prangte bei Leger der Bundesadler auf einem Geldsack sitzend in der Mitte einer von zwei Seiten nach oben führenden Treppe. Einer Karriereleiter, zu deren Füßen jeweils »die lieben Mitarbeiter« und das »gemeine Fussvolk« stehen und nach Position und Rang aufsteigend an der Spitze einander grüßend der Direktor und der General.[506] »So wird man General-Direktor«, überschrieb Engelmann die Szenerie.[507] Die damaligen Tarifkämpfe hatten sein Interesse geweckt, mehr »über die Einstellung der bundesdeutschen Unternehmer zu den Fragen der Unternehmens- und Menschenführung« zu erfahren.[508] Gerade im Herbst 1971 waren die beiden lohnführenden Gewerkschaften, die *IG Metall* und die *IG Chemie – Papier – Keramik* in hart geführte Streiks verwickelt. Die Werkstore der *Daimler-Benz AG* in Mannheim blieben für fast drei Wochen geschlossen. Engelmann versuchte auszumachen, wie die »Herren der Industrie« ihre Angestellten und Arbeiter

505 Strasser, Johano: Das andere Deutschland. Zum Tode von Bernt Engelmann, in: Die Zeit vom 22. April 1994.

506 Engelmann, Bernt: So wird man General-Direktor, in: Metall 24/1971, S. 13.

507 Ebenda.

508 Ebenda.

sahen.[509] »Wollen sie weiterhin ›Herren im Hause‹ sein und die Demokratie am Werkseingang enden lassen? Und wie, wo und in welchem Geiste lassen sie ihr Management schulen, ohne das sie heute nicht mehr auskommen können?«[510] Unter den damals rund 100 bundesweiten Schulungsinstituten entschied sich Engelmann mit der *Akademie für Führungskräfte der Wirtschaft* für die in seinen Augen »bedeutendste Schulungsburg Westeuropas«.[511] Seine Angriffsstrategie, deren Mauern zu überwinden, war Höhn vertraut. Sie trotzte Engelmanns unerschütterlichen Drang nach Superlativen, als er zum Beispiel schrieb, dass es »bei näherem Hinsehen und -hören kaum etwas Gewerkschafts- und Demokratiefeindlicheres als die ›Akademie für Führungskräfte der Wirtschaft‹« gebe.[512] Den nächsten Schritt ging Engelmann mit der Aussage, dass die *Bundesanstalt für Arbeit* und somit die Allgemeinheit die »finanzielle Hauptlast an den vielen hundert Kursen« dieser »reaktionären Kaderschmiede« trage.[513] Für das Jahr 1970 rechnete er Kosten in Höhe von knapp 20 Millionen DM und »mindestens das Doppelte dieses Betrages als sogenannte Begleitkosten« vor.[514] In diesem Fall erwirkte die *Deutsche Volkswirtschaftliche Gesellschaft* wenige Tage nach dem Erscheinen des Artikels bei der Leitung der Zeitschrift eine Gegendarstellung. Höhn informierte den Präsidenten der *Bundesanstalt für Arbeit* persönlich über die »völlig aus der Luft gegriffene« Angelegenheit.[515] Ein anderes Exemplar des Engelmann-Artikels erreichte die *Akademie für Führungskräfte der Wirtschaft* von der *Kronen Privatbrauerei*. Deren Geschäftsleitung ließ Höhn am 8. Dezember ausrichten, wie überrascht man über die Schärfe der Angriffe gewesen war: »Dieser Artikel stellt sicherlich nicht die Meinung der Gewerkschaften dar, sondern vielmehr [...] die Gedanken des Herrn Engelmann«.[516] Und dieser sei bekannt, als »oberflächlicher Rechercheur und sensationsheischender Buchautor, der ohne festen politischen oder ideologischen Standort ist«.[517]

Noch bevor die Gegendarstellung in der *Metall* erschienen war, legte Engelmann im *Vorwärts* gegen Höhn nach. Das sozialdemokratische Traditionsorgan hatte damals noch rund 67.000 Abonnenten, ein Bruchteil früherer Absatzzahlen. Spektakuläre Konflikte oder Diskussionen gab es beim *Vorwärts* nach 1945 selten, ausgenommen vielleicht das Ausscheiden der beiden Redakteure Gerhard Gleißberg und Rudolf Gottschalk im Jahr 1954 oder die sogenannte Heckenschützen-Affäre, als das Gerücht

509 Ebenda.
510 Ebenda.
511 Ebenda.
512 Ebenda.
513 Ebenda.
514 Ebenda.
515 Nachlass Reinhard Höhn, Schreiben von Reinhard Höhn an Josef Stingl.
516 Nachlass Reinhard Höhn, Schreiben von R. Berger an Dr. Sewering vom 8. Dezember 1971.
517 Ebenda.

kursierte, wonach Herbert Wehner durch alte *Komintern*-Methoden seine eigene Position innerhalb der SPD gestärkt habe. Was fehlte, waren »journalistische Temperamente«, wie sie Willy Brandt noch auf dem 90-jährigen *Vorwärts*-Jubiläum gefordert hatte.[518] Engelmann kann als ein solches gut durchgehen. In die »Schmiede der Elite: Wo Bosse kommandieren lernen« rannte er am 9. Dezember 1971 auf ein Neues gegen die Bad Harzburger »Schulungsburg« an. In dem Beitrag konzentrierte sich Engelmann neben den antidemokratischen Planspielen des »Ex-Generals« auf dessen politische Vergangenheit und die derer, die an seiner Seite waren. Damit meinte er Roger Diener, der 1934 mit dem Röhm-Putsch den »ersten organisierten Massenmord des Hitlerregimes« juristisch rechtfertigen half und als Pressechef die *Akademie* für Führungskräfte der Wirtschaft nach außen vertrat, und Franz Alfred Six, den verurteilten Leiter des *Vorkommandos Moskau* der *SS-Einsatzgruppe B*, der ein grundlegendes Buch über Menschenführung geschrieben habe.[519] Für Engelmann waren sie nur die Spitze des Eisbergs. »Die mit öffentlichen Mitteln finanzierte, als ›gemeinnützig‹ anerkannte Harzburger Akademie beschäftigt noch zahlreiche weitere Mitarbeiter, die einst in SS und SD tätig waren – nicht als ›Muß-Nazis‹ und Mitläufer, sondern als prominente Nutznießer und skrupellose Schreibtischtäter, die sich von ihrer nazistischen Vergangenheit noch längst nicht gelöst haben…!«[520] Der beste Beweis war in seinen Augen Höhn selbst – Höhn der »SS-Brigadegeneral«, der »Günstling Heydrichs und Himmlers«, die Schlüsselfigur der *SD*-»Terrorzentrale«, der Rechtfertiger »jedweder Terrormaßnahmen« gegenüber Andersdenkenden, »direkter Vorgesetzter von Eichmann und Ohlendorf«, »Hausherr der ›Wannsee-Konferenz‹« – und »Multimillionär«.[521] Höhn widersprach abermals mit einer Gegendarstellung, die er am 16. Dezember verschickte. Gleichzeitig bereitete Höhn ein Rundschreiben an die Freunde der *Deutschen Volkswirtschaftlichen Gesellschaft* vor.[522] Die *Akademie für Führungskräfte der Wirtschaft* versuchte mit einer eigenen Berichterstattung und »sympathisch wirkenden Bildern« etwas gegen Engelmanns Angriffe zu tun. In einem der dafür erstellten Entwürfe hieß es: »Vor wenigen Wochen mußte der um unsere junge Demokratie besorgte Leser nach den Ausführungen Bernt Engelmanns zur Kenntnis nehmen, daß sich offenbar in Bad Harzburg eine große demokratie- und gewerkschaftsfeindliche Schulungsburg entwickelt habe, die – 25 Jahre nach dem Kriege noch immer unentdeckt – einer Vielzahl von ehemaligen SS- und SD-Prominenten Unterschlupf biete und insgesamt schon mehr als 200.000 Führungskräfte ver-

518 Kaiser, Carl-Christian: Vorwärts mit dem »Vorwärts«, in: Die Zeit vom 10. September 1971.

519 Engelmann, Bernt: Schmiede der Elite: Wo Bosse kommandieren lassen, in: Vorwärts vom 9. Dezember 1971.

520 Ebenda.

521 Ebenda.

522 Nachlass Reinhard Höhn, Rundschreiben von Dezember 1971.

Reinhard Höhn auf der Abschlussfeier des Lehrgangs »Einführung in moderne Führungstechniken und Organisationsprinzipien«, 19. November 1971

führt habe. Besonders bedenklich mußte es dabei stimmen, daß sogar die Bundeswehr und die Bundesanstalt für Arbeit auf diese Tendenzen hineingefallen waren, während der Staatssicherungsdienst offenbar versagt hatte und nun Herr Engelmann das einmalige Verdienst für sich in Anspruch nehmen konnte, diese Kloake aufgedeckt zu haben.«[523]

Höhn redigierte akribisch alles, was die *Akademie für Führungskräfte der Wirtschaft* verließ. Ebenso pedantisch bereitete er sich auf Interviews wie das mit der *Europawelle Saar* vor. Was könnte der Reporter fragen? Was sollte er antworten, wo die Gesprächsführung an sich reißen? Höhn wollte ein bestimmtes Bild von sich vermitteln. Es war das Bild eines Mannes, der sich im Sinne dessen, was er lehrte, kritischen Fragen stellt und scheinbar nichts zu verbergen hat – gerade wenn es um den Abbau autoritärer Herrschaftsformen geht, die in der Vergangenheit schon genug angerichtet hätten.[524] Es war aber auch ein Bild, das eine entscheidende Gegenfrage aufwarf: Warum gerade er zu diesem Zeitpunkt derartig angefeindet wurde.

523 Nachlass Reinhard Höhn, Entwurf, undatiert.
524 Nachlass Reinhard Höhn, Notiz zur Gesprächsvorbereitung.

In dem immer dichter werdenden Netz aus Darstellungen und Gegendarstellungen meldete sich am 16. Dezember 1971 auch die *Deutsche Volkswirtschaftliche Gesellschaft* mit einer Stellungnahme zu Wort. In ihr stellte sie sich hinter Höhn. Aber auch Sozialdemokraten wie Wolf Berger meldeten sich bei der *Vorwärts*-Redaktion. Berger kannte Höhn aus Seminaren. Engelmanns Vorgehen konnte er überhaupt nicht nachvollziehen: »Wer so etwas schreibt, beweist, daß er wohl nie an einem Seminar in Bad Harzburg teilgenommen hat und darüberhinaus unfähig ist, fair und objektiv zu schreiben.«[525] Berger bescheinigte Höhn eine strenge Neutralität und seinem Führungsmodell, ein wichtiges Anliegen der Sozialdemokraten zu verwirklichen. In puncto Vergangenheit betonte er, kein Anhänger eines »Vergangen, vergessen« zu sein, »aber von Höhn und Diener kann ich nur sagen, daß sie genauso als Demokraten zur BRD stehen, wie ich selbst«.[526] Am gleichen Tag, als Bergers Schreiben in Bonn bei der *Vorwärts*-Redaktion eintraf, also am 21. Dezember 1971, konnte Höhn einen wichtigen Etappensieg verbuchen. Das Landgericht Hamburg entsprach seiner über die Kanzlei Hans Ewerwahn eingereichten Einstweiligen Verfügung. Damit war es Engelmann unter Androhung einer »festzusetzenden Geldstrafe in unbeschränkter Höhe« oder einer »Haftstrafe bis zu sechs Monaten« untersagt, öffentlich zu behaupten, dass die *Bundesanstalt für Arbeit* die finanzielle Hauptlast an den Kursen der *Akademie für Führungskräfte der Wirtschaft* trage, dafür nahezu 20 Millionen DM nach Bad Harzburg geflossen seien sowie dass Höhn durch einen Befehl Himmlers die Leitung des *Instituts für Staatsforschung* übertragen bekam und dass in deren Räumen seinerzeit die berüchtigte Wannsee-Konferenz stattfand.[527] Außerdem erreichte Höhn bei der *Vorwärts*-Redaktion, dass seiner Gegendarstellung der gleiche Raum gegeben wurde wie seinerzeit dem Beitrag von Engelmann. Am 21. Dezember erschien in der *Metall* zunächst die Gegendarstellung zu dessen vorangegangenem Artikel, gleich unter Engelmanns neuem Beitrag »Lehrkörper von Bad Harzburg: Manch ein Bock wurde zum Gärtner gemacht«. Wieder beschäftigte er sich darin mit Diener, Six und natürlich Höhn, für den Engelmann immer neue Steigerungen fand, wie die des »Schreibtisch-Täters wie aus dem Bilderbuch«.[528] Im Fall der *Bundesanstalt für Arbeit* beließ es Engelmann dabei, dass sie »indirekt« aber dennoch mit »Unsummen« für die Seminare aufkam, mit denen die *Akademie für Führungskräfte der Wirtschaft* zur »größten antigewerkschaftlichen Schulungsburg Mitteleuropas« und Höhn zum »viel-

525 Nachlass Reinhard Höhn, Schreiben von Wolf Berger an den Vorwärtsverlag vom 21. Dezember 1971.
526 Ebenda.
527 Nachlass Reinhard Höhn, Urteil des Landgerichtes Hamburg vom 21. Dezember 1971.
528 Engelmann, Bernt: Lehrkörper von Bad Harzburg: Manch ein Bock wurde zum Gärtner gemacht, in: Metall 25-26/1971, S. 13.

fachen Millionär« werden konnte.[529] Und noch einem anderen »besonders geschätzten Kunden des Professors (und SS-Oberführer a. D.)« widmete sich Engelmann: der *Bundeswehr*.[530] Zwei Tage später antwortete Höhn mit einer erneuten Entgegnung. Eine weitere folgte am 6. Januar 1972. Beeindrucken ließ sich Engelmann davon genauso wenig wie von der wachsenden Kritik an seinen überspitzten und häufig inhaltlich vagen Aussagen. Für Engelmann zählte das Ergebnis und weniger der Weg. Er beabsichtigte, Höhn stellvertretend für die »tausendfach schuldigen Schreibtisch-Mörder, die ihrer verdienten Strafe entgangen sind«, zum Schweigen zu bringen.[531] In diesem Sinne kündigte Engelmann neue Enthüllungen an: »Inzwischen haben sich weitere Zeugen, darunter ehemalige Mitarbeiter, gemeldet, die unter anderem eine direkte Verantwortung Höhns für bestimmte Exekutionen beweisen wollen.«[532]

Während Höhn und die *Deutsche Volkswirtschaftliche Gesellschaft* am 10. Januar 1972 per Beschluss des Landgerichts Bonn den Abdruck ihrer *Vorwärts*-Replik[533] über den Rechtsweg durchsetzten – die Zeitung hatte die gesetzte Veröffentlichungsfrist verstreichen lassen –, begann die Angelegenheit stetig weitere Kreise zu ziehen. Laut der *Süddeutschen Zeitung* reichte der sozialdemokratische Bundestagsabgeordnete Hans Batz gegen Jahresende 1971 eine Schriftliche Anfrage bei der Bundesregierung ein. In dieser fragte er, »ob der Bundesregierung bekannt sei, daß einem einstigen Vorgesetzten des Judenmörders Eichmann, dem früheren SS-Oberführer Höhn, die Ausbildung von führenden Wirtschaftskräften in der Bundesrepublik obliege«.[534] Über Böhme wandte sich Höhn wieder an Schmitt-Vockenhausen. »Halten Sie es für zweckmäßig, daß wir von uns aus eine entsprechende berichtigende Antwort an Herrn Batz geben oder hätten Sie die Möglichkeit, sich aufgrund eines persönlichen Kontaktes aufklärend einzuschalten?«, erkundigte sich Böhme etwa am 12. Januar 1972.[535] Der Kontakt blieb nicht unentdeckt. Kurz darauf war im *Vorwärts* von Engelmann zu lesen: »Sozialdemokraten decken Himmler-Freund«.[536] Er kritisierte Schmitt-Vockenhausen, sich mit Höhn mehrfach für einen Mann eingesetzt zu haben, der die Verbrechen der Nationalsozialisten rechtfertigen half und sich an dem Tode vieler Millionen Menschen moralisch mitschuldig gemacht hatte. Derweil war es nicht

529 Ebenda.
530 Ebenda.
531 Ebenda.
532 Ebenda.
533 Dazu o. A.: Harzburger Akademie wehrt sich gegen »ehrverletzenden Vorwurf«. Autoritär-militaristischer Führungsstil?, in: Ostfriesische Nachrichten vom 17. Dezember 1971.
534 O. A.: Anfrage an die Regierung nach der »Harzburger Akademie«, in: Süddeutsche Zeitung vom 31. Dezember 1971.
535 Nachlass Reinhard Höhn, Schreiben von Gisela Böhme an Hermann Schmitt-Vockenhausen vom 12. Januar 1972.
536 Engelmann, Bernt: Sozialdemokraten decken Himmler-Freund: Wie lange noch?, in: Vorwärts vom 13. Januar 1972.

das erste Mal, dass die politische Heimat des Bundestagsvizepräsidenten zur Debatte stand. Insbesondere sein Engagement für die Notstandsgesetzgebung oder seine Mitgliedschaft im *Bund Freiheit der Wissenschaft* brachte Schmitt-Vockenhausen wiederholt heftige Kritik ein. Für viele Parteigenossen galt er als »rechts von der Mitte« und Gegenstück eines Jochen Steffen.[537] Einmal musste sich Schmitt-Vockenhausen sogar einem Parteiordnungsverfahren stellen, nachdem er Interna eines *Juso*-Treffens an die Presse weitergeleitet hatte. Im Zusammenhang mit Reinhard Höhn entschloss sich Schmitt-Vockenhausen zu einem historischen Schritt: »Als erster Sozialdemokrat seit Menschengedenken«, so der *Kölner Stadtanzeiger*, verlangte er vom *Vorwärts* eine offizielle Gegendarstellung und drohte bei Nichtbeachtung mit dem *Deutschen Presserat*.[538] Ihn ärgerte, dass die Parteizeitung seinen Brief an Höhn von 1958 abdruckte. Für Schmitt-Vockenhausen war es ein Privatschreiben, von dem Außenstehende nichts hätten wissen können, geschweige denn, unter welchen Umständen er verfasst wurde.[539] »Das ist unerhört« und »politische Brunnenvergiftung«, zitierte ihn die *Süddeutsche Zeitung*.[540] Der Kontakt mit Höhn sei seinerzeit auf »Vermittlung« Fritz Erlers und anderen führender Sozialdemokraten zustande gekommen. Gleichzeitig beschwerte sich Schmitt-Vockenhausen bei Brandt über den Wahlkampfmodus der *Vorwärts*-Redaktion und die Ignoranz gegenüber der Relevanz von Höhns wehrgeschichtlichen Schriften für die SPD.[541] Für den damals neuen *Vorwärts*-Chefredakteur Gerhard Gründler war die Geschichte eine willkommene Möglichkeit, inhaltlich Profil zu zeigen und neue Leser zu gewinnen.

Engelmanns Konfrontation mit Höhn wurde auch in der DDR aufmerksam verfolgt. Im Januar 1972 berichtete Raimund Pikador für das *Forum* über den »SS-Professor von Harzburg«.[542] Das *Forum* war das »Organ des Zentralrats der FDJ«, welches seit 1947 mit 16 Seiten, zweimal monatlich erschien.[543] Kaum einen Monat später schrieb Ludwig Elm über Höhn. Elm gehörte der SED-Parteileitung an der Jenaer

537 Ziegler, Gerhard: »HSV« auf Rechtsaußen. Späte Quittung für einen Persilschein: Schmitt-Vockenhausen und der »Vorwärts«, in: Die Zeit vom 21. Januar 1972.

538 Palmer, Hartmut: Dem SS-Mann ein Lob per Brief erteilt. Abdruck im »Vorwärts« erbost sozialdemokratischen Verfasser, in: Kölner Stadtanzeiger vom 15./16. Januar 1972; o. A.: Presserat gegen »Vorwärts«, in: Die Welt vom 19. Januar 1972.

539 Palmer: Dem SS-Mann ein Lob per Brief erteilt, in: Kölner Stadtanzeiger vom 15./16. Januar 1972.

540 Bergdoll, Udo: Schüsse aus dem Schneckenhaus. »Vorwärts« contra Schmitt-Vockenhausen/Der Fall Höhn, in: Süddeutsche Zeitung vom 14. Januar 1972; o. A.: Persilschein für Himmler-Freund, in: Deutsche Volkszeitung vom 20. Januar 1972.

541 Friedrich-Ebert-Stiftung, Nachlass Helmut Schmidt, 1/HSAA007753, Schreiben von Hermann Schmitt-Vockenhausen an Willy Brandt vom 17. Januar 1972.

542 Pikador, Raimund: SS-Professoren von Harzburg, in: Forum 2/1972, S. 4f.

543 Nach Freiburg, Arnold/Mahrad, Christa: FDJ. Der sozialistische Jugendverband der DDR, Opladen 1982, S. 140.

Universität sowie der Volkskammer an. Im Prinzip nahm er in seinem Artikel das vorweg, was Staatschef Erich Honecker auf dem VIII. SED-Parteitag ausgeben sollte – nämlich, dass mit der sozialistischen Nation im Osten und einer kapitalistischen im Westen kein einheitliches Deutschland existiere. Noch bevor Parteiideologen und Historiker beauftragt wurden, das zu bekräftigen, nutzte Elm den Wirbel um Höhn, um an seinem Beispiel zu demonstrieren, warum es aus ostdeutscher Sicht kein gesamtdeutsches Zusammengehörigkeitsgefühl geben könne. Weiterhin prangerte er die Doppelzüngigkeit der SPD-Führung an, die nicht nur Kontakt zu dem »faschistischen Schreibtischmörder Höhn« pflegte, sondern ihm darüber hinaus »parteioffizielle Aufträge« übertrug.[544] Für Elm war das mehr als nur eine »Episode bundesrepublikanischer Restauration und sozialdemokratischer Ideologiegeschichte«.[545] In seinen Augen entlarvte sich darüber die damalige Bildungs- und Wissenschaftspolitik der Bonner Republik sowie die »Frontstellung der SPD-Führung zu allen grundsätzlich antifaschistischen Bestrebungen«.[546] Schmitt-Vockenhausens Erklärungs- und Rechtfertigungsversuche hielt Elm für widersprüchlich und unglaubwürdig. Engelmann habe zweifelsfrei dargelegt, dass Höhn »selbst in der unübersehbar großen Schar nazistisch belasteter Professoren der BRD als eine der übelsten Figuren zu betrachten ist«.[547] Ähnlich argumentierte Horst-Dieter Sabban in seiner biografischen Notiz für das *Institut für Internationale Politik und Wirtschaft*. 1971 gegründet, galt dieses in der DDR als führende Institution der Imperialismusforschung. In rund 4.000 Ordnern versammelte das *Institut für Internationale Politik und Wirtschaft* bis zu 15 Millionen Zeitungsmeldungen und Berichte über ungefähr 30.000 Personen aus beiden deutschen Staaten.[548] In der Institutsbibliothek waren wichtige Publikationen aus dem sogenannten kapitalistischen Ausland vertreten. Seine Forschungen veröffentlichte das *Institut für Internationale Politik und Wirtschaft* quartalsweise in den IPW-Forschungsheften sowie monatlich in den IPW-Berichten. Für Sabban war Höhns Biografie geprägt von reaktionärer Kontinuität: »Von frühester Jugend an« habe er »auf der Seite der Reaktion gestanden« und bei der »Niederschlagung der revolutionären Arbeiterbewegung in Thüringen« geholfen, was mit dem »reaktionären ›Harzburger Modell‹« in der Wirtschaft fortgesetzt worden sei.[549] Höhn zog sich in diesen Tagen zunehmend in den schützenden Raum seiner Akademie für Führungskräfte der

544 Elm, Ludwig: Ein Brief an den Standartenführer. Die Verbindungen des Nazi-Professors Reinhard Höhn und die »Toleranz« der SPD-Spitze, in: Forum 4/1972, S. 7.

545 Ebenda.

546 Ebenda.

547 Ebenda.

548 Zentrum für Zeithistorische Forschung Potsdam (Hrsg.): Biographisches Archiv der IPW-Presseausschnittsammlung, in: http://www.zzf-pdm.de/site/mid__3443/ModeID__0/EhPageID__1098/843/default.aspx, 27. August 2015.

549 Sabban, Horst-Dieter: Reinhard Höhn, in: IPW-Berichte 5/1972, S. 75.

Wirtschaft zurück. Verhandlungen und Korrespondenzen übernahmen zumeist seine Mitarbeiter oder Gisela Böhme. Im Januar 1972 führten der Südwestfunk Koblenz sowie der Saarländische Rundfunk je eines der wenigen Interviews mit Höhn. Für den Saarländischen Rundfunk befragte ihn Axel Buchholz, in dessen Abendmagazin »Zwischen heute und morgen« das Gespräch gesendet werden sollte. Buchholz fragte nach der Akademie für Führungskräfte der Wirtschaft und er fragte nach Höhns politischer Vergangenheit. Auf sie angesprochen, übte sich Höhn in der Darstellung dessen, was der Philosoph Herbert Marcuse im Kontext von »victimization, ignorance, resistance«, einer Art Täter-Opfer-Umkehr, als »good nazi« oder »brown-collared ›victims‹« beschrieb.[550] Wie so viele sei er 1933 aus Überzeugung in die NSDAP eingetreten. Seine »ganz bestimmte Aufgabe« im SD erläuterte Höhn so: »Das war also die folgende – da müssen Sie mal folgendes sich kurz überlegen, damals gab es überhaupt keine Pressefreiheit mehr. Da hat eine kleine Gruppe – zu der gehörte ich auch – gesagt, es ist notwendig, daß man allenthalben feststellt, was überhaupt draußen in der breiten Öffentlichkeit passiert und darüber die Spitze unterrichtet«.[551] Höhn versuchte das Gespräch mit Buchholz vor allem auf seine »schwere Kollision mit der Partei« zu lenken.[552] »Wie heute auch wieder« habe man sich damals mit seiner Vergangenheit beschäftigt.[553] Nachfragen, woher dieses Interesse an seiner Person komme, wich Höhn aus. Dieses »Warum« brachte Peter Schallück fast zeitgleich für den Norddeutschen Rundfunk auf den Punkt: »Herr Höhn war hoher SS-Führer [...]. Seine Vergangenheit ist die eines SS-Mannes, eines Nationalsozialisten, eines Mannes, der mit Demokratie nichts im Sinne hat.«[554] Schallück war Journalist, regelmäßiger Teilnehmer der Treffen der längst legendär geworden Gruppe 47, Mitglied des PEN-Zentrums Deutschland und Bekannter von Bernt Engelmann. Höhn hielt Schallück aufgrund des wenig demokratischen »Generalstabsgeistes«, den er in Bad Harzburg lehre, für disqualifiziert, Menschenführung zuvermitteln.[555] An der Seite von neun weiteren bekannten Journalisten und Schriftstellern war Schallück Unterzeichner eines offenen Briefes an Verteidigungsminister Helmut Schmidt. Nur wenige wussten damals, dass sich Schmidt und Höhn kannten; Höhn versuchte mit Buchgeschenken, den Kontakt aufrecht zu halten.[556] Mit den »Vier Fragen an H. Schmidt« beabsichtigte die Gruppe

550 Marcuse, Harold: Legacies of Dachau. The Uses and Abuses of a Concentration Camp, 1933 – 2001, Cambridge 2001, S. 106, 142.
551 Nachlass Reinhard Höhn, Ausschnittsammlung Saarländischer Rundfunk.
552 Ebenda.
553 Ebenda.
554 Nachlass Reinhard Höhn, Ausschnittsammlung Norddeutscher Rundfunk; ferner Schallück, Peter: Führungskräfte ›68, in: Welt der Arbeit vom 16. August 1968.
555 Ebenda.
556 Seit etwa 1954 stand Höhn in Kontakt mit dem sozialdemokratischen Verteidigungsexperten Fritz Erler, dem er zum Beispiel »Die Armee als Erziehungsschule der Nation« oder die Bände

um Schallück und Engelmann eine Stellungnahme darüber zu erwirken, dass Höhn »einer der entscheidenden Rechtstheoretiker der Nazis« war, dass an der Akademie für Führungskräfte der Wirtschaft »weitere stark belastete ehemalige Nationalsozialisten« tätig gewesen sind, dass Staatssekretär Ernst Wolf Mommsen »zum Trägerkreis der Harzburger Akademie« gehörte und ob er der Überzeugung sei, »daß es mit den Grundsätzen des freiheitlich-demokratischen Rechtsstaates in Übereinstimmung zu bringen ist, daß ausscheidende Bundeswehroffiziere und neuerdings auch Unteroffiziere auf Kosten der Allgemeinheit (Bundesanstalt für Arbeit) in Bad Harzburg ausgebildet werden«.[557] Der Bundesvorstand der Jusos drängte in die gleiche Richtung. Er forderte die SPD-Bundestagsfraktion auf, sich an der Aufklärung von Höhns Fall zu beteiligen. Am 20. Januar 1972 kam die Schriftliche Anfrage von Hans Batz vor den Bundestag. Darin fragte er: »Ist der Bundesregierung bekannt, daß der ehemalige Vorgesetzte des Judenmörders Eichmann, Professor Reinhard Höhn, im Auftrag der Bundesanstalt für Arbeit pensionierte Bundeswehroffiziere ausbildet« und »Ist die Bundesregierung mit mir der Meinung, daß so stark belastete ehemalige NSDAP-Mitglieder nicht als Ausbilder für die Bundesanstalt für Arbeit infrage kommen dürfen«.[558] Am darauffolgenden Tag erklärte Staatssekretär Herbert Ehrenberg im Namen des Bundesministers für Arbeit und Sozialordnung Walter Arendt, dass zwischen der Bundesanstalt für Arbeit und der Akademie für Führungskräfte der Wirtschaft kein Auftragsverhältnis bestehe. Wen man fördere, so Ehrenberg, sei die Einzelperson. So habe jeder Soldat laut dem Soldatenversorgungsgesetz das Recht,»seine Aus- und Fortbildung nach Neigung und Eignung und damit seine berufliche Bildungsstätte frei zu wählen«.[559] Infolgedessen habe sich etwa ein Drittel der 113 ehemaligen Offiziere für staatlich geförderte Seminare in Bad Harzburg entschieden.[560] Am 2. Januar 1972 schrieb Engelmann direkt an Schmidt. Er berichtete ihm von seinen Recherchen, die teils das Verteidigungsministerium betrafen.[561] Aus dem Erholungsurlaub heraus bat Schmidt seinen »Chef-Gehilfen« und Duzfreund Ernst Wolf Mommsen, um eine Ein-

von »Sozialismus und Heer« übereignete sowie aus seiner Sicht »interessante Zeitschriften« empfahl. Friedrich-Ebert-Stiftung, Nachlass Fritz Erler 179 A, Schreiben von Reinhard Höhn an Fritz Erler vom 29. Dezember 1959; ebenda, Nachlass Helmut Schmidt, 1/HSAA005389, Schreiben von Reinhard Höhn an Helmut Schmidt vom 30. November 1970.

557 Engelmann, Bernt/Kästner, Erich/Lenz, Siegfried/Schallück, Peter (u.a.): Vier Fragen an H. Schmidt. Offener Brief an den Bundesverteidigungsminister, in: Vorwärts vom 12. Januar 1972.

558 Deutscher Bundestag (Hrsg.): Fragen für die Fragestunden der Sitzungen des Deutschen Bundestages am Mittwoch, dem 19. Januar 1972, Donnerstag, dem 20. Januar 1972, Freitag, dem 21. Januar 1972, Drucksache VI/3016, S. 22.

559 Ebenda.

560 Deutscher Bundestag, 6. Wahlperiode, 164. Sitzung, Bonn, den 21. Januar 1972, S. 9475.

561 Friedrich-Ebert-Stiftung, Nachlass Helmut Schmidt, 1/HSAA005687, Schreiben von Bernt Engelmann an Helmut Schmidt vom 2. Januar 1972.

schätzung der Angelegenheit.[562] Dieser versicherte ihm, dass die Deutsche Volkswirtschaftliche Gesellschaft von Anfang an gut mit den Sozialdemokraten sowie den Vertretern der Gewerkschaften zusammenarbeitete. Der Vorschlag, Höhn innerhalb des Vereins zum Geschäftsführer zu machen, sei damals – nach intensiver Prüfung seines politischen Vorlebens – aus Hamburg gekommen. Er selbst habe Höhn gar nicht gekannt.[563] Engelmanns Vorwürfe sah Mommsen derweil im Kern als unlängst hinreichend untersucht. Er vermutete, dass sie vielmehr auf den »festen Platz« abzielten, den die Akademie für Führungskräfte der Wirtschaft inzwischen gefunden habe.[564] Zeitgleich ließ Schmidt vom Leitungsstab seines Ministeriums die Eckdaten über die Kooperation mit der Akademie für Führungskräfte der Wirtschaft sowie der Akademie für Fernstudium zusammenstellen. Demnach nahmen seit 1962 insgesamt 1.896 Soldaten an Seminaren teil.[565] Dem Bericht zufolge, waren sie mit diesen »außerordentlich« zufrieden.[566] Vielen Zeitoffizieren seien nach Abschluss des Harzburg-Kollegs bis zu 20 Stellenangebote von Versicherungen, Banken oder Wirtschaftsunternehmen unterbreitet worden.[567] Als Gründe für die Kooperation mit der Akademie für Führungskräfte der Wirtschaft und der Akademie für Fernstudium nannte der Leitungsstab deren starke Orientierung an »militärischen Erfahrungen und Erkenntnissen« sowie deren Ruf als »führende Ausbildungsstätte für Unternehmensführung«.[568] Am 17. Januar interviewte der Hessisches Rundfunk Helmut Schmidt. Dabei sprach ihn der Journalist auf Höhn an, worauf Schmidt antwortete: »Ich muß zunächst sagen, daß die Behauptungen, die über diese Akademie aufgestellt werden wie auch über ihren Leiter, für mich völlig neu sind. [...] Ich werde mir das angucken, was da behauptet wird und muss prüfen.«[569] Und prüfen ließ er nicht nur die Partnerschaft mit der

562 Hagemeyer, Jan-Gert: Bleibt für einen Dollar. Helmut Schmidts »Mann der Wirtschaft« fühlt sich noch längst nicht amtsmüde, in: Die Zeit vom 15. September 1972.

563 Demgegenüber vermutete von Saldern, dass sich Höhn und Mommsen schon seit den 1930er-Jahren kannten, als dieser zur Reichsgruppe Industrie gestoßen war. Höhn gehörte zu dieser Zeit dem Wissenschaftlichen Beirat der Gesellschaft für europäische Wirtschaftsplanung und Großraumwirtschaft an. Allerdings bleibt die entscheidende Schnittstelle ungeklärt. Weiterhin widersprach Mommsen, in Höhns ersten Jahren in der Deutschen Volkswirtschaftlichen Gesellschaft »besonders wichtig« für ihn gewesen zu sein. Saldern: Das »Harzburger Modell«, in: Etzemüller (Hrsg.): Die Ordnung der Moderne, S. 327.

564 Friedrich-Ebert-Stiftung, Nachlass Helmut Schmidt, 1/HSAA005687, Schreiben von Ernst Wolf Mommsen an Helmut Schmidt vom 7. Januar 1972.

565 Friedrich-Ebert-Stiftung, Nachlass Helmut Schmidt, 1/HSAA005687, Schreiben des Leitungsstabes an Eckardt Opitz vom 6. Januar 1972.

566 Ebenda.

567 Ebenda.

568 Ebenda.

569 Friedrich-Ebert-Stiftung, Nachlass Helmut Schmidt, 1/HSAA005687, Niederschrift zum Interview mit dem Hessischen Rundfunk; Friedrich-Ebert-Stiftung, Nachlass Helmut Schmidt, 1/HSAA005687, Notiz des Leitungsstabes vom 18. Januar 1972.

Akademie für Führungskräfte der Wirtschaft.[570] Am 26. Januar wies Schmidt seinen Leitungsstab an, beim Berlin Document Center sowie bei der Zentralen Stelle Informationen über Diener, Six und Höhn einzuholen.[571] In Ludwigsburg fanden sich Zeugenaussagen und Verfahren gegen Six, Höhns Spruchkammerurteil, nichts jedoch über Diener. Aus Berlin erhielt Schmidts Leitungsstab Hinweise auf Höhns Arbeit am Institut für Staatsforschung. Dessen »super-nationalsozialistische Rechtslehre mit der Behauptung unerheblich machen zu wollen, sie habe lediglich der deutschen Rechtslehre entsprochen, ist eine einfache Unverschämtheit«, schrieb Stabsleiter Ernst Wirmer am 16. Februar in seiner Zusammenfassung an Schmidt.[572] »Noch schlimmer«, seien die Unterlagen des »verurteilten Judenverfolgers« Six.[573] »So etwas hätte Herr Höhn, der sonst so sorgfältig auf ein Image als Unbelasteter achtet, im eigenen Interesse auch nicht beschäftigen dürfen«.[574] Im Anschluss suchte Wirmer das Gespräch mit Harald Koch. Darin deutete er an, dass Schmidt zwar nach einer »konstruktiven Lösung des Falles« suche, doch mehr für einen Rückzug der Bundeswehr aus der Zusammenarbeit mit den Harzburger Akademien spräche.[575] Mit dieser Entscheidung ziehe er die Konsequenz aus der Diskussion um Höhns Rolle im Nationalsozialismus. Für Wirmer hatte Höhn die *Deutschen Volkswirtschaftliche Gesellschaft* bewusst getäuscht und benutzt, um sein eigenes Image aufzupolieren.[576] Das alles hinterlasse einen »schlechten Geschmack auf der Zunge«.[577] Koch riet er, die avisierte Distanzierung zum Anlass zu nehmen, im Kreise des Vereinspräsidiums intensiv über Höhn nachzudenken, insbesondere ob es sinnvoll ist, weiterhin an ihm festzuhalten. Im Grunde aber war es die Frage, ob es jemand wagen würde ihn zu stürzen. Höhn, der niemanden neben sich duldete.[578] Er war der Mittelpunkt der drei Akademien in Bad Harzburg. Bis 1968/69 gab es innerhalb der Deutschen Volkswirtschaftlichen Gesellschaft neben dem Präsidium einen bis zu 18-köpfigen Hauptausschuss – danach als alleinigen Vorstand nur noch Höhn.[579] Hätte man ihn seinen Positionen enthoben,

570 Laut der Information des Leitungsstabes waren im Januar 1972 an den drei Akademien insgesamt 221 Personen angestellt, 32 davon hauptamtlich und 100 nebenberuflich. Friedrich-Ebert-Stiftung, Nachlass Helmut Schmidt, 1/HSAA005690, Notiz des Leitungsstabes, undatiert.

571 Ebenda.

572 Friedrich-Ebert-Stiftung, Nachlass Helmut Schmidt, 1/HSAA005691, Schreiben von Ernst Wirmer an Helmut Schmidt vom 16. Februar 1972.

573 Ebenda.

574 Ebenda.

575 Friedrich-Ebert-Stiftung, Nachlass Helmut Schmidt, 1/HSAA005687, Schreiben von Ernst Wirmer an Harald Koch vom 15. Februar 1972.

576 Ebenda.

577 Ebenda.

578 Auskunft von Werner Siegert vom 16. August 2011.

579 Tätigkeitsbericht der Deutschen Volkswirtschaftlichen Gesellschaft 1968, S. 41; Tätigkeitsbericht der Deutschen Volkswirtschaftlichen Gesellschaft 1969, S. 50.

riskierte man die eigene Glaubwürdigkeit. Höhn einen zweiten Mann an die Seite zu stellen, hätte dieser niemals akzeptiert.

Ende Februar reichten Batz sowie der vormalige *Juso*-Vorsitzende Werner Buchstaller zwei weitere Schriftliche Anfragen ein. In ihnen wollten sie erfahren, in welchem Umfang das *Bundesministerium für Verteidigung* mit der *Akademie für Führungskräfte der Wirtschaft* kollaboriert, wie es in dieser Richtung weitergeht sowie ob das Ministerium Einfluss auf die personelle Besetzung der Akademie hat und gegebenenfalls darauf hinwirken kann, dass deren Leiter abgelöst wird.[580] In seiner Antwort rechnete der Parlamentarische Staatssekretär Karl-Wilhelm Berkhan vor, dass 1.168 Soldaten Kurse der *Akademie für Führungskräfte der Wirtschaft* und 1.896 die der *Akademie für Fernstudium* besuchten.[581] Gemessen an den Gesamtteilnehmerzahlen der drei Akademien mache das nur einen Anteil von weit weniger als einem Prozent aus, erklärte Berkhan. Insbesondere mit Blick auf die Vielzahl anderer Bildungseinrichtungen könne folglich nicht davon gesprochen werden, »daß die Bundeswehr auf eine Zusammenarbeit mit den Harzburger Instituten angewiesen sei«.[582] Hinsichtlich des »verständlichen Streites um die Person des Leiters der Akademie für Führungskräfte der Wirtschaft« konstatierte Berkhan »ohne Zweifel eine gewisse Unruhe«.[583] Allerdings habe das Ministerium zu keiner Zeit Einfluss auf die »Errichtung des Institutes, auf ihre Struktur und den Lehrkörper« besessen.[584] »Auch eine Ablösung von Prof. Dr. Höhn, so sehr sie auch zu wünschen sein mag, liegt außerhalb der Zuständigkeiten des Bundesministeriums der Verteidigung.«[585] Es könne nicht Aufgabe der Bundeswehr sein, »durch ein Festhalten an den Beziehungen […] zur Person des Leiters dieses Institutes Stellung zu nehmen«.[586] Weitere Spezialkurse, so Berkhan, werden nicht mehr vereinbart. Allerdings könne die Bundeswehr ihre Soldaten nicht daran hindern, diese zur Vorbereitung auf das Zivilleben selbst zu wählen.

Schmidts Leitungsstab setzte sich zudem mit *Vorwärts*-Chef Gründler in Verbindung. Er bat ihn, die Bundeswehr aus künftigen Veröffentlichungen über Höhn her-

580 Deutscher Bundestag (Hrsg.): Fragen für die Fragestunden der Sitzungen des Deutschen Bundestages am Mittwoch, dem 1. März 1972, Donnerstag, dem 2. März 1972, Freitag, dem 3. März 1972, Drucksache VI 3196, S. 20.

581 Deutscher Bundestag, 6. Wahlperiode, 176. Sitzung, Bonn, den 3. März 1972, S. 10216.

582 Ebenda.

583 Ebenda.

584 Ebenda, S. 10217.

585 Ebenda.

586 Deutscher Bundestag, 6. Wahlperiode, 176. Sitzung, Bonn, den 3. März 1972, S. 10217; dazu o. A.: Bundeswehr will Zusammenarbeit mit Harzburger Akademie beenden, in: Süddeutsche Zeitung vom 3. März 1972; o. A.: Bund gibt Zusammenarbeit auf, in: Berliner Allgemeine vom 10. März 1972.

auszuhalten oder sie zumindest vorher zu informieren.[587] Damit war für Schmidt die Angelegenheit erledigt. Auch die *Bundesanstalt für Arbeit* verzichtete auf weitere Schritte. In ihrem Fall ließ sich Engelmanns Aussage am zügigsten widerlegen. Dessen Auseinandersetzung mit Höhn kam dem *Vorwärts* mit seiner neu entdeckten Diskussionsfreudigkeit gelegen. 1972 rutschte das Blatt jedoch zurück in rote Zahlen. Insbesondere bei der SPD-Spitze stieß der Kurs des *Vorwärts* hin zu einer streitbaren Kritikplattform nicht immer auf Gegenliebe. So geriet Hans-Jochen Vogel nach seiner Wahl ins Parteipräsidium mit Gründler aneinander. Und Willy Brandt ließ ihm ausrichten, dass er sich weniger Meinungsbeiträge und mehr »Nachrichten-Geschichten« wünsche.[588] Verärgert war er, als der *Vorwärts* ihn im Umfeld des Vietnam-Krieges scharf anging und innerhalb des Streites mit Herbert Wehner zu parteiisch berichtete. Brandt und Wehner – zwei Namen, an die auch Schmitt-Vockenhausen schrieb, als er aus den eigenen Reihen angefeindet wurde.[589] Beispielsweise aus der Bielefelder SPD, die sein Eintreten für Höhn als »ehrlos« und »stark parteischädigend« rügte.[590] Der SPD-Bezirk Hessen-Süd erwog deswegen ein Parteiordnungsverfahren, zu dem gerade Nachwuchskräfte drängten. Wie andere *Juso*-Verbände sahen sie derartige Verfahren als probate »Kampfmittel« gegen streitbare Parteimitglieder wie Hermann Schmitt-Vockenhausen oder Gerhard Littmann. Der Frankfurter Polizeipräsident verlor im Zusammenhang mit einem umstrittenen Polizeieinsatz während einer studentischen Demonstration sogar seinen Listenplatz.[591]

Im April 1972 stellte Engelmann Strafanzeige gegen Höhn wegen dessen Beteuerung, »nach 1937 nicht mehr im aktiven Dienst der SS gestanden zu haben«.[592] Derweil beschäftigte man sich im Kreis der *Deutschen Volkswirtschaftlichen Gesellschaft* mit Höhns Zukunft. Aus dem Präsidium hieß es, »ernsthaft in jede Richtung« überlegen zu wollen.[593] Für Höhn kam nur ein zügiges Votum in Betracht, wobei er klar sagte, keine zweite Entnazifizierung über sich ergehen zu lassen. Wie Höhn plädierte die Mehrheit im Präsidium für eine »klare Linie«.[594] Hermann Theilen, Vorstandsmit-

587 Friedrich-Ebert-Stiftung, Nachlass Helmut Schmidt, 1/HSAA07753, undatierte Notiz an Helmut Schmidt.

588 O. A.: Herr mit Hund, in: Der Spiegel 46/1973, S. 57.

589 Friedrich-Ebert-Stiftung, Nachlass Helmut Schmidt, 1/HSAA005779, Schreiben von Hermann Schmitt-Vockenhausen an Willy Brandt vom 17. Januar 1972, Schreiben von Hermann Schmitt-Vockenhausen an Herbert Wehner vom 17. Januar 1972.

590 O. A.: Bielefelder SPD rügt Schmitt-Vockenhausen, in: Neue Westfälische vom 28. Februar 1972.

591 Rohstock, Anne: Von der »Ordinarienuniversität« zur »Revolutionszentrale«? Hochschulreform und Hochschulrevolte in Bayern und Hessen 1958 – 1976, München 2010, S. 256.

592 O. A.: Strafanzeige gegen Höhn, in: Berliner Allgemeine vom 28. April 1972; o. A.: Strafanzeige gegen SS-Höhn, in: Deutschen Volkszeitung vom 20. April 1972.

593 Nachlass Reinhard Höhn, Zusatz zum Protokoll vom 19. April 1972.

594 Ebenda.

glied der *Preußag AG*, versicherte Höhn schließlich, dass er seine Arbeit fortsetzen könne.[595] Die Entscheidung stieß vor allem bei Mommsen, Koch und Schmitt-Vockenhausen auf Kritik. In ihren Augen war Höhn »nicht länger tragbar«.[596] Angesichts dieses »SPD-Klüngels« stellte der Direktor der Personalabteilung der *Karstadt AG* Rolf G. Hermichen den betreffenden Personen anheim, aus dem Präsidium auszuscheiden. Und von Katzler ließ Koch am 26. April wissen: »Selbst wenn Sie ganz neue Vorwürfe gegen Herrn Dr. Höhn aus der Nazi-Zeit vorzulegen hätten, würde ich doch immer noch dafür eintreten, diese alten Geschichten nun endlich ruhen zu lassen in Anbetracht der fabelhaften Leistung von Höhn in den letzten Jahren.«[597] Am 10. Mai 1972 bekannte sich das Präsidium mit einer öffentlichen Stellungnahme zu ihm. Kurz zuvor hatte Engelmann gegen Höhn nachgelegt. Diesmal nutzte er den Pressedienst der *Demokratischen Aktion*.[598] Ihr Heft über Höhn und die *Akademie für Führungskräfte der Wirtschaft* war mit dem markigen Titel »›Harzburger Front‹ 1972?« überschrieben. Das Vorwort steuerte *Metall*-Chefredakteur Jakob Moneta bei, eine kurze Stellungnahme der gesuchte, emblematische »gute Deutsche« Heinrich Böll.[599] Dieser mahnte: »Die so oft zitierte ›Glaubwürdigkeit der Demokratie‹ ist nicht nur in Gefahr, sie wird zum Hohn, wenn ein Mann, dessen administrative Fähigkeiten offenbar unbestreitbar sind, diese Fähigkeiten unter Umständen verbesserte oder erwarb, wo Administration Todesadministration bedeutete«.[600] Die »Freundlichkeit einiger SPD-Politiker gegenüber dieser Akademie« sei bestenfalls »naiv«, allerdings bis ins »objektiv Bösartige« steigerbar.[601] Im Grunde versammelte das Heft Engelmanns Vorwürfe, angereichert mit Quellenauszügen und Presseausschnitten. Das endgültige Urteil über Höhn überließen die Autoren zwar dem Leser, jedoch nicht ohne den als moralische Entscheidungshilfe gedachten Hinweis, dass der »perfektionierte Terror

595 Nachlass Reinhard Höhn, Gesprächsniederschrift von Gisela Böhme vom 4. Mai 1972.

596 Nachlass Reinhard Höhn, Gesprächsniederschrift von Gisela Böhme vom 25. April 1972.

597 Nachlass Reinhard Höhn, Schreiben von Hubert von Katzler an Harald Koch vom 26. April 1972.

598 Ende 1957 beschwerte sich der frühere NS-Publizist Kurt Ziesel öffentlichkeitswirksam über die NS-Vergangenheit vieler westdeutscher Linksintellektueller und deren Umgang mit der Aufarbeitung der NS-Vergangenheit anderer. Dazu Ziesel, Kurt: Das verlorene Gewissen. Hinter den Kulissen der Presse, der Literatur und ihrer Machtträger von heute, München 1958; ders.: Die Geister scheiden sich. Dokumente zum Echo auf das Buch »Das verlorene Gewissen«, München 1959; Schildt, Axel: Im Visier: Die NS-Vergangenheit westdeutscher Intellektueller. Die Enthüllungskampagne von Kurt Ziesel in der Ära Adenauer, in: Vierteljahreshefte für Zeitgeschichte 1/2016, S. 37-68.

599 O. A.: Der gute Deutsche, in: Der Spiegel 44/1972, S. 194.

600 Pressedienst der Demokratischen Aktion (Hrsg.): »Harzburger Front« 1972? Dokumentation des PDA, München o. J., S. 3. Von einer »neuen Harzburger Front« sprach etwas früher auch Hans Lamm. Ders.: Neue Harzburger Front? NS-Professor schult Führungskräfte, in: Berliner Allgemeine vom 17. Dezember 1971.

601 Pressedienst der Demokratischen Aktion (Hrsg.): »Harzburger Front« 1972?, S. 3.

und optimal rationalisierte Massenmord« von Auschwitz, Dachau oder Buchenwald ohne einen Höhn, Six, Ohlendorf, Schellenberg oder Himmler nicht denkbar gewesen wäre.[602]

Im Frühjahr 1972 recherchierte der Journalist Michael Gramberg für einen Fernsehbeitrag in Bad Harzburg.[603] Zu dem Interview mit Höhn begleitete ihn der Journalist Günter Wallraff – getarnt als Kabelträger; Wallraff war einer der Unterzeichner der »Vier Fragen an H. Schmidt«.[604] Gramberg sprach Höhn unter anderem auf die Gemeinsamkeiten von Wirtschaft und Militär an. Aus Höhns Sicht eine »unerhörte Frage«.[605] So unerhört, dass er sie gar nicht auf einmal beantworten könne. Am Ende blieb Höhns Antwort verbindlich-unverbindlich. Wer sich mit Führung beschäftige, müsse Aufbau und Funktionsweise der drei großen Organisationen Kirche, Wirtschaft und Militär kennen. Allgemein aber gelte, genau zu prüfen, was sich überhaupt aus dem Militär entlehnen lasse.[606] Dagegen erläuterte ein befragter Bundeswehroffizier in dem fertigen Beitrag, dass sich die von Höhn vermittelten Lehrinhalte und Werte zu etwa 90 Prozent mit seinen eigenen Erfahrungen deckten, da es sich dabei um jahrhundertalte bewährte Führungsgrundsätze handele. Gramberg unterstellte Höhn in »Der Erfolg gibt uns Recht« im Gegenzug, unter dem Anschein einer Mitbestimmung am Arbeitsplatz eine neue Art der »Rassen- und Untermenschtypologie« zu transportieren.[607] Die von ihm gewählte Perspektive erinnerte an Engelmanns Unterscheidung von »Ihr da oben, wir da unten«[608]. Höhn war für Gramberg eine symptomatische Erscheinung der Wirtschaft, die mit ihrem »unterentwickelten« und »rudimentären« Demokratieverständnis Menschenführung zur Menschenverführung missbrauchte.[609] In seinen Augen ging es Höhn und seinesgleichen nur um Profit und den leistungsfähigen Mitarbeiter, der ihn erwirtschaften sollte. In der zweiten Hälfte des Jahres 1972 klang der Konflikt zwischen Engelmann und Höhn aus. Am Ende kannte er lediglich Pyrrhussiege. Engelmann brachte Höhns NS-Belastung zurück in die öffentliche Wahrnehmung und Diskussion. Er skandalisierte sie. Zu Fall bringen, konnte er Höhn allerdings nicht.

602 Ebenda, S. 22f.
603 Der Beitrag »Der Erfolg gibt uns Recht. Sprache der Führungskräfte« wurde zunächst im WDR und anschließend im NDR, RB und SFB ausgestrahlt.
604 Auskunft von Günter Wallraff vom 18. Januar 2016.
605 Gramberg, Michael/Wallraff, Günther: Der Erfolg gibt uns Recht. Sprache der Führungskräfte, Erstausstrahlung WDR 30. April 1972.
606 Ebenda.
607 Ebenda.
608 Engelmann, Bernt/Wallraff, Günter: Ihr da oben, wir da unten, Berlin 1991.
609 Gramberg/Wallraff: Der Erfolg gibt uns Recht.

Stimmen der Wissenschaft

Mit ihren Forschungen beabsichtigte die *Akademie für Führungskräfte der Wirtschaft* mit oder vielleicht noch vor der Wissenschaft verwertbare Antworten für die Herausforderungen der unternehmerischen Praxis zu finden. Bis weit in die 1960er-Jahre befand sich die Betriebswirtschaftslehre in einem Selbstfindungsprozess. Dabei wurden Themen wie »Unternehmensethik« und »Mitbestimmung« wieder virulent. Vor allem rückte der Konnex einer klassischen Betriebswirtschaftslehre zu ihrer gesellschaftlichen Umgebung in den Vordergrund. Das war das Umfeld, in dem sich der Student Karsten Trebesch im Winter 1969 dazu entschloss, im Rahmen einer Studienarbeit Höhns Führungslehre zu analysieren. Später sagte er, dass ihn deren Medienpräsenz neugierig gemacht habe.[610] In dem Soziologen Mario Rainer Lepsius fand Trebesch seinen Betreuer – auch wenn das einige Mühe gekostet habe und Bedenken blieben, so Trebesch.[611]

Vor dem Hintergrund der interdisziplinären Öffnung der Betriebswirtschaftslehre darf seine Studie *Organisationssoziologische Analyse und Kritik des ›Harzburger Modells‹* wohl als eine sehr frühe universitäre Auseinandersetzung mit der *Führung im Mitarbeiterverhältnis* gelten. Zur Vorbereitung nahm Trebesch Kontakt mit der *Akademie für Führungskräfte der Wirtschaft* auf, um sie, ihre Seminare und nicht zuletzt Höhn kennenzulernen, der ihn nach Bad Harzburg einlud. Trebesch kam zu dem Ergebnis, wonach die *Führung im Mitarbeiterverhältnis* einen Kompromiss mit der »Aufrechterhaltung der Autoritätsstruktur« suchte, um über die Verbindung »leistungssteigernder und autoritärer Mittel« zu einer organisatorischen Ablaufgarantie zu kommen.[612] Das »Ritual der Delegation von Verantwortung« helfe, Anforderungen und Handlungen zu nivellieren sowie offerierte Selbstständigkeit einzuschränken.[613] Trebesch vermutete, dass sich Höhn hierfür »eher an den Unzugänglichkeiten der Vergangenheit, als an den Möglichkeiten der Zukunft orientiert hat«.[614] Anfang 1970 veröffentlichte die in der Unternehmensberatung tätige *Gesellschaft für Planung und Organisation* einen Auszug aus seiner Diplomarbeit. Im Spätsommer wurde man in der *Akademie für Führungskräfte der Wirtschaft* auf sie aufmerksam. Mitte September folgte ein kleiner Abriss in den eigenen »Hausnachrichten«, die im Nachgang der Angriffe auf Höhn ins Leben gerufen worden waren.[615] Um nach außen auf Trebeschs Studie zu reagieren, wandte sich Höhn an den damaligen Leiter der Zeitschrift *Plus*,

610 Auskunft von Karsten Trebesch vom 9. November 2012.

611 Ebenda.

612 Trebesch, Karsten: Organisationssoziologische Analyse und Kritik des Harzburger Modells, Diplomarbeit, Mannheim 1969, S. 122.

613 Ebenda.

614 Ebenda.

615 Nachlass Reinhard Höhn, Presse- und Informationsabteilung der Deutschen Volkswirtschaftlichen Gesellschaft (Hrsg.): Hausnachrichten vom 15. September 1970.

Werner Siegert. Diese veröffentlichte im Mai 1971 eine Übersicht ihrer wichtigsten Thesen und Höhn sowie der Essener Unternehmer Christian Schuberth kommentierten sie. Unisono widersprachen sie Trebesch. Nur bei dem Thema »Preußen« waren Höhn und Schuberth unterschiedlicher Meinung. Während Höhn betonte, dass seine Führungslehre nicht aus dem preußischen Militärwesen, sondern aus den »Notwendigkeiten der Wirtschaft« erwachsen sei, schrieb Schuberth: »Soweit Trebesch mit dem Hinweis auf das Preußentum einen negativen Akzent verbindet, stimme ich ihm nicht zu. Das HM hat gerade die Stärke des ›Preußentums‹ wiederbelebt, im Rahmen eines Auftrages volle Eigenverantwortlichkeit entwickeln zu lassen«.[616] Andere Veröffentlichungen blendeten diesen Aspekt gänzlich aus. Für den früheren Geschäftsführer der *Gesellschaft für Organisation* Peter Obst zum Beispiel bestand der Kern der *Führung im Mitarbeiterverhältnis* aus der Kongruenz zwischen Aufgabe, Verantwortung und Kompetenz, wie sie unter anderem innerhalb kirchlicher Organisation zu finden war. Insbesondere von dem dort formulierten Subsidiaritätsprinzip vermutete Obst, dass es einen »nicht geringen Einfluß auf die Entwicklung des Harzburger Modells gehabt hat«.[617]

In einem Artikel für die Zeitschrift *Analyse* griff 1971 der Verwaltungswissenschaftler Wolfgang Pippke die Konstellation Trebesch und Höhn, These und Gegenthese, wieder auf. Sein Anknüpfungspunkt war Höhns Anspruch, der Wirtschaft und ihren Unternehmen ein demokratisch-zeitgemäßes Führungsmittel anzubieten. Pippke deutete die *Führung im Mitarbeiterverhältnis* als einen »dritten Weg zwischen demokratisch-parlamentarischen und absolutistischen Führungsprinzipien«.[618] Das zeige der Mitarbeiter, der zwar innerhalb des ihm delegierten Aufgabenbereiches selbstständig entscheiden könne, an den Entscheidungen über die Zielfunktion des Unternehmens oder die Zielsetzung einzelner Abteilungen aber kein Mitspracherecht habe. Ähnlich sah Pippke den Fall bei dem Vorgesetzten gelagert, der zwar in den Delegationsbereich des Mitarbeiters nicht eingreifen dürfe, ihm gegenüber dennoch alle Sanktionsmöglichkeiten besäße. Womit er sich allerdings überhaupt nicht anfreunden konnte, war Höhns Bildungsanspruch, mit der *Führung im Mitarbeiterverhältnis* den »Staatsbürger von morgen« zu formen. Solche Impulse sollten seiner Meinung nach eher vom Elternhaus oder der Schule ausgehen, »als von Organisationen, die auch mit Einführung des HM's ihren formalisierten, hierarchischen Aufbau nicht verändern«.[619]

616 O. A.: Das Harzburger Modell im Kreuzfeuer, in: Plus 3/1971, S. 9.

617 Bielzer, Louise: Perzeption, Grenzen und Chancen des Subsidiaritätsprinzips im Prozess der Europäischen Einigung. Eine international vergleichende Analyse aus historischer Perspektive, Münster 2003, S. 15; Obst, Peter: Das »Harzburger Modell« aus organisatorischer Sicht, in: Führung + Organisation 2/1970, S. 80.

618 Pippke, Wolfgang: Das Harzburger Modell. Der Mitarbeiter als Mitunternehmer, in: Analyse 1/1971, S. 6.

619 Ebenda.

Zum Jahresbeginn 1972 legten die Sozialforscher Otto Blume und Wilhelm M. Breuer im Namen des *Instituts für Sozialforschung und Gesellschaftspolitik* ein Gutachten über die *Führung im Mitarbeiterverhältnis* im öffentlichen Dienst vor. Im Auftrag der *Gewerkschaft Öffentliche Dienste, Transport und Verkehr* prüften sie, ob sie mit den Gewerkschaftszielen kompatibel war.[620] Blume und Breuer argumentierten aus Höhns politischer Vergangenheit heraus. Daher waren sich beide sicher, dort auch die »Wurzeln seiner Führungskonzeption« zu finden.[621] Höhns Absage an absolutistische Formen erinnerte Blume und Breuer stark an die Zeit, als er noch dem »individualistischen Prinzip des souveränen Fürstenstaates« das »Prinzip der Gemeinschaft« gegenüberstellte.[622] Ähnlich verhalte es sich mit seiner früheren Forderung, auf diesem Wege die »Demokratie in ganz Europa« abzulösen.[623] Diese »Perspektive für ein faschistisches Europa«, so Blume und Breuer, ließe sich ähnlich lesen wie die »betriebliche Führung à la Harzburg«.[624] Die entscheidende Schnittstelle waren in ihren Augen Höhns militärhistorische Überlegungen. Auf dieser Grundlage sahen Blume und Breuer keine Möglichkeit, mit der *Führung im Mitarbeiterverhältnis* die Demokratisierung im Unternehmen vorantreiben zu können. An ihrer statt kaschiere sie nur die »destruktiven Konsequenzen persönlich-willkürlicher Unternehmensführung« mit dem schönen Anschein innerbetrieblicher Mitbestimmung.[625]

Ebenfalls unter gewerkschaftlichem Vorzeichen stand die Untersuchung *Kaderschule für das Kapital* der Marburger Studenten Manfred Boni, Mira Maase, Gerd Wilbert und deren Betreuer Frank Deppe, der das Thema vorgeschlagen hatte, nachdem ein Journalist der *IG Metall* zuvor an das *Institut für Marxistische Studien und Forschung* herangetreten war, in deren Berichten das Forschungsprojekt erscheinen sollte.[626] Darin überprüfte das Quartett die *Führung im Mitarbeiterverhältnis* auf ihre praktische Bedeutung. Den »steilen Aufstieg des Altfaschisten Höhn« und dessen enge Verbundenheit mit »faschistischen und kapitalistischen Interessen« wollten Boni, Maase, Wilbert und Deppe hingegen nicht noch einmal feststellen.[627] Ihre Argumentation erinnerte im Folgenden an ein neomarxistisches Denken, wie es damals neben dem »mainstream« insbesondere im Umfeld des *Instituts für Marxistische For-*

620 Blume, Otto/Breuer, Wilhelm M.: Das »Harzburger Modell« und der öffentliche Dienst, Köln 1972, S. 4.
621 Ebenda, S. 20.
622 Ebenda, S. 25.
623 Ebenda.
624 Ebenda.
625 Ebenda, S. 57.
626 Auskunft von Manfred Boni vom 30. Mai 2012; Auskunft von Frank Deppe vom 31. Mai 2012.
627 Boni, Manfred/Deppe, Frank/Maase, Mira/Wilbert, Gerd: Kaderschule für das Kapital. Theorie und Praxis der Harzburger Akademie für Führungskräfte der Wirtschaft, in: Institut für Marxistische Studien und Forschung (Hrsg): Informationsbericht 10/1972, S. 3.

schung und Studien in der soziologischen Diskussion über erwartete ökonomische Krisen und wachsende innergesellschaftliche Spannungen aufzuleben begann. Demnach konnte Über- und Unterordnung innerhalb der Gesellschaft einzig aus deren grundlegenden Verhältnissen wie etwa der Stellung der Wirtschaft oder dem Eigentum an Produktionsmitteln heraus verstanden werden.[628]

Marx zählte die Besitzer von Produktionsmitteln zur Bourgeoisie. Der vom Trotzkisten zum Republikaner wandlungsfähige Soziologe und Philosoph James Burnham sagte 1941 in seinem Besteller *The Managerial Revolution* ein Regime der Manager voraus.[629] Dieser Grundgedanke deutete sich auch bei Boni, Maase, Wilbert und Deppe an, wenn sie davon sprachen, dass Manager traditionelle Herrschaftsformen ablösen und sich selbst als »neue herrschende Klasse« etablieren.[630] Das demokratische Bewusstsein, welches sie und damit auch Höhn zeigen, sei nur Schein und Kaschierung ihrer »demokratie- und gewerkschaftsfeindlichen Zielsetzungen« sowie ihres Zwanges, »daß die Optimierung der Verwertungsbedingungen und die Effektivierung von Entscheidungsprozessen unabweisbar die Kooperation auf und zwischen den verschiedenen Leitungsebenen und schließlich die Integration des gesamten Leitungspersonals verlangt«.[631] Dementsprechend schätzten Boni, Maase, Wilbert und Deppe die *Führung im Mitarbeiterverhältnis* als ein Führungskonzept ein, »daß eben diesen reaktionären und elitären Bewußtseinsinhalten der führenden Kapitalfunktionäre« entgegenkomme, sie stabilisiere und fördere.[632]

In etwa zur gleichen Zeit untersuchten die Wirtschaftswissenschaftler Richard Guserl und Michael Hofmann die *Führung im Mitarbeiterverhältnis* auf ihre Effizienz und Praxistauglichkeit. Für den empirischen Teil ihrer Recherchen stellte ihnen die *Akademie für Führungskräfte der Wirtschaft* neben Schulungsunterlagen eine Auflistung ihrer Kunden zur Verfügung.[633] Die daraus resultierenden Gespräche beschrieb Guserl rückblickend als »erfrischend«.[634] Über sie seien Aspekte zur Sprache gekommen, die erheblich von dem abwichen, was Unternehmen üblicherweise nach außen tragen. Eine erste Zusammenfassung ihrer Ergebnisse veröffentlichten Guserl und Hofmann 1972 in der Februarausgabe des damals noch jungen *manager magazins*. Nach ihrem Dafürhalten machte es sich Höhn argumentativ viel zu oft viel zu einfach – angefangen bei seiner maßgebenden Unterscheidung zwischen einer autoritär-abso-

628 Dazu Burzan, Nicole: Soziale Ungleichheit. Eine Einführung in die zentralen Ideen, Wiesbaden 2011, S. 58f.
629 Burnham, James: The Managerial Revolution, New York 1941.
630 Boni/Deppe/Maase/Wilbert: Kaderschule für das Kapital, in: Institut für Marxistische Studien und Forschung (Hrsg): Informationsbericht 10/1972, S. 8.
631 Ebenda, S. 19, 52.
632 Ebenda, S. 53.
633 Auskunft von Richard Guserl vom 20. Juli 2013.
634 Ebenda.

lutistischen Führung und einer *Führung im Mitarbeiterverhältnis*. Guserl und Hofmann fehlten bei diesem Schwarz-Weiß-Denken die Graustufen, durch deren Aussparung Höhn von einer »unrichtigen Situation des Führungsverhaltens in Wirtschaft und Verwaltung« ausgehe.[635] Daneben widersprachen sie ihm an dem Punkt, dass sich mit seinem Führungsansatz tatsächlich eine Änderung des Führungsstils erreichen ließe. Guserl und Hofmann zählten insgesamt 315 Regeln, mit denen Höhn versuche, das innerbetriebliche Verhalten zu normieren.[636] Aus ihrer Sicht halfen sie Unternehmen in der Differenzierungsphase. Ansonsten fördere ein solcher Regelapparat lediglich Überorganisation und starre Bürokratie. Was sie unter anderem vermissten, war die Berücksichtigung von sozialpsychologischen Aspekten oder den Blick auf innerbetriebliche Realitäten.[637] In ihrem abschließenden Urteil bewerteten Guserl und Hofmann die *Führung im Mitarbeiterverhältnis* als gut gemeinten Allgemeinplatz.[638] Dieser versage allerdings allzu oft in der Praxis, weil er etwa die »Bedeutung der informellen Organisation während des Umstellungsprozesses« missachte.[639] Anstatt in einem Unternehmen ein »vorprogrammiertes Führungsmodell« zu implementieren, schlugen Guserl und Hofmann vor, »sollte man sich zielbewußt unternehmensintern den eigenen Maßanzug schneidern«.[640] Die Antwort aus Bad Harzburg auf den Artikel fiel offensiv wie emotional aus. Mit einem 14-seitigen Rundschreiben versuchte ihn die *Akademie für Führungskräfte der Wirtschaft* als »Fehlstudie« fachlich zu disqualifizieren.[641] Unter dem schlichten Titel Das *Harzburger Modell* erschien 1973 Guserl und Hofmanns gesamte Untersuchung.[642] Die Zeitschrift *Plus* begrüßte sie als »konstruktives Buch« und der frühere Landrat Eberhard Laux als empirische »Kritik aus der Sicht der Theorie«.[643] Zustimmung kam auch von Hartmut Kreikebaum, der in Frankfurt den Lehrstuhl für Industriebetriebslehre innehatte. Ihm zufolge entsprach die darin formulierte Kritik »voll und ganz den Erfahrungen aus der Praxis der Organisationsarbeit«.[644] In die zweite Auflage ihres Buches nahmen Guserl und Hofmann ein Kapitel zur dynamischen Organisationsentwicklung auf. Damit reagierten sie auf Höhns Vorwurf, der *Führung im Mitarbeiterverhältnis* nichts Eigenes entgegen-

635 Guserl, Richard/Hofmann, Michael: Harzburger Modell: Bürokratie statt Kooperation, in: manager magazin 2/1972, S. 60.
636 Ebenda.
637 Ebenda.
638 Ebenda, S. 62.
639 Ebenda, S. 65.
640 Ebenda.
641 Ebenda, S. 52.
642 Guserl, Richard: Das Harzburger Modell. Idee und Wirklichkeit, Wiesbaden 1973; Guserl, Richard/Hofmann, Michael: Das Harzburger Modell. Idee, Wirklichkeit und Alternative zum Harzburger Modell, Wiesbaden 1976.
643 Guserl: Das Harzburger Modell, S. 9f.
644 Guserl: Das Harzburger Modell, S. 10.

setzen zu können. Ihre Überlegungen verstanden sie als die Darstellung eines Verfahrens, »das aus der Praxis betrieblicher Organisations- und Führungsprobleme heraus konzipiert ist«.[645] Im Mittelpunkt stand ein Wertesystem, das durch die Analyse der Veränderungsmotive und -ziele die Kommunikationsgrundlage zwischen Klient und Change Agent bildete. Dieses enthielt die für den Umstellungsprozess relevanten Grundsätze.

Zweifel an den Werbeversprechen der *Akademie für Führungskräfte der Wirtschaft* meldeten 1974 Wolf Braun und Hans R. Marx an. Die beiden Mitarbeiter des Betriebswirtschaftlichen Instituts der Universität Erlangen-Nürnberg zeigten sich in ihrem Beitrag über die *Führung im Mitarbeiterverhältnis* überzeugt, dass sie ungeeignet sei, »bestehende Machtstrukturen in Unternehmen zu verändern«.[646] Auch sie sprachen von Verschleierung, einem fehlenden »emanzipatorischen Interesse« und einer »kaum fruchtbaren« praktischen Umsetzung als Folge alldessen.[647] 1975 legte der Betriebswirtschaftler Claus Steinle eine erste Kategorisierung der bis dato veröffentlichten Kritiken zur *Führung im Mitarbeiterverhältnis* vor, wonach diese aus einer empirischen sowie einer theoretisch orientierten Richtung kamen. Aus seiner Sicht adaptierte sie die Forderung nach innerbetrieblicher Partizipation, um sie anschließend wieder »durch die spezifische Struktur und Formation der Führungsmittel« zu umgehen.[648] Mit dieser »Führungsfassade«, so war sich Steinle sicher, ließe sich weder eine »hohe Unternehmungseffizienz« noch eine »hohe Mitarbeiter-Satisfaktion« erreichen, »da einerseits wichtige Instrumente einer modernen Führungskonzeption unberücksichtigt blieben und andererseits vorhandene Führungselemente falsch formiert« werden.[649] Dem schlossen sich 1976 auch Georg Schreyögg und Wolfram Brann vom Lehrstuhl für Allgemeine Betriebswirtschaftslehre der Universität Erlangen-Nürnberg an. In ihren Augen werden mit der *Führung im Mitarbeiterverhältnis* schöpferische Initiative und Einsatzfreude nicht gefördert sowie flexible Organisationsstrukturen nicht geschaffen, sondern traditionelle Herrschaftsstrukturen verschleiert und bestehende Machtstrukturen auf autoritäre Art »neu gerechtfertigt«.[650] Wilmar Bernthal, Professor für Management und Organisation an der Universität Colorado, wagte 1978

645 Guserl/Hofmann: Das Harzburger Modell, S. 10f.

646 Braun, Wolf/Marx, Hans R.: Das Harzburger Modell. Kritische Analyse einer Führungskonzeption, in: Betriebswirtschaftliches Institut der Friedrich-Alexander Universität Erlangen-Nürnberg (Hrsg.): Arbeitspapiere 18/1974, S. 69.

647 Ebenda, S. 71f.

648 Steinle, Claus: Das Harzburger Modell. Eine Führungsfassade mit der Konsequenz niedriger Effizienz und Satisfaktion, in: Zeitschrift für Organisation 44/1975, S. 253.

649 Ebenda, S. 253f.

650 Brann, Wolfram/Schreyögg, Georg: Zu den Grundsätzen der »Führung im Mitarbeiterverhältnis«. Eine Analyse des Harzburger Modells, in: Wirtschaftswissenschaftliches Studium 2/1976, S. 61.

hinsichtlich der *Führung im Mitarbeiterverhältnis* einen deutsch-amerikanischen Blick. Seine Einschätzung: »In content, it is reminiscent of classical management and organization prescriptions, which dominated American management doctrine into the 50s.«[651] Mit ihrem konservativen Charakter entspreche sie den Anforderungen westdeutscher Unternehmen und Institutionen. Der Wirtschaftswissenschaftler Rudolf Hickel bezeichnete die *Führung im Mitarbeiterverhältnis* als »Lehrbuchbeispiel des BRD-Neokonservatismus«.[652] »Integration und Harmonisierung der gesellschaftlichen Kräfte« gewinne sie aus »tendenziellen Geschichtsfälschungen«.[653] Dabei funktionalisiere die *Führung im Mitarbeiterverhältnis* personale Autorität, ohne selbst zum Antrieb der Geschichte zu werden. Für Hickel konstruierte Höhn mit ihr ein illusorisches Bild von Einbindung und Mitbestimmung, das sich in Wahrheit in der »Instrumentalisierung einer sozialen Schicht für die funktionale ›Despotie‹ der Führung und Lenkung« vollziehe.[654] Die *Führung im Mitarbeiterverhältnis* mobilisiere soziale Schichten partizipatorisch-funktional, um deren Träger zur Einhaltung eigener Profitziele wieder von der innerbetrieblichen Demokratisierung fernzuhalten. Das wiederum, so Hickel, sei eine »Schablone für das restaurative Wirtschafts- und Gesellschaftsbild« von CDU und CSU.[655]

Leuchtfeuer im Abseits

Konkurrenz

Zweifel an seinem Führungsmodell hegte Höhn nie. In seinen Augen war es auf der Höhe der Zeit und entsprach dem, was die Wirtschaft nachfragte. Seinen Kritikern setzte Höhn die Erfolgsgeschichten der *Akademie für Führungskräfte der Wirtschaft* entgegen. So etwa als *Villeroy & Boch* im Mai 1976 ankündigte, mit seinem »wissenschaftlich fundiertem Modell« intern neue Wege beschreiten zu wollen.[656] Oder als aus dem *Karstadt*-Vorstand heraus die *Führung im Mitarbeiterverhältnis* als »hervorragendes Mittel« gelobt wurde, »bestimmte politische Forderungen unserer Zeit«

651 Bernthal, Wilmar: Matching German Culture and Management Style, in: The Academy of Management Review 1/1978, S. 103.
652 Hickel: Eine Kaderschmiede bundesrepublikanischer Restauration, in: Greiffenhagen (Hrsg.): Der neue Konservatismus der siebziger Jahre, S. 112.
653 Ebenda, S. 112f.
654 Ebenda, S. 152.
655 Ebenda, S. 154.
656 O. A.: Kooperativer Führungsstil soll eingeführt werden. Zwischenseminar und Pressekonferenz, in: Saarbrücker Zeitung vom 26. Mai 1976.

wie die nach »mehr Freiheit und Entscheidungsspielraum für den Einzelnen« sowie »Entfaltung der Persönlichkeit« zu erfüllen.[657] Aber auch aus dem benachbarten Ausland ließ sich Höhn die Wirksamkeit seiner Führungslehre bescheinigen – darunter von *Lindt & Sprüngli*, der *Vita Lebensversicherung* und der *Schweizerischen Bankgesellschaft*.[658] Im Frühjahr 1972 lobte Höhn sogar ein mit insgesamt 23.000 DM dotiertes Preisausschreiben aus, in dem die Teilnehmer die Wirksamkeit der *Führung im Mitarbeiterverhältnis* in der Verwaltung untersuchen sollten.[659] Daneben versuchte Höhn der *Akademie für Führungskräfte der Wirtschaft* ein neues Erscheinungsbild zu geben. Frisch und modern sollte es sein und so gar nicht konservativ oder reaktionär, wie immer wieder zu lesen war. Auf diesem Wege wurden 1973 die teils bieder daherkommenden *Harzburger Hefte* durch die Zeitschrift *management heute* ersetzt, deren farbiges Design und klingender Name nicht zuletzt an das *manager magazin* oder *Capital* erinnern sollten. Der Inhalt blieb derweil der Gleiche, so das Versprechen der neuen/alten Redaktion, was das »Altbewährte« meinte – Berichte etwa »über den modernen Führungsstil in Wirtschaft und Verwaltung« sowie praxisorientierte Angebote zur »Problemlösung«.[660] Diesem Anspruch blieb Höhn in der 1974 eingeführten Reihe *Firm im Führen* treu, die dem Leser ermöglichte, im Selbstversuch zu prüfen, inwiefern die »eigenen Vorstellungen mit den Prinzipien einer Führung im Mitarbeiterverhältnis übereinstimmen«.[661] Die wachsende Konkurrenz unterschätzte er oder blendete sie aus. Um 1970 gab es ungefähr 100 Institute mit vergleichbaren Themenschwerpunkten. Zu den einflussreichsten unter ihnen zählten die *C. Rudolph*

657 Althoff, Theodor: Von der Intuition zur Systematik. Aufbau und Führungstechnik in einem grossen Filialunternehmen des Einzelhandels, in: management heute 11/1975, S. 8.

658 Dazu Sprüngli, Rudolph R.: Delegationsprinzip und schweizerisches Obligationsrecht, in: management heute 9/1978, S. 8-12; Brechtbühl, Peter: »Der Mensch fühlt sich dort angezogen, wo er Klarheit erkennt.« Das Harzburger Modell in der Vita Lebensversicherung, in: management heute 4/1979, S. 5-10; Mühlemann, Ernst: Lebenslange Bildung für Führungskräfte. Ein Modell in der Schweiz, in: management heute 7-8/1977, S. 32-36.

659 Das Thema des mit insgesamt 23.000 DM dotierten Preisausschreibens war »Die Delegation von Verantwortung (Harzburger Modell) in der öffentlichen Verwaltung – Ansatzpunkte und Möglichkeiten dargestellt und untersucht an Beispielen aus der Praxis in Bund, Ländern, Landkreisen oder Gemeinden der Bundesrepublik Deutschland«. Gemäß dem sechsköpfigen Preisrichterkollegium reichten 17 Teilnehmer ihre Arbeiten ein, von denen fünf prämiert wurden.

660 Editorial, in: Harzburger Hefte 5-6/1973, S. 183.

661 O. A.: Firm im Führen? Fallstudien der Akademie für Führungskräfte der Wirtschaft, in: management heute 8/1974, S. 53.

Poensgen-Stiftung[662], die *Baden-Badener Unternehmergespräche*[663], das *Münchener Institut für Betriebsführung*[664], das *Institut Neue Wirtschaft*[665], das *Deutsche Institut für Betriebswirtschaft*[666], das *Institut für Führungslehre in Wuppertal*[667], die *Akademie für Absatzwirtschaft*[668], das *Institut für Management-Ausbildung*[669], das *Universitätsseminar der Wirtschaft* des Ökonomen Horst Albach und die *Management-Akademie des Berufsfortbildungswerkes des Deutschen Gewerkschaftsbundes* in Bad Zwischenahn[670].

662 Sie gehörte zu den Wegbereitern gezielter Managementweiterbildung. Neben klassischen Themen der Führungsfunktionen und -techniken behandelte die Stiftung etwa »Wachstumsstrategien der Unternehmungen« oder, »Kybernetische Modelle für unternehmenspolitische Entscheidungen«. Zwischen 1953 und 1972 zählte sie rund 1.300 Teilnehmer. Fiedler-Winter: Die Management-Schulen, S. 171.

663 Bei ihr handelte es sich lange Zeit um eine der bekanntesten bundesdeutschen Managementtrainingsstätten. Allein von 1954 bis 1972 nahmen circa 1.300 Teilnehmer an den Seminaren in Baden-Baden teil. Fiedler-Winter: Die Management-Schulen, S. 89f.

664 1957 nach dem Vorbild amerikanischer Managementfortbildungsinstitute ins Leben gerufen, wandte es sich vor allem an Führungskräfte der mittleren und oberen Ebenen, wobei man sich thematisch auf die Bereiche von Führungs- und Verwaltungsorganisation, Personal- und Menschenführung, sowie auf Methoden der Betriebspolitik, Kostensenkung und Leistungssteigerung konzentrierte. Zum Angebot gehörten Zwei-Tages-Kurse sowie Chef-, Nachwuchs- und Intensivseminare. Fiedler-Winter: Die Management-Schulen, S. 161f.

665 Mit rund 3.000 Veranstaltungen und 65.000 Teilnehmern in den Jahren zwischen 1959 und 1972 zählte es zu den damals »größten Bildungsinstituten im Bundesgebiet«. Erklärte Zielgruppe war das Middle Management, dem »in möglichst kurzer Zeit möglichst viel Wissen und praktische Erfahrungen« in Unternehmensführung, Planung und Organisation vermittelt werden sollte, ohne dabei an einem bestimmten Modell oder einer bestimmten Methode »zu kleben«. Fiedler-Winter: Die Management-Schulen, S. 137.

666 Träger war ein eingetragener Verein, dem damals mehr als 900 Unternehmen und Verbände angehörten. Zwischen 1960 und 1971 schulte er in etwa 800 Kursen über 20.000 Führungskräfte verschiedener Entscheidungsebenen in der »gesamten Palette der Betriebswirtschaft«. Fiedler-Winter: Die Management-Schulen, S. 109f.

667 Laut Fiedler-Winter genoss das Institut den Ruf, »zu den besten im weiten Kreis des Management-Trainings« zu gehören. Angesprochen werden sollten vorrangig leitende Angestellte, die über interdisziplinäre Planspiele und Gruppenarbeit Führungs- und Leitungsfehler bearbeiteten, um in ihren jeweiligen Unternehmen »optimale betriebswirtschaftliche Leistungen« zu erzielen. Fiedler-Winter: Die Management-Schulen, S. 115f.

668 Die Aufgabe der Akademie bestand in der Einordnung der »Kunst des Verkaufens« in die Gesamtkonzeption des Managements. Sie selbst verstand sie dabei im weiteren Sinne als Post-Graduate-Programm. Dabei setzte die Einrichtung ausschließlich auf Gastdozenten. Pro Jahr verzeichnete die Akademie rund 1.600 Teilnehmer. Fiedler-Winter: Die Management-Schulen, S. 168.

669 Auch in Kassel verfolgte man den Gedanken einer Post-Graduate-Ausbildung – allerdings vorrangig im Bereich der Wirtschafts- und Sozialwissenschaften. Hierfür kam dem Planspiel eine wichtige Rolle zu. Nicht umsonst galt Institutsleiter Knut Bleicher als »Vater des deutschen Planspiels«. Zielgruppe ist in erster Linie das Middle Management gewesen. Fiedler-Winter: Die Management-Schulen, S. 129.

670 1973 ins Leben gerufen, hat ihre Gründung hohe Wellen geschlagen. Hintergrund waren die Adressaten der Akademie: das Management und der qualifizierte Sachbearbeiter, wobei sie inhaltlich Überschneidungspunkte mit dem an der Hochschule St. Gallen verfolgten Führungsansatz andeuten. Fiedler-Winter: Die Management-Schulen, S. 146f.

Trotz unterschiedlicher Ansätze teilte Höhn mit ihnen Zielgruppe, Lehrinhalte, Methoden und manchmal sogar die eigene Führungskonzeption, was bei Kursen der *Kieler Wirtschaftsakademie* deutlich wurde. Sie war die einzige Einrichtung außerhalb der drei Harzburger Akademien, an der Lehrkräfte Höhns Führungslehre behandelten.[671]

Mit den 1970er-Jahren endete das deutsche Wirtschaftswunder. In den Unternehmen wurden Geschäfte nun anders geplant und geführt, neue Strategien gesucht. Gefragt waren vor allem Techniken, mit denen sich individuelle Lösungen für ausgewählte Aspekte eines Führungssystems finden ließen. Eine wichtige Rolle spielten Management-by-Konzepte, von denen viele in den USA entwickelt wurden. Ihre Vielzahl reichte vom *Management by Delegation* und *Management by Policy* über das *Management by Direction & Control* bis hin zum *Management by Walking around* und *Management by Internet* sowie denen, mit einem eher sarkastisch-satirischen Anstrich im Stile eines *Management by Moses* oder *Management by Torero*. Der Betriebswirtschaftler Jürgen Wild klagte in den frühen 1970er-Jahren, dass kaum ein Monat vergehe, »ohne daß auf Seminaren oder in der Yellow Press des Managements ein neues Management-by-Konzept propagiert wird«.[672] Selbst knapp 40 Jahre später konstatierte die Betriebswirtschaftlerin Christiana Nicolai in diesem Zusammenhang ein »beträchtliches Begriffswirrwarr«.[673] Wild hielt viele Management-by-Techniken für Modewellen: inhaltsschwach, konturlos und untereinander schwer unterscheidbar. Diejenigen, die sich aus seiner Sicht als brauchbar erwiesen, ordnete er in drei Gruppen: Prinzipien, die bestimmte Handlungsregeln oder Führungsmittel empfehlen; Prinzipien, die einen bestimmten Führungsstil umschreiben und Prinzipien, die als Kurzbezeichnung für ein umfassenderes Führungskonzept oder -modell stehen.[674] Die prominentesten Management-by-Konzepte waren das *Management by Exception*, das *Management by Delegation* und das *Management by Objectives*. Sie stellten eine Führung durch Eingriff im Ausnahmefall, durch Delegation und Zielvereinbarung in Aussicht. Aus ihrem Kreis fand insbesondere das *Management by Objectives* starke Verbreitung, weil es Großfirmen wie *IBM* zur generell anzuwendenden Führungstechnik erklärten. Wild hielt das *Management by Objectives* seinerzeit für die »modernste« und »am weitesten entwickelte Management-Konzeption«.[675] Flexibilität versprachen auch führungsbezogene Baukastensysteme. Diese beinhalteten unterschiedliche Maßnahmen und unterstützende Tools. Zu den renommiertesten dieser Systeme zählte das *MAM-* oder *DIB-Modell* der *Management Akademie München*. Von der *Führung im Mitarbeiterverhältnis* übernahm es besonders aufbauorganisato-

671 Fiedler-Winter: Die Management-Schulen, S. 192.
672 Wild, Jürgen: Unterentwickeltes Management by…, in: manager magazin 10/1972, S. 60.
673 Nicolai, Christiana: Management-by-Konzepte, in: Das Wirtschaftsstudium 38/2009, S. 1296.
674 Wild: Unterentwickeltes Management by…, in: manager magazin 10/1972, S. 60.
675 Ebenda, S. 63.

rische Elemente. Daneben zeigte das *MAM-Modell* deutliche Bezüge zum *Management by Objectives*. Ähnlich prominent war das Modell der St. Galler Dozentengruppe um den Wirtschaftswissenschaftler Hans Ulrich. Die Grundlagen formulierte er in *Die Unternehmung als produktives soziales System* und *Das St. Galler Management-Modell*.[676] Diese beschrieben es als einen Versuch, die »›systemorientierte Betriebswirtschaftslehre‹ konsequent auf die Führungsprobleme von Unternehmungen und ähnlichen sozialen Systemen auszudehnen«.[677] Verhaltensändernde Prozesse ließen sich außerdem mit Hilfe von firmeneigenen Entwürfen anstoßen. In der *Niederrheinischen Hütte* wurden zum Beispiel zur Rationalisierung interner Betriebsabläufe binnen vier Jahren über 600 Führungskräfte geschult, aus dem Unternehmen heraus eine neue Systematik zu erarbeiten.[678] Einen anderen Ansatz, um zu einem unternehmensangepassten Führungsansatz zu kommen, verfolgte der Fernsehkurs *Management für Führungskräfte in Wirtschaft und Verwaltung*. Die Gemeinschaftsproduktion des *Südwestfunks* und des *Norddeutschen Rundfunks* sollte Führungskräften in 26 halbstündigen Sendungen zu einem rationalen, »human-orientierten« und kooperativen Führungsverhalten verhelfen.[679]

Im Sommer 1972 stellten die *Harzburger Hefte* die bekanntesten Management-by-Konzepte, die »üblichen Verdächtigen«[680] wie auch die Exoten[681] vor. Die Beiträge spiegelten Höhns Ansicht wider, dass diese im Grunde oft genug nur Eintagsfliegen waren und im Vergleich zur *Führung im Mitarbeiterverhältnis* kaum Neues boten. Er selbst beschäftigte sich damals vornehmlich mit dem Verhalten von Führungskräften[682], den

676 Ulrich, Hans: Die Unternehmung als produktives soziales System. Grundlagen der allgemeinen Unternehmungslehre, Bern 1968; Krieg, Walter/Ulrich, Hans: Das St. Galler Managementmodell, Bern 1972.

677 Ebenda, S. 5.

678 Krieg/Ulrich: Das St. Galler Managementmodell, S. 5; Kemmer, Heinz-Günter: Sterbehilfe für stählerne Riesen?, in: Die Zeit vom 15. April 1977.

679 Dazu Dworatschek, Sebastian/Gutsch, Roland: Management für alle Führungskräfte in Wirtschaft und Verwaltung I, Stuttgart 1972, S. 12.

680 Berger, Reimund/ Glahe, Werner: Das Problem der Zielkonflikte und die Möglichkeiten ihrer Überwindung bei einer Führung mit Zielsetzung im Harzburger Modell, in: Harzburger Hefte 5-6/1972, S. 235-251; Glahe, Werner: Von Management by Control and Direction zu Management by Communication and Participation, in: Harzburger Hefte 12/1972, S. 708-712; ders.: Management by Delegation, in: Harzburger Hefte 1-2/1973, S. 3-6; ders.: Management by Exception, in: Harzburger Hefte 5-6/1973, S. 184-188.

681 Glahe, Werner: Management by Breakthrough, in: Harzburger Hefte 9/1972, S. 473-479.

682 Glahe, Werner: Mitbestimmung und Führungsstil, in: management heute 11/1974, S. 8-17; ders.: Autorität und moderner Führungsstil, in: management heute 4/1975, S. 23-25; ders.: Führungsstil und Humanisierung, in: management heute 4/1975, S. 28-31; ders.: Der Zwang zur Entscheidung über den Führungsstil, in: management heute 10/1978, S. 34f.

Stellenbeschreibungen[683] oder dem *Betriebsverfassungsgesetz*«[684]. Dabei tauchte immer häufiger der Begriff der Krise auf, der die Schlagworte früherer Jahre wie »Wachstum« und »Rationalisierung« zu verdrängen schien. Der Zusammenbruch des internationalen Währungssystems, die Ölkrise mit ihren sonntäglichen Fahrverboten und der rasche Anstieg der Arbeitslosigkeit brachte die deutsche Wohlstandsgesellschaft an Grenzen. Zusammengenommen veränderten sie das Jahrzehnt und erzeugten ein Gefühl von Krise und Verunsicherung. Höhn deutete es als massive Störung des Systems und »grosse Bewährungsprobe für den Führungsstil«.[685] Dabei sei die *Führung im Mitarbeiterverhältnis* der »größte Aktivposten«, den ein Unternehmen zur Krisenbewältigung besäße.[686] Einen Rückfall zum autoritären Führen verurteilte Höhn. Umso mehr brauchte es in seinen Augen leistungsbereite Mitarbeiter mit der richtigen Einstellung zum Unternehmen.Von dem Trend, Führungsstile nach ihrer Motivationskraft zu beurteilen, hielt Höhn wenig. Schließlich habe jede Gesellschaft »entsprechend ihren Zielsetzungen und Wertvorstellungen gewisse Motivationen«.[687] Wie in der psychologischen Fachliteratur war auch bei Höhn Motivation mit Kreativität verbunden. An ihrem Beispiel versuchte er zu zeigen, dass autoritäre Führung gedankliche Eigenleistung im Keim ersticke. Schließlich empfinde sie Kreativität als »ausgesprochenen Störfaktor«.[688] Für Höhn brauchte es weder Kadavergehorsam noch Postenverwalter, sondern Mitarbeiter, die selbstbestimmt und »schöpferisch« Probleme lösten.[689] Ihm schwebte eine Kreativelite vor. Aufgabe der Unternehmensführung sei es, diese »in die richtigen Bahnen zu lenken und dafür Sorge zu tragen, daß sie sich nicht mehr oder weniger zufällig entwickelt«.[690] Der erste Schritt hierfür war in seinen Augen die Erstellung eines »Problemkatalogs«. In ihm sollten Führungsebene für Führungsebene ungelöste Probleme aufgelistet und nach Prioritäten geordnet wer-

683 Höhn, Reinhard: Die Tücken der Stellenbeschreibung I, in: management heute 2/1975, S. 27-29; ders.: Die Tücken der Stellenbeschreibung II, in: management heute 3/1975, S. 14f.; ders.: Stellenbeschreibung und kooperativer Führungsstil, in: management heute 11/1976, S. 6-9; Böhme, Gisela/ Höhn, Reinhard: Wie wird die Stellenbeschreibung sachgerecht gehandhabt?, in: management heute 1/1977, S. 20f.; dies.: Irreführende Begriffe in der Stellenbeschreibung, in: management heute 2/1977, S. 33-36; dies.: Stellenbeschreibungen – aber richtig. Problemlösungen für die Praxis, Bad Harzburg 1977.

684 Höhn, Reinhard: Stellenbeschreibung, Führungsrichtlinie und Informationspflicht des Arbeitgebers nach dem Betriebsverfassungsgesetz, in: management heute 5/1977, S. 11-14; ders.: Betriebsverfassungsgesetz – Stellenbeschreibung und Führungsrichtlinie, Bad Harzburg 1978.

685 Höhn, Reinhard: Autoritärer Führungsstil in der Krisensituation?, in: management heute 5/1974, S. 22.

686 Ebenda, S. 23.

687 Ebenda.

688 Höhn, Reinhard: Kreativität ist kein Privileg der Spitze, in: management heute 4/1977, S. 11.

689 Höhn, Reinhard: Kreativität im Hause Streif, in: management heute 6/1979, S. 5.

690 Höhn, Reinhard: Die Steuerung der Kreativität im Unternehmen, in: management heute 4/1979, S. 12.

den. Daneben empfahl Höhn den Einsatz von »Kreativbilanzen«, die zur Erfassung des Erreichten dienen sollten, um Potenziale zu erkennen sowie »Störfaktoren« aufzudecken.[691] Das konnten zum Beispiel Hektik oder individuelle Führungsfehler sein. Gleichzeitig warnte Höhn vor »Pseudokreativen und seichten Köpfen«.[692] Darunter zählte er Mitarbeiter, denen es lediglich darum gehe, sich ins Spiel zu bringen oder »zum höheren eigenen Ruhme« genannt zu werden.[693] Alles Praktische rund um »Kreativitätsbilanzen« vermittelte die *Akademie für Führungskräfte der Wirtschaft* in speziellen Kursen. Zu deren ersten Kunden gehörte neben dem Fertighaushersteller *Streif*[694] die *Spar- und Darlehnskasse Hamm*. Höhn zufolge legte sie 1978 als erstes bundesdeutsches Unternehmen eine »Kreativbilanz« vor.[695]

Trotz des Glaubens an die Überzeitlichkeit seiner Führungskonzeption war Höhn bemüht, mit der Entwicklung innerhalb der Unternehmens- und Menschenführung Schritt zu halten. In nahezu regelmäßigen Abständen veröffentlichte er neue Auflagen des *Führungsbreviers der Wirtschaft*. In ihnen nahm Höhn unter anderem Bezug auf das *Führen mit Zielen* und die Teamarbeit. Im frühen 20. Jahrhundert war sie die Antwort auf die Forderung nach einer Zerlegung von Arbeitsvorgängen. Später verknüpfte sich mit ihr die Hoffnung, die anhand hoher personeller Fluktuations- und Abwesenheitsraten ablesbaren Identifikations- und Motivationsdefizite in den Unternehmen kompensieren zu können. Höhn beschäftigte sich ab Februar 1969 mit dem Thema »Teamarbeit«. Aus seiner Sicht war die Auseinandersetzung mit ihr generell mit den verschiedensten Ungenauigkeiten und Irrtümern behaftet. Höhn selbst verstand Teamarbeit als Fortführung der Stabsarbeit, bei der die Lösung eines Auftrages eben nicht nur bei einer Einzelperson, sondern bei einer Gruppe Spezialisten lag.[696] Er machte sie zum wichtigen Bestandteil seiner Führungslehre. Dabei erklärte Höhn, dass je weiter die *Führung im Mitarbeiterverhältnis* in einem Unternehmen verwirklich sei, es umso leichter falle, »die Mitarbeiter und Vorgesetzten auf die Arbeit im Team vorzubereiten und echte Teamarbeit leisten zu lassen«.[697] Damit gab er ihr einen festen Rahmen vor, denn für Höhn war die Teamarbeit nicht frei von einem »politisch-ideologischen Beigeschmack«.[698] Ihn sah er mit dem Eindruck verbunden, wo-

691 Höhn, Reinhard: Die Kreativitätsbilanz: notwendig zur Sicherung der Zukunft des Unternehmens?, in: management heute 1/1979, S. 12.

692 Höhn, Reinhard: Von der Innovationshysterie zur Seifenblasen-Kreativität, in: management heute 11/1978, S. 32.

693 Ebenda.

694 Dazu Höhn: Kreativität im Hause Streif, in: management heute 6/1979, S. 5-8.

695 Höhn, Reinhard: Die Kreativitätsbilanz der Spar- und Darlehnskasse Hamm eG, in: management heute 5/1979, S. 6f.

696 Höhn, Reinhard: Teamarbeit – ihre organisatorischen und geistigen Voraussetzungen, in: Harzburger Hefte 1/1969, S. 8.

697 Ebenda, S. 14.

698 Höhn, Reinhard: Teamwork – Möglichkeiten und Grenzen, in: management heute 2/1974, S. 35.

nach sich das Rangverhältnis der Mitarbeiter bei der Teamarbeit zu Lasten einer klar verlässlichen Hierarchie verändere. In diesem Fall werde Hierarchie mit »unberechtigten Herrschaftsansprüchen einiger weniger gegenüber einer mehr oder minder rechtlosen Masse« gleichgesetzt und das Team »als die seiner Natur nach bessere Form der Organisation betrachtet«.[699] Die Vertreter dieser »Ideologie« fragte Höhn, ob sie glaubten, durch »derartig extreme Wege« zu einer »besseren Gesellschaftsordnung« kommen zu können, »oder ist die Team-Ideologie eine bewußt eingesetzte Waffe zur Zerstörung unserer Wirtschaftsordnung, die Vorstufe zur totalen Kollektivierung?«[700]

Zur *Führung mit Zielen* äußerte sich Höhn erstmals im Sommer 1969. In den *Harzburger Heften* konstatierte er, dass sie weder eine »gänzlich neue Form der Führung« noch ein »besonderes Führungssystem« sei.[701] »Vielmehr ist die Bestimmung von Zielen eine notwendige Voraussetzung bei der Planung im Unternehmen« und somit Teil des Wesens einer »modernen mit Delegation von Verantwortung arbeitenden Unternehmensführung«, so Höhn.[702] Als Teil der *Führung im Mitarbeiterverhältnis* sei die Bestimmung von Zielen daher »ehernes Muß«.[703] Neue Inhalte fanden sich im *Führungsbrevier der Wirtschaft* ferner in den Kapiteln über die »Anregungen des Vorgesetzten gegenüber dem Mitarbeiter«[704], »Die Ersatzvornahme«[705], die »Richtlinien als Führungsmittel«[706], »Das Rundgespräch als innerbetriebliches Führungsmittel«[707] sowie über »Elektronische Datenverarbeitung und Führungsstil«[708].

Die elektronische Datenverarbeitung markierte in den 1970er-Jahren den Beginn der dritten industriellen Revolution. Maschinen begannen mit bald schon mehr als zehn Millionen Einzelbefehlen pro Sekunde standardisierbare Büroarbeiten und Produktionsabläufe zu übernehmen. Fertigung und Administration wurden ohne menschliches Zutun möglich. Was Skeptiker an George Orwells *Nineteen Eighty-Four* erinnerte, ließ Angestellte um Jobs bangen und Führungsetagen von höheren Umsätzen träumen.[709] Tatsächlich rüsteten die meisten Unternehmen ihre Arbeitsplätze lediglich mit der neuen Technik auf. Auf ihre Produktivität hatte das nur bedingt den erhofften positiven Einfluss. In der Bundesrepublik wie auch in den USA sank sie im

699 Höhn, Reinhard: Teamwork – Möglichkeiten und Grenzen, in: management heute 2/1974, S. 35.
700 Ebenda.
701 Höhn, Reinhard: Die Führung mit Zielsetzung bei Delegation von Verantwortung, in: Harzburger Hefte 3/1969, S. 131.
702 Ebenda.
703 Höhn, Reinhard: Führungsbrevier der Wirtschaft, Bad Harzburg 1983, S. 167.
704 Ebenda, S. 121-126.
705 Ebenda, S. 161-166.
706 Ebenda, S. 189-194.
707 Ebenda, S. 243-254.
708 Ebenda, S. 331-336.
709 Orwell, George: Nineteen Eighty-Four. A Novel, London 1949.

Verlauf der 1970er-Jahre sogar. Wenn Höhn über die elektronische Datenverarbeitung schreibt, dann über die »gemeinsamen organisatorischen wie geistigen Voraussetzungen« oder den geradezu bahnbrechenden Nutzen, den sie einem Mitarbeiter bringen könne.[710] Allerdings brauche auch sie eine »Ablaufregelung, die bis in ›kleinste Schritte‹ geht«.[711]

Innere Kündigung, äußerer Bankrott

Im Rückblick schrieb Höhn, dass er nicht leicht gewesen sei, der »Kampf um einen neuen Führungsstil«, um kämpferisch-entschlossen zu ergänzen: »Was wir begonnen haben, werden wir im Jahre 1979 fortführen.«[712] Zum 25-jährigen Bestehen der *Akademie für Führungskräfte der Wirtschaft* 1981 gab er die Parole der »unbeirrten Aufrechterhaltung« der Grundsätze der *Führung im Mitarbeiterverhältnis* aus.[713] Gerichtet war das, wie Höhn selbst sagte, nicht zuletzt an »ehemalige wie künftige Kritiker«.[714] In ihren Augen allerdings schien bereits das geschrieben worden zu sein, was geschrieben werden musste – über Höhn, die *Akademie* für Führungskräfte der Wirtschaft und die *Führung im Mitarbeiterverhältnis*. Im Zuge des sinkenden Interesses an den Grundsätzen stach ein Beitrag heraus. Sein Verfasser war Hartmut Volk, der an der *Akademie für Führungskräfte der Wirtschaft* als Nachfolger von Roger Diener für die Pressearbeit verantwortlich zeichnete. Entgegen Höhns Präzision empfahl er die *Führung im Mitarbeiterverhältnis* als »Ideensteinbruch« zu verstehen.[715] Wer sich »sklavisch« an ihre Vorschriften und Verheißungen halte, dem drohen »Enttäuschungen«, wenn nicht sogar »Schiffbruch«.[716] Die Schlagzeilen, in denen Höhn sich gefiel, gingen in die Richtung von »Das Harzburger Modell bleibt aktuell«.[717] Während darin Unbedingtes, Wunsch und Trotz mitschwang, sahen viele aus Wirtschaft und Wissenschaft Höhns Führungslehre als Relikt des Wirtschaftswunders zunehmend hinter der Konkurrenz in den Vitrinen der Betriebswirtschaftslehre. Nicht zuletzt ein Blick

710 Höhn: Führungsbrevier der Wirtschaft, S. 331.

711 Ebenda.

712 Höhn, Reinhard: Die Harzburger Führungskonzeption – Rückblick und Ausblick, in: management heute 2/1979, S. 6.

713 Höhn, Reinhard: Die Arbeit der Akademie in den achtziger Jahren – ein Ausblick, in: management heute 12/1981, S. 5.

714 Höhn: Die Harzburger Führungskonzeption – Rückblick und Ausblick, in: management heute 2/1979, S. 5.

715 Volk, Hartmut: Ist das Harzburger Modell überholt?, in: Zeitschrift für Organisation 50/1981, S. 467.

716 Ebenda.

717 O. A.: Das Harzburger Modell bleibt aktuell. Management-Fortbildungsinstitut begeht Jubiläum mit zweitägiger Vortragsreihe, in: Goslarsche Zeitung vom 15. Oktober 1981.

auf die letzten großen Jubiläen der *Akademie für Führungskräfte der Wirtschaft* schien ihnen Recht zu geben. Diese mussten ohne die großen Namen der Vorjahre auskommen. Das zeichnete sich bereits zum 20-jährigen Bestehen ab, als an der Festgabe mehrheitlich Autoren aus der »zweiten Liga« mitwirkten.[718] Der Bedeutungsverlust der *Akademie für Führungskräfte der Wirtschaft* setzte ein mit dem Ende des rasanten wirtschaftlichen Wachstums Anfang der 1970er-Jahre. Als Person verkörperte Höhn das Modell eines Machers, eines patriarchalischen Anführers, der mit Fleiß, Leistung und Ordnung gute Rahmenbedingungen für seine Mitarbeiter zu schaffen versuchte und dafür absolute Loyalität einforderte. Produktiv war er nach wie vor. Zum Großteil behandelte Höhn jedoch Altbekanntes. Themen, die wieder aktuell wurden oder aktuell blieben – wie im Fall der neuen Technologien, in deren Umfeld sich Wachstum, technische Innovation und Furcht vor Beschäftigungsgefahren gegenüberstanden und teils ins Dystopische steigerten. Im Kreditwesen sahen Arbeitsmarktforscher und Gewerkschaften Anfang der 1980er-Jahre rund ein Viertel aller Bankarbeitsplätze bedroht.[719] Welche beschäftigungspolitischen Effekte der Einsatz von neuen Technologien hatte, blieb umstritten, da es Unternehmen gab, die durch sie ihre Beschäftigungszahlen steigern konnten, während gerade in der Informationsindustrie zahlreiche neu geschaffene Arbeitsplätze später wieder gestrichen wurden. In den 1970er-Jahren waren Systemkonsolen in Wirtschaft und Verwaltung noch selten und erforderten ausgebildete Programmierer. In nicht einmal einem Jahrzehnt änderte sich das, sodass sie an zahlreichen Arbeitsplätzen zu finden waren und durch einen Großteil der Angestellten und Manager bedient werden konnten. Damit Unternehmen auf dem Weg dorthin keinen »langsamen Computer-Tod« zu sterben brauchten, waren für Höhn umso mehr klare Abläufe und transparente Strukturen notwendig.[720] Erst dann können neue Technologien zu einem innerbetrieblichen Ordnungsfaktor werden.[721] In diesem Kontext erfuhr Höhns Ansicht nach die Stellenbeschreibung eine »ungeahnte Aufwertung«.[722] Gerade sie zu überprüfen und gegebenenfalls an den Gebrauch neuer Technologien anzupassen sei eine »ernst zu nehmende Herausforderung« und »überaus dringliche Aufgabe«, vor der sich kein Unternehmen drücken könne.[723] Im

718 Schmid: »Quo vadis, Homo harzburgensis?«, in: Zeitschrift für Unternehmensgeschichte 1/2014, S. 86.

719 Guthardt, Helmut: Auswirkungen moderner Informations- und Kommunikationstechnologien auf die Entwicklung und die Struktur der Beschäftigung im deutschen Bankgewerbe, in: Henn, Rudolf (Hrsg.): Technologie, Wachstum und Beschäftigung. Festschrift für Lothar Späth, Berlin 1987, S. 402.

720 Höhn, Reinhard: Der Computer-Tod des Unternehmens, in: management heute 4/1984, S. 6.

721 Ebenda

722 Höhn, Reinhard: Die computer-adäquate Stellenbeschreibung, in: management heute 6/1984, S. 5.

723 Ebenda, S. 6.

gleichen Atemzug warnte Höhn vor den Opfern neuer Technologien – Sekretärinnen etwa, die jedoch nicht ans Sterben denken sollten, sondern im Gegenteil »immer lebendiger« würden.[724] Um Sozialpartnerschaft oder Mitbestimmung ging es Höhn allerdings weniger, wohl aber etwa beispielsweise um das Stabssystem – auch eines dieser »ersten ›Technologie-Opfer‹«.[725] Ähnlich wie die Sekretärin könne es aber nicht verschwinden, da Führungskräfte nicht universal gebildet seien und Beratung bräuchten. Höhn war allerdings skeptisch gegenüber künftigen Managergenerationen: »Gott bewahre uns vor einer solchen Managergeneration, die die Grundsätze eines modernen Managements aufgrund einer falsch verstandenen Handhabung der neuen Technologien mit dem Abbau der Stäbe und seinen Konsequenzen in ihr Gegenteil verkehren würde!«[726]

Mit dem zunehmenden Bedeutungsverlust ihrer Führungslehre geriet der Harzburger Akademieverband in eine immer stärkere wirtschaftliche und finanzielle Schieflage. Die Zahl der Kursteilnehmer ging zurück und mit ihnen der Umsatz, während die Kosten weiterliefen, was insbesondere bei der *Wirtschaftsakademie für Lehrer* und der *Akademie für Fernstudium* hervortrat. Die *Akademie für Führungskräfte der Wirtschaft* lebte dagegen mehr und mehr vom Ruf früherer Tage und Höhns Nimbus. Er selbst blendete diese Entwicklung aus, auch wenn er wiederholt private Gelder in den Akademieverbund einbrachte.[727] 1981 veröffentlichte Höhn mit dem schlichten Titel *Scharnhorst* die Neuauflage seines früheren Erfolgsbuches *Scharnhorsts Vermächtnis*.[728] Darin griff er erneut auf das Bild des »Menschen in Krisenzeiten« zurück, der vom »Soldaten in gesellschaftlicher Verantwortung« und seinem »Lebensgesetz« lernen könne. Für ihn dürfe es keinerlei Tabus geben, nur das »ungeschminkte Bild des Gegners«.[729] Ihn sah Höhn verkörpert im direkten Mitbewerber sowie in der allgemeinen Arbeitslosigkeit und der Verschuldung des Staates. Dabei fragte er: »Was muß angesichts des großen die gesamte Gesellschaft gefährdenden Gegners […] sowie sich des daraus ergebenden sinkenden Wohlstands geschehen, um unsere Gesellschaft in Form zu halten?«[730] Nach dem Ende der sozialliberalen Koalition umriss der neue Bundeskanzler Helmut Kohl in seiner Regierungserklärung vom Oktober 1982 seine wirtschaftspolitischen Kernpunkte: »Weg von mehr Staat, hin zu mehr Markt; weg von kollektiven Lasten, hin zur persönlichen Leistung; weg von verkrusteten

724 Höhn, Reinhard: Die Stäbe im Kreuzfeuer, in: management heute 7/1985, S. 5.
725 Ebenda.
726 Ebenda, S. 6.
727 Auskunft von Elke Hein vom 6. Juli 2013.
728 Höhn, Reinhard: Scharnhorst. Soldat, Staatsmann, Erzieher, München 1981.
729 Ebenda.
730 Höhn, Reinhard: Tradition und Fortschritt, in: management heute 5/1983, S. 16.

Strukturen, hin zu mehr Beweglichkeit, Eigeninitiative und Wettbewerbsfähigkeit.«[731] Leistung sollte sich wieder lohnen und private Initiative honoriert werden. Als Ausdruck von Identifikation und Selbstentfaltung rückte auch Höhn sie nun stärker in den Vordergrund. Das von der Jugend oftmals gefragte »Leistung, wozu«, erklärte sich so von selbst – ebenso für Unternehmen und deren Rolle in der Gesellschaft. Über dieses Verhältnis wurde seinerzeit unter anderem im Umfeld von *Corporate Citizenship* und dem bürgerschaftlichen Engagement von Unternehmen diskutiert.[732] Höhn ging mit einem wichtigen Grundgedanken der Debatte d'accord, wonach Unternehmen als Bestandteil der Gesellschaft die Rolle eines Bürgers ausfüllen sollten, der Verantwortung für sein Umfeld übernimmt.[733] Daneben fand er einen weiteren Zugang zum Begriff der Leistung. Zuvor fragte er nach dem, was sie ausmacht und steigert – nun nach dem, was ihr schadet.[734] Die Anregung dafür erhielt Höhn aus einem seiner Führungsseminare. Darin erklärte ein Teilnehmer, ein Hauptabteilungsleiter, dass ihm die Kursinhalte im Grunde nichts mehr angingen, da er seinem Chef unlängst die innere Kündigung ausgesprochen habe und nur noch Routinearbeit leiste, ohne sich aufzuregen oder Probleme mit nach Hause zu nehmen.[735] Davon ausgehend entwickelte Höhn sein Konzept der *Inneren Kündigung*. Sie sei der »bewußte Verzicht auf Engagement und Eigeninitiative im Unternehmen und damit die Ablehnung einer der wichtigsten Anforderungen, die an einen Mitarbeiter zu stellen sind«.[736] Mit der *Inneren Kündigung* distanzierte sich der Mitarbeiter aus persönlichen Gründen oder als Reaktion auf das Verhalten des Vorgesetzten vom Betriebsgeschehen. Glücklich werden könne der »innere Emigrant« für Höhn trotz seines scheinbar »bequemen, ja fast ›süßen‹ Lebens« nicht.[737] Ganz im Gegenteil: Der »qualifizierte Mann« sei unglücklich, wenn er seine Arbeitszeit lediglich absäße.[738] Aussagen, wonach dadurch keine inneren Loyalitätskonflikte bei den Betreffenden entstünden, akzeptierte Höhn nicht. Für ihn bestand kein Zweifel: »Wer innerlich gekündigt hat, will es gewöhnlich nicht

731 Nach Zohlnhöfer, Reimund: Die Wirtschaftspolitik der Ära Kohl. Eine Analyse der Schlüsselentscheidungen in den Politikfeldern Finanzen, Arbeit und Entstaatlichung, 1982 – 1998, Wiesbaden 2001, S. 60.

732 Nach Koscher, Eva: Corporate Social Responsibility. Eine empirische Untersuchung über den Zusammenhang von CSR und Unternehmenserfolg, Hamburg 2014, S. 12.

733 Ebenda, S. 12f.

734 Zuvor hatte 1979 die Betriebsärztin Hansi Kleinsorge in der Märzausgabe von management heute am Beispiel der BASF das Thema Alkoholismus am Arbeitsplatz behandelt, das erst seit etwa Mitte der 1970er-Jahre Gegegenstand spezieller Betriebsvereinbarungen geworden war. Kleinsorge, Hansi: Der Alkoholiker im Betrieb: Wie werden wir mit ihm fertig?, in: management heute 3/1979, S. 5-7.

735 Dazu Höhn, Reinhard: Die innere Kündigung im Unternehmen. Ursachen, Folgen, Gegenmaßnahmen, Bad Harzburg 1983, S. 17-20.

736 Ebenda, S. 17.

737 Ebenda, S. 42.

738 Ebenda.

wahr haben, daß seine innere Kündigung notwendigerweise zu einem Loyalitätskonflikt führen muß.«[739] Der betreffende Mitarbeiter befreie sich aus »verantwortungslosem Egoismus« heraus, von der »Verpflichtung zu eigener Leistung« und somit aus einem an eine Schicksalsgemeinschaft erinnernden Mit- und Nebeneinander im Unternehmen.[740] Höhn sprach an dieser Stelle zwar nicht offen von Verrat, aber es erinnerte doch sehr daran, wenn es um die Kollegen ging, die unweigerlich die Lasten dieses am Ende doch für alle »offensichtlichen ›Umfallens‹«, dieser »Charakterschwäche« und Sabotage tragen müssen.[741] Doch nicht nur der reine Akt der »Selbst-Pensionierung« war für Höhn das Problematische, sondern auch seine Folgen für das Unternehmen, die damit verbundene Störung innerbetrieblicher Abläufe zum Beispiel oder Einbußen beim Umsatz.[742] Sie bildeten das Ende einer Wirkungskette, in der es erneut auf die zentrale Rolle der Mitarbeitermotivation sowie des richtigen Betriebsklimas hinauslief. Höhn zielte argumentativ auf die Furcht des Unternehmers vor Verlusten und dem Auflösen innerbetrieblicher Strukturen. Dafür baute er eine stereotype Drohkulisse auf, bei der der betreffende Mitarbeiter bei anderen unzufriedenen oder vermeintlich unzufriedenen Kollegen »Sympathisanten für seinen Schritt« sucht, die er »mehr oder weniger deutlich« dazu auffordert, sich ihm anzuschließen.[743] Im Ergebnis verbreite sich so eine pessimistische Stimmung, die den Vorgesetzten genauso in Zweifel ziehe wie die Zukunft des ganzen Unternehmens. Für Höhn konnte und durfte das kein Dauerzustand sein. So drängte er auf eine rasche und vor allem »endgültige Regelung«.[744] Hierfür ging Höhn verschiedene Schritte durch. Zunächst empfahl er dem »inneren Emigranten« über seine Situation nachzudenken. Darüber, ob sich die Situation aus seiner Sicht bereinigen ließe oder ob er nicht aus freien Stücken aus dem Unternehmen ausscheiden solle. Führungskräften legte Höhn nahe, ein klärendes Gespräch zu suchen und je nachdem arbeitsrechtliche Schritte zu ergreifen. Denn aus seiner Sicht verletze ein solcher Mitarbeiter seine vertraglich zugesicherte Arbeitspflicht. Die durch ihn entstandene Minderleistung gebe dem Arbeitgeber nach entsprechenden Abmahnungen das Recht zur ordentlichen oder außerordentlichen Kündigung.[745] Höhn hatte klare Erwartungen an die Arbeitsleistung eines Mitarbeiters. Diese orientierten sich entgegen einer objektiv-rechtlich schwer fassbaren Beschreibung an einem Idealwert, einem steigerbaren Maximum. Da die aus Unternehmersicht »lebensbedrohende« *Innere Kündigung* in der Regel schwer zu erkennen war

739 Ebenda, S. 45.
740 Ebenda, S. 47.
741 Ebenda, S. 43.
742 Höhn, Reinhard: Selbst-Pensionierung des Mitarbeiters, in: Frankfurter Zeitung vom 2. November 1982.
743 Höhn: Die innere Kündigung im Unternehmen, S. 48.
744 Ebenda, S. 49.
745 Ebenda, S. 50.

und erst spät offen zu Tage trat, schlug Höhn vor, ein »Frühwarnsystem« bestehend aus verschiedenen Fragen zu installieren.[746] Daneben müsse der Vorgesetzte auf Warnsignale achten. So zum Beispiel, wenn ein Mitarbeiter durch Passivität auffällt oder Aufgaben rückzudelegieren beginnt, wenn aus einem »engagierten und kritischen, manchmal unbequemen Gesprächspartner« ein »typischer Ja-Sager« wird, der immer häufiger fehlt oder sich gegen seinen beruflichen Aufstieg stemmt.[747] Für Höhn war die *Innere Kündigung* jedoch nicht nur ein mitarbeiterseitiges Problem. Dementsprechend thematisierte er auch das Verhalten des Vorgesetzten auf »schwere Führungsfehler«, durch die er selbst zu einer Belastung der innerbetrieblichen Zusammenarbeit wurde.[748]

Im Januar 1982 trat Höhn in dem von der *Frankfurter Allgemeinen Zeitung* herausgegebenen Spezialblatt *Blick durch die Wirtschaft* erstmalig mit der *Inneren Kündigung* an die Öffentlichkeit und stieß damit, wie er selbst sagte, auf ein »unerwartet großes Echo«.[749] Dem Artikel folgten Tagungen, Seminare und verschiedene kleinere Schriftbeiträge. 1983 legte Höhn das Buch *Die innere Kündigung im Unternehmen* vor.[750] Die *Zeit* lobte es damals, ein wichtiges aktuelles Phänomen wiederentdeckt zu haben.[751] Allerdings hegte sie große Zweifel an Höhns Vorschlägen, der *Inneren Kündigung* Herr zu werden. Eine breitere Diskussion ihrer Grundzüge erfolgte ab Mitte der 1980er-Jahre – zunächst auf journalistischer Ebene.[752] 1990 publizierte Winfried Löhnert seine im Vorjahr verteidigte Dissertation über die *Innere Kündigung*, die er aus wirtschaftspsychologischem Blickwinkel analysierte.[753] Löhnert stützte seine Untersuchung auf die schriftliche Befragung von Studenten und Redakteuren. In der Auswertung des empirischen Materials stützte er sich etwa auf die Valenz-Instrumentalitäts-Erwartungs-Theorie des Wirtschaftspsychologen Victor Harald Vroom.[754] Anders als Höhn deutete Löhnert die *Innere Kündigung* jedoch nicht als Ausdruck defizitärer Motivation oder Resignation, sondern vielmehr als »Form der kognitiven Selbstkont-

746 Ebenda, S. 67f.
747 Ebenda, S. 68f.
748 Ebenda, S. 109.
749 Höhn, Reinhard: Die innere Kündigung – ein schlimmes Thema, in: Blick durch die Wirtschaft vom 18. Januar 1982; ders.: Die innere Kündigung im Unternehmen, S. 11.
750 Höhn, Reinhard: Die innere Kündigung im Unternehmen. Ursache, Folgen, Gegenmaßnahmen, Bad Harzburg 1983.
751 O. A.: Flucht in die Passivität, in: Die Zeit vom 11. Februar 1983.
752 Schäfer, Norbert: Innere Kündigung. Was fehlt ist das »Wir-Gefühl«, in: BAG-Nachrichten 1/1986, S. 11-13; Schömbs, Wolfgang: Schlüssel gegen die innere Kündigung, in: Der Betriebswirt 1/1987, S. 25f.; Nuber, Ursula: Innere Kündigung. Sollen doch mal andere ran!, in: Psychologie heute 10/1987, S. 20-26; Mayer-List, Irene: Abschied vom Ehrgeiz, in: Die Zeit vom 21. Oktober 1988.
753 Löhnert, Winfried: Innere Kündigung. Eine Analyse aus wirtschaftspsychologischer Perspektive, Frankfurt am Main 1990.
754 Dazu Löhnert: Innere Kündigung, S. 13-21, 210-231.

rolle« und »Zeichen eines intakten Schutzmechanismus zur Abwehr von funktionaler und emotionaler Hilflosigkeit«.[755] Die Arbeitslethargie sei demnach kein Ziel als vielmehr Mittel zur Aufrechterhaltung einer in Frage gestellten Handlungskompetenz. Gleichzeitig zeigte Löhnert, dass Höhn mit der *Inneren Kündigung* im Grunde ein altbekanntes Phänomen beschrieb. Er bezog sich dafür auf den 1977 veröffentlichten Reprint des Taylor-Klassikers *Die Grundsätze der wissenschaftlichen Betriebsführung* aus dem Jahr 1911.[756] Der Ingenieur und Begründer der Arbeitswissenschaft schilderte bereits damals den »Kneifer«, der sich offen oder stillschweigend um die Arbeit drückt und somit zum »größten Übel« für die arbeitende Bevölkerung wird.[757] Empfehlungen, um der *Inneren Kündigung* entgegenzuwirken, gab Löhnert auch – allerdings keine universellen Instrumente, wie er betonte. Wichtig sei es vor allem, eine Verzahnung zwischen Unternehmensstrategie und Unternehmensstruktur zu schaffen. Das Unternehmen müsse in den Strukturen flexibel sein und für den Mitarbeiter ausreichend Gestaltungsräume schaffen. Nur so ließe sich auf den von dem Organisationspsychologen Edgar Schein beschriebenen »komplexen Menschen« adäquat reagieren.[758] Michael Fallers Studie folgte der Arbeitsweise Löhnerts. Auch er verfiel in seiner Dissertation nicht ins Modellhafte, als er nach einer verhaltenspsychologischen Erklärung für die *Innere Kündigung* und ihren »schwammigen Praxisbegriff« suchte.[759] Dabei adaptierte Faller Höhns Gedanken zum Vertragsverhältnis zwischen Mitarbeiter und Vorgesetzten und erweitert ihn an der Stelle der Abgrenzung zwischen rechtlichem und psychologischem Vertrag.[760] Vor allem aber grenzte er die innere von der äußeren Kündigung ab.[761] Von Höhn kam in der Zwischenzeit wenig, was die Diskussion bereicherte. Zumeist waren es Akademiekollegen, die Artikel beisteuerten.[762] Höhn selbst schien bei alledem zum Stichwortgeber degradiert, woran auch sein 1989 erschienenes Buch *Die innere Kündigung in der öffentlichen Verwaltung* kaum etwas zu verändern vermochte.[763] Nach bewährtem Muster stellte er darin dem Kerninhalt eine historisch angelegte Einleitung voran, in der er die Entwicklung des Vorgesetzten-

755 Ebenda, o. S.

756 Vahrenkamp, Richard/Volpert, Walter (Hrsg.): Die Grundsätze wissenschaftlicher Betriebsführung, Weinheim Basel 1977.

757 Taylor, Frederick Winslow: The principles of Scientific Management, London 1911, S. 11f.

758 Dazu Schein, Edgar: Das Bild des Menschen aus der Sicht des Management, in: Grochla, Erwin (Hrsg.): Management, Düsseldorf/Wien 1974, S. 84f.

759 Faller, Michael: Innere Kündigung. Ursachen und Folgen, München 1993, S. III.

760 Ebenda, S. 9-60.

761 Ebenda, S. 60-126.

762 Raidt, Fritz: Die »innere Kündigung« am Arbeitsplatz, in: Der Betriebswirt 1/1987, S. 19-24; ders.: Innere Kündigung, in: Strutz, Hans (Hrsg.): Handbuch Personalmarketing, Wiesbaden 1993, S. 74-88.

763 Höhn, Reinhard: Die innere Kündigung in der öffentlichen Verwaltung. Ursachen – Folgen – Gegenmaßnahmen, Stuttgart/München 1989.

Untertanen-Verhältnis ausgehend von Friedrich Wilhelm I. und Friedrich dem Großen skizzierte. Anschließend listete Höhn analog zu *Die innere Kündigung im Unternehmen* typische Führungsfehler auf, die zur *Inneren Kündigung* des Mitarbeiters in der öffentlichen Verwaltung führen können und daher vermieden werden sollten, darunter das unzulässige Eingreifen in dessen Delegationsbereich, demotivierende Gesprächsführung, fehlende Anerkennung, unzureichender Informationsfluss und das berüchtigte »Durchregieren«. Nur den Fachdiskurs rund um die *Innere Kündigung* ließ er außen vor.

1982 war für die Familie Höhn ein einschneidendes Jahr. Mitte September fiel Susanne Höhn einem Gewaltverbrechen zum Opfer. Die Boulevardpresse berichtete damals ausgiebig über den Fall, wobei die *BILD-Zeitung* nicht um die Bemerkung herumkam, dass es sich bei der Getöteten um die Ehefrau des »SS-Generals« und »SDlers« Reinhard Höhn handelte.[764] Der Täter war ein vorbestrafter Küchenhelfer. Er wurde noch am Tattag verhaftet und nahm sich wenig später in der Haft das Leben.[765] Höhn kannte die Einzelheiten des Verbrechens nicht. Aus Schutz, so seine jüngste Tochter später, habe sie ihn seinerzeit abgeschirmt und ebenso all jene Notwendigkeiten abgenommen, die nach Susannes Tod anfielen.[766] Umso mehr suchte Höhn Halt in Familie und Arbeit. Wie weit beides miteinander verwoben war, wurde nicht nur an Tochter Elke deutlich, die inzwischen selbst als Dozentin an der *Akademie für Führungskräfte der Wirtschaft* arbeitete. So entstand 1985 aus dem Austausch mit den beiden Enkeln, die sich zur Freude des Großvaters ebenfalls für die Rechtswissenschaft entschieden hatten, zum Beispiel das Buch *Examen ohne Angst*.[767]

In den Jahren nach dem Tod seiner Frau zog sich Höhn schrittweise aus der Öffentlichkeit zurück. 1984 übernahm die *Harzburger Akademien Geschäftsführung GmbH* die Vorstandsarbeit der *Deutschen Volkswirtschaftlichen Gesellschaft*. Etwa zur gleichen Zeit wurde Fritz Raidt Präsident der *Akademie für Führungskräfte der Wirtschaft*. Raidt war Richter am Münchner Sozialgericht, Unternehmensberater, Honorarprofessor an der Universität Mainz und seit Anfang der 1970er-Jahre Mitglied der Akademiegeschäftsleitung. Während Höhn nur noch ausgesuchte Seminare leitete, übernahm Raidt bald schon über 60 Kurse allein zum Thema »Innere Kündigung«.

764 Dazu Ernstberger, Thomas: Mörder in der Tatnacht festgenommen, in: Land- und Seebote vom 17. September 1982; ders.: Nach dem Mord fuhr der Täter zum Biertrinken, in: Münchner Merkur vom 17. September 1982; ders.: Horst. F.: Was ich am Tatort erlebte, in: Land- und Seebote vom 18. September 1982; Seitz, Wolfgang: Täter im Münchner Lokal geschnappt, in: Münchner Merkur vom 18. September 1982; Hertle, Gerd/Schwarz, Gunther: Der Killer fuhr im Traktor vor, in: Bild vom 17. September 1982.

765 Dazu Schermann, Karl: Mordfall Susanne H.: Täter erhängt sich in seiner Zelle in Stadelheim, in: Land- und Seebote vom 20. September 1982.

766 Auskunft von Elke Hein vom 4. Mai 2013.

767 Höhn, Reinhard: Examen ohne Angst, Bad Harzburg 1985.

Vielen im Umfeld des Akademieverbundes galt er als möglicher Nachfolger Reinhard Höhns. Der jedoch behielt im Hintergrund weiterhin die Fäden in der Hand – so zum Beispiel im Vorstand der *Akademie für Führungskräfte der Wirtschaft*. Bis 1989 legte er zudem mit dem *Brevier für Vorstände von Genossenschaften*, *Unsere Zukunft gewinnen*, *Fit & froh im Büro* und *Die Geschäftsleitung der GmbH* zusammen mit Gisela Böhme fünf weitere Monografien vor.[768] »Zukunft gewinnen« wollte die *Akademie für Führungskräfte der Wirtschaft* in den 1980er-Jahren vor allem über die neuen Technologien – auch wenn Höhns Haltung zu ihnen durchaus zurückhaltend gewesen ist. 1985 schrieb er: »Die neuen Techniken sind eine Gegebenheit. Wir müssen mit ihnen leben.«[769] Wie Höhn dachte in den frühen 1980er-Jahren ein Großteil der Deutschen. 1983 stellte das *Institut für Demoskopie* fest, dass die Arbeitsmoral in Unternehmen »in einem unfaßbaren Ausmaß« gesunken sei, weil sich viele Mitarbeiter zurückzögen.[770] Für Höhn war das eine »neue Form von Biedermeiermentalität«, die die wirtschaftliche Weiterentwicklung des Landes gefährde, ein »böses Erwachen« aus »unrealistischen Träumereien«.[771] In diesem Zusammenhang von »ökonomischer Abrüstung« zu sprechen, wie der Allensbacher Institutsmitarbeiter Burkhard Strümpel, wies Höhn zurück.[772] Sie werde zwar von vielen begrüßt, so Höhn, nur übersehe dieser Kreis, »daß auf dem Gebiet der Wirtschaft Abrüsten ein Aufgeben gegenüber der Konkurrenz auf dem Weltmarkt« bedeute.[773] Die Folgen seien »Not und Elend«.[774] Höhn warb dafür, mit »Optimismus, Mut, Selbstvertrauen und der Bereitschaft, Ungewohntes zu wagen« geistig aufzurüsten.[775] »Spitzenleistung« hieß sein Zauberwort. Dieses richtete Höhn insbesondere an die Jugend, die in seinen Augen den Bezug zur eigenen Leistung verloren hatte und mit dem »no future«-Slogan der *Sex Pistols* ein gesellschaftliches Zeichen gegen blinde Fortschrittsgläubigkeit setzen wollte.[776] Für

768 Höhn, Reinhard: Brevier für Vorstände von Genossenschaften. Ein Leitfaden für Führung und Organisation, Bad Harzburg 1985; ders.: Unsere Zukunft gewinnen. Optimismus als Lebenskraft, München 1986; Höhn, Reinhard/Böhme, Gisela: Fit & froh im Büro. Hilfen für die Chefsekretärin zur Bewältigung von Streß und Hektik. Wege zu einer positiven Lebensgestaltung, Bad Harzburg 1986; Höhn, Reinhard: Die Geschäftsleitung der GmbH. Organisation, Führung und Organisation, Köln 1987.

769 Höhn, Reinhard: Der neue Führungsstil bringt Akzeptanz durch Kompetenz, in: Computerwoche vom 19. April 1985.

770 Höhn, Reinhard: Eine neue Form der Biedermeiermentalität, in: Frankfurter Zeitung vom 3. August 1983.

771 Ebenda.

772 Dazu Strümpel, Burkhard: Ökonomische Abrüstung. Wandel der Einstellungen zu Technik und Arbeit, in: Simonis, Udo Ernst (Hrsg.): Mehr Technik – weniger Arbeit? Plädoyer für sozial- und umweltverträgliche Technologien, Karlsruhe 1984, S. 195-208.

773 Höhn: Eine neue Form der Biedermeiermentalität, in: Frankfurter Zeitung vom 3. August 1983.

774 Ebenda.

775 Ebenda.

776 Dazu Brock, Ditmar/Otto-Brock, Eva: Hat sich die Einstellung der Jugendlichen zu Beruf und Arbeit verändert? Wandlungstendenzen in den Berufs- und Arbeitsorientierungen Jugendlicher

Höhn waren diese Heranwachsenden vor allem eines: »zutiefst verunsichert« – durch die »negativen Einflüße der Schule und der Medien«, das »Fehlverhalten des Staates und der Eltern«.[777] In seinen Augen fehlte ihnen ein »Urerlebnis«.[778] Damit ließe sich der Jugend der »Sinn der Leistung des Einzelnen in der Gemeinschaft bewußtzumachen, anstatt ihr unausgegorene Vorstellungen mit dem Glorienschein eines vermeintlichen Fortschritts« mitzugeben.[779] 1985 kritisierte Strümpel im *Spiegel* die hierfür von der Wirtschaft oftmals eingesetzte bellizistische Sprache. Diese sei durchsetzt mit »martialischen und darwinistischen Analogien«, indem man in den Führungsetagen der Unternehmen Werbefeldzüge entwerfe, Verkaufskanonen stationiere, Exportoffensiven führe und Märkte erobere.[780]

Im Februar 1984 präsentierte Höhn in Frankfurt eine neue Seminarreihe zu den neuen Technologien. Sie sollte Führungskräfte helfen, Berührungsängste abzubauen und darüber zum kooperativen Führen zu finden. »Wir haben eine bestimmte Stufe gesellschaftlicher Entwicklung im Rahmen der Demokratie erreicht«, so Höhn.[781] Eine Gesellschaft, die auf dieser Stufe stehe, könne nicht mehr zu autoritären Formen zurückkehren. Andernfalls drohe das betreffende Unternehmen zwangsläufig im »Überlebens-« und »Wettbewerbskampf« gegenüber der Konkurrenz zu unterliegen.[782] In diesem Zusammenhang verwies Höhn auf den selbstständig denkenden und handelnden Mitarbeiter, der für alle transparent die neuen technischen Möglichkeiten optimal zu nutzen wüsste.[783] Die damals innerhalb der Gesellschaft präsente Angst, durch die neuen Technologien wieder einen Schritt weiter zu einer gesellschaftlichen Totalkontrolle zu kommen, wurde insbesondere im Umfeld der für 1983 geplanten Volkszählung greifbar. Wie im Fall von *IBM* oder später der *BP*-Tochter *Scientific Control Systems* und des *Mathematischen Programmier- und Beratungsdienstes* kulminierte sie sogar in konkrete Anschläge.[784] Für Höhn entsprachen derartige Ressentiments gegenüber den neuen Technologien nur bedingt der Wirklichkeit. Er leugnete zwar nicht, dass programmierte Daten und Abläufe wieder abgerufen wer-

im Spiegel quantitativer Untersuchungen (1955 bis 1985), in: Zeitschrift für Soziologie 6/1988, S. 436-450.

777 Höhn: Eine neue Form der Biedermeiermentalität, in: Frankfurter Zeitung vom 3. August 1983.

778 Ebenda.

779 Ebenda.

780 Strümpel, Burkhard: Lebensstile gegen Wirtschaftsstile, in: Der Spiegel 22/1985, S. 56.

781 Höhn, Reinhard: Der neue Führungsstil bringt Akzeptanz durch Kompetenz, in: Computerwoche vom 19. April 1985.

782 O. A.: »Manager leben oft noch im Rokokozeitalter«, in: Computerwoche vom 24. Februar 1984.

783 Dazu Höhn, Reinhard: Der Computer erzwingt die Transparenz, in: Frankfurter Zeitung vom 23. März 1984; ders.: Der Mitarbeiter wird nicht zum Rädchen, in: Frankfurter Zeitung vom 13. Juni 1984.

784 Dazu Ohme-Reinicke, Annette: Moderne Maschinenstürmer. Zum Technikverständnis sozialer Bewegungen seit 1968, Frankfurt am Main 2000, S. 183f.

Reinhard Höhn auf der Tagung »Emanzipation durch Qualifikation« der Frauenförderungs-Akademie, 20. Oktober 1988

den konnten. Die wirklich wichtigen Informationen lägen aus seiner Sicht jedoch außerhalb computermäßiger Kontrolle. Außerdem schlossen sich totale Überwachung und eigenständiges Handeln für Höhn ohnehin aus.

»Zukunft gewinnen« – spätestens im Herbst 1989 standen die drei Harzburger Akademien in ihrem »Existenzkampf« mit dem Rücken zur Wand. Nachfragen von Journalisten bügelte Höhn trotzig ab: alles »Geschwätz« – »Die Arbeit geht weiter«.[785]

Derweil veröffentlichte die Presse pikante Details über die *Akademie für Führungskräfte der Wirtschaft*. Sie könne keine Gehälter mehr zahlen, baue hastig Stellen ab, lehne mögliche Sanierungs- und Übernahmeangebote ab und verhandle mit *Aldi Nord* über den Verkauf der Rechte an Höhns Bestseller *Führungsbrevier der Wirtschaft*.[786] Die *Welt* berichtete, dass jährlich kaum mehr 5.000 Führungskräfte an den Kursen der *Akademie für Führungskräfte der Wirtschaft* teilnehmen.[787] Ferner war von »Mißwirtschaft«, »Scherbenhaufen«, drückenden Bürgschaften und enormen Außen-

785 Oldag, Andreas: Der Harzburger Akademie schlägt Stunde der Wahrheit, in: Die Welt vom 6. November 1989; o. A.: Führungsmodell mit Problemen, in: Der Spiegel 35/1989, S. 85.

786 O. A.: Akademie für Führungskräfte der Wirtschaft: Modell gescheitert, Führung ins Fiasko, in: Wirtschaftswoche vom 10. November 1989.

787 Ebenda.

ständen die Rede.[788] Vor allem deren gemutmaßte Höhe ließ aufhorchen: Über 20 Millionen DM sollten es gewesen sein und waren es wohl auch, die man dem *Bad Harzburger Finanzamt*, dem *Bundesministerium für Bildung und Wissenschaft* sowie der *BAG Bankaktiengesellschaft* als Nachfolger der *Hammer Bank* schuldete.[789] Auf ihren Antrag hin wurde bereits Anfang November das seit 1972 verpachtete *Hotel-Jagdhof* vom Amtsgericht Goslar unter Zwangsverwaltung gestellt. Vorsorglich ließ die Staatsanwaltschaft zudem Räume aller drei Akademien durchsuchen und Akten beschlagnahmen, weil sie befürchtete, dass Vermögensteile an den Gläubigern vorbei veräußert oder zu Seite geschafft werden könnten. Die damalige Stimmung an der *Akademie für Führungskräfte der Wirtschaft* schilderte ein ehemaliger Mitarbeiter als »Führerbunker-Atmosphäre«.[790] Während vor allem jüngere Dozenten versuchten, in ein neues Arbeitsverhältnis zu kommen, versuchte Höhn zu retten, was noch zu retten war. In dem ohnehin schwer durchschaubaren organisatorischen Netz rund um die drei Akademien löste er den Verein, der hinter der *Akademie für Führungskräfte der Wirtschaft* stand, aus dem Verbund heraus und benannte ihn in *Verein zur Förderung der berufsbegleitenden Weiterbildung* um. Den freigewordenen Namen der *Akademie für Führungskräfte der Wirtschaft* nutzte Höhn, um eine ihr nahestehende Servicegesellschaft zu bezeichnen. Gerade diese Undurchsichtigkeit beflügelte die damalige Gerüchteküche. Mitarbeiter und Journalisten fragten vergeblich nach Verwendung und Verbleib des Akademiekapitals. Denn als gemeinnützig anerkannte Vereine waren sie angehalten, ihre erwirtschafteten Überhänge zügig zu reinvestieren, um nicht als gewerblicher Betrieb eingestuft zu werden. In welcher Form das geschah, lässt sich mittlerweile nicht mehr rekonstruieren. Für die *Akademie für Führungskräfte der Wirtschaft GmbH* suchte Höhn in seinem Umfeld einen Käufer: bei Freunden und Kollegen. Auch seinen Sohn sprach er an.[791] Die noch unter Zwangsverwaltung stehenden Immobilien versuchte Höhn derweil durch zurückdatierte Mietverträge zu retten.

»Die Arbeit geht weiter«

Für einen symbolischen Preis von zwei DM wurde die Hamburger *Cognos AG* neuer Mehrheitseigentümer der *Akademie für Führungskräfte der Wirtschaft GmbH*. Die 1975 gegründete Holding, hielt insgesamt 75 Prozent. Die restlichen 25 erwarb Rechtsanwalt Jörg Hisam, Sohn des früheren Geschäftsführers der *Akademie für Füh-*

788 Oldag: Der Harzburger Akademie schlägt Stunde der Wahrheit, in: Die Welt vom 6. November 1989.
789 Ebenda.
790 Auskunft von Ulfried Weißer vom 6. März 2016.
791 Auskunft von Bernd Raffler vom 10. Februar 2012.

rungskräfte der Wirtschaft Horst-Günther Hisam.[792] Mit Investitionen in Millionenhöhe versuchten sie die Akademie finanziell zu konsolidieren und wieder zurück auf den Markt zu bringen. Am 23. Januar 1990 eröffnete das Amtsgericht Goslar das Konkursverfahren gegen die *Deutsche Volkswirtschaftliche Gesellschaft*. Mitte Dezember wurde das Verfahren mangels weiterer, die Kosten des Verfahrens deckender Masse eingestellt. Dadurch fiel der Verein am 11. März 1992 in Liquidation.[793] Die *Akademie für Führungskräfte der Wirtschaft GmbH* firmierte alsbald nach der Übernahme unter der Kennung *Die Akademie* weiter. Um den Anschluss an den laufenden Seminarbetrieb nicht zu verlieren, bemühte sich die *Cognos* um die zügige Zusammenstellung eines Kursprograms mit möglichst eigenem Profil. Dafür sollten Kurse zu Marketing, Technik- und Personalentwicklung sorgen. Andere wiederum gerade zu Fragen der Menschenführung trugen noch deutlich die Handschrift Reinhard Höhns. Er selbst wurde vom Vorstand der *Cognos* wegen seiner Verstrickungen mit dem Nationalsozialismus zur Persona non grata an der *Akademie* erklärt. Mitarbeitern riet man, den Kontakt zu Höhn abzubrechen und auf offizielle Einladungen zu verzichten.[794]

Die größte Herausforderung in den ersten Jahren der *Akademie* war, ausreichend qualifizierte Dozenten zu finden. Nur ein Bruchteil der früheren Belegschaft blieb in Bad Harzburg. Der überwiegende Teil der Arbeitsverträge endete mit der Zahlungsunfähigkeit der *Akademie für Führungskräfte der Wirtschaft*. Andere gingen freiwillig. Und neue Dozenten wollten ungern nach Bad Harzburg. Am Ende verpflichtete die Akademieleitung die meisten ihrer Dozenten bis 1996 hauptsächlich seminarbezogen. Für das Geschäftsjahr 1992 meldete die *Cognos* mit einem Wachstum von mehr als 30 Prozent ihr bis dato bestes Umsatzergebnis.[795] Allerdings amortisierte sich *Die Akademie* erst Mitte der 1990er-Jahre. Neben ihr überstand die *Akademie für Fernstudium* den finanziellen Kollaps. Sie wurde von früheren Mitarbeitern der *Akademie für Führungskräfte der Wirtschaft* reaktiviert und firmierte bis 1999 unter dem Kurznamen *AFW*. Danach erfolgte ihre Umbenennung in *AFW Wirtschaftsakademie Bad Harzburg GmbH*. 2012 zog sie zurück auf das historische Gelände des *Jagdhofes*.

Um Reinhard Höhn ist es nach der Insolvenz ruhig geworden. Durch die Rücklagen seiner Tochter fiel er nicht tiefer. Höhn zog in das Haus von Gisela Böhme. Trotz seines fortgeschrittenen Alters war er körperlich wie geistig fit. Kleinere Beschwerden behandelte Höhn, der sich Krankenkassen verweigerte und Früchte energetisch aus-

792 Oldag: Der Harzburger Akademie schlägt Stunde der Wahrheit, in: Die Welt vom 6. November 1989.

793 Höhn fungierte innerhalb des Liquidationsverfahrens als Liquidator. Als Vorstand der Deutschen Volkswirtschaftlichen Gesellschaft hatte ihn 1984 die Harzburger Akademien Geschäftsführungs GmbH abgelöst. Auskunft des Amtsgerichts Hamburg vom 29. Oktober 2016.

794 Auskunft von Daniel F. Pinnow vom 28. Februar 2012.

795 O. A.: Cognos mit bestem Ergebnis seit der Gründung, in: Frankfurter Allgemeine Zeitung vom 18. Mai 1993.

pendelte, selbst. Mit einem Rückzug aus der Arbeit tat er sich allerdings nach wie vor schwer. Als Vorsitzender des Beirates der *AFW* begleitete er deren Expansion in die neuen Bundesländer, nach Polen und Russland, wo sie Unternehmen bei ihrem wirtschaftlichen Öffnungsprozess beriet.[796] Seine *Führung im Mitarbeiterverhältnis* war in den Vitrinen der Betriebswirtschaftslehre angekommen. Nur vereinzelt erkundigten sich Unternehmen noch nach ihr. 2004 veröffentlichte die *AFW* mit der *Harzburger Führungslehre* eine modifizierte Variante von Höhns Führungsansatz. Er selbst verstarb am 14. Mai 2000 inmitten der Korrekturen zu der geplanten Neuauflage seines Buches *Die Geschäftsleitung der GmbH*.[797] Die eigene Biografie respektive deren Wahrnehmung nach außen versuchte Höhn bis zum Schluss aktiv zu beeinflussen. Am unverfänglichsten gelang ihm das bei dem Thema »Jagd« oder bei Fragen seiner Enkel.[798] Daneben erreichten Höhn ab Ende der 1980er-Jahre verschiedentlich Anfragen, die unter anderem auf seine NS-Zeit abzielten – darunter von dem Soziologieprofessor Sven Papcke und den Doktoranden Anna-Maria von Lösch und Raphael Gross sowie dem Geschäftsführer der *Akademie* Daniel F. Pinnow. Während sich Papcke mit einer schriftlichen Antwort zufriedengeben musste, traf Höhn die anderen persönlich. Vielleicht weil er glaubte, auf diesem Wege am ehesten Einfluss nehmen zu können. Unangenehm blieb die Zeit des Nationalsozialismus für ihn allerdings weiterhin. Pinnow gegenüber bekannte Höhn im März 1999, dass er erst später gesehen habe, dass nichts Gutes an der Zeit gewesen ist.[799]

796 Als »Schöpfer des Harzburger Modells« ernannte Höhn im Juni 1990 beispielsweise Vladimir Wladimirowitsch Razumow zum »Ritter des inneren Führungskreises der Freunde des Harzburger Modells« sowie zum »Wegbereiter der Führung mit Delegation von Verantwortung in der Sowjetunion zum Wohle der sowjetischen Wirtschaft und ihrer Menschen«. Sammlung Bernd Raffler, Ehrenurkunde.

797 Höhn, Reinhard: Die Geschäftsleitung der GmbH. Organisation, Führung und Verantwortung, Köln 1987.

798 Höhn: Meine Jäger und ich, Lippstadt 1992.

799 Auskunft von Daniel F. Pinnow vom 28. Februar 2012.

Schlussbetrachtung

Reinhard Höhn gehörte einer Generation an, die ihre Jugend im Ersten Weltkrieg verbrachte. Sie wuchs in eine politische Welt hinein, die von divergierenden Ideen und Kräften dominiert war. Über ihnen allen standen individuelle Lebenswege und die Suche nach einem kollektiven Sinn. Vielfach nahm sie ihren Anfang im Ausbruch des Krieges, seinem Einfall in den kindlichen Alltag sowie dem Erleben von Mangel und Verlust. In Höhns Fall schien diese Suche mit dem Kriegsende begonnen zu haben. 1918 brach die alte Ordnung in sich zusammen und machte den Weg für eine demokratische Republik frei. Einer ihrer Schlüsselbegriffe war die *Gemeinschaft*. In fast allen Gesellschaftsbereichen entwickelte sich rasch eine Vorliebe für sie: Politiker und Ideologen propagierten die »Volksgemeinschaft«, Theologen und Sozialreformer sprachen von einer »neuen religiösen Gemeinschaft«, Philosophen diskutierten die »Philosophie der Gemeinschaft« und die Jugendbewegung strebte nach einer »echten Gemeinschaft«.[1] Die am rechten Rand des Parteienspektrums entworfene Vorstellung von *Gemeinschaft* versprach eine verlässliche Ordnung mit klaren Strukturen und gegenseitigem Treueverhältnis in der Tradition germanischer Führer- und Gefolgschaftsbeziehungen. In ihnen kanalisierte sich das Bedürfnis nach männlicher Gemeinschaft und väterlichen Vorbildern, was die Attraktivität entsprechender Bünde und Organisationen für die *Kriegsjugendgeneration* ausmachte. Für Höhn wurden hierbei seine Schul- und Universitätsjahre zu wichtigen Erfahrungsräumen. Aus Klassenzimmern und Hörsälen fand er an der Seite von Mitschülern zu nationalistischen und völkischen Organisationen. Höhns wechselnde Mitgliedschaften fügten sich in deren damaliges Erscheinungsbild, das Herbert als einen »fiebrigen Dauerzustand aus Kundgebungen und Geheimtreffen, Verbandsneugründungen und -auflösungen« umschrieb.[2] Auffällig waren Höhns Leistungs- und Tatbereitschaft, Gestaltungs- und Aufstiegswillen sowie seine Anpassungsfähigkeit. Nahezu generationstypisch zählte auch er sich zu einer jungen, für ein höheres Ziel berufenen Elite. Zusammen mit einem Gespür für Ermöglichungsmomente und -strukturen nutzte Höhn die sich ihm bietenden Horizonte – so auch im Jahr 1933, als seine besten Tage im *Jungdeutschen*

1 Nach Brenner, Michael: Jüdische Kultur in der Weimarer Republik, München 2000, S. 51.
2 Herbert, Ulrich: Arbeit, Volkstum, Weltanschauung. Über Fremde und Deutsche im 20. Jahrhundert, Frankfurt am Main 1995, S. 35.

Orden bereits hinter ihm und eine verheißungsvolle akademische Karriere noch weit vor ihm lagen. So rückwärtsgewandt vieles von dem gewesen ist, was die NSDAP ausmachte und sie ihren Wählern versprach, ihr Erfolgskapital war es, mit einem Anstrich des Modernen und gänzlichen Neuen Widersprüchliches zu vereinigen, antisozialistisch, national, radikal und revolutionär zu sein. Damit erreichte sie in Teilen auch die Elite. Zutritt zu den Nationalsozialisten erhielt Höhn über deren *Sicherheitsdienst*, wo er mit seinem Einsatz und Organisationstalent überzeugte und half, ihn zu dem gefürchteten effizienten Überwachungs- und Terrorinstrument zu machen, das er alsbald geworden ist.

Höhn war ein politisch und ideologisch zuverlässiger Technokrat. Im Gegenzug für seinen Einsatz erhielt er Posten und mit ihnen Macht, Gestaltungsspielräume sowie Anerkennung als Wissenschaftler. Nahtlos schlossen sich Habilitation, Lehrtätigkeit und Professur an. Aus dem Kreis der Rechtslehrer seiner Generation tat sich Höhn durch seine Kompromisslosigkeit und Radikalität in der Auflösung verbliebener rechtsstaatlicher Prinzipien und ideologischen Neuausrichtung der deutschen Hochschullandschaft hervor. Hierfür nahm er 1934 zunächst die Soziologie in den Blick, der in seinen Augen eine wesentliche Rolle bei der Anpassung der Lehrinhalte an die Erfordernisse der neuen Zeit zufiel. Über die Soziologie sollte eine geistige Einheit in andere Wissenschaftsgebiete einziehen, in deren Mittelpunkt der Gedanke der Volksgemeinschaft stand. In seiner Habilitationsschrift übertrug Höhn diese Forderung auf die Rechtswissenschaft. Damit folgte er einer seinerzeit mit großem Aufwand betriebenen propagandistischen Auslegung des Nationalsozialismus als dynamisches Gegenstück zu dem vermeintlich Statischen bisheriger Staatsideen. Höhn attackierte dafür das Konstrukt des Staates als juristische Person und versuchte diejenigen zu entlarven, die es in seinen Augen vertraten. Ähnlich agierte er ab 1937 auf dem Feld des Polizeirechts. Auch hier prononcierte Höhn mit Nachdruck die Implementierung der Volksgemeinschaft. In der Praxis offenbarte sich darüber ein Generationskonflikt mit den bereits etablierten Rechtslehrern, die neben dem ideologischen Vorpreschen nicht selten eine wissenschaftlich belastbare Substanz vermissten. Höhn war aber auch ein gewiefter wie gefürchteter Taktiker. Mit Unterstützung brachte er Carl Schmitt zu Fall. Walter Frank hingegen musste sich Höhn geschlagen geben. In der Folge verlor Höhn seine Leitungsfunktion innerhalb des *SD* und zog sich auf seine Arbeit am Lehrstuhl sowie dem *Institut für Staatsforschung* zurück. Mit der immer konkreter werdenden Militarisierung entdeckte er die Militärgeschichte für sich. Seine Betrachtung des historischen Wandels von Kriegsbildern stand unter der Leitidee eines *totalen Krieges*. Dabei lief sie auf den Einklang von nationalsozialistischen und militärischen Idealen hinaus, dessen historische Tradition Höhn mit der Entstehung der »nationalen Volksheere« im frühen 19. Jahrhundert verknüpfte. Diesem Verständnis nach standen sich nicht mehr nur allein Heere gegenüber, sondern Völker und ihre

Weltanschauungen. Dementsprechend wertete Höhn Frankreichs Niederlage als nationalsozialistischen Triumph über das Konzept der Demokratie. In die Lücke einer legitimierenden Theorie, die Deutschlands militärische Expansion in eine langfristig angelegte ideologische und völkerrechtliche Perspektive einband, stieß Schmitts »Großraumlehre«. Höhns Kommentare darauf spiegelten die zentralen Kategorien völkischen Denkens wie Rasse, Blut und Volk wider. Zusammen mit Stuckart und Best entwickelte er im intellektuellen Umkreis von *SS* und *SD* an Schmitts Thesen eine einheitliche Grundhaltung für eine »Völkische Großraumordnung« heraus. Mit der Professionalität und Effektivität des mit ihr verbundenen verwaltungstechnischen Handelns wollte sich die Gruppe sowohl von konservativen Großraumpolitikern als auch den Befürwortern einer reinen Gewaltherrschaft absetzen. Je länger der Krieg dauerte, desto mehr verschwammen jedoch die Grenzen von Höhns eigenem Anspruch der Kongruenz von Weltanschauung und Wirklichkeit. Er selbst sah seine Arbeit bis zum Schluss aus einer soldatischen Sicht heraus als kriegswichtigen Beitrag. Selbstmord kam für Höhn am Ende des *Dritten Reiches* nicht in Frage. Generell fiel der Anteil der *SD*- und *SS*-Angehörigen unter den Suizidanten gering aus. Höhn floh und tauchte bis 1950 mit neuer Identität unter. Danach half ihm die *Integrationspolitik* der frühen 1950er-Jahre. Seine jüngste Vergangenheit versuchte Höhn dennoch rasch hinter sich zu lassen. Seine Bemühungen zielten darauf ab, nach außen das Bild eines behördlich entlasteten und anständigen Mannes zu vermitteln. Während darin Höhns scheinbare emotionale Unbeteiligtheit und innere Distanz gegenüber dem von den Nationalsozialisten hervorgebrachten Leid und seiner individuellen Schuld mitschwang, stand dieses Bild vor allem aber in Kontrast zu der damals vorherrschenden Vorstellung eines nationalsozialistischen Verbrechers. Bei ihm dachte ein Großteil der deutschen Öffentlichkeit an Hitler oder an KZ-Aufseher, weniger aber an einen habilitierten Juristen aus bürgerlichem Hause.

Die Angehörigen der ehemaligen *SS*- und *SD*-Führungselite brauchten im Schnitt etwa zehn Jahre, um in der Normalität bundesrepublikanischer Bürgerlichkeit »anzukommen«.[3] Höhn schaffte es in deutlich kürzerer Zeit. Innerhalb der *Volkswirtschaftlichen Gesellschaft* fand er ein neues Betätigungsfeld und übernahm alsbald die Leitung der neu gegründeten *Akademie für Führungskräfte der Wirtschaft*. Mit über eine halbe Million Seminarteilnehmern gehörte sie in Deutschland zu den renommiertesten und erfolgreichsten Institutionen ihrer Branche. Mit politischen Statements oder Aktivitäten hielt sich Höhn indes zurück. So konfrontierte ihn unter anderem die Strafverfolgung der NS-Verbrechen mit der Fragilität seines neuerlichen Erfolges. Er selbst profitierte von dem gesellschaftlichen Bedürfnis, einen Schluss-

3 Herbert: Rückkehr in die Bürgerlichkeit?, in: Weisbrod (Hrsg.): Rechtsradikalismus in der politischen Kultur der Nachkriegszeit, S. 172.

strich unter die Entnazifizierungsbürokratie zu setzen. Von Hamburger Behörden wurde Höhn vollständig »entlastet«. In Kontrast dazu stand der Urteilsspruch der Berliner Spruchkammer. Diese ermittelte im Laufe der 1950er-Jahre in erster Linie gegen Personen, die sich aktiv für den Nationalsozialismus eingesetzt hatten. In der Terminologie des Befreiungsgesetzes entsprach das den Kategorien I und II, also den Hauptschuldigen sowie den NS-Aktivisten, zu denen fortan auch Höhn gezählt wurde. Die Widersprüchlichkeit dieser grundverschiedenen Beurteilung ein und derselben Person begleitete ihn in den kommenden Jahren. Über seine politische Vergangenheit sprach Höhn ungern und zumeist nur, wenn er es tatsächlich musste. Hitler und dem Nationalsozialismus schwor Höhn nie öffentlich ab, noch bekannte er sich zu ihm. Für ihn war diese Geschichtsepoche abgeschlossen. Vielmehr stand sein Neuanfang im Vordergrund. Der Eichmann-Prozess brachte die nationalsozialistischen Verbrechen zurück in die Wahrnehmung einer breiten Öffentlichkeit, ebenso die Rolle der Angehörigen von *Sicherheitspolizei*, *Sicherheitsdienst* und *Reichssicherheitshauptamt*. Im Zuge neuerlicher Verfahren wurde kurzzeitig auch gegen Höhn ermittelt. Alles in allem war es ein mühsamer Aufbruch aus Adenauers »langen fünfziger Jahren«. Die Studentenbewegung verstärkte einen gesellschaftlichen Wandel. Sie wollte sich nicht länger damit abfinden, dass es nur wenige Aktive und noch weniger Täter, umso mehr aber harmlose Mitläufer gegeben haben soll. Die akademische Jugend forderte damals eine »richtige Entnazifizierung«, »einen Aufstand gegen die Nazi-Generation«, um das nachzuholen, »was 1945 versäumt wurde«.[4] Als die junge Journalistin Beate Klarsfeld Bundeskanzler Kurt Georg Kiesinger auf dem CDU-Parteitag in Berlin öffentlich ohrfeigte, wurde dies zu einer symbolischen Abrechnung der deutschen Jugend mit der Generation ihrer Väter.[5] Für Klarsfeld war es die »erste Widerstandstat« und der Anfang ihrer Jagd nach den vergessenen NS-Tätern.[6] Den aufklärerischen Gedanken, den Deutschen damit wieder zu einem historischen Bewusstsein zu verhelfen, teilte sie mit Bernt Engelmann. Auch ihm ging es erklärtermaßen um Gerechtigkeit. Nur war sie in seinem Fall eben auch zu einem großen Teil das Ziel eines aus der eigenen Biografie gespeisten Strebens, über die Enthüllung alter NS-Funktionsträger zu einer persönlichen Genugtuung gegenüber dem Nationalsozialismus zu kommen. Engelmann verarbeitete seine Jagd unter anderem in dem Roman *Hotel Bilderberg* – einer Erzählung von »Tatsachen aus Politik und Wirtschaft«, von »Verfilzungen« und Machtstrukturen.[7] Ein anderes Beispiel war der Besteller *Großes Ver-*

4 Nach Kraushaar, Wolfgang: Fortschritt, Bildung und Demokratie. Die Massenuniversität im Zeichen der Gesellschaftskritik von 1968, in: Korsch, Dietrich/Sieg, Ulrich: Die Idee der Universität heute, München 2005, S. 82.

5 Leick, Romain: »Die Ohrfeige war eine Befreiung«, in: Der Spiegel 46/2015, S. 151.

6 Ebenda, S. 149.

7 Engelmann, Bernt: Hotel Bilderberg. Ein Tatsachenroman, Reinbek bei Hamburg 1980, o. S.

dienstkreuz, in dem er den Aufstieg eines Unternehmers nach dem Krieg schilderte.[8] Zusammen mit dem Buch *Meine Freunde, die Manager* lieferte Engelmann eine Deskription der deutschen Industrie der Nachkriegszeit.[9] In der Summe bildeten sie ein Panorama für das Interesse an Höhn. Engelmann erreichte, dass einflussreiche Institutionen und Unternehmen ihre Zusammenarbeit mit den Harzburger Akademien überdachten oder beendeten. Sein Ziel, Höhn zu stürzen, verfehlte er jedoch. Dem Ende des Streites mit Engelmann schloss sich der Beginn des Niedergangs der *Akademie* für Führungskräfte der Wirtschaft an. In den 1970er-Jahren veränderten diverse Wirtschaftskrisen Marktdynamik und Nachfrage. Unternehmen suchten unter diesen Voraussetzungen nach schnell einsetzbaren und flexiblen Lösungen. Wie seine Führungslehre wurde Höhn bald von der Zeit überholt. Dennoch: Die *Führung im Mitarbeiterverhältnis* war im deutschsprachigen Raum das erste geschlossene Führungsmodell nach Ende des Krieges. Für einige Zeit zählte Höhn zu den prominentesten wie umstrittensten deutschen Managementdenkern. Seine Seminare erlangten Kultstatus. Und die *Akademie für Führungskräfte der Wirtschaft* wurde zu einem Synonym für ihren Standort Bad Harzburg – und umgekehrt.

Als erster erkannte Peter Drucker, der »Vater des modernen Managements«, die zentrale gesellschaftliche Bedeutung von Management. Daran knüpfte Höhn mit seiner Führungslehre an – vor allem in Hinblick auf deren Anbindung an den demokratischen Neustart der jungen Bundesrepublik. Denn in den Wurzeln seiner *Führung im Mitarbeiterverhältnis* wirkten alte Deutungs- und Wertemuster weiter. So folgte ihre Gegenüberstellung und Abgrenzung zum absolutistischen Führen einem aus Höhns Sicht bewährten Muster, welches seinen Ursprung in dem von der Jugendbewegung formulierten Konflikt der Generationen hatte und überdies früh einer klaren ideologischen Diktion folgte. Im Wirtschaftskontext erwies sich eine solche Unterscheidung auf den ersten Blick als anschaulich, verständlich und verkaufsförderlich. Jedoch blieb sie allzu oft der Oberfläche verpflichtet, was nicht zuletzt Höhns Anspruch der allgemeinen Anwendbarkeit seiner Führungslehre geschuldet war. Auch er stellte darin den Menschen in den Vordergrund. Einen neuen Typus von Mitarbeiter, der selbstständig dachte und handelte und sich leistungsbereit für das Unternehmen in dessen Gemeinschaft einfügte – sowie einem neuen Typus von Vorgesetzten, der dies zuließ und förderte. Das historische Vorbild fand Höhn in den preußischen Heeresreformen. Sie stießen strukturelle Veränderungen an, öffneten die bis dato geltenden Ständehierarchien und förderten die Bildung einer tragfähigen, gemeinschaftsstiftenden Identität. Außerdem professionalisierten sie das Offizierskorps und formulierten das Bild

8 Engelmann, Bernt: Großes Verdienstkreuz, München 1974.
9 Engelmann, Bernt: Meine Freunde, die Manager. Ein Beitrag zur Erklärung des deutschen Wunders, Darmstadt 1966.

des Soldaten neu. Gerade Scharnhorst konnte sich mit seiner Forderung nach einem humanen Umgang von Offizier und Soldat durchsetzen. Darüber prägte er ein soldatisches Ethos, das eigenständiges und verantwortungsbewusstes Handeln implizierte. Auf dieses Bild bezog sich später mit dem *Staatsbürger in Uniform* auch die *Innere Führung* der Bundeswehr. Wie in der Wirtschaft blieb diese Neuerung nicht ohne Skepsis und Widerspruch. Viele waren in überlieferten Vorstellungen naturgemäßer Führung verhaftet und zögerten, diese zu Gunsten einer neuen Führungsphilosophie aufzugeben. In beiden Fällen befürchteten sie den Verlust an Autorität, Kontrolle und Disziplin. Dem kam Höhn mit der *Führung im Mitarbeiterverhältnis* entgegen. Sie bedeutete keine Abkehr von Autorität, Hierarchien oder Kontrolle. Ähnlich verhielt es sich bei der von Höhn geförderten Persönlichkeitsentfaltung. Sie war ab 1972 im *Betriebsverfassungsgesetz* für Arbeitsgeber und Betriebsrat verpflichtend festgeschrieben. Allerdings bot eine über das betriebliche Umfeld begleitete Entfaltung für die Unternehmensführung die Möglichkeit, den Mitarbeiter besser zu kontrollieren und auf mehr Leistung hinzulenken. Insgesamt erscheint es fraglich, ob die *Führung im Mitarbeiterverhältnis* tatsächlich eine Abkehr vom autoritären Führen darstellte. Höhn versprach es. Theoretisch war das auch möglich. Nur wurde mit ihr in der Praxis festgelegt, wer gegenüber wem autoritär sein durfte.

Auf Scharnhorst bezog sich Höhn auch im Fall der Delegation von Verantwortung. Dieser hatte 1794 bei dem Ausbruch der auf der Festung Menin eingeschlossenen hannoverischen Truppen ein Vorgehen gezeigt, das zur Grundlage der späteren *Auftragstaktik* werden sollte. Für sie wurde vor allem die preußische Heeresreform mit ihrem Bildungsanspruch wichtig. In einer geschlossenen Führungskonzeption jedoch ging das *Führen mit Auftrag* erst im letzten Drittel des 19. Jahrhunderts auf. Im Gegensatz zu der bis dahin gebräuchlichen *Treffentaktik* zeichnete sie sich durch die Freiheit in der Wahl der Mittel und die Selbstständigkeit in der Ausgestaltung bewusster Freiräume zur Erlangung eines vorgegebenen Gefechtszwecks aus. Dem Vorgesetzten oblag, diesen auszugeben und die dazu notwendigen Kampfaufgaben abzugrenzen. Vor allem aber sollte er den Soldaten zur Eigeninitiative ermuntern. In der kaiserlichen Armee wie in der Wehrmacht wurde die *Auftragstaktik* zu einem Markenzeichen vieler Offiziere. In der Bundeswehr gilt sie bis heute als »Ikone der Inneren Führung«.[10] In Unternehmen war das Delegationsprinzip der *Auftragstaktik* seit dem frühen 20. Jahrhundert bekannt. Gleiches galt für die von Höhn aufgezählten Pflichten und Rechte von Mitarbeitern und Vorgesetzten. In Anlehnung an Scharnhorst interessierte er sich zudem für das, was Moral, Motivation und Loyalität untergrub. Dabei be-

10 Führungsakademie der Bundeswehr: Auftragstaktik in der modernen militärischen Operationsführung. Ausprägung, Historie und Kritik. Ergebniszusammenfassung der Strategischen Analysen des Lehrgangs Generalstabs-/Admiralstabsdienst National 2012, Hamburg 2014, S. 1.

schrieb Höhn mit der *Inneren Kündigung* ein überzeitliches Phänomen: Der Mitarbeiter verliert die Beziehung zu seiner Arbeit, zieht sich aus ihr emotional zurück und beschränkt sich bewusst bei seiner Arbeitsleistung auf ein Mindestmaß, ohne jedoch das Arbeitsverhältnis zu beenden. Höhn sah darin das Ergebnis von Führungsfehlern. Einen tiefergehenden Blick auf die *Innere Kündigung* blieb er allerdings schuldig – angefangen mit einer präzisen Definition. Unerwähnt blieben zum Beispiel die vielfältigen Übergangsformen zwischen vollem Engagement und *Innerer Kündigung*. Ebenso ließen seine starr schematischen Erklärungsmuster neben der Unternehmenssicht kaum einen Perspektivwechsel hin zum individuellen Hintergrund des betroffenen Mitarbeiters zu. Im Kern stützte sich Höhns Arbeit auf einen Kanon bestimmter Schlagwörter wie Motivation, Leistung, Enthusiasmus oder Gemeinschaft. Mit ihnen folgte er der politischen Diktion ihrer jeweiligen gesellschaftlichen und politischen Gegenwart. Seine Anpassungsfähigkeit beziehungsweise der Stellenwert seines eigenen Vorankommens bewies sich dabei über frühere Zäsuren hinweg vor allem in der Zeit nach 1945.

Trotz der Versuche, sie aktuell zu halten, geriet die *Führung im Mitarbeiterverhältnis* in den 1970er-Jahren gegenüber der Konkurrenz unwiderruflich ins Hintertreffen. Seitdem gingen jährlich die Teilnehmerzahlen an den drei Akademien zurück und mit ihnen, begünstigt von internem Missmanagement, der Umsatz. Überzeugt vom Überzeitlichen seiner Führungslehre, verdrängte Höhn diese Entwicklung. Das dokumentiert einmal mehr das Apodiktische seines Denkens und seiner Arbeit. Vor allem aber ging Höhn mit der Scheu vor Selbstreflexion und Veränderung der Gefahr des scheinbaren Gescheitertseins sowie des Verlustes von Kontrolle, Macht und Stabilität aus dem Weg. Ungeachtet dessen aber gelang es ihm mit der *Führung im Mitarbeiterverhältnis*, dem *Harzburger Modell*, und der *Inneren Kündigung* belangvolle Begriffe nachhaltig im Wirtschaftsleben, der Unternehmensführung sowie der Wissenschaft zu implementieren. Nicht zuletzt über die *Innere Kündigung* ist seitdem viel geforscht und geschrieben worden. Dabei gewann neben ihrer Betrachtung als individueller Zustand die Hervorhebung des dahinterstehenden Prozesscharakters an Bedeutung. Seit 2001 untersucht das Beratungsunternehmen *Gallup* in dem *Gallup Engagement Index* die Arbeitsplatzqualität in deutschen Unternehmen. Aus diesem geht hervor, dass der Anteil emotional hoch an ihren Arbeitgeber gebundener Mitarbeiter hierzulande nach wie vor auf einem niedrigen Niveau rangiert, wodurch Unternehmen vor dem Hintergrund von Fachkräftemangel und demografischen Wandel trotz positiver Entwicklungen Kosten in Milliardenhöhe entstehen. Die Ursache für die geringe Mitarbeiterbindung führt *Gallup* in der Regel auf Defizite in der Personalführung zurück. Dabei spielt auch die Gesundheit der Beschäftigten eine wichtige Rolle. So wirkte sich eine geringfügige Bindung zum Arbeitgeber über die Jahre gesehen bei fast jedem zweiten Befragten auf das soziale Umfeld aus. Dementsprechend überrascht nicht, dass der Journalist und Autor Clemens von Luck das Phänomen der *Inneren Kündigung* über das Berufsleben auf Partnerschaften im Privaten anwendete.[11] Höhns Veröffentlichungen fungierten bei alledem als Ausgangspunkt einer breiten Auseinandersetzung mit ihr. Er selbst hatte letztlich kaum mehr Einfluss darauf, was dazu führte, dass sein Name über einen wissenschaftlichen Kontext hinaus nur noch selten mit der *Inneren Kündigung* in Verbindung gebracht wurde.

Auch wenn er den Zerfall der institutionellen Klammer seines Lebenswerkes verdrängte und sich darauf zurückzog, dass über seine Themen weiterhin gesprochen und geschrieben wurde, markierte er dennoch Höhns schwerste persönliche Niederlage und zugleich den Eintritt in die letzte Lebensphase. Diesmal zog er sich konsequent aus der Öffentlichkeit zurück, was jedoch seiner rastlosen Tätigkeit keinen Abbruch tat. Obgleich ihm die große Bühne wie weite Teile seiner Leserschaft inzwischen abhandengekommen waren, blieb das Schreiben Höhns Domäne. Das war sein Weg, sich gegen den eigenen Bedeutungsverlust[12] zu stemmen. Vor allem aber zeugt Höhns unentwegtes Schreiben von dem Beharren eines Ideologen, doch Avantgarde, doch Vordenker gewesen zu sein und als solcher am Ende doch Recht behalten zu haben.

11 Luck, Clemens von: Innere Kündigung in Beziehungen. Vom allmählichen Rückzug in sich selbst, Frankfurt am Main 1995.

12 Das Deutsche Rundfunkarchiv listet auf der Grundlage eigener Bestände in den »Jahrestagen 2016«, einer chronologischen Zusammenstellung aller wichtigen Gedenktage zum Zeitgeschehen und Musikleben, auch den 60. Jahrestag der Gründung der Akademie für Führungskräfte der Wirtschaft auf. Bei der Cognos ließ zu diesem Anlass beispielsweise Hanna Klotz in einem Interview ihre 52-jährige Betriebszugehörigkeit Revue passieren – angefangen von der »Aufbruchstimmung« der 1950er-Jahre, als die Akademie für Führungskräfte der Wirtschaft eine »soziologische Sichtweise auf Mensch und Betrieb« vertrat und damit bald bis zu 1.000 Teilnehmer pro Woche anzog, über das Harzburger Modell, das ausgezeichnete Arbeitsklima bis hin zu verpassten Chancen zur Veränderung, als man neuen Themen und schließlich der Konkurrenz nur noch hinterherlief. Den Namen Reinhard Höhn erwähnte sie in dem Interview nicht. Deutsches Rundfunkarchiv (Hrsg.): Jahrestage 2016, in: http://www.dra.de/online/hinweisdienste/jahrestage/jt_2016.pdf, 7. September 2016; Die Akademie (Hrsg.): Innovative Kontinuität – Die Akademie für Führungskräfte wird 60 Jahre alt! Interview mit Hanna Renate Klotz, in: http://www.die-akademie.de/journal/interview/innovative-kontinuitaet, 7. September 2016.

Verzeichnis der Schriften Reinhard Höhns

Selbstständig erschienene Veröffentlichungen

1929

Artur Mahraun, der Wegweiser zur Nation. Sein politischer Weg aus seinen Reden und Aufsätzen, Schleswig-Holsteinische Verlags-Anstalt, Rendsburg, 143 S.

Die Stellung des Strafrichters in den Gesetzen der französischen Revolutionszeit (1791–1810), De Gruyter, Berlin/Leipzig, 147 S.

Der bürgerliche Rechtsstaat und die neue Front. Die geistesgeschichtliche Lage einer Volksbewegung, Jungdeutscher Verlag, Berlin, 135 S.

Die Staatswissenschaft und der Jungdeutsche Staatsvorschlag, Jungdeutscher Verlag, Berlin, 16 S.

1934

Allgemeines Schuldrecht, Carl Heymann, Berlin, 157 S.

Vom Wesen der Gemeinschaft, Carl Heymann, Berlin, 33 S.

Die Wandlung im staatsrechtlichen Denken, Hanseatische Verlagsanstalt, Hamburg, 46 S.

1935

Der individualistische Staatsbegriff und die juristische Staatsperson, Carl Heymann, Berlin, 235 S.

Rechtsgemeinschaft und Volksgemeinschaft, Hanseatische Verlagsanstalt, Hamburg, 83 S.

1936

Otto von Gierke, Deutscher Rechtsverlag, Berlin, 24 S.

Otto von Gierkes Staatslehre und unsere Zeit, Hanseatische Verlagsanstalt, Hamburg, 161 S.

1938

Verfassungskampf und Heereseid. Der Kampf des Bürgertums um das Heer (1815–1850), S. Hirzel, Leipzig, 379 S.

Volk, Staat und Recht (zusammen mit Theodor Maunz und Ernst Swoboda), Dunkcker & Humblot, München, 114 S.

1940

Der Soldat und das Vaterland während und nach dem Siebenjährigen Krieg, Böhlau/Weimar, 72 S.

Frankreichs Demokratie und ihr geistiger Zusammenbruch, Wittich, Darmstadt, 76 S.

1941

Frankreichs demokratische Mission in Europa und ihr Ende, Wittich, Darmstadt, 224 S.

1942

Reich, Grossraum, Grossmacht, Wittich, Darmstadt, 148 S.

1944

Die englische Ideologie vom Volksaufstand in Europa, Volk und Reich, Prag, 58 S.
Revolution – Heer – Kriegsbild, Wittich, Darmstadt, 714 S.

1952

Scharnhorsts Vermächtnis, Athenäum, Bonn, 387 S.

1959

Sozialismus und Heer. Heer und Krieg des Sozialismus, Band 1, Gehlen, Bad Homburg, 366 S.

1961

Die Führung mit Stäben in der Wirtschaft, Verlag für Wissenschaft, Wirtschaft und Technik, Bad Harzburg, 272 S.
Sozialismus und Heer. Die Auseinandersetzung der Sozialdemokratie mit dem Moltkeschen Heer, Band 2, Gehlen, Bad Homburg, 404 S.

1962

Menschenführung im Handel, Verlag für Wissenschaft, Wirtschaft und Technik, Bad Harzburg, 198 S.

1963

Die Armee als Erziehungsschule der Nation. Das Ende einer Idee, Verlag für Wissenschaft, Wirtschaft und Technik, Bad Harzburg, 590 S.

1964

Die Sekretärin und der Chef. Die Sekretärin in der Führungsordnung eines modernen Unternehmens, Verlag für Wissenschaft, Wirtschaft und Technik, Bad Harzburg, 250 S.
Die Stellvertretung im Betrieb. Ein Führungs- und Organisationsproblem im modernen Unternehmen, Verlag für Wissenschaft, Wirtschaft und Technik, Bad Harzburg, 286 S.
Die vaterlandslosen Gesellen. Der Sozialismus im Licht der Geheimberichte der preußischen Polizei 1878 – 1914, Opladen, Köln, 345 S.

1965

Der Stab der Spezialisten in der Wirtschaft, Verlag für Wissenschaft, Wirtschaft und Technik, Bad Harzburg, 90 S.

1966

Führungsbrevier der Wirtschaft, Verlag für Wissenschaft, Wirtschaft und Technik, Bad Harzburg, 200 S.

Stellenbeschreibung und Führungsanweisung. Die organisatorische Aufgabe moderner Unternehmensführung, Verlag für Wissenschaft, Wirtschaft und Technik, Bad Harzburg, 200 S.

1967

Das Harzburger Modell in der Praxis. Rundgespräch über die Erfahrungen mit dem neuen Führungsstil in der Wirtschaft, Verlag für Wissenschaft, Wirtschaft und Technik, Bad Harzburg, 84 S.

Die Dienstaufsicht und ihre Technik. Ein Grundproblem moderner Menschenführung, Verlag für Wissenschaft, Wirtschaft und Technik, Bad Harzburg, 385 S.

1969

Der Weg zur Delegation von Verantwortung im Unternehmen. Ein Stufenplan (zusammen mit Gisela Böhme), Verlag für Wissenschaft, Wirtschaft und Technik, Bad Harzburg, 172 S.

Sozialismus und Heer. Der Kampf des Heeres gegen die Sozialdemokratie, Band 3, Verlag für Wissenschaft, Wirtschaft und Technik, Bad Harzburg, 836 S.

1970

Verwaltung heute. Autoritäre Führung oder modernes Management, Verlag für Wissenschaft, Wirtschaft und Technik, Bad Harzburg, 448 S.

1971

Die Verwirklichung der Führung im Mitarbeiterverhältnis in der Verwaltung. Ein Stufenplan (zusammen mit Gisela Böhme), Verlag für Wissenschaft, Wirtschaft und Technik, Bad Harzburg, 316 S.

1972

Ressortlose Unternehmensführung. Ein Grundproblem moderner Organisation der Unternehmensspitze, Verlag für Wissenschaft, Wirtschaft und Technik, Bad Harzburg, 307 S.

Moderne Führungsprinzipien in der Kommunalverwaltung. Zugleich eine Antwort an die Kommunale Gemeinschaftsstelle für Verwaltungsvereinfachung (KGSt), Verlag für Wissenschaft, Wirtschaft und Technik, Bad Harzburg, 190 S.

Scharnhorst. Soldat, Staatsmann, Erzieher, Bernard & Graefe, München, 387 S.

1974

Das Unternehmen in der Krise. Krisenmanagement und Krisenstab, Verlag für Wissenschaft, Wirtschaft und Technik, Bad Harzburg, 158 S.

Moderner Führungsstil in der Forstwirtschaft (zusammen mit Christian Freilinger), Verlag für Wissenschaft, Wirtschaft und Technik, Bad Harzburg, 121 S.

1976

Wofür wird die Unternehmensführung bezahlt?, Verlag für Wissenschaft, Wirtschaft und Technik, Bad Harzburg, 161 S.

1977

Stellenbeschreibung, aber richtig. Problemlösung für die Praxis, Verlag für Wissenschaft, Wirtschaft und Technik, Bad Harzburg, 210 S.

1978

Betriebsverfassungsgesetz – Stellenbeschreibung und Führungsrichtlinie, Verlag für Wissenschaft, Wirtschaft und Technik, Bad Harzburg, 155 S.

Firm im Führen? 20 Fallstudien für Führungskräfte (zusammen mit Gisela Böhme), Verlag für Wissenschaft, Wirtschaft und Technik, Bad Harzburg, 202 S.

Das tägliche Brot des Managements. Orientierungshilfen zur erfolgreichen Führung, Heyne, München, 277 S.

1979

Die Technik der geistigen Arbeit. Bewältigung der Routine – Steigerung der Kreativität, Verlag für Wissenschaft, Wirtschaft und Technik, Bad Harzburg, 325 S.

Wofür haftet der Vorstand einer Genossenschaftsbank persönlich?, Verlag für Wissenschaft, Wirtschaft und Technik, Bad Harzburg, 231 S.

1980

Die erfolgreiche Leitung einer Betriebsversammlung, Verlag für Wissenschaft, Wirtschaft und Technik, Bad Harzburg, 274 S.

Die Geschäftsordnung für die Betriebsversammlung, Verlag für Wissenschaft, Wirtschaft und Technik, Bad Harzburg, 103 S.

1981

Wofür haftet der Aufsichtsrat einer Genossenschaft persönlich?, Verlag für Wissenschaft, Wirtschaft und Technik, Bad Harzburg, 330 S.

Die Sekretärin als Führungsgehilfin des Chefs (zusammen mit Gisela Böhme), Verlag für Wissenschaft, Wirtschaft und Technik, Bad Harzburg, 210 S.

1982

Von der Chefsekretärin zur Chefassistentin, Verlag für Wissenschaft, Wirtschaft und Technik, Bad Harzburg, 133 S.

Brevier für Aufsichtsräte von Genossenschaften, Verlag für Wissenschaft, Wirtschaft und Technik, Bad Harzburg, 195 S.

Das Nein des Aufsichtsrates. Ist der Vorstand einer Genossenschaft daran gebunden?, Verlag für Wissenschaft, Wirtschaft und Technik, Bad Harzburg, 136 S.

1983

Die innere Kündigung im Unternehmen. Ursachen, Folgen, Gegenmaßnahmen, Verlag für Wissenschaft, Wirtschaft und Technik, Bad Harzburg, 166 S.

Die Sekretärin und die innere Kündigung im Unternehmen. Ihr Verhalten im Spannungsfeld zwischen Chef und Mitarbeitern (zusammen mit Gisela Böhme), Verlag für Wissenschaft, Wirtschaft und Technik, Bad Harzburg, 90 S.

1984

Examen ohne Angst, Verlag für Wissenschaft, Wirtschaft und Technik, Bad Harzburg, 235 S.

1985

Brevier für Vorstände von Genossenschaften. Ein Leitfaden für Führung und Organisation, Verlag für Wissenschaft, Wirtschaft und Technik, Bad Harzburg, 340 S.

1986

Fit und froh im Büro. Hilfen für die Chefsekretärin zur Bewältigung von Streß und Hektik. Wege zu einer positiven Lebensgestaltung (zusammen mit Gisela Böhme), Verlag für Wissenschaft, Wirtschaft und Technik, Bad Harzburg, 221 S.

1987

Die Geschäftsleitung der GmbH. Organisation, Führung und Verantwortung, O. Schmidt, Köln, 259 S.

1989

Die innere Kündigung in der öffentlichen Verwaltung. Ursachen, Folgen, Gegenmaßnahmen, Moll, Stuttgart, 256 S.

1992

Meine Jäger und ich, Bernd Raffler Verlag, Lippstadt, 116 S.

Unselbstständig erschienene Veröffentlichungen

1924

Die deutsche Stunde in Bayern, in: Der Jungdeutsche vom 23. Juli 1924.

Die kritischen Jahre der deutschen Politik in ihrem Verhältnis zu England, in: Der Jungdeutsche vom 25. Juli 1924.

Das Bismarcksche Bündnissystem I, in: Der Jungdeutsche vom 2. August 1924.

Das Bismarcksche Bündnissystem II, in: Der Jungdeutsche vom 10. August 1924.

Totenehrung der Universität München, in: Der Jungdeutsche vom 10. August 1924.

Das Bismarcksche Bündnissystem III, in: Der Jungdeutsche vom 13. August 1924.

Die Dreibundmächte und England, in: Der Jungdeutsche vom 20. August 1924.

Politische Brunnenvergiftung, in: Der Jungdeutsche vom 23. August 1924.

Rassenschande, in: Der Jungdeutsche vom 26. August 1924.

Die Verwicklungen im Osten I, in: Der Jungdeutsche vom 3. September 1924.

Die Verwicklungen im Osten II, in: Der Jungdeutsche vom 11. September 1924.

Die Verwicklungen im Osten III, in: Der Jungdeutsche vom 12. September 1924.

Kriegsgefahr in Ost und West I, in: Der Jungdeutsche vom 24. September 1924.

Kriegsgefahr in Ost und West II, in: Der Jungdeutsche vom 26. September 1924.

Bismarcks Entlassung I, in: Der Jungdeutsche vom 4. Oktober 1924.

Bismarcks Entlassung II, in: Der Jungdeutsche vom 10. Oktober 1924.

1925

Jungdeutscher Orden in Salzburg, in: Der Jungdeutsche vom 6. August 1925.

1928

Der Staatsaufbau im Jungdeutschen Manifest – ein bewußtes Integrationssystem, in: Der Meister 1/1928, S. 195-223.

Die kommende Demokratie und ihre Staatsform, in: Der Meister 2/1928, S. 49-67.

1929

Geistesgeschichtliche Krise, in: Der Jungdeutsche vom 2. März 1929.

Neue Staatswissenschaftliche Bücher, in: Der Jungdeutsche vom 8. Juni 1929.

»Vom Bürgerstaat zum Volksstaat«, in: Der Jungdeutsche vom 1. September 1929.

Die Nachbarschaft, in: Der Jungdeutsche vom 5. Oktober 1929.

Volksgemeinschaft, die ich meine, in: Der Jungdeutsche vom 23. November 1929.

Staatswissenschaftliche Bücherbesprechungen, in: Der Jungdeutsche vom 12. Dezember 1929.

Lassalle und der Staat, in: Der Meister 6/1929, S. 255-262.

Wahre Integration und Scheinintegration, in: Der Meister 12/1929, S. 424-429.
Nachbarschaft und wahre Demokratie, in: Der Meister 12/1929, S. 536-540.

1930

Integrationslehre und Reichsreform, in: Der Jungdeutsche vom 23. Februar 1930.
Neue soziologische Bücher, in: Der Jungdeutsche vom 18. März 1930.
Der beratende Sonderausschuß, in: Der Jungdeutsche vom 19. März 1930.
Berufsständischer Staat?, in: Der Jungdeutsche vom 28. März 1930.
Männer oder Programme, in: Der Jungdeutsche vom 1. April 1930.
Die Staatsgewalt geht vom Volke aus!, in: Der Jungdeutsche vom 6. April 1930.
Neue Veröffentlichungen der deutschen Staatsrechtslehrer, in: Der Jungdeutsche vom 17. April 1930.
1920 und 1930, in: Der Jungdeutsche vom 1. Mai 1930.
Staatspolitische Neuerscheinungen, in: Der Jungdeutsche vom 3. Juni 1930.
»Gemeinschaft und Staat«, in: Der Jungdeutsche vom 30. August 1930.
»Die Staatsgerichtsbarkeit«, in: Der Jungdeutsche vom 23. September 1930.
Wahre Demokratie, in: Der Jungdeutsche vom 14. November 1930.
Vom Büchertisch, in: Der Jungdeutsche vom 26. November 1930.
Vom Büchertisch, in: Der Jungdeutsche vom 27. November 1930.

1932

Carl Schmitt als Gegner der liberalen Politik, in: Gegner 9/1932, S. 6f.

1933

Revolution der Hochschule durch den Arbeitsdienst, in: Leipziger Tageszeitung vom 18. Juli 1933.

1934

Gemeinschaft als Rechtsprinzip, in: Deutsches Recht 4/1934, S. 301f.
Staat als Rechtsbegriff, in: Deutsches Recht 4/1934, S. 322-324.
Form und Formalismus im Rechtsleben, in: Deutsches Recht 4/1934, S. 346f.
Der junge Jurist auf der Hochschule, in: Deutsches Recht 4/1934, S. 382f.
Gesetz als Akt der Führung; in: Deutsches Recht 4/1934, S. 433-435.
Die Wandlungen in der Soziologie, in: Süddeutsche Monatshefte August 1934, S. 642-645.
Volksgemeinschaft und Wissenschaft, in: Süddeutsche Monatshefte Oktober 1934, S. 2-7.
Die staatsrechtliche Lage, in: Volk im Werden 2/1934, S. 283-298.
Gemeinschaft und Recht, in: Jugend und Recht 8/1934, S. 20f.
Wissenschaft im Umbruch, in: Jugend und Recht 8/1934, S. 82-84.

Das Prinzip der Gemeinschaft im Rechtsdenken, in: Münchener Neueste Nachrichten vom 13. Juni 1934.
Otto Koellreutter. Grundriß der Allgemeinen Staatslehre, in: Juristische Wochenschrift II/1934, S. 1635f.
Kritische Umschau, in: Juristische Wochenschrift II/1934, S. 444f.
Deutscher Rechtsstaat, in: Sonntag Morgen vom 8. Juli 1934.

1935

Die heutige Lage der Rechtswissenschaft, in: Münchener Neueste Nachrichten vom 6. Februar 1935.
Die neue Studienordnung für Rechtswissenschaft im Rahmen der Universitätsreform, in: Deutsches Recht 5/1935, S. 51-53.
Rechtsgemeinschaft oder konkrete Gemeinschaft?, in: Deutsches Recht 5/1935, S. 233-236.
Staatsbegriff, Strafrecht und Strafprozess, in: Deutsches Recht 5/1935, S. 266-269.
Führerbegriff im Staatsrecht, in: Deutsches Recht 5/1935, S. 296-301.
Partei und Staat, in: Deutsches Recht 5/1935, S. 474-478.
Die Juden im Staatsrecht, in: Jugend und Recht 9/1935, S. 33-36.
Nationalsozialismus und Staatsrechtswissenschaft, in: Jugend und Recht 9/1935, S. 247f.
Führer oder Staatsperson. Um eine staatsrechtliche Dogmatik, in: Deutsche Juristenzeitung 40/1935, S. 65-72.
Staat und Rechtsgemeinschaft, in: Zeitschrift für die gesamte Staatswissenschaft 95/1935, S. 656-690.

1936

Subjektives öffentliches Recht und der neue Staat, in: Deutsche Rechtswissenschaft 1/1936, S. 49-73.
Weltanschauung und Wissenschaft, in: Deutsche Rechtswissenschaft 1/1936, S. 176-178.
Staatsangehöriger und Reichsbürger, in: Deutsches Recht 6/1936, S. 20-23.
Führerprinzip in der Verwaltung, in: Deutsches Recht 6/1936, S. 304-307.
Der politische Eid, in: Deutscher Juristentag 2/1936, S. 348-366.
Die Gemeinde als Gebietskörperschaft, in: Jahrbuch für Kommunalwissenschaft II 2/1936, S. 1-21.
Volk, Staat und Reich, in: Volk im Werden 4/1936, S. 370-375.

1937

Der Beamte, in: Deutsches Recht 7/1937, S. 98-102.
Verständnis und Mißverständnis gegenüber dem deutschen Verfassungsrecht, in: Deutsches Recht 7/1937, S. 397-399.

Führerstaat und parlamentarische Republik, in: Zeitschrift der Akademie für deutsches Recht 4/1937, S. 715-717.

Vom Wesen des Rechts, in: Heymann, Ernst (Hrsg.): Deutsche Landesreferate zum II. Internationalen Kongreß für Rechtsvergleichung im Haag 1937, Berlin/Leipzig 1937, S. 151-182.

1938

100 Jahre deutsche Staatsrechtswissenschaft, in: Deutsche Allgemeine Zeitung vom 6. Januar 1938.

Der Widerstand der preußischen Armee gegen die 1848er Verfassung, in: Deutsche Allgemeine Zeitung vom 23. Juli 1938.

Parlamentarische Demokratie und das neue deutsche Verfassungsrecht, in: Deutsche Rechtswissenschaft 3/1938, S. 24-54.

Rechtstechnik oder Rechtswissenschaft, in: Deutsche Rechtswissenschaft 3/1938, S. 327-346.

Alte und neue Polizeirechtsauffassung in der Praxis, in: Deutsche Verwaltung 15/1938, S. 330-333.

Das Heer als Bildungsanstalt, in: Volk im Werden 6/1938, S. 419-427.

Der Kampf der preußischen Armee gegen den Verfassungsgeist, in: Deutsches Recht 8/1938, S. 233-236.

Volk, Staat und Recht, in: Höhn, Reinhard/ Maunz, Theodor/ Swoboda, Ernst: Grundfragen der Rechtsauffassung, München 1938, S. 1-27.

1939

Polizeirecht im Umbruch, in: Deutsches Recht 6/1939, S. 128-132.

Erster großdeutscher Rechtswahrertag, in: Deutsches Recht 9/1939, S. 737-740.

1940

England gegen Dänemark, in: Deutsche Allgemeine Zeitung vom 18. April 1940.

Frankreichs angebliche Weltmission, in: Deutsche Allgemeine Zeitung vom 22. Juni 1940.

Frankreichs Demokratie und ihr geistiger Zusammenbruch, in: Deutsche Allgemeine Zeitung vom 10. Juli 1940.

Der geistige Versager Englands, in: Deutsche Allgemeine Zeitung vom 28. August 1940.

Deutschland und das Verwaltungsrecht der westlichen Demokratien (Frankreich und England), in: Deutsche Verwaltung 17/1940, S. 33-37.

Soldat und Vaterland während und nach dem siebenjährigen Krieg, in: Festschrift Ernst Heymann zum 70. Geburtstag am 6. April 1940 überreicht von Freunden, Schülern und Fachgenossen, Weimar 1940, S. 250-312.

1941

Demokratie und Neuordnung, in: Der SA-Führer 6/1941, S. 5-11.

Großraumordnung und völkisches Denken, in: Reich – Volksordnung – Lebensraum 1/1941, S. 256-288.

Die Suche nach dem Schuldigen, in: Gesetzgebung und Literatur 2/1942, S.112-114.

Der Kampf um die Wiedergewinnung des deutschen Ostens. Erfahrungen der preußischen Ostsiedlung 1886 – 1914 (zusammen mit Helmut Seydel), in: Festgabe für Heinrich Himmler, Darmstadt 1941, S. 61-174.

1942

Nationalsozialistisches Polizeirecht, in: Deutsche Allgemeine Zeitung vom 13. Juni 1942.

Reich, Großraum, Großmacht, in: Reich – Volksordnung – Lebensraum 2/1942, S. 97-226.

1943

Kampf um die juristische Ausbildung des Verwaltungsnachwuchses in Preußen, in: Reich – Volksordnung – Lebensraum 4/1943, S. 13-104.

Der Kampf des Frontsoldaten um das politische Vermächtnis der Freiheitskriege, in: Reich – Volksordnung – Lebensraum 5/1943, S. 167-218.

1944

Die englische Ideologie vom Volksaufstand in Europa, in: Böhmen und Mähren 5/1944, S. 47-52.

Die Ideologie vom Volksaufstand, in: Das Reich vom 23. Juli 1944.

1952

Scharnhorsts Gedanken zum Koalitionskrieg, Sonderdruck aus Auslandsforschung Heft 1, S. 88-99.

1958

Initiative und Mitdenken, in: Zeitschrift der Akademie für Führungskräfte der Wirtschaft 1/1958, S. 5-7.

Der Vorgesetzte im Betrieb, in: Zeitschrift der Akademie für Führungskräfte der Wirtschaft 2/1958, S. 53-55.

1959

Die Delegation von Verantwortung, in: Zeitschrift der Akademie für Führungskräfte der Wirtschaft 3/1959, S. 9-11.

Entwurf einer Dienstanweisung für einen Schichtassistenten, in: Zeitschrift der Akademie für Führungskräfte der Wirtschaft 3/1959, S. 20-22.

Der Fall Dr. Bauer – Lehrbeispiel mit Lösung, in: Zeitschrift der Akademie für Führungskräfte der Wirtschaft 3/1959, S. 22f.

Die Stellvertretung als Organisations- und Führungsprinzip, in: Zeitschrift der Akademie für Führungskräfte der Wirtschaft 4/1959, fehlt Ausgabe, S. 8-10.

1960

Die Kritik im Betrieb, in: Zeitschrift der Akademie für Führungskräfte der Wirtschaft 5/1960, S. 5-25.

1961

Der Chef kann nicht alles wissen, in: Die Zeit vom 17. März 1961.

Die Führung mit Stäben in der Wirtschaft I, in: Zeitschrift der Akademie für Führungskräfte der Wirtschaft 7/1961, S. 5-19.

Die Entwicklung der Akademie für Führungskräfte der Wirtschaft in Bad Harzburg in den Jahren 1956 – 1961, in: Zeitschrift der Akademie für Führungskräfte der Wirtschaft 8/1961, S. 11-14.

Die Führung mit Stäben in der Wirtschaft II, in: Zeitschrift der Akademie für Führungskräfte der Wirtschaft 9/1961, S. 21-41.

Die Führung mit Stäben in der Wirtschaft III, in: Zeitschrift der Akademie für Führungskräfte der Wirtschaft 10/1961, S. 36-65.

1962

Die Auswahl des richtigen Mitarbeiters bei einer Führung mit Delegation von Verantwortung, in: Harzburger Hefte 2/1962, S. 3-13.

Die falsche Information, in: Harzburger Hefte 2/1962, S. 37f.

Die Rückdelegation von Verantwortung, in: Harzburger Hefte 3/1962, S. 36f.

Stellvertreter oder Platzhalter?, in: Harzburger Hefte 4/1962, S. 3-8.

Die mißverstandene Dienstaufsicht, in: Harzburger Hefte 4/1962, S. 35-37.

Widerstände gegen die Delegation von Verantwortung, in: Harzburger Hefte 6/1962, S. 3-10.

1963

Die Stellenbeschreibung im Rahmen der Delegation von Verantwortung I, in: Harzburger Hefte 1/1963, S. 3-12.

Die Stellenbeschreibung im Rahmen der Delegation von Verantwortung II, in: Harzburger Hefte 2/1963, S. 3-12.

Die Stellvertretung durch den Vorgesetzten, in: Harzburger Hefte 3 1963, S. 3-9.

Unser praktischer Fall. Die Verantwortung des Stellvertreters, in: Harzburger Hefte 3/1963, S. 46f.

Stellvertretung zur Weiterbildung von Führungskräften, in: Harzburger Hefte 4/1963, S. 3-5.

Ein Fall aus dem Alltag. Von Ihnen hört man ja gar nichts mehr, in: Harzburger Hefte 4/1963, S. 45-48.

Der Einzelauftrag als Führungsmittel im Rahmen der Delegation von Verantwortung, in: Harzburger Hefte 5/1963, S. 3-14.

Das Wesen der Verantwortung im Rahmen einer Führung im Mitarbeiterverhältnis, in: Harzburger Hefte 6/1963, S. 3-15.

1964

Die Sekretärin in der Führungsordnung des Unternehmens I, in: Harzburger Hefte 1/1964, S. 1-14.

Die Sekretärin in der Führungsordnung des Unternehmens II, in: Harzburger Hefte 2/1964, S. 61-77.

Der Umfang der Kontrolle bei einer Führung mit Delegation von Verantwortung, in: Harzburger Hefte 3/1964, S. 125-132.

Die Information als Führungsmittel, in: Harzburger Hefte 4/1964, S. 187-200.

Die Dienstaufsicht im Rahmen einer Führung mit Delegation von Verantwortung, in: Harzburger Hefte 5/1964, S. 251-268.

Die Erfolgskontrolle bei einer Führung im Mitarbeiterverhältnis, in: Harzburger Hefte 6/1964, S. 323-340.

1965

Widerstände gegen die Kontrolle von Seiten des Vorgesetzten, in: Harzburger Hefte 1/1965, S. 1-14.

Führungsstil und Führungsanweisung, in: Harzburger Hefte 2/1965, S. 67-72.

Stellenbeschreibung und geistige Inventur des Unternehmens, in: Harzburger Hefte 4/1965, S. 193-201.

Die Vorteile der Stellenbeschreibung, in: Harzburger Hefte 5/1965, S. 257-268.

1966

Die Qualifikation der Mitarbeiter und das Qualifikationsgespräch, in: Harzburger Hefte 1/1966, S. 3-9.

Beschwerderecht und Beschwerdepflicht gegenüber Anordnungen des Vorgesetzten bei einer Führung im Mitarbeiterverhältnis, in: Harzburger Hefte 2/1966, S. 71-81.

10 Jahre Stabsarbeit für die Wirtschaft – Aufbau und Entwicklung der Akademie für Führungskräfte der Wirtschaft (1956 – 1966), in: Harzburger Hefte 3/1966, S. 135-144.

Die Führung im Mitarbeiterverhältnis und die elektronische Datenverarbeitung, in: Harzburger Hefte 3/1966, S. 145-150.

Internationaler Grundriß der wissenschaftlichen Unternehmensführung, in: Harzburger Hefte 4/1966, S. 232-237.

Der Weg zum neuen Führungsstil in der Wirtschaft, in: Harzburger Hefte 4/1966, S. 214-231.

Die verschärfte Dienstaufsicht, in: Harzburger Hefte 6/1966, S. 403-411.

Der Wandel im Führungsstil der Wirtschaft, in: Diener, Roger/Richter, Ludwig (Hrsg.): Führung in der Wirtschaft. Festschrift zum zehnjährigen Bestehen der Akademie für Führungskräfte der Wirtschaft (1956–1966), Bad Harzburg 1966, S. 9-88.

Das Gutachten des Sachverständigenrates unter dem Blickpunkt wirtschaftspolitischer Stabsarbeit, in: Deutsche Volkswirtschaftliche Gesellschaft (Hrsg.): Für und wider das erste Jahresgutachten des Sachverständigenrates 1964/65, Bad Harzburg 1966, S. 10-12.

1967

Die Selbstinformation des Vorgesetzten auf seinem Führungsbereich nachgeordneten Ebenen, in: Harzburger Hefte 1/1967, S. 3-18.

Beschwerderecht und Beschwerdepflicht gegenüber Anordnungen des Vorgesetzten bei einer Führung im Mitarbeiterverhältnis, in: Harzburger Hefte 2/1967, S. 71-81.

Die Ausübung der Dienstaufsicht durch den Stellvertreter, in: Harzburger Hefte 2/1967, S. 83-91.

Die Ersatzvornahme, in: Harzburger Hefte 3/1967, S. 143-152.

Der Fachvorgesetzte im Rahmen einer Führung im Mitarbeiterverhältnis, in: Harzburger Hefte 4/1967, S. 211-224.

Die Dienstaufsicht über die Stäbe der Spezialisten, in: Harzburger Hefte 5/1967, S. 283-296.

Das Gespräch im Rahmen der Dienstaufsicht, in: Harzburger Hefte 6/1967, S. 247-366.

1968

Personelle Überlegungen der Unternehmensführung bei der Umstellung auf die Führung im Mitarbeiterverhältnis, in: Harzburger Hefte 2/1968, S. 83-89.

Die Anregung des Vorgesetzten und das Verhalten des Mitarbeiters bei Delegation von Verantwortung, in: Harzburger Hefte 5/1968, S. 275-281.

Organigramm und Führungsstil, in: Harzburger Hefte 6/1968, S. 339-345.

1969

Teamarbeit – Ihre organisatorischen und geistigen Voraussetzungen, in: Harzburger Hefte 1/1969, S. 3-17.

Moderner Führungsstil und elektronische Datenverarbeitung, in: Rechnungswesen, Datentechnik, Organisation 2/1969, S. 7-11.

Vor- und Nachteile der Teamarbeit – Die Organisation des Teams, in: Harzburger Hefte 2/1969, S. 67-81.

Die Führung mit Zielsetzung bei Delegation von Verantwortung, in: Harzburger Hefte 3/1969, S. 131-150.

Richtlinien als Führungsmittel, in: Harzburger Hefte 4/1969, S. 195-198.

EDV und Führungsstil – Organisatorische und geistige Vorbedingung für den wirtschaftlichen Einsatz von Computern, in: Bürotechnik und Organisation 8/1969, S. 412-420.

Von der Notwendigkeit neuer Führungsleitbilder in unserer Wirtschaftsgesellschaft, in: Hamburger Jahrbuch für Wirtschafts- und Gesellschaftspolitik 14/1969, S. 32-52.

1970

EDV fordert: Vom überkommenen Führungsstil trennen!, in: Kommunalpraxis 3/März 1970, S. 9-14.

Der Stellvertreter, in: Plus 4/1970, S. 35-38.

Voraussetzungen für den EDV-Einsatz, in: Kommunalpraxis 6/1970, S. 34-41.

Modernes Management oder autoritärer Führungsstil in der öffentlichen Verwaltung?, in: Harzburger Hefte 3-4/1970, S. 145-162.

Anpassung der Verwaltung an einen modernen Führungsstil – Abwarten oder beginnen?, in: Harzburger Hefte 3-4/1970, S. 222-227.

Straffe Verwaltung ohne Befehl?, in: Harzburger Hefte 3-4/1970, S. 227-229.

Teamarbeit – Organisatorische und geistige Voraussetzungen, in: Die Bauwirtschaft 8/1970, S. 14-17.

Teamarbeit – Vor- und Nachteile, in: Organisation 9/1970, S. 16f.

Teamarbeit – Ihre organisatorischen und geistigen Voraussetzungen, in: Bürotechnik + Automation 9/1970, S. 19-24.

Teamarbeit – Ihre organisatorischen und geistigen Voraussetzungen, in: Maschine + Manager Oktober, S. 13-15.

Der selbstständig denkende und handelnde Mitarbeiter in der Verwaltung, in: Harzburger Hefte 5/1970, S. 267-280.

Die Autorität im Rahmen einer Führung im Mitarbeiterverhältnis, in: Harzburger Hefte 5/1970, S. 292-298.

Für einen modernen Führungsstil in der Verwaltung, in: Harzburger Hefte 5/1970, S. 302-305.

Fälle aus der Verwaltungspraxis, in: Harzburger Hefte 5/1970, S. 305-307.

Teamarbeit – Ihre organisatorischen und geistigen Voraussetzungen, in: Der Einkäufer 10/1970, S. 3-5.

Delegation von Verantwortung und hierarchische Ordnung, in: Harzburger Hefte 6/1970, S. 331-339.

1971

Führungsstil in der Verwaltung ändern, in: Service – Bürotechnik + Betriebstechnik 1/1971, S. 8f.

Modernes Management oder autoritärer Führungsstil, in: Deutsche Verwaltungspraxis 1/1971, S. 14-16.

Die Autorität im Rahmen einer Führung im Mitarbeiterverhältnis, in: Elektrowirtschaft 1/1971, S. 5-7.

Die Verantwortung bei einer Führung im Mitarbeiterverhältnis führender Verwaltung, in: Harzburger Hefte 1/1971, S. 3-12.

Alles über Teamarbeit, in: Lederwaren Report 2/1971, S. 6f.

Teamarbeit – organisatorische und geistige Voraussetzungen, in: Der Schuhmarkt 3/1971, S. 9-11.

Der selbstständig denkende und handelnde Mitarbeiter in der Verwaltung, in: Staats- und Kommunalverwaltung 3/1971, S. 14-18.

Die Autorität im Rahmen einer Führung im Mitarbeiterverhältnis, in: Deutscher Drucker 3/1971, S. 4-6.

Die Verantwortung des Büroleiters gegenüber der Öffentlichkeit und politischen Gremien, in: Harzburger Hefte 2/1971, S. 67-72.

Stellenbeschreibung oder Arbeitsplatzbeschreibung?, in: Harzburger Hefte 2/1971, S. 94-96.

Die Verantwortung des Leiters einer Kommunalbehörde bei einer im Mitarbeiterverhältnis führenden Verwaltung, in: Harzburger Hefte 3/1971, S. 131-139.

Die Autorität im Rahmen einer Führung im Mitarbeiterverhältnis, in: Sozialwissenschaftliche Korrespondenz 6-7/1971, S. 28-32.

Können Teams die Hierarchie ersetzen? Delegation von Verantwortung und hierarchische Ordnung, in: Bürotechnik + Organisation 7/1971, S. 12-16.

Delegation von Verantwortung und hierarchische Ordnung, in: Schimmelpfeng Revue 8/1971, S. 7-11.

Autorität – Ein Problem im Führungssystem, in: Aachener Quellen/Leipziger Versicherungs AG 8/August, S. 9f.

Der kooperative Führungsstil – Eine neue Führungskonzeption für Wirtschaft und Verwaltung?, in: Harzburger Hefte 4/1971, S. 217-221.

Delegation von Verantwortung und hierarchische Ordnung, in: Wirtschaft und Technik im Transport 8-9/1971, S. 26-29.

Delegation von Verantwortung und hierarchische Ordnung, in: Einkäufer/Materialwirtschaft 9/1971, S. 27-31.

Rechtliche Bedenken gegen die Umstellung des Führungsstils in der Verwaltung, in: Kommunalpraxis 10/1971, S. 10f.

Inwieweit lassen sich Führungs- und Organisationsprinzipien aus der Wirtschaft auf die Kommunalverwaltung übertragen? I, in: Harzburger Hefte 5/1971, S. 291-300.

Reformen durch Behördenrationalisierung statt Führungsstil des Absolutismus, in: Handelsblatt vom 30. Dezember 1971.

Inwieweit lassen sich Führungs- und Organisationsprinzipien aus der Wirtschaft auf die Kommunalverwaltung übertragen? II, in: Harzburger Hefte 6/1971, S. 404-414.

Zukunftsaufgaben der Deutschen Volkswirtschaftlichen Gesellschaft e. V. und ihrer Institutionen, in: Harzburger Hefte 6/1971, S. 387-394.

1972

Was heißt neue Autorität?, in: Holz- und Kunststoffverarbeitung 2/1972, S. 22f.

Inwieweit lassen sich Führungs- und Organisationsprinzipien aus der Wirtschaft auf die Kommunalverwaltung übertragen? III, in: Harzburger Hefte 1-2/1972, S. 29-36.

Die Autorität im Rahmen einer Führung im Mitarbeiterverhältnis, in: Einkäufer/Materialwirtschaft 6/1972, S. 4f.

Die ressortfreie Unternehmensführung – Ein Problem moderner Organisation I, in: Harzburger Hefte 7/1972, S. 223-234.

Teamarbeit und Führungsstil, in: Holz- und Kunststoffverarbeitung 8/1972, S. 8-10.

Vor- und Nachteile der Teamarbeit, in: Holz- und Kunststoffverarbeitung 9/1972, S. 14f.

Die Organisation des Teams, in: Holz- und Kunststoffverarbeitung 10/1972, S. 15-17.

Probleme der kollegialen Zusammenarbeit, in: Harzburger Hefte 11/1972, S. 623-631.

Delegation von Verantwortung und hierarchische Ordnung, in: Büro + Verkauf 12/1972, S. 2-5.

1973

Vor- und Nachteile des Teams, in: Einkäufer/ Materialwirtschaft 6-7/1973, S. 25-28.

Delegation und Leistung, in: management heute 1/1973, S. 8-10.

Das Gespräch zum Selbstzweck, in: management heute 2/1973, S. 40-43.

Die Diffamierung der Kontrolle, in: management heute 4/1973, S. 48-52.

1974

Teamwork – Möglichkeiten und Grenzen, in: management heute 2/1974, S. 35-38.

Die Unternehmensführung in der Krise, in: management heute 3/1974, S. 49-51.

Krisenstab und Krisenmanagement, in: management heute 4/1974, S. 51-58.

Autoritärer Führungsstil in der Krisensituation?, in: management heute 5/1974, S. 22f.

Mitbestimmung und Führungsstil I, in: management heute 9/1974, S. 8-17.

Mitbestimmung und Führungsstil II, in: management heute 10/1974, S. 53-59, 63-66.

Mitbestimmung und Führungsstil III, in: management heute 11/1974, S. 8-13.

Die Tücken der Stellenbeschreibung I, in: management heute 12/1974, S. 17-19.

1975

Arbeitsverhältnis, Arbeitsvertrag und Führungsstil, in: management heute 1/1975, S. 10-13.

Die Tücken der Stellenbeschreibung II, in: management heute 2/1975, S. 7-10.

Verhaltensänderung durch kooperativen Führungsstil, in: management heute 3/1975, S. 11-18.

Die Tücken der Stellenbeschreibung III, in: management heute 3/1975, S. 14-19.

Autorität und moderner Führungsstil, in: management heute 4/1975, S. 23-25.

Führungsstil und Humanisierung, in: management heute 4/1975, S. 28-31.
Die Tücken der Stellenbeschreibung IV, in: management heute 5/1975, S. 14-16.
Die Flucht aus der Verantwortung, in: management heute 5/1975, S. 17-20.
Die Tücken der Stellenbeschreibung V, in: management heute 6/1975, S. 19-23.
Der Alleskönner an der Spitze, in: management heute 7/1975, S. 9-13.
Die Tücken der Stellenbeschreibung VI, in: management heute 8/1975, S. 8-11.
Die Tücken der Stellenbeschreibung VII, in: management heute 9/1975, S. 7-10.
Vom Führungsamateur zum Führungsspezialisten, in: Blick durch die Wirtschaft vom 18. September 1975.
Was tut die Unternehmensleitung wirklich?, in: Blick durch die Wirtschaft vom 30. Oktober 1975.
Die Tücken der Stellenbeschreibung VIII, in: management heute 11/1975, S. 9-14.
Wofür wird die Unternehmensleitung bezahlt?, in: Blick durch die Wirtschaft vom 24. November 1975.
Von Führungsamateuren zu Führungsspezialisten I, in: management heute 12/1975, S. 6f.
Die Reorganisation der Führungsspitze, in: Blick durch die Wirtschaft vom 5. Dezember 1975.
Es können nicht alle mitreden, in: Blick durch die Wirtschaft vom 18. Dezember 1975.

1976

Wofür wird die Unternehmensleitung bezahlt?, in: management heute 1/1976, S. 6-9.
Die Sekretärin als Manager, in: Blick durch die Wirtschaft vom 3. Januar 1976.
Die Motivations-Euphorie, in: Blick durch die Wirtschaft vom 13. Januar 1976.
Die Kontrollaufgaben der Unternehmensspitze im Führungsbereich, in: management heute 2/1976, S. 6-9.
Die Sekretärin. Eine graue Eminenz? (zusammen mit Gisela Böhme), in: management heute 3/1976, S. 7-11.
Zerberus als »graue Eminenz«, in: Blick durch die Wirtschaft vom 15. März 1976.
Wer führt, muß schöpferisch sein, in: Blick durch die Wirtschaft vom 31. März 1976.
Mitbestimmung und öffentliche Meinung, in: Blick durch die Wirtschaft vom 31. März 1976.
Geplante Information seitens der Unternehmensführung, in: management heute 4/1976, S. 7f.
Der Aufgabenbereich der Sekretärin (zusammen mit Gisela Böhme), in: management heute 4/1976, S. 11f.
Der Unternehmer muß informieren, in: Blick durch die Wirtschaft vom 10. Juli 1976.
Krücken für das Informationswesen, in: Blick durch die Wirtschaft vom 12. Juli 1976.
Der Prokurist »von Rang« I, in: Blick durch die Wirtschaft vom 22. Juli 1976.
Der Prokurist »von Rang« II, in: Blick durch die Wirtschaft vom 23. Juli 1976.
Wer führt, muß schöpferisch sein, in: management heute 8/1976, S. 9f.
Der Urlaubsvertreter, in: Blick durch die Wirtschaft vom 24. September 1976.
Der Prokurist »von Rang«, in: management heute 10/1976, S. 5f.

Stellenbeschreibung und kooperativer Führungsstil, in: management heute 11/1976, S. 6-9.
Der Unternehmer muß informieren!, in: management heute 11/1976, S. 11f.
Der Urlaubsvertreter, in: management heute 12/1976, S. 5f.
Sind Krisen nur autoritär zu lösen?, in: Blick durch die Wirtschaft vom 3. Dezember 1976.

1977

Die Motivations-Euphorie, in: management heute 1/1977, S. 14f.

Wie wird die Stellenbeschreibung sachgerecht gehandhabt? (zusammen mit Gisela Böhme), in: management heute1/1977, S. 20f.

»Die Routine erschlägt mich«, in: Blick durch die Wirtschaft vom 6. Januar 1977.

Irreführende Begriffe in der Stellenbeschreibung (zusammen mit Gisela Böhme), in: management heute 2/1977, S. 33-36.

Kreativität ist kein Privileg der Spitze, in: Blick durch die Wirtschaft vom 2. Februar 1977.

»Herr Bewerber, sind Sie kreativ?«, in: Blick durch die Wirtschaft vom 7. Februar 1977.

»Die Routine erschlägt mich«, in: management heute 3/1977, S. 13.

Gesteuerte Kreativität, in: Blick durch die Wirtschaft vom 22. März 1977.

Kreativität ist kein Privileg der Spitze, in: management heute 4/1977, S. 11.

Die Technik der geistigen Arbeit, in: management heute 4/1977, S. 23.

»Ihr Wunsch ist mir kein Befehl«, in: Blick durch die Wirtschaft vom 21. April 1977.

Stellenbeschreibung, Führungsrichtlinie und Informationspflicht des Arbeitsgebers nach dem Betriebsverfassungsgesetz, in: management heute 5/1977, S. 11-14.

Kreativität und Führungsstil, in: management heute 5/1977, S. 22-24.

Was bedeutet »Delegation von Verantwortung«?, in: Blick durch die Wirtschaft vom 4. Mai 1977.

Konforme Mitarbeiter sind ja so bequem, in: Blick durch die Wirtschaft vom 11. Mai 1977.

Betriebsverfassungsgesetz und Führungsstil, in: management heute 6/1977, S. 7-9.

Die Bedeutung von Stellenbeschreibung und Führungsrichtlinie für das Beschwerderecht des Arbeitnehmers, in: management heute 6/1977, S. 19-21.

Der Fernunterricht, in: management heute 6/1977, S. 25-27.

»Ich muß doch wissen, was hier vor sich geht«, in: Blick durch die Wirtschaft vom 6. Juni 1977.

»Ich habe die Idee – und er hat den Erfolg?«, in: Blick durch die Wirtschaft vom 30. Juni 1977.

Stellenbeschreibung und Führungsrichtlinie in ihrer Bedeutung für die Einstellung von Mitarbeitern nach den Bestimmungen des Betriebsverfassungsgesetzes, in: management heute 7-8/1977, S. 15-17.

Kreativität als Auswahlkriterium, in: management heute 7-8/1977, S. 68f.

Die Sekretärin für zwei Chefs – Ein Sonderproblem (zusammen mit Gisela Böhme), in: management heute 7-8/1977, S. 80.

Der Chef ist kein Alibi, in: Blick durch die Wirtschaft vom 4. August 1977.

Stellenbeschreibung, Führungsrichtlinie und Personalbeurteilung, in: management heute 9/1977, S. 14-17.
Ist Führung lernbar?, in: Blick durch die Wirtschaft vom 19. September 1977.
Die Überlastung des Chefs ist kein Schicksal, in: Blick durch die Wirtschaft vom 22. September 1977.
Die Führungskünstler, in: management heute 10/1977, S. 11f.
Darf man Verantwortung überhaupt delegieren?, in: Blick durch die Wirtschaft vom 12. Oktober 1977.
Die eigene unternehmerische Arbeit rationalisieren, in: Blick durch die Wirtschaft vom 27. Oktober 1977.
Die gute Sekretärin – wichtiger als ein Vizepräsident, in: Blick durch die Wirtschaft vom 28. November 1977.
Die Selbstinformation des Vorgesetzten, in: management heute 12/1977, S. 16.
Delegieren nur auf den richtigen Mitarbeiter, in: Blick durch die Wirtschaft vom 12. Dezember 1977.
Auch eine Führungskraft ist Mitarbeiter, in: Blick durch die Wirtschaft vom 13. Dezember 1977.

1978

Der Chef ist kein Alibi, in: management heute 1/1978, S. 32f.
Verlust an Gesicht und Autorität?, in: Blick durch die Wirtschaft vom 12. Januar 1978.
Was ist eigentlich kooperative Führung?, in: Blick durch die Wirtschaft vom 8. Februar 1978.
Haben wir die richtigen Mitarbeiter?, in: Blick durch die Wirtschaft vom 27. Februar 1978.
Verlust an Gesicht und Autorität?, in: management heute 3/1978, S. 11f.
Stellenbeschreibung, Führungsrichtlinie und Förderung der Berufsausbildung, in: management heute 4/1978, S. 6-8.
Auch Mittelbetriebe können Verantwortung delegieren, in: management heute 4/1978, S. 16-18.
Die eigene unternehmerische Arbeit rationalisieren, in: management heute 5/1978, S. 28-30.
Die Abwertung der Stabsarbeit schädigt die Organisation, in: Blick durch die Wirtschaft vom 11. Mai 1978.
»Ich bin ja nur Stab«, in: management heute 6/1978, S. 20-22.
Die Stellenbeschreibung als Meßlatte, in: Blick durch die Wirtschaft vom 1. Juni 1978.
Der unkreative Mitarbeiter, in: Blick durch die Wirtschaft vom 8. Juni 1978.
Haben wir die richtigen Mitarbeiter?, in: management heute 7/1978, S. 20.
Wenn man wissen will, wie gut man ist…, in: Blick durch die Wirtschaft vom 10. Juli 1978.
Die Flucht in die Routinearbeit, in: Blick durch die Wirtschaft vom 27. Juli 1978.
Der Mitarbeiter als kreativer Sozialfall, in: management heute 8/1978, S. 29f.
Kontrolle ist gut, gute Kontrolle ist besser, in: Blick durch die Wirtschaft vom 16. August 1978.
Die wirklichen Gründe einer Kündigung, in: management heute 9/1978, S. 16f.

Von pseudokreativen und seichten Köpfen, in: Blick durch die Wirtschaft vom 4. September 1978.
Schattenkabinett der Kreativen?, in: Blick durch die Wirtschaft vom 12. September 1978.
Schlechter Führungsstil stört die Kreativität, in: Blick durch die Wirtschaft vom 27. September 1978.
Der Zwang zur Entscheidung über den Führungsstil, in: management heute 10/1978, S. 34f.
Nicht jede Gruppe ist auch ein Team, in: Blick durch die Wirtschaft vom 10. Oktober 1978.
Pro und kontra in Sachen Gruppe, in: Blick durch die Wirtschaft vom 11. Oktober 1978.
Vor den Sozialdemokraten bewahren, in: Blick durch die Wirtschaft vom 21. Oktober 1978.
Der Chef hat ein Recht auf den guten Rat, in: Blick durch die Wirtschaft vom 30. Oktober 1978.
Patriarchalische Führung gegen Ausbreitung sozialistischer Ideen, in: management heute 11/1978, S. 11-13.
Von der Innovationshysterie zur Seifenblasenkreativität, in: management heute 11/1978, S. 32f.
Kreativitätsbilanz statt Kreativitätsgeschwätz, in: Blick durch die Wirtschaft vom 6. November 1978.
Die Gruppe: hemmend oder beflügelnd?, in: management heute 12/1978, S. 14-16.
Zeig ihnen den Berg…, in: Blick durch die Wirtschaft vom 23. Dezember 1978.

1979

Kreativitätsbilanz: notwendig zur Sicherung der Zukunft des Unternehmens?, in: management heute 1/1979, S. 12-14.
Die Harzburger Führungskonzeption – Rückblick und Ausblick, in: management heute 2/1979, S. 5f.
Vom Vorstand als Meister zum Vorstand als Manager, in: management heute 2/1979, S. 8f.
»Beraten« heißt nicht »Bestätigen«, in: management heute 2/1979, S. 25f.
Vom Inhabermeister zum Inhabermanager, in: Blick durch die Wirtschaft vom 21. Februar 1979.
Denken – ausschließlich Männersache?, in: management heute 3/1979, S. 14-16.
Bevor Sie im Wust ersticken. Technik der geistigen Arbeit, in: Möbel Wirtschaft 3/1979, S.7-9.
Zum Ausreifen von Ideen braucht es Zeit, in: Blick durch die Wirtschaft vom 8. März 1979.
Die Steuerung der Kreativität im Unternehmen, in: managment heute 4/1979, S. 12f.
»Sie können mir doch sicher weiterhelfen«, in: Blick durch die Wirtschaft vom 5. April 1979.
Die Kreativitätsbilanz der Spar- und Darlehnskasse Hamm eG, in: management heute 5/1979, S. 6f.
Die Kontrolle entlastet sowohl den Vorgesetzten als auch den Mitarbeiter, in: management heute 5/1979, S. 12f.
Auf zum Kampf gegen Störenfriede, in: Möbel Wirtschaft 5/1979, S. 21f.
Kreativität im Hause Streif, in: management heute 6/1979, S. 5-8.
Kreativität bilanziert, in: Absatzwirtschaft 6/1979, S. 71.

Eine Sekretärin zwei Chefs (zusammen mit Gisela Böhme), in: Sekretärin 6/1979, S. 55.
Die Sekretärin als Führungsgehilfin des Chefs, in: management heute 7/1979, S. 5f.
Ist die Ausbildung kreativitätsfeindlich?, in: Blick durch die Wirtschaft vom 10. Juli 1979.
Verlust an Gesicht und Autorität, in: Der Deutsche Forstmann 8/1979, S. 224f.
»Wann führt kooperativer Führungsstil zum Erfolg?«, in: Der Führungskräftebrief vom 15. August 1979.
Die Zahlen verraten nicht alles…, in: Communication 3/1979, S. 12f.
Darf ein Vorstandsmitglied seinen nicht mehr voll leistungsfähigen Kollegen decken?, in: management heute 10/1979, S. 13-15.
Guter Wille und Geld allein nützen nichts, in: Blick durch die Wirtschaft vom 19. Oktober 1979.
Die Rückdelegation auf Vorstandsebene, in: management heute 11/1979, S. 17.
Wofür haftet der Vorstand einer Genossenschaftsbank persönlich?, in: management heute 12/1979, S. 39-41.

1980

Ein bedeutender Innovationsfaktor: Die richtige Organisation der Unternehmensspitze, in: management heute 1/1980, S. 18-20.
Die Sekretärin als Führungsgehilfin des Chefs, in: Verwaltungsführung Organisation Personalwesen 1/1980, S. 31f.
Zielwasser trinken genügt nicht, in: Möbel Wirtschaft 2/1980, S. 47.
Die Kreativitätsbilanz. Steuerungselement für Führungskräfte, in: IHK Magazin Februar, S. 29-31.
Wenn Vorgesetzter und Mitarbeiter gemeinsam entscheiden, in: managment heute 2/1980, S. 13.
Ist zuständig auch verantwortlich?, in: Blick durch die Wirtschaft vom 29. Februar 1980.
Unsere Schulen vermitteln Wissen – keine Kreativität, in: management heute 3/1980, S. 1-4.
Geschäftsverteilungspläne ohne Aussagekraft, in: management heute 4/1980, S. 13f.
Das Hausrecht hat nicht der Hausherr, in: Blick durch die Wirtschaft vom 1. April 1980.
Wissen, was man den ganzen Tag so tut, in: Blick durch die Wirtschaft vom 29. April 1980.
Wie die Zeit verloren gehen kann, in: Blick durch die Wirtschaft vom 30. April 1980.
Unzulässige Themen in der Betriebsversammlung, in: managment heute 5/1980, S. 10-13.
Spielregeln für die Betriebsversammlung, in: Blick durch die Wirtschaft vom 21. Mai 1980.
Was habe ich heute eigentlich getan?, in: management heute 6/1980, S. 5f.
Nicht alle Anträge sind zulässig, in: Möbel Wirtschaft 6/1980, S. 12f.
Unternehmer überwachen Unternehmer, in: Blick durch die Wirtschaft vom 9. Juni 1980.
Dem Aufsichtsrat war das Grundstück zu teuer, in: Blick durch die Wirtschaft vom 21. Juni 1980.
Bestimmt der Aufsichtsrat die Geschäftspolitik?, in: management heute 7/1980, S. 5f.
Wie der Betriebsrat berichtet, in: Möbel Wirtschaft 7/1980, S. 21f.

Die Kreativität steuern, in: Blick durch die Wirtschaft vom 2. Juli 1980.
Eine Form der Aussprache, in: Blick durch die Wirtschaft vom 24. Juli 1980.
Betriebsversammlung der Jugendvertretung, in: Blick durch die Wirtschaft vom 26. Juli 1980.
Grenzen der Diskussion werden erreicht, in: Blick durch die Wirtschaft vom 30. Juli 1980.
Wenn der Aufsichtsrat den Vorstand berät, in: Blick durch die Wirtschaft vom 30. Juli 1980.
Das Hausrecht in der Betriebsversammlung, in: management heute 8/1980, S. 7.
Der Aufsichtsrat, in: management heute 9/1980, S. 5f.
Antrag: »Zur Geschäftsordnung«, in: Möbel Wirtschaft 9/1980, S. 24-26.
Vom »dienstbaren Geist« zur Führungsgehilfin, in: Sekretärin 5/1980, S. 21f.
Der Aufsichtsrat berät nicht, sondern überwacht, in: management heute 10/1980, S. 5.
Beschlußfähigkeit besteht immer, in: Möbel Wirtschaft 10/1980, S. 17f.
Der Aufsichtsrat ist kein Supervorstand, in: Blick durch die Wirtschaft vom 29. Oktober 1980.
Muß der Vorstand es hinnehmen, wenn der Aufsichtsrat die Zustimmung verweigert?, in: management heute 11/1980, S. 5f.
Sachverstand für die Personalauswahl, in: Blick durch die Wirtschaft vom 13. November 1980.
Die Rolle der Generalversammlung, in: Blick durch die Wirtschaft vom 15. November 1980.
Die Pflicht des Vorgesetzten, durch Weiterbildung der Mitarbeiter zu fördern, in: management heute 12/1980, S. 6.
»Wie finden Sie meinen Führungsstil?«, in: Blick durch die Wirtschaft vom 15. Dezember 1980.
Vermehrte Stichproben, in: Blick durch die Wirtschaft vom 17. Dezember 1980.

1981

Der Aufsichtsrat – keine Beschwerdeinstanz für Mitarbeiter und Betriebsrat, in: management heute 1/1981, S. 9.
»Wir sind uns also einig zu kaufen!«, in: Blick durch die Wirtschaft vom 23. Januar 1981.
Und jetzt: Die Chefs an die Front, in: Blick durch die Wirtschaft vom 30. Januar 1981.
Der Antrag »Zur Geschäftsordnung!«, in: management heute 2/1981, S. 9f.
Mitarbeiter auf Tauchstation, in: Blick durch die Wirtschaft vom 4. Februar 1981.
Delegieren, das kann auch verboten sein, in: Blick durch die Wirtschaft vom 20. Februar 1981.
Mehr Sicherheit im Krankenhaus durch Delegation von Verantwortung, in: management heute 3/1981, S. 21-25.
Ein Plädoyer für die Sekretärin, in: Blick durch die Wirtschaft vom 9. März 1981.
Rücknahme der Delegation in der Krisensituation?, in: management heute 4/1981, S. 8.
Die Rückdelegation auf Vorstandsebene, in: management heute 5/1981, S. 6.
Unternehmensführung mit der linken Hand?, in: Blick durch die Wirtschaft vom 4. Mai 1981.
Ressortlose Führung – ist das Utopie?, in: Blick durch die Wirtschaft vom 5. Mai 1981.
Der Aufsichtsrat muß oft zustimmen, in: Blick durch die Wirtschaft vom 12. Mai 1981.
Der Chef und seine Sekretärin, in: Blick durch die Wirtschaft vom 25. Mai 1981.

Beurteilung des eigenen Führungsstils durch die Mitarbeiter?, in: management heute 6/1981, S. 5.

»Ich halte mich völlig aus dem Tagesgeschäft heraus«, in: management heute 7/1981, S. 12f.

»Halten Sie bitte die Stellung«, in: Blick durch die Wirtschaft vom 7. Juli 1981.

Haftet der Vorstand für den Erfolg?, in: Blick durch die Wirtschaft vom 17. Juli 1981.

Scharnhorsts Vermächtnis, in: management heute 8/1981, S. 5.

»Um was handelt es sich denn?«, in: Blick durch die Wirtschaft vom 19. August 1981.

Im Geist und Sinn des Vertretenen handeln, in: Blick durch die Wirtschaft vom 25. August 1981.

Haftet der Vorstand für den Erfolg?, in: management heute 9/1981, S. 5f.

»Bringen Sie die Sache doch mal in Ordnung«, in: Blick durch die Wirtschaft vom 9. September 1981.

Haftungsfolgen beim unbefugten Weiterdelegieren, in: management heute 10/1981, S. 7.

Standortbestimmung der Sekretärin, in: management heute 10/1981, S. 18-20.

Geplante Sicherung des Informationsflusses, in: Blick durch die Wirtschaft vom 21. Oktober 1981.

Mit und gegen den Strom, in: management heute 11/1981, S. 6.

Die Kontrolle der Kontrolle, in: Blick durch die Wirtschaft vom 10. November 1981.

Information bedeutet nicht Verantwortung, in: Blick durch die Wirtschaft vom 13. November 1981.

Der Aufsichtsrat und die Organisation, in: Blick durch die Wirtschaft vom 27. November 1981.

Die Arbeit der Akademie in den achtziger Jahren – ein Ausblick, in: management heute 12/1981, S. 5.

Sekretärin: Führungsgehilfin oder »Mädchen für alles«?, in: Sektretärin 12/1981, S. 7f.

»Warum bin ich darüber nicht informiert?«, in: Blick durch die Wirtschaft vom 16. Dezember 1981.

Die Sekretärin – Motor des Chefs, in: Blick durch die Wirtschaft vom 24. Dezember 1981.

1982

Vorstand und Ressort in einer Hand: Welche Hand kontrolliert da die andere?, in: management heute 1/1982, S. 5.

Die innere Kündigung – ein schlimmes Thema, in: Blick durch die Wirtschaft vom 18. Januar 1982.

Wer Einzelaufträge erteilt, muß bestimmte Regeln beachten: management heute 2/1982, S. 10.

Die Überwachung der Organisation durch den Aufsichtsrat, in: management heute 2/1982, S. 21f.

Die Chefsekretärin als Stellvertreterin des Chefs (zusammen mit Gisela Böhme), in: management heute 2/1982, S. 25-27.

Wie exakt ist Ihre Arbeitsplanung?, in: Sekretariat 2/1982, S. 13f.

Amateure im Aufsichtsrat, in: Blick durch die Wirtschaft vom 3. Februar 1982.
Ich habe dem Chef meine innere Kündigung ausgesprochen, in: management heute 3/1982, S. 5f.
Die Regeln für Sonderauftrag und Zeichnungsbefugnis müssen Chef und Assistentin beherrschen (zusammen mit Gisela Böhme), in: management heute 3/1982, S. 28-31.
Wenn der Chef auf Distanz geht, in: Blick durch die Wirtschaft vom 31. März 1982.
Die Novelle vom 9. Oktober 1973. Das Ende der Möglichkeit jeder Art der Geschäftsführung seitens des Aufsichtsrates, in: management heute 4/1982, S. 15-17.
Sekretariats- und Assistentintätigkeit – ein Zeitproblem? (zusammen mit Gisela Böhme), in: management heute 4/1982, S. 18f.
»Innerlich bin ich fertig mit meinem Chef«, in: Petra vom 28. April 1982, S. 136-138.
Wenn der Aufsichtsrat nicht zustimmt, in: Blick durch die Wirtschaft vom 8. April 1982.
Was der Aufsichtsrat mit der Satzung kann und was nicht, in: Blick durch die Wirtschaft vom 22. April 1982.
»Nicht das Unternehmen – der Chef ist krank«, in: Blick durch die Wirtschaft vom 28. April 1982.
Die »innere Kündigung« von Seiten des Chefs, in: management heute 5/1982, S. 5-8.
Ist die Zustimmung des Aufsichtsrates auch ohne vorherigen Antrag zulässig?, in: management heute 5/1982, S. 19f.
Ich habe dem Chef meine innere Kündigung ausgesprochen, in: Mitteilungsblatt des IHK-Bezirks Coburg 5/Mai, S. 19-22.
Stört Kontrolle die Selbstverwirklichung?, in: Blick durch die Wirtschaft vom 12. Mai 1982.
Die Sanktionsmöglichkeit des Aufsichtsrates gegenüber dem Vorstand, in: management heute 6/1982, S. 14f.
Der Weg zur Chefassistentin (zusammen mit Gisela Böhme), in: management heute 6/1982, S. 21-23.
Urlaubszeit – Stellvertretungszeit, in: Blick durch die Wirtschaft vom 23. Juni 1982.
Nicht die Firma – der Chef ist krank, in: management heute 7/1982, S. 5f.
Die Sanktionsmöglichkeiten der Generalversammlung gegenüber dem Vorstand, in: management heute 7/1982, S. 19f.
Die innere Kündigung, in: Mitteilungsblatt des IHK-Bezirks Augsburg 7/1982, S. 444f.
Wer negativ denkt, steht sich selbst im Weg, in: Blick durch die Wirtschaft vom 6. Juli 1982.
Der Mitarbeiter als beratender Unternehmer, in: Blick durch die Wirtschaft vom 16. Juli 1982.
Selbstverwirklichung und Selbstkontrolle, in: management heute 8/1982, S. 5f.
Berichtspflicht des Vorstandes und Auskunftsrecht des Aufsichtsrats, in: management heute 8/1982, S. 17-19.
Der Mitarbeiter als beratender Unternehmer, in: management heute 9/1982, S. 5f.
Die Systematisierung der Information in einer Genossenschaft, in: management heute 9/1982, S. 14-17.

Der Weg zur Chefassistentin, in: Sekretariat 9/1982, S. 7-10.
»Ich bin immer im Dienst«, in: Blick durch die Wirtschaft vom 1. September 1982.
Die unausgesprochene Kündigung, in: Blick durch die Wirtschaft vom 14. September 1982.
Die innere Kündigung – ein schlimmes Thema, in: Kfz-Betrieb vom 24. September 1982.
Der Kontrollplan des Aufsichtsrats einer Genossenschaft, in: management heute 10/1982, S. 21-24.
Platzhalterin oder Stellvertreterin?, in: management heute 10/1982, S. 33f.
Wenn der Chef auf Distanz geht, in: Kfz-Betrieb vom 8. Oktober 1982.
»Sind Sie Stellvertreterin oder Platzhalterin Ihres Chefs?«, in: Sekretariat 10/1982, S. 11-14.
»Mehr Professionalität in den 80er Jahren«, in: Management Wissen 11/1982, S. 3.
Pessimismus als Kreativitätsbarriere, in: management heute 11/1982, S. 5f.
Kontrollplan und Kontrollakte des Aufsichtsrats, in: management heute 11/1982, S. 21f.
Selbstpensionierung des Mitarbeiters, in: Blick durch die Wirtschaft vom 2. November 1982.
Signale für die innere Kündigung des Mitarbeiters, in: management heute 12/1982, S. 5f.
Aufsichtsrat und Prüfungsverband. Die Überprüfung der inneren Ordnung, in: management heute 12/1982, S. 25f.
Das Unternehmen auch geistig sichern, in: Blick durch die Wirtschaft vom 31. Dezember 1982.

1983

Eine innere Kündigung ohne äußeren Anlaß: Die Selbstpensionierung, in: management heute 1/1983, S. 9f.
Aufsichtsrat und Prüfungsverband – Die Überprüfung der Überwachungstätigkeit, in: management heute 1/1983, S. 21-24.
Der Beitrag der Führungsgehilfin zur Sicherung der Information (zusammen mit Gisela Böhme), in: management heute 2/1983, S. 26-29.
Die Verantwortung des Vorstands einer Genossenschaft, in: management heute 2/1983, S. 18-20.
Wenn der Fortschritt zur Tradition wird, in: Blick durch die Wirtschaft vom 16. Februar 1983.
Aufgaben und Verantwortung des Vorstandes einer Genossenschaft, in: management heute 3/1983, S. 19f.
Muß die Unternehmensführung den Kampf gegen Resignation und Pessimismus führen?, in: management heute 4/1983, S. 9f.
Die Sekretärin erhält den Mitarbeiter, in: Blick durch die Wirtschaft vom 12. April 1983.
Die Schizophrenie im Führungsstil, in: Blick durch die Wirtschaft vom 25. April 1983.
Aufsichtsrat – weder Aufsicht noch Rat?, in: Blick durch die Wirtschaft vom 29. April 1983.
Vorbild für das Management in der heutigen Krise: Gerhard Scharnhorst, in: management heute 5/1983, S. 93f.
Tradition und Fortschritt, in: management heute 5/1983, S. 15f.
Die Schizophrenie im Führungsstil, in: management heute 6/1983, S. 5f.

Die Fachaufgaben der Geschäftsbereichsleiter einer Genossenschaft, in: management heute 6/1983, S. 18-20.

Der Aufsichtsrat ist nicht der Geschäftspartner des Vorstandes, in: Blick durch die Wirtschaft vom 8. Juli 1983.

Der Betriebsrat und die innere Kündigung im Unternehmen, in: management heute 7/1983, S. 16f.

Die innere Kündigung, in: Der leitende Angestellte 7-8/1983, S. 24f.

Wachsende Anforderungen an die Führung von Genossenschaften, in: management heute 8/1983, S. 18-20.

Die Chefsekretärin und die Signale für die innere Kündigung, in: management heute 8/1983, S. 30f.

Eine neue Form der Biedermeiermentalität, in: Blick durch die Wirtschaft vom 3. August 1983.

Arbeitsmoral und Führungsstil, in: management heute 9/1983, S. 5-7.

Der Antrag des Vorstands auf Zustimmung des Aufsichtsrats, in: management heute 9/1983, S. 19f.

Die Schizophrenie im Führungsstil, in: Der leitende Angestellte 9/1983, S. 6f.

Zur Geschäftsordnung der Betriebsversammlung, in: management heute 10/1983, S. 21f.

Woran scheitert häufig die Kreativität im Unternehmen?, in: management heute 11/1983, S. 5f.

Der Weg zur Delegation von Verantwortung in der Genossenschaft, in: management heute 11/1983, S. 17f.

Stellenbeschreibung in Genossenschaften – Welche Konsequenzen hat die Verwendung mißverständlicher Begriffe?, in: management heute 12/1983, S. 21-23.

Die Rache der Spezialisten, in: Blick durch die Wirtschaft vom 1. Dezember 1983.

1984

Die Rache der Spezialisten, in: management heute 1/1984, S. 5f.

Die Stabsaufgaben in der Stellenbeschreibung von Genossenschaften, in: management heute 1/1984, S. 22-25.

Ist der Aufsichtsrat einer Genossenschaft entmachtet?, in: management heute 2/1984, S. 17f.

Neue Technologien – neuer Führungsstil?, in: Blick durch die Wirtschaft vom 15. Februar 1984.

Der Computer-Tod des Unternehmens, in: Blick durch die Wirtschaft vom 29. Februar 1984.

Neue Technologien – Wende im Führungsstil?, in: management heute 3/1984, S. 5-7.

Der Computer erzwingt die Transparenz, in: Blick durch die Wirtschaft vom 23. März 1984.

Der Computer-Tod des Unternehmens, in: management heute 4/1984, S. 5f.

Kontrolle auf allen Ebenen, in: management heute 4/1984, S. 15f.

Kreativität läßt sich nicht befehlen, in: Blick durch die Wirtschaft vom 24. April 1984.

Innovationen im Mittelbetrieb – Voraussetzungen und Grenzen, in: management heute 5/1984, S. 5f.

Die Pflicht zur Förderung der Mitarbeiter, in: management heute 5/1984, S. 17f.

Der »Zweite Mann« darf nicht weniger wissen, in: Blick durch die Wirtschaft vom 21. Mai 1984.

Keine Mitbestimmung bei Stellenbeschreibungen, in: Blick durch die Wirtschaft vom 28. Mai 1984.

Die computeradäquate Stellenbeschreibung, in: management heute 6/1984, S. 5f.

Die Kontrolle über das Verhalten der Geschäftsbereichsleiter als Vorgesetzte, in: management heute 6/1984, S. 24-28.

Der Mitarbeiter wird nicht zum Rädchen, in: Blick durch die Wirtschaft vom 13. Juni 1984.

Stellenbeschreibung nicht mitbestimmungspflichtig, in: management heute 7-8/1984, S. 6f.

Die Berufung in den Vorstand – Ein Lotteriespiel?, in: management heute 9/1984, S. 5f.

Zielsetzungen in Genossenschaften, in: management heute 9/1984, S. 17-20.

Patt-Situation im Vorstand, in: management heute 10/1984, S. 5f.

Ehrenamtliche Vorstandsmitglieder in Genossenschaften, in: management heute 10/1984, S. 17f.

Vorstandsamateure in Chefetagen, in: management heute 11/1984, S. 5f.

Die Stellung des Vorstandsvorsitzenden, in: management heute 11/1984, S. 17f.

Das stellvertretende Vorstandsmitglied in der Genossenschaft, in: management heute 12/1984, S. 17f.

1985

Der Vorstand als Team, in: management heute 1/1985, S. 5f.

Der Geschäftsführer von Genossenschaften, in: management heute 1/1985, S. 21f.

Mehr Entscheidungsbefugnisse für die Mitarbeiter, in: management heute 2/1985, S. 5f.

Aufgaben und Verantwortung des Geschäftsführers einer Genossenschaft, in: management heute 2/1985, S. 17f.

Akzeptanzprobleme: Selbstverschulden der Unternehmensführung, in: management heute 3/1985, S. 5f.

Die dubiose Selbstinformation des Vorgesetzten, in: management heute 4/1985, S. 5f.

Zehn Gebote für die kollegiale Zusammenarbeit in: management heute 5/1985, S. 5f.

Sind Führungsrichtlinien mitbestimmungspflichtig?, in: management heute 6/1985, S. 5f.

Die Stäbe im Kreuzfeuer, in: management heute 7/1985, S. 5f.

Der ressortlose Vorstandsvorsitzende, in: management heute 9/1985, S. 9f.

Der starke Mann, in: management heute 10/1985, S. 6.

Der Geschäftsführer als beratender Unternehmer, in: management heute 12/1985, S. 5f.

1986

Partnerschaftliche Zusammenarbeit zwischen Chef und Sekretärin, in: management heute 1/1986, S. 24f.

Kein Rechtsanspruch des Geschäftsführers auf Entlastung, in: management heute 3/1986, S. 5f.

Keine Beratungspflicht des Aufsichtsrats, in: management heute 4/1986, S. 5f.

Die Kündigung eines GmbH-Geschäftsführers aus wichtigem Grund, in: management heute 5/1986, S. 5f.
Sachbearbeiter fordern mehr Kompetenzen, in: management heute 6/1986, S. 5f.
Genossenschaftsbanken auf dem Weg zum Management I, in: management heute 7/1986, S. 14-16.
Genossenschaftsbanken auf dem Weg zum Management II, in: management heute 8/1986, S. 17f.
Das mißverstandene Auskunfts- und Einsichtsrecht, in: management heute 9/1986, S. 5f.
Genossenschaftsbanken auf dem Weg zum Management III, in: management heute 9/1986, S. 17.
Akzeptanzprobleme im Führungsbereich, in: management heute 10/1986, S. 5f.
Das stellvertretende Vorstandsmitglied, in: management heute 11/1986, S. 5f.
Wer bestimmt die Geschäftspolitik einer GmbH?, in: management heute 12/1986, S. 5f.

1987

Recht oder Pflicht zur Kontrolle?, in: management heute 1/1987, S. 5.
Die innere Verfassung der GmbH, in: management heute 2/1987, S. 5f.
Die Kontrollfunktion des Gesellschafters, in: management heute 3/1987, S. 5f.
Delegation von Verantwortung im Krankenhaus?, in: management heute 6/1987, S. 5f.
Anspruch auf rechtliches Gehör?, in: management heute 11/1987, S. 17f.

1988

Beamte sind gegenüber Führungsfehlern ihrer Vorgesetzten nicht wehrlos, in: management heute 7/1988, S. 5f.

Beiträge in Überblickswerken

1961

Die Delegation von Verantwortung im Rahmen des Mitarbeiterverhältnisses, in: Agthe, Klaus/ Schnaufer, Erich (Hrsg.): Organisation, Berlin 1961, S. 339-354.

1969

Führungsanweisung, in: Grochla, Erwin (Hrsg.): Handwörterbuch der Organisation, Stuttgart 1969, S. 1543f.
Stellvertretung, in: Grochla (Hrsg.): Handwörterbuch der Organisation, S. 1585f.

1970

Delegation von Verantwortung, in: Management-Enzyklopädie

Zweiter Band, 1. Auflage, München, S. 225f.
Zweiter Band, 2. Auflage, Landsberg/Lech 1982, S. 769f.
Dienstaufsicht, in: Management-Enzyklopädie
Zweiter Band, 1. Auflage, München, S. 259f.
Zweiter Band, 2. Auflage, Landsberg/Lech 1982, S. 811f.
Führung mit Stäben, in: Management-Enzyklopädie
Zweiter Band, 1. Auflage, München, S. 1112f.
Dritter Band, 2. Auflage, Landsberg/Lech 1982, S. 837f.

1971

Stellvertretung als Führungs- und Organisationsprinzip, in: Management-Enzyklopädie
Fünfter Band, München, S. 566f.
Team, in: Management-Enzyklopädie
Fünfter Band, München, S. 744f.
Unternehmensführung, ressortlose, in: Management-Enzyklopädie
Fünfter Band, München, S. 1003f.

1972

Verwaltungsmanagement, in: Management-Enzyklopädie
Sechster Band, München, S. 251f.

1973

Harzburger Modell, in: Management-Enzyklopädie
Ergänzungsband, München, S. 339f.
Vierter Band, 2. Auflage, Landsberg/Lech, S. 537f.

1975

Anordnung, in: Gaugler, Eduard (Hrsg.): Handwörterbuch des Personalwesens, Stuttgart, Spalte 32f.

1978

Führungsstil, in: Dummer, Wolfgang (Hrsg.): Personal-Enzyklopädie
2. Band, München, S. 118f.
Kontrolle, in: Dummer (Hrsg.): Personal-Enzyklopädie
2. Band, München, S. 394f.
Kreativität, in: Dummer (Hrsg.): Personal-Enzyklopädie
2. Band, München, S. 424f.

1982

Autorität im Betrieb, in: Management-Enzyklopädie Erster Band, 2. Auflage, Landsberg/Lech, S. 779f.

Herausgeber

1940

Das ausländische Verwaltungsrecht der Gegenwart. Wesen, Aufgabe und Stellung der Verwaltung in Italien, Frankreich, Großbritannien und USA, Decker‹ s, Berlin, 330 S.

1941

Verfassungs-, Verwaltungs- und Wirtschaftsgesetze Norwegens. Sammlung der wichtigsten Gesetze, Verordnungen und Erlasse (zusammen mit Herbert Schneider und Wilhelm Stuckart), Wittich, Darmstadt, 491 S.

1941 – 1943

Reich – Volksordnung – Lebensraum (zusammen mit Werner Best, Gerhard Klopfer, Rudolf Lehmann und Wilhelm Stuckart), 6 Bände, Berlin.

Übersetzungen

1938

Führer – Staat e repubblica parlamentare, in: Lo Stato 9/1938, S. 1-8.

1941

Săštinata na novoto germansko pravo, Nova Evropa, Sofija, 63 S.

La Démocratie francaise et son effondrement spirituel, Maison internationale d'edition, Bruxelles, 73 S.

1942

Il concetto di Impero ed il problema del grande spazio, in: Lo Stato 13/1942, S. 109-118.

1968

Dírección humana de la empresa, Ed. Hispano Europea, Barcelona, 201 S.

1970

Befattningsbeskrivningar, Strömberg, Stockholm, 399 S.

Publication Timeline

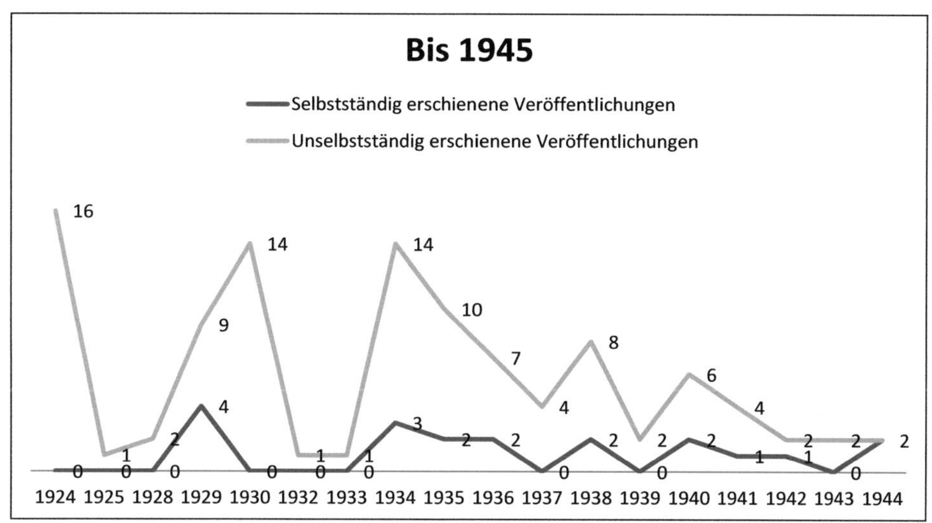

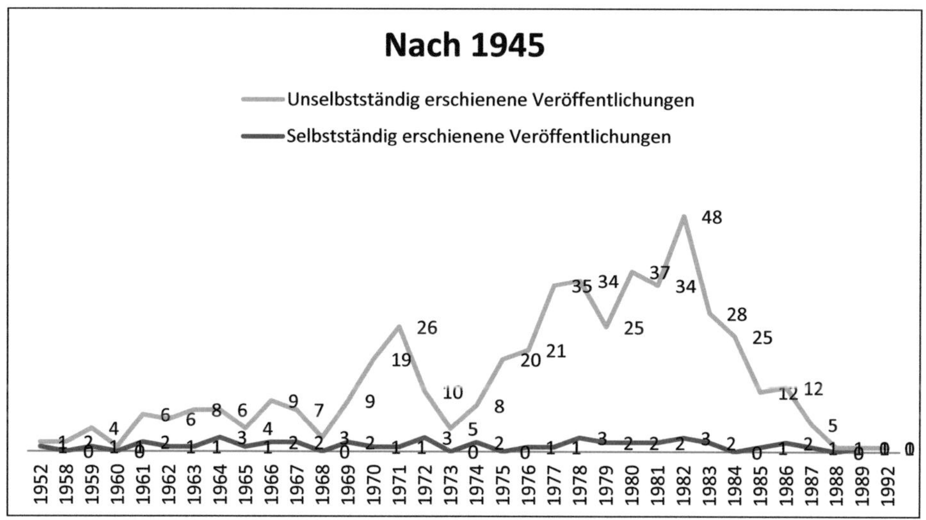

Archiv-, Quellen- und Literaturverzeichnis

Archivalien

Archiv des Henfling Gymnasiums Meiningen
Schülerverzeichnis.

Archiv der Evangelischen Akademie Bad Boll
Dokumentensammlung Reinhard Höhn.

Archiv der Gemeinde Pöcking
Artikelsammlung Susanne und Reinhard Höhn.

Archiv des Stadtkirchenamtes Eisenach
Traubuch.

Archiv für Zeitgeschichte Zürich
Nachlass Gustav Däniker
Privatkorrespondenz H 1245.

Bad Harzburg Stiftung
Nachlass Herbert Ahrens.

Behörde des Bundesbeauftragten für die Stasi-Unterlagen
ZA VI 1354 A. 05, Bl. 1-33.
ZA VI 3322 A. 20, Bl. 1-79.

Bundesarchiv
B 122/ 8393.
B 136/5965.
B 145/ 6171.
NS 2/ 0494.
NS 19/ 3282.
R 43 II/ 126.
R 43 II/ 1228.
R 58/ 825.
R 61 253-256.

R 153/ 1178a.
SSO 103 A.
SSO PA Johannes Kobelinski.

Büro von Helmut Kohl
Artikelsammlung Reinhard Höhn.

Forschungsstelle für Zeitgeschichte in Hamburg
Beate-Uhse-Archiv
    18-9.2.3. Firmengeschichte.

Friedrich-Ebert-Stiftung Bonn
Nachlass Fritz Erler
    144 A.
    144 C.
    167 B.
    179 A.
Nachlass Helmut Schmidt
    1/ HSAA005390.
    1/ HSAA005474.
    1/ HSAA005687.
    1/ HSAA005688.
    1/ HSAA005689.
    1/ HSAA005690.
    1/ HSAA005691.
    1/ HSAA005779.
    1/ HSAA007752.
    1/ HSAA007753.
    1/ HSAA007754.
    1/ HSAA007755.
Nachlass Walter Auerbach
    Allgemeine persönliche Korrespondenz 1 29.
    Allgemeine persönliche Korrespondenz 4 32.

Institut für Personengeschichte Bensheim
Artikelsammlung Reinhard Höhn.

Internationaal Instituut voor Sociale Geschiedenis Amsterdam
Nachlass Reinhard Opitz

675, Materialsammlung.
706, Arbeitsmaterialien.

Institut für Zeitgeschichte München
ZS-0596-1, Ernst Achenbach.
ZS-1871-1, Wilhelm Engel.
ZS-1879-1, Walter Hinz.
ZS-1880-1, Reinhard Höhn.
ZS-2047-1, Walter Hillmann.
ZS-2052-1, Wilhelm Ridder.
ZS-2203-1, Ernst Rudolf Huber.
ZS-3070-1, Leopold von Caprivi.
ZS/ A 34, Shlomo Aronson.
Nachlass Marianne Feuersenger
ED 344/ 15.
ED 344/ 27.
Nachlass Alwin Cäsar Hardtke
ED 467/ 17.
ED 467/ 20.
ED 467/ 22.
ED 467/ 41.
Nachlass Heinz Höhne
ED 876/ 1.
ED 876/ 5.

Konrad-Adenauer-Stiftung Bonn
Artikelsammlung Reinhard Höhn.

Landesarchiv Berlin
B Rep. 031-02-01 Nr. 12651/ 1-4.
B Rep. 057-01 Nr. 1509.

Landesarchiv Koblenz
860 Nr. 5445, Staatskanzlei Rheinland-Pfalz.
Landesarchiv Nordrhein-Westfalen Abteilung Rheinland
Nachlass Carl Schmitt
RW 265 Nr. 6159.
RW 579 Nr. 154.

Nachlass Piet Tommissen

RW 579 Nr. 693.

Niedersächsische Staats- und Universitätsbibliothek Göttingen

Nachlass Rudolf Smend

Cod. Ms. R. Smend A 189.

Cod. Ms. R. Smend A 369.

Cod. Ms. R. Smend E 5.

Cod. Ms. R. Smend N 30.

Cod. Ms. R. Smend N 32.

Polizeihistorische Sammlung beim Polizeipräsident in Berlin

3.10 Neuordnung des KSOD.

3.14 Neuordnung des KSOD.

3.21 A) Planung

B) Erprobung

C) Einführung.

Niedersächsisches Landesarchiv Hannover

Nachlass Gotthard Gambke

V. V. P. 19 Nr. 15.

Stadtarchiv München

ZA 520, Artikelsammlung Jungdeutscher Orden.

Nachlass Theodor Maunz

NL Maunz 11-16, 18-20, Korrespondenz.

Staatsarchiv Hamburg

361-6, IV 213, Schreiben von Theodor Beste an Curt Eisfeld vom 4. April 1946.

Thüringisches Staatsarchiv Meiningen

Nr. 6182, Staatsministerium des Inneren.

Thüringisches Hauptstaatsarchiv Weimar

Nr. 346, PA Reinhard Höhn.

Nr. 4766, PA Reinhard Höhn.

Nr. 6094, PA Johannes Kobelinski.

Universitätsarchiv der Friedrich-Schiller-Universität Jena
K Nr. 319, Promotionsvorgang Reinhard Höhn.
C Nr. 755.

Universitätsarchiv der Ruprecht-Karls-Universität Heidelberg
PA 764, PA Reinhard Höhn.
PA 4245, Generalia Reinhard Höhn.

Universitätsarchiv der Humboldt-Universität zu Berlin
A 499, Carl Schmitt.
D 078, Roger Diener
Nr. 333, Eleftherios Sossidi.
Nr. 507, Karl August Eckhardt.
Nr. 515, Reinhard Höhn.
Nr. 524, Carl Schmitt.
Nr. 582, Reinhard Höhn.
Nr. 826.
UK H 365, Reinhard Höhn.
UK H 389, Berthold Hofmann.
UK L 108, Herbert Lemmel.
UK M 321, Heinrich Muth.
UK O 017, Heinrich Oesterreich.

Universitätsbibliothek Würzburg
Nachlass Wilhelm Engel
B 3 4b.

Villeroy & Boch AG, Unternehmensarchiv
Dokumentensammlung Reinhard Höhn/Harzburger Modell.

Zentrum für Zeithistorische Forschung Potsdam
IPW-Presseausschnittsammlung, Reinhard Höhn.

Privatsammlungen
Nachlass Reinhard Höhn.
Nachlass Theodor Oberländer
Sammlung Peter Engel.
Sammlung Volker Wahl.

Quellenverzeichnis

Abhandlungen zur Rechts- und Wirtschaftsgeschichte: Festschrift Adolf Zycha zum 70. Geburtstag am 17. Oktober 1941 unter Mitwirkung der rechts- und staatswissenschaftlichen Fakultät und mit Unterstützung der Gesellschaft von Freunden und Fördern der Rheinischen Friedrich-Wilhelms-Universität zu Bonn überreicht von Freunden, Schülern und Fachgenossen, Weimar 1941.

Altfelder, Klaus: Stabsstellen und Zentralabteilungen als Formen der Organisation der Führung, Berlin 1965.

Ameln, Elisabeth von: Köln Appellhofplatz. Rückblick auf ein bewegtes Leben, Köln 1985.

Arendt, Hannah: Elemente und Ursprünge totaler Herrschaft, Frankfurt am Main 1955.

Dies.: The Origins of Totalitarianism, Cleveland 1962.

Auffermann, Johann D.: Der Controller. Eine unternehmerische Persönlichkeit. Betriebsführung durch Planung und Kontrolle, in: RKW-Auslandsdienst Heft 51/1957, S. 42-57.

Autorenkollektiv des Instituts für Gesellschaftswissenschaften beim ZK der SED: Die Militarisierung der Wirtschaft Westdeutschlands, Berlin 1960.

Backhaus, Carl: Befragung, in: Vorwärts vom 10. Februar 1972.

Barthenheier, Günter/Haedrich, Günter/Kleinert, Horst (Hrsg.): Öffentlichkeitsarbeit. Dialog zwischen Institutionen und Gesellschaft. Ein Handbuch, Berlin 1982.

Bartram, Theodor: Der Frontsoldat als Erlöser. Eine Programmrede, auf dem von der Ortsgruppe Kiel des Bundes der Frontsoldaten veranstalteten zweiten Soldatenabend am 28. April 1919, Kiel 1919.

Bastian, Hans Dieter: Bildungsbürger in Uniform. Gedanken zur militärischen Menschenführung und politischen Bildung in den Streitkräften, München 1979.

Bäumer, Peter: Das Deutsche Institut für technische Arbeitsschulung (Dinta), München/Leipzig 1930.

Beermann, Eberhard/Grosse, Franz/Karst, Heinz: Menschenführung, Personalauslese, Technik in Wirtschaft und Armee, Darmstadt 1954.

Bendixen, Peter: Kreativität und Unternehmensorganisation, Köln 1976.

Bennet, Carrie Lynn: Defining the Manager's Job, New York 1958.

Berenhorst, Georg Heinrich von: Betrachtungen über die Kriegskunst, über ihre Fortschritte, ihre Widersprüche und ihre Zuverlässigkeit, Leipzig 1791-99.

Bergler, Reinhold/Andersen, Eduard (Hrsg.): Der Werbeleiter im Management, Darmstadt 1957.

Bernhardt, August: Geschichte des Waldeigenthums, der Waldwirthschaft und Forstwirtschaft in Deutschland, Heidelberg 1875.

Bertholet, Alfred: Karl August Eckhardt. Irdische Unsterblichkeit. Germanischer Glaube an die Wiederverkörperung in der Sippe, in: Zeitschrift der Savigny-Stiftung für Rechtsgeschichte 1/1938, S. 821-824.

Best, Werner: Neugründung des Polizeirechts, in: Jahrbuch der Akademie für Deutsches Recht 4/1937, S. 132-138.

Ders.: Werdendes Polizeirecht, in: Deutsches Recht 8/1938, S. 224-226.

Ders.: Großraumordnung und Großraumverwaltung, in: Zeitschrift für Politik 32/1942, S. 406-412.

Beyer, Justus: Die Ständeideologien der Systemzeit und ihre Überwindung, Darmstadt 1941.

Bloch, Johann von: Der Krieg, Berlin 1899.

Blümchen, Isaak: A nous la France!, o. O. 1913.

Ders.: Le Droit de la Race Supérieure, o. O. 1914.

Blumenthal, W. Michael: Die Mitbestimmung in der deutschen Stahlindustrie. Ein Erfahrungsbericht, Bad Homburg 1960.

Böhme, Gisela/Diener, Louise: Vorzimmerbrevier. Die Sekretärin im Umgang mit Besuchern, Vorgesetzten und Kollegen, Bad Harzburg 1968.

Bolte, Karl Martin/Neidhardt, Friedhelm (Hrsg.): Soziologie als Beruf. Erinnerungen westdeutscher Hochschulprofessoren der Nachkriegsgeneration, Baden-Baden 1998.

Brandes, Dieter: Alles unter Kontrolle? Die Wiederentdeckung einer Führungsmethode, Frankfurt am Main 2004.

Briefs, Goetz: Betriebsführung und Betriebsleben in der Industrie. Zur Soziologie und Sozialpsychologie des modernen Großbetriebs in der Industrie, Stuttgart 1934.

Bundesministerium der Justiz zu Bonn (Hrsg): Bundesgesetzblatt 8/1949.

Bundesministerium der Justiz zu Bonn (Hrsg): Bundesgesetzblatt 9/1949.

Bundesministerium für Verteidigung, Führungsstab der Bundeswehr (Hrsg.): Handbuch Innere Führung. Hilfe zur Klärung der Begriffe, o. O. 1957.

Burnham, James: The Managerial Revolution, New York 1941.

Cabernard, Peter: Die Anordnung als Mittel der betriebswirtschaftlich und der militärischen Organisation, Freiburg 1963.

Daemen-Fröhlich, Elisabeth (Hrsg.): Der nationale Frieden am Rhein. Eine der umstrittensten Schriften über das Kernproblem des europäischen Friedens, Gütersloh 1948.

Dahrendorf, Ralf: Das Heranwachsen und die Heranbildung zukünftiger Unternehmer, Essen 1963.

Dale, Ernest: Planning and Developing the Company Organization Structure, o. O. 1952.

Ders.: Staff in Organization, New York/Toronto/London 1960.

Danert, Günter: Betriebskontrollen, Essen 1952.

Däniker, Gustav: Entstehung und Gehalt der ersten eidgenössischen Dienstregelelemente. Ein Beitrag zur Untersuchung der moralischen Grundlagen der schweizerischen Armee in der ersten Hälfte des 19. Jahrhunderts, Zürich 1955.

Ders.: Strategie eines Kleinstaates, Stuttgart 1966.

Däumling, Hermann: Einführung moderner Führungsgrundsätze in der staatlichen Verwaltung. Dargestellt am Beispiel der Bayrischen Staatsforstverwaltung, Speyer 1978.

Deutscher Bundestag (Hrsg.): Grundgesetz für die Bundesrepublik Deutschland, Berlin 2012.

Deutscher Bundestag, 1. Wahlperiode, 273. Sitzung, Bonn, Donnerstag, den 18. Juni 1953.

Deutscher Bundestag, 3. Wahlperiode, 35. Sitzung, Bonn, Donnerstag, den 26. Juni 1958.

Deutscher Bundestag, 6. Wahlperiode, 164. Sitzung, Bonn, Freitag, den 21. Januar 1972.

Deutscher Bundestag, 6. Wahlperiode, 176. Sitzung, Bonn, Freitag, den 3. März 1972.

Deutscher Bundestag (Hrsg.): Fragen für die Fragestunden der Sitzungen des Deutschen Bundestages am Mittwoch, dem 19. Januar 1972, Donnerstag, dem 20. Januar 1972, Freitag, dem 21. Januar 1972, Drucksache VI/3016.

Deutscher Bundestag (Hrsg.): Fragen für die Fragestunden der Sitzungen des Deutschen Bundestages am Mittwoch, dem 1. März 1972, Donnerstag, dem 2. März 1972, Freitag, dem 3. März, Drucksache VI/3196.

Deutsches Industrie-Institut (Hrsg.): Fünfzehn Jahre Deutsches Industrieinstitut, Köln 1966.

Deutsches Pädagogisches Zentralinstitut (Hrsg.): Westdeutsche Schule – im Gleichschritt, marsch. Dokumente und Berichte, Berlin 1960.

Deutsche Verwaltung für Volksbildung in der sowjetischen Besatzungszone (Hrsg.): Liste der auszusondernden Literatur, Leipzig 1946.

Dies.: Liste der auszusondernden Literatur, Leipzig 1947.

Diener, Louise: Fibel für den Umgang mit Vorgesetzten, Kollegen und Mitarbeitern im Betrieb, Darmstadt 1955.

Drucker, Peter F.: Praxis des Management. Ein Leitfaden für die Führungs-Aufgaben in der modernen Wirtschaft, Düsseldorf/Wien 1964.

Ders.: Die ideale Führungskraft, Düsseldorf/Wien 1993.

Ders.: Was ist Management? Das Beste aus 50 Jahren, Düsseldorf/Wien 2002.

Dworatschek, Sebastian/Gutsch, Roland: Management für alle Führungskräfte in Wirtschaft und Verwaltung I, Stuttgart 1972.

Eckhardt, Karl August: Irdische Unsterblichkeit. Germanischer Glaube an die Wiederverkörperung in der Sippe, Weimar 1937.

Eckstein, Friedrich: »Alte unnennbare Tage!« Erinnerungen aus siebzig Lehr- und Wanderjahren, Wien/Leipzig/Zürich 1936.

Editorial, in: Harzburger Hefte 5-6/1973, S. 183.

Eich, Hermann: Die unheimlichen Deutschen, Düsseldorf 1963.

Emerson, Harrington: The Twelve Principles of Efficiency, New York 1912.

Ders.: Efficiency as a Basis for Operation and Wages, New York 1919.

Engel, Wilhelm: Wirtschaftliche und soziale Kämpfe in Thüringen (Insonderheit im Herzogtum Meiningen) vor dem Jahre 1848, Jena 1927.

Engelmann, Bernt: Meine Freunde, die Manager. Ein Beitrag zur Erklärung des deutschen Wunders, Darmstadt 1966.

Engelmann, Bernt/Kästner, Erich/Lenz, Siegfried/Schallück, Peter (u.a.): Vier Fragen an H. Schmidt. Offener Brief an den Bundesverteidigungsminister, in: Vorwärts vom 12. Januar 1972.

Engelmann, Bernt: Großes Verdienstkreuz, München 1974.

Ders.: Hotel Bilderberg. Ein Tatsachenroman, Reinbek bei Hamburg 1980.

Engelmann, Bernt/Wallraff, Günter: Ihr da oben, wir da unten, Berlin 1991.

Engels,Friedrich: Marschall Bugeaud über den moralischen Faktor im Kampf, in: Engels, Friedrich/Marx, Karl: Werke, Band 15, Berlin 1972.

Ersch, Johann Samuel/Gruber, Johann Gottfried (Hrsg.): Allgemeine Enzyklopädie der Wissenschaften und Künste, zweite Section, 17. Teil, Leipzig 1840.

Faller, Michael: Innere Kündigung. Ursachen und Folgen, München und Mering 1993.

Faßbender, Siegfried: Die Führungskräfte im Unternehmen. Gedanken zu ihrer Gliederung und ihrer überbetrieblichen Weiterbildung, Essen 1957.

Ders.: Überbetriebliche Weiterbildung von Führungskräften. Der Wuppertaler Kreis und seine Mitglieder, Essen 1969.

Fayol, Henry: Allgemeine und industrielle Verwaltung, München/Berlin 1929.

Festschrift Ernst Heymann mit Unterstützung der Rechts- und Staatswissenschaftlichen Fakultät der Friedrich-Wilhelms-Universität zu Berlin und der Kaiser-Wilhelm-Gesellschaft zur Förderung der Wissenschaften zum 70. Geburtstag am 6. April 1940 überreicht von Freunden, Schülern und Fachgenossen, I: Rechtsgeschichte, II: Recht der Gegenwart, Weimar 1940.

Festschrift der Leipziger Juristenfakultät für Dr. Heinrich Siber zum 10. April 1940, Band 1, Leipzig 1941, Band 2, Leipzig 1943.

Festgabe für Heinrich Himmler, Darmstadt 1941.

Feuersänger, Marianne: Im Vorzimmer der Macht. Aufzeichnungen aus dem Wehrmachtsführungsstab und Führerhauptquartier 1940 – 1945, München 1999.

Freisler, Roland/Gürtner, Franz: Das kommende deutsche Strafverfahren. Bericht der amtlichen Strafprozesskommission, Berlin 1938.

Frese, Erich: Kontrolle und Unternehmensführung. Entscheidungs- und organisationstheoretische Grundfragen, Wiesbaden 1968.

Fricke, Fritz: Sie suchen Seele!, Berlin 1927.

Gater, Rudolf: Schafft Stabsstellen in den Betrieben!, in: Das rationelle Büro 12/1955, S. 471-473.

Gehlen, Arnold: Die Seele im technischen Zeitalter. Sozialpsychologische Probleme in der industriellen Gesellschaft, Hamburg 1957.

Geißler, Arnulf (Hrsg.): Das Ahrensburger Modell. Ein Weg zur Demokratisierung der Wirtschaft. Carl Backhaus zum 70. Geburtstag, Ahrensburg 1972.

Gerber, Johannes: Ökonomie und Streitkräfte, in: Soldat und Technik 3/1959, S. 105-108.

Gilbreth, Frank B.: Motion Study. A Method for Increasing the Efficiency of the Workman, New York 1921.

Giordano, Ralph: Die zweite Schuld oder Von der Last Deutscher zu sein, Hamburg 1987.

Haberstroh, Chadwick: Control as an Organizational Process, in: Management Science 6/1960, S. 165-171.

Haffner, Sebastian: Geschichte eines Deutschen. Die Erinnerungen 1914 – 1933, München 2002.

Haller, Heinz/Kroebel, Gerhard/Seischab, Hans (Hrsg.): Die 40-Stunden-Woche, Darmstadt 1950.

Hartwig, Wilhelm/Stelzer, Karl: Spartakus und der Gladiatorenkrieg 73 – 71 v. Chr., Leipzig 1919.

Haupt, Heinz/Schwalbe, Rolf: Chefbüros heute und morgen. Einrichtungsbeispiele – Maximen – Tendenzen, München 1970.

Heckert, J. Brooks/Willson, James: Controllership. The Work of the Accounting Executive, New York 1963.

Henderson, Valerie/Kirschenbaum, Howard (Hrsg.): The Carl Rogers Reader. Selections from the Lifetime Work of America' s Preeminent Psychologist, author of On Becoming a Person and A Way of Being, Boston 1989, S. 236-263.

Heuss, Theodor: Fragment von Erinnerungen aus der NS-Zeit, in: Vierteljahreshefte für Zeitgeschichte 1/1967, S. 1-17.

Hille, Johann: Mahraun. Der Pionier des Arbeitsdienstes, Leipzig 1933.

Hitler, Adolf: Mein Kampf, München 1942.

Hoffmann, Erwin: Die Pflicht zu führen. Was Manager vom Militär lernen können, Wiesbaden 2011.

Holzmann, R.: Die Juden und das deutsche Flugwesen, in: Der Jungdeutsche vom 21. September 1924.

Hoppmann-König, Klaus: Mehr Gerechtigkeit wagen. Autobiographische Collage, Berlin 2006.

Hub, Hanns: Unternehmensführung, Wiesbaden 1982.

Huber, Ernst Rudolf: Wirtschaftsverwaltungsrecht. Institutionen des öffentlichen Arbeits- und Unternehmensrechts, Tübingen 1932.

Ders.: Die deutsche Staatswissenschaft, in: Zeitschrift für die gesamten Staatswissenschaften 95/1935, S. 1-65.

Jähns, Max: Die Kriegskunst als Kunst, Leipzig 1874.

Jerome, William T.: Executive Control. The Catalyst, New York 1961.

Jerusalem, Franz Wilhelm: Soziologie des Rechts, Jena 1925.

Kahnemann, Daniel/Tversky, Amos: Prospect Theory. An Analysis of Decision under Risk, in: Econometrica 2/1979, S. 263-291.

Karstadt Aktiengesellschaft (Hrsg.): Allgemeine Führungsanweisung, o. O. 1967.

K. (atsch, Hermann): Judenherrschaft I, in: Der Jungdeutsche vom 28. Oktober 1924.

Ders.: Judenherrschaft II, in: Der Jungdeutsche vom 29. Oktober 1924.

Ders.: Judenherrschaft III, in: Der Jungdeutsche vom 30. Oktober 1924.

Kautsky, Karl: Sozialisten und Krieg, Prag 1937.

Keil, Julius (Hrsg.): Die westdeutsche Wirtschaft und ihre führenden Männer. Lesebuch der deutschen Industrie. Land Nordrhein-Westfalen, Band 1, Frankfurt am Main 1969.

Keppelmüller, Berthold: Zur geistigen Kriegsbereitschaft, in: Militärwissenschaftliche Mitteilungen 12/1942, S. 465-470.

Kerzner, Harold: Projektmanagement. Ein systemorientierter Ansatz zur Planung und Steuerung, Heidelberg 2008.

Key, Ellen: Das Jahrhundert des Kindes. Studien, Berlin 1902.

Klare, Rudolf: Homosexualität und Strafrecht, Hamburg 1937.

Klemperer, Victor: LTI. Notizbuch eines Philologen, Leipzig 1995.

Koellreutter, Otto: Führung und Verwaltung. Zum Problem einer neuen Begriffsjurisprudenz, in: Freisler, Roland/Löning, George Anton/Nipperdey, Hans Carl (Hrsg.): Festschrift für Julius Wilhelm Hedemann zum sechzigsten Geburtstag, Jena 1938, S. 95-105.

Kommunale Gemeinschaftsstelle für Verwaltungsvereinfachung (Hrsg.): Funktionelle Organisation; Delegation von Entscheidungsbefugnissen, Bericht 2/1971.

Kosiol, Erich: Organisation der Unternehmung, Wiesbaden 1962.

Krauß, Günther: Zum Neubau deutscher Staatslehre, in: Jugend und Recht 11/1936, S. 252f.

Krauskopf, Alfred: Die Religionstheorie Sigmund Freuds. Ihre psychologischen Grundlagen und metapsychologischen Wertungsgesichtspunkte, Jena 1933.

Kreuger, Torsten: Die Wahrheit über Ivar Kreuger. Augenzeugenberichte, Geheimakten, Dokumente, Frankfurt am Main 1968.

Krieg, Walter/Ulrich, Hans: Das St. Gallener Managementmodell, Berlin 1972.

Kröber, Walter: Kunst und Technik der geistigen Arbeit, Heidelberg 1950.

Kruk, Max: Die großen Unternehmer. Woher sie kommen, wer sie sind, wie sie aufstiegen, Frankfurt am Main 1972.

Kübler, Karl: Moderne öffentliche Verwaltung. Eine Einführung an Hand der Dienstordnung für die Staatsbehörden in Baden-Württemberg, Stuttgart 1971.

Kuhlmann, Bernd/Wallraff, Günter: Wie hätten wir's denn gerne? Unternehmerstrategen proben den Klassenkampf, Wuppertal 1975.

Kurowski, Franz: Deutsche Offiziere in Staat, Wirtschaft und Wissenschaft. Bewährung im neuen Beruf, Herford 1967.

Lemmel, Herbert: Die Volksgemeinschaft. Ihre Erfassung im werdenden Recht, Berlin 1941.

Lepsius, Johannes/Mendelssohn-Bartholdy, Albrecht (Hrsg.): Die große Politik der europäischen Kabinette, Band 14, Weltpolitische Rivalitäten, zwei Hälften, Berlin 1924.

Dies.: Die große Politik der europäischen Kabinette, Band 17, Die Wendung im Deutsch-Englischen Verhältnis, Berlin 1924.

Linnert, Peter: Clausewitz für Manager. Strategie und Taktik der Unternehmensführung, München 1971.

Lucht, Friedrich Wilhelm: Strafrechtspflege in Sachsen-Weimar-Eisenach unter Carl August, Berlin/Leipzig 1929.

Mahnke, Horst/Wolff, Georg: 1954. Der Frieden hat eine Chance, Darmstadt 1953.

Mahraun, Artur: München und der Jungdeutsche Orden, in: Der Jungdeutsche vom 8. Dezember 1923.

Ders.: Zwei furchtbare Enthüllungen, in: Der Jungdeutsche vom 23. Februar 1924.

Ders.: Jungdeutsche und Juden, in: Der Jungdeutsche vom 5. April 1924.

Ders.: Aufruf zur Präsidentenwahl, in: Der Jungdeutsche vom 18. März 1925.

Ders.: Ordensbefehl an alle jungdeutschen Einheiten, in: Der Jungdeutsche vom 19. April 1925.

Ders.: Das Jungdeutsche Manifest. Volk gegen Kaste und Geld. Sicherung des Friedens durch Neubau der Staaten, Berlin 1927.

Ders.: Gegen getarnte Gewalten. Weg und Kampf einer Volksbewegung, Berlin 1928.

Ders.: Die neue Front. Hindenburgs Sendung, Berlin 1928.

Ders.: Alle Kraft auf Sachsen!, in: Der Jungdeutsche vom 25. Mai 1930.

Ders.: Gemeinschaft als Erzieher, Berlin 1934.

Ders.: Ordina. Grundsätze für das Gemeinschaftsleben, Berlin 1935.

Ders.: Politische Reformation. Vom Werden einer neuen deutschen Ordnung, Gütersloh 1949.

Marr, Wilhelm: Der Sieg des Judentums über das Germanentum. Vom nicht confessionellen Standpunkt aus betrachtet, Bern 1879.

Merk, Wilhelm: Verfassungsschutz, Berlin 1935.

Ders.: Der Staatsgedanke im Dritten Reich, Stuttgart 1935.

Miltenberg, Weigand von: Adolf Hitler – Wilhelm III., Berlin 1931.

Ministerium für Volksbildung in der Deutschen Demokratischen Republik (Hrsg.): Liste der auszusondernden Literatur, Leipzig 1953.

Mommsen, Ernst Wolf (Hrsg.): Elitenbildung in der Wirtschaft, Darmstadt 1955.

Müller-Armack, Alfred: Wirtschaftslenkung und Marktwirtschaft, Hamburg 1947.

Nationalrat der Nationalen Front des Deutschen Deutschlands (Hrsg.): Braunbuch. Kriegs- und Naziverbrecher in der Bundesrepublik. Staat, Wirtschaft, Verwaltung, Armee, Justiz, Wissenschaft, Berlin 1968.

Necker, Wilhelm: Nazi Germany can' t win, London 1939.

Neubert, Helmut: Internal Control. Kontrollistrument der Unternehmensführung, Düsseldorf 1959.

O. A.: Die Bruderschaft München des jungdeutschen Ordens, in: Münchner Zeitung vom 25. Februar 1924.

O. A.: Anzeige, in: Der Jungdeutsche vom 3. Juli 1929.

O. A.: Anzeige, in: Der Jungdeutsche vom 19. Juli 1929.

O. A.: Eine Aussprache in Köln, in: Der Jungdeutsche vom 25. Juli 1929.

O. A.: Aufruf an Alle, in: Der Jungdeutsche vom 2. November 1929.
O. A.: »Sensationeller Abschied vom Jungdo«, in: Der Jungdeutsche vom 19. März 1930.
O. A.: »Massenflucht aus dem Jungdo?«. Eine Ausgeburt der sauren Gurkenzeit, in: Der Jungdeutsche vom 14. August 1930.
O. A.: Die Deutschen Soziologen in Jena, in: Jenaische Zeitung vom 8. Januar 1934.
O. A.: Die Deutschen Soziologen in Jena, in: Jenaische Zeitung vom 9. Januar 1934.
O. A.: Personalien, in: Deutsches Recht 3/1935, S. 78.
O. A.: Eine peinliche Ehrenrettung, in: Das Schwarze Korps vom 3. Dezember 1936.
O. A.: Es wird immer noch peinlicher!, in: Das Schwarze Korps vom 10. Dezember 1936.
O. A.: Auf gute Nachbarschaft. Mit Faust und Grünem Kreuz, in: Der Spiegel 9/1949, S. 5f.
O. A.: Leutnante heute. Über Fragen der Vergangenheit und Gegenwart, Boppard am Rhein 1965.
O. A.: Firm im Führen? Fallstudien der Akademie für Führungskräfte der Wirtschaft, in: managment heute 8/1974, S. 16-18.
Odiorne, George: Management by Objectives. Führung durch Vorgabe von Zielen, München 1967.
Pein, Gerhardt: Polizei und Ordnung, Borna/Leipzig 1936.
Pérès, Jean-Baptiste: Comme quoi Napoléon n'a existé ou grand erratum. Sorce d'un nombre infini d'errata à noter dans l'histoire du XIXe siècle, o. O. 1827.
Petry, Wolfgang: Stabsstellen in industriellen Großunternehmungen, Düsseldorf 1959.
Poensgen, Otto/Zannetos, Zenon: Innovation, Operational Control and the Management Information System, in: The Business Quartely 31/1966, S. 38-47.
Pressedienst der Demokratischen Aktion (Hrsg.): »Harzburger Front« 1972? Dokumentation der PDA, München o. J.
Rabbe, Stephanie: Strategisches Nachhaltigkeitsmanagement in der deutschen Stahlindustrie. Der Entwurf eines Nachhaltigkeitsmanagementsystems zur Professionalisierung des strategischen Nachhaltigkeitsmanagements, Frankfurt am Main 2010.
Rathe, Alex W.: Management Controls in Business, in: Malcom, Donald/Rowe, Alan (Hrsg.): Management Control Systems, New York 1960, S. 28-62.
Rationalisierungs-Kuratorium der Deutschen Wirtschaft (Hrsg.): Führungskräfte für die Wirtschaft. Praktiken und Methoden der Aus- und Weiterbildung in den USA und ihre Nutzanwendung in der Bundesrepublik, Düsseldorf/Wien 1962.
Reuß, Hermann: »Reich, Volksordnung, Lebensraum«. Zeitschrift für völkische Verfassung und Verwaltung, in: Deutsches Recht 51-52/1941, S. 2653.
Ridder, Wilhelm: Das neueste Sensationsmärchen: »Mehr als 100.000 Austritte – Spaltung im Jungdo«, in: Der Jungdeutsche vom 22. August 1931.
Rodgers, Carl: A Theory of Therapy. Personality and Interpersonal Relationships, As Developed in the Client-Centered Framework, in: Koch, Sigmund (Hrsg.): Psychology. A Study of a Science. Formulations of the Person and the Social Context, New York 1959, S. 184-256.

Rose, Johan Holland: The Indecisiveness of Modern War and Other Essays, London 1927.
Rüfner, Vinzenz: Gemeinschaft, Staat, Recht, Berlin 1937.
Schäffer, Utz: Kontrolle als Lernprozess, Wiesbaden 2001.
Schall, Wolfgang: Führungstechnik und Führungskunst in Armee und Wirtschaft, Bad Harzburg 1965.
Scherke, Felix/Vitzthum, Ursula Gräfin: Bibliographie der geistigen Kriegsführung, Berlin 1938.
Schmitt, Carl: Hüter der Verfassung, Berlin 1931.
Ders.: Der Begriff des Politischen, Berlin 1932.
Ders.: Völkerrechtliche Großraumordnung mit Interventionsverbot für raumfremde Mächte. Ein Beitrag zum Reichsbegriff im Völkerrecht, in: Maschke, Günter (Hrsg.): Carl Schmitt. Staat, Großraum, Nomos. Arbeiten aus den Jahren 1916 – 1969, Berlin 1995, S. 269 – 371.
Schnitzler, Arthur: Das weite Land, Berlin 1910.
Schwerte, Hans: Faust und das Faustische. Ein Kapitel deutscher Ideologie, Stuttgart 1962.
Scurla, Herbert: Die Dritte Front. Geistige Grundlagen des Propagandakrieges der Westmächte, Berlin 1940.
Seydel, Helmut: Professor Dr. Wilhelm Merk. Der Staatsgedanke im Dritten Reich, in: Deutsches Recht 1-2/1936, S. 48f.
Sir Galahed: Die Kegelschnitte Gottes, München 1921.
Dies.: Mütter und Amazonen. Ein Umriß weiblicher Reiche, München 1932.
Six, Franz Alfred: Marketing in der Investitionsgüterindustrie. Durchleuchtung, Planung, Erschließung, Bad Harzburg 1968.
Söderberg, Hjalmar: Doktor Glas, Stockholm 1905.
Sombart, Werner: Moderner Kapitalismus, 2 Bände, Leipzig 1902.
Ders.: Die Juden und das Wirtschaftsleben, Leipzig 1911.
Sommerfeld, Erich: Der persönliche Umgang zwischen Führung und Arbeiterschaft im deutschen industriellen Großbetrieb (vom Standpunkt der Führung aus gesehen), München/Leipzig 1935.
Sossidi, Eleftherios: Die staatsrechtliche Stellung des Offiziers im absoluten Staat und ihre Abwandlung im 19. Jahrhundert, Berlin 1939.
Spindler, Gert P.: Mitunternehmertum. Vom Klassenkampf zum sozialen Ausgleich, Lüneburg o. J..
Ders.: Partnerschaft statt Klassenkampf. Zwei Jahre Mitunternehmertum in der Praxis, Stuttgart Köln 1954.
Ders.: Unternehmensführung und Partnerschaft, Hilden 1957.
Stadt Remscheid (Hrsg.): Neuorganisation der Stadtverwaltung Remscheid, Remscheid 2008.
Stedry, Andrew: Budget Control and Cost Behaviour, Englewood Cliffs 1960.
Stein, Gustav (Hrsg.): Unternehmer in der Politik, Düsseldorf 1954.

Stuckart, Wilhelm: Staatsangehörigkeit und Reichsgestaltung, in: Reich, Volksordnung, Lebensraum 5/1943, S. 57-91.
Sutthoff-Groß: Rudolf: Deutsche Großraum-Lehre, in: Deutsches Recht 23-24/1943, S. 628-630.
Tätigkeitsberichte der Deutschen Volkswirtschaftlichen Gesellschaft 1955 – 1969.
Taylor, Frederick Winslow: Shop Management, in: Transactions 24/1903, S. 1337-1480.
Ders.: The Principles of Scientific Management, London 1911.
Töpfer, Armin: Planungs- und Kontrollsysteme industrieller Unternehmungen. Eine theoretische, technologische und empirische Analyse, Berlin 1976.
Treipel, Heinrich: Die Hegemonie. Ein Buch von den führenden Staaten, Stuttgart 1938.
Ulrich, Hans: Die Unternehmung als produktives soziales System. Grundlagen der allgemeinen Unternehmungslehre, Bern 1968.
Vahrenkamp, Reichard/Volpert, Walter (Hrsg.): Die Grundsätze wissenschaftlicher Betriebsführung, Weinheim/Basel 1977.
Vaubel, Ludwig: Unternehmer gehen zur Schule. Ein Erfahrungsbericht aus USA, Düsseldorf 1952.
Vereinigung der Verfolgten des Naziregimes: Weissbuch. In Sachen Demokratie, Ludwigsburg 1960.
Dies.: Die unbewältigte Gegenwart. Eine Dokumentation über Rolle und Einfluß ehemals führender Nationalsozialisten in der Bundesrepublik Deutschland, Frankfurt am Main 1962.
Von einem Deutschen: Rembrandt als Erzieher, Leipzig 1890.
Wasserfall, Kurt: »Ein mutiges Buch«, in: Der Jungdeutsche vom 11. September 1929.
Weber, Hartmut (Hrsg.): Die Kabinettsprotokolle der Bundesregierung, Band 14, 1961, München 2004.
Weishaupt, Adam: Ueber die Staats-Ausgaben und Aufgaben. Ein philosophisch-statistischer Versuch, o. O. 1817.
Wiese, Leopold von: Die Deutsche Gesellschaft für Soziologie. Persönliche Eindrücke in den ersten fünfzig Jahren (1909 – 1959), in: König René (Hrsg.): 50 Jahre Deutsche Gesellschaft für Soziologie 1909 – 1959. Kölner Zeitschrift für Soziologie und Sozialpsychologie 1/1959, S. 11-20.
Wolff, Hans J.: Reinhard Höhn. Der individualistische Staatsbegriff und die juristische Staatsperson, in: Zeitschrift für Politik 5-6/1935, S. 404-406.
Wöllner, Eberhard: Die Bedeutung der nationalen Minderheit und die Juden in Deutschland, Jena 1938.
Zapf, Wolfgang: Führungsgruppen in West und Ostdeutschland, in: Zapf, Wolfgang (Hrsg.): Beiträge zur Analyse der deutschen Oberschicht, München 1965, S. 9-30.
Ziesel, Kurt: Das verlorene Gewissen. Hinter den Kulissen der Presse, der Literatur und ihrer Machtträger von heute, München 1958.
Ders.: Die Geister scheiden sich. Dokumente zum Echo auf das Buch »Das verlorene Gewissen«, München 1959.

Literaturverzeichnis

Abenheim, Donald: Bundeswehr und Tradition. Die Suche nach dem gültigen Erbe des deutschen Soldaten, München 1989.

Adam, Uwe Dietrich: Hochschule und Nationalsozialismus. Die Universität Tübingen im Dritten Reich, Tübingen 1977.

Adlberger, Susanne: Wilhelm Kisch. Leben und Wirken (1874 – 1952). Von der Kaiser-Wilhelms-Universität Straßburg bis zur nationalsozialistischen Akademie für Deutsches Recht, Frankfurt am Main 2007.

Althoff, Theodor: Von der Intuition zur Systematik. Aufbau und Führungstechnik in einem grossen Filialunternehmen des Einzelhandels, in: management heute 11/1975, S. 21f.

Ambrosius, Gerold: Staat und Wirtschaft im 20. Jahrhundert, München 1990.

Andersch-Niestedt, Heidrun/Lilge, Hans-Georg: Betriebliche Führung im Vergleich. Bundesrepublik Deutschland – Deutsche Demokratische Republik, Berlin 1981.

Angrick, Andrej/Mallmann, Klaus-Michael (Hrsg.): Die Gestapo nach 1945. Karrieren, Konflikte, Konstruktionen, Darmstadt 2009.

Arnauld, Andreas von: Rechtssicherheit. Perspektivische Annäherungen an eine »idée directrice« des Rechts, Tübingen 2006.

Arndt, Adolf: Das Amnestiegesetz, in: Süddeutsche Juristen-Zeitung 5/1950 S. 108-113.

Aronson, Shlomo: Reinhard Heydrich und die Frühgeschichte von Gestapo und SD, Stuttgart 1971.

Backes, Uwe: Schutz des Staates. Von der Autokratie zur streitbaren Demokratie, Wiesbaden 1998.

Bajohr, Frank/Wildt, Michael (Hrsg.): Volksgemeinschaft. Neue Forschungen zur Gesellschaft des Nationalsozialismus, Frankfurt am Main 2009.

Banach, Jens: Heydrichs Elite. Das Führungskorps der Sicherheitspolizei und des SD 1936 – 1945, Paderborn 2002.

Becker, Lothar: »Schritte auf einer abschüssigen Bahn«. Das Archiv des öffentlichen Recht (AöR) und die deutsche Staatsrechtswissenschaft im Dritten Reich, Tübingen 1999.

Belitz, Wolfgang (Hrsg.): Hoppmann. Eine unternehmerische Alternative. Mit demokratischer Beteiligung und sozialer Gerechtigkeit zum wirtschaftlichen Erfolg, Lengerich 2011.

Berg, Christa/Ellger-Rüttgardt, Sieglind (Hrsg.): »Du bist nichts, Dein Volk ist alles«. Forschungen zum Verhältnis von Pädagogik und Nationalsozialismus, Weinheim 1991.

Bergdoll, Udo: Schüsse aus dem Schneckenhaus. »Vorwärts« contra Schmitt-Vockenhausen/Der Fall Höhn, in: Süddeutsche Zeitung vom 14. Januar 1972.

Berger, Reimund/Glahe, Werner: Das Problem der Zielkonflikte und die Möglichkeit ihrer Überwindung bei einer Führung mit Zielsetzung im Harzburger Modell, in: Harzburger Hefte 5-6/1972, S. 235-251.

Berghahn, Volker: Industriegesellschaft und Kulturtransfer. Die deutsch-amerikanischen Beziehungen im 20. Jahrhundert. Göttingen 2010.

Berghoff, Hartmut: Moderne Unternehmensgeschichte. Eine themen- und theorieorientierte Einführung, Paderborn 2004.

Bergmann, Waltraud et. al.: Soziologie im Faschismus 1933 – 1945. Darstellung und Texte, Köln 1981.

Bernoth, Carsten: Max Grünhut. »...ich werde immer stolz darauf sein, ein Mitglied der Fakultät gewesen zu sein...«, in: Schmoeckel, Mathias (Hrsg.): Die Juristen der Universität Bonn im »Dritten Reich«, Köln 2004, S. 252-279.

Bernthal, Wilmar: Matching German Culture and Management Style, in: The Academy of Management Review 1/1978, S. 99-105.

Beyer, Justus: Die Führung mit Zielsetzung. Vergleich der Harzburger Führungskonzeption mit dem MbO – Managementsystem oder Ganzheitssystem, in: management heute 5/1978, S. 20f.

Bertram-Libal, Gisela: Die britische Politik in der Oberschlesienfrage 1919 – 1922, in: Vierteljahreshefte für Zeitgeschichte 2/1972, S. 105-132.

Dies.: Aspekte der britischen Deutschlandpolitik 1919 – 1922, Göppingen 1972.

Bielzer, Louise: Perzeption, Grenzen und Chancen des Subsidiaritätsprinzips im Prozess der Europäischen Einigung. Eine international vergleichende Analyse aus historischer Perspektive, Münster 2003.

Birker, Klaus: Führungsstile und Entscheidungsmethoden, Berlin 1997.

Ders.: Betrieblich Kommunikation, Berlin 1998.

Birn; Ruth Bettina: Die Höheren SS- und Polizeiführer. Himmlers Vertreter im Reich und in den besetzten Gebieten, Düsseldorf 1986.

Blandford, Edmund L.: SS Intelligence. The Nazi Secret Service, Shrewsbury 2000.

Blasius, Dirk: Carl Schmitt. Preußischer Staatsrat in Hitlers Reich, Göttingen 2001.

Ders.: Weimars Ende. Bürgerkrieg und Politik 1930 – 1933, Göttingen 2005.

Bleek, Wilhelm: Geschichte der Politikwissenschaft in Deutschland, München 2001.

Blindow, Felix: Carl Schmitts Reichsordnung. Strategien für einen europäischen Großraum, Berlin 1999.

Blume, Otto/Breuer, Wilhelm M.: Das »Harzburger Modell« und der öffentliche Dienst, Köln 1972.

Böckenförde, Ernst-Wolfgang (Hrsg.): Staatsrecht und Staatsrechtslehre im Dritten Reich, Heidelberg 1985.

Boel, Bent: The European Productivity Agency and Transatlantic Relations. 1953 – 1961, Kopenhagen 2003.

Boerner, Sabine: Martin Hilb: Innere Kündigung. Ursachen und Lösungsansätze, in: Management Revue 4/1993, S. 25-28.

Bollmus, Reinhard: Das Amt Rosenberg und seine Gegner. Studien zum Machtkampf im nationalsozialistischen Herrschaftssystem, München 2006.

Boni, Manfred/Deppe, Frank/Maase, Mira/Wilbert, Gerd: Kaderschule für das Kapital. Theorie und Praxis der Harzburger Akademie für Führungskräfte der Wirtschaft, in: Institut für Marxistische Studien und Forschung (Hrsg.): Informationsbericht 10/1972.

Booz, Allen & Hamilton: German Management: Challenges and Responses. A Pragmatic Evaluation, in: Boddewyn, Jean J. (Hrsg.): European Industrial Managers. East and West, New York 1976, S. 251-338.

Bösch, Frank: Getrennte Sphären? Zum Verhältnis von Geschichtswissenschaft und Geschichte in den Medien nach 1945, in: Arnold, Klaus/Hömberg, Walter/Kinnebrock, Susanne (Hrsg.): Geschichtsjournalismus. Zwischen Information und Inszenierung, Berlin 2012, S. 45-66.

Botor, Stefan: Das Berliner Sühneverfahren. Die letzte Phase der Entnazifizierung, Frankfurt am Main 2006.

Botsch, Gideon: Der SD in Berlin-Wannsee 1937 – 1945. Geheimes Wannsee-Institut, Institut für Staatsforschung und Gästehaus der Sicherheitspolizei und des SD, in: Kampe, Norbert (Hrsg.): Villenkolonien in Wannsee 1870 – 1945. Großbürgerliche Lebenswelt und Ort der Wannsee-Konferenz, Berlin 2000, S. 70-95.

Ders.: »Politische Wissenschaft im Zweiten Weltkrieg«, Die »Deutschen Auslandswissenschaften« im Einsatz 1940 – 1945, Paderborn 2006.

Brann, Wolfram/Schreyögg, Georg: Zu den Grundsätzen der »Führung im Mitarbeiterverhältnis«. Eine Analyse des Harzburger Modells, in: Wirtschaftswissenschaftliches Studium 2/1976, S. 56-61.

Braun, Wolf/Marx, Hans R.: Das Harzburger Modell. Kritische Analyse einer Führungskonzeption, in: Betriebswirtschaftliches Institut der Friedrich-Alexander Universität Erlangen-Nürnberg (Hrsg.): Arbeitspapiere 18/1974.

Brechtbühl, Peter: »Der Mensch fühlt sich dort angezogen, wo er Klarheit erkennt«. Das Harzburger Modell in der Vita Lebensversicherung, in: management heute 4/1979, S. 5-10.

Brede, Helmut: Grundzüge der Öffentlichen Betriebswirtschaftslehre, München 2005.

Breisig, Thomas: Führungsmodelle und Führungsgrundsätze – verändertes unternehmerisches Selbstverständnis oder Instrument der Rationalisierung? Eine kritische Einschätzung der kooperativen Führung, Spardorf 1987.

Breuer, Stefan: »Gemeinschaft« in der »deutschen Soziologie«, in: Zeitschrift für Soziologie 5/2002, S. 354-372.

Breunig, Werner: Verfassungsgebung in Berlin 1945 – 1950, Berlin 1990.

Breyer, Richard: 15 Jahre Nachrichtenagentur West (ZAP), in: Wissenschaftlicher Dienst für Ost- und Mitteleuropa der Presseagentur West 11/1961.

Brochhagen, Ulrich: Nach Nürnberg. Vergangenheitsbewältigung und Westintegration in der Ära Adenauer, Hamburg 1994.

Brock, Ditmar/ Otto-Brock, Eva: Hat sich die Einstellung der Jugendlichen zu Beruf und Arbeit verändert? Wandlungstendenzen in den Berufs- und Arbeitsorientierungen Jugendlicher im Spiegel quantitativer Untersuchungen (1955 bis 1985), in: Zeitschrift für Soziologie 6/1988, S. 436-450.

Brodersen, Momme: Siegfried Kracauer, Reinbek 2001.

Broszat, Martin/Buchheim, Hans/Jacobsen, Hans-Adolf/Krausnick, Helmut (Hrsg.): Anatomie des SS-Staates, zwei Bände, München 1965.

Browder, George C.: Foundations of the Nazi Police State. The Formation of Sipo and SD, Kentucky 2004.

Ders.: Die Anfänge des SD. Dokumente aus der Organisationsgeschichte des Sicherheitsdienstes des Reichsführers SS, in: Vierteljahreshefte für Zeitgeschichte 2/1979, S. 299-324.

Buchna, Kristian: Nationale Sammlung an Rhein und Ruhr. Friedrich Middelhauve und die nordrhein-westfälische FDP. 1945 – 1953, München 2010.

Bude, Heinz: Das Altern einer Generation. Die Jahrgänge 1938 – 1948, Frankfurt am Main 1997.

Bühner, Rolf: Betriebswirtschaftliche Organisationslehre, München 1994.

Bungay, Stephen: The Art of Action. How Leaders Close the Gaps between Plans, Actions and Results, o. O. 2011.

Burzan, Nicole: Soziale Ungleichheit. Eine Einführung in die zentralen Ideen, Wiesbaden 2011.

Buschmann, Klaus: Motivation und Menschenführung bei von Clausewitz, in: Schriftenreihe Innere Führung 3/1980, S. 4-47.

Car, Ronald: Community of Neighbours vs Society of Merchants. The Genesis of Reinhard Höhn' s Nazi State Theory, in: Politics, Religion & Ideology 16/2015, S. 1-22.

Combs, William L.: The Voice of the SS. A History of the SS Journal «Das Schwarze Korps", New York 1986.

Dahl, Edgar: Die Unternehmensberatung. Eine Untersuchung ausgewählter Aspekte beratender Tätigkeiten in der Bundesrepublik Deutschland, Köln 1966.

Daur, Albrecht/Schubert, Christoph (Hrsg.): Eberhard Müller: Bestand hat, was im lebendigen Menschen weiterwirkt, Grafschaft 1997.

Decker, Franz: Führen im Rettungsdienst. Einsatz, Bereitschaft, Ausbildung. Ein Handbuch für Führungskräfte im Rettungswesen, Berlin 1996.

Deckstein, Dagmar: Ein Lehrer für 600.000 Manager. Zum Tode von Reinhard Höhn, dem Gründer der Harzburger Akademie, in: Süddeutsche Zeitung vom 22. Mai 2000.

Demeter, Karl: Das Reichsarchiv. Tatsachen und Personen, Frankfurt am Main 1969.

Di Fabio, Udo: Die Staatsrechtslehre und der Staat, Paderborn/München 2003.

Diener, Roger: Das Ende einer Idee. Die Armee hat keine eigenständige Erziehungsfunktion mehr, in: Die Zeit vom 28. Februar 1964.

Dietrich, Peter: Führung und Steuerung von Wohnungsunternehmen. Ein Leitfaden für die verantwortlichen Führungskräfte aus Management und Politik, Hamburg 2009.

Dlugos, Günter/Weiermair, Klaus (Hrsg.): Management Under Differing Value Systems. Political, Social and Economical Perspectives in a Changing World, Berlin/New York 1981.

Doepner, Friedrich: Über die Tirailleurlegende I, in: Wehrkunde 8/1975, S. 424-430.

Ders.: Über die Tirailleurlegende II, in: Wehrkunde 9/1975, S. 481-487.

Ders.: Über die Tirailleurlegende III, in: Wehrkunde 10/1975, S. 533-539.

Dreier, Horst/Pauly, Walter: Die deutsche Staatsrechtslehre in der Zeit des Nationalsozialismus, Berlin/New York 2001.

Eckart, Wolfgang U./Sellin, Volker/Wolgast, Eike (Hrsg.): Die Universität Heidelberg im Nationalsozialismus, Heidelberg 2006.

Elm, Ludwig: Ein Brief an den Standartenführer. Die Verbindungen des Nazi-Professors Reinhard Höhn und die »Toleranz« der SPD-Spitze, in: Forum 2/1972, S. 7.

Ders.: Die Karrieren des Professor Reinhard Höhn. Exemplarisches zum Führungspersonal der »zweiten deutschen Demokratie«, in: Rundbrief der AG Rechtsextremismus/Antifaschismus beim Parteivorstand der Linkspartei. PDS 1-2/2007, S. 25-30.

Ders.: Der deutsche Konservatismus nach Ausschwitz. Von Adenauer und Strauß zu Stoiber und Merkel, Köln 2007.

Eichholtz, Dietrich: Geschichte der deutschen Kriegswirtschaft 1939 – 1945, München 2003.

Eichhorn, Joachim Samuel: Durch alle Klippen hindurch zum Erfolg. Die Regierungspraxis der ersten Großen Koalition (1966–1969), München 2009.

Elvert, Jürgen: Mitteleuropa! Deutsche Pläne zur europäischen Neuordnung (1918–1945), Stuttgart 1981.

Engelmann, Bernt: So wird man General-Direktor, in: Metall 24/1971, S. 13.

Ders.: Schmiede der Elite: Wo Bosse kommandieren lassen, in: Vorwärts vom 9. Dezember 1971.

Ders.: Lehrkörper von Bad Harzburg: Manch ein Bock wurde zum Gärtner gemacht, in: Metall 25-26/1971, S. 13.

Ders.: Sozialdemokraten decken Himmler-Freund: Wie lange noch?, in: Vorwärts vom 13. Januar 1972.

Ernstberger, Thomas: Mörder in der Tatnacht festgenommen, in: Land- und Seebote vom 17. September 1982.

Ders.: Nach dem Mord fuhr der Täter zum Biertrinken, in: Münchner Merkur vom 17. September 1982.

Ders.: Horst F.: Was ich am Tatort erlebte, in: Land- und Seebote vom 18. September 1982.

Fahlbusch, Michael/Haar, Ingo (Hrsg.): Völkische Wissenschaften und Politikberatung im 20. Jahrhundert. Expertise und »Neuordnung« Europas, Paderborn 2010.

Faller, Michael: Innere Kündigung. Ursachen und Folgen, München 1993.

Falter, Jürgen W.: Die Märzgefallenen von 1933. Neue Forschungsergebnisse zum sozialen Wandel innerhalb der NSDAP-Mitgliedschaft während der Machtergreifungsphase, in: Geschichte und Gesellschaft 24/1998, S. 595-616.

Fennenkötter, Hans Christoph: Der Gasthof »Zur Stadtwaage«, in: Heimatpflege in Westfalen 3/2013, S. 47f.

Fiedler-Winter, Rosemarie: Die Management-Schulen, Düsseldorf 1973.

Dies.: Wer nicht ins Schema paßt..., in: Die Zeit vom 1. Oktober 1976.

Fink, Dietmar: Machiavelli, McKinsey & Co. – eine kleine Geschichte der Managementberatung, in: Deelmann, Thomas/Petmecky, Arnd (Hrsg.): Arbeit mit Managementberatern. Bausteine für eine erfolgreiche Zusammenarbeit, Heidelberg 2005, S. 189-205.

Fisch, Stefan: Origins and History of the International Institute of Administrative Sciences from its Beginnings to its Reconstruction After World War II (1910–1944/47), in: Dugett, Michael/Rugge, Fabio (Hrsg.): IIAS/ IISA. Administration & Service 1930 – 2005, Amsterdam 2005, S. 35-60.

Fischer, Torben/Lorenz, Mathias N. (Hrsg.): Lexikon der »Vergangenheitsbewältigung« in Deutschland. Debatten- und Diskursgeschichte nach 1945, Bielefeld 2007.

Fleckenstein, Bernhard (Hrsg.): Bundeswehr und Industriegesellschaft, Boppard am Rhein 1971.

Focardi, Filippo: Das Kalkül des »Bumerangs«. Politik und Rechtsfragen im Umgang mit deutschen Kriegsverbrechern in Italien, in: Frei, Norbert (Hrsg.): Transnationale Vergangenheitspolitik. Der Umgang mit deutschen Kriegsverbrechern in Europa nach dem Zweiten Weltkrieg, Göttingen 2006, S. 536-567.

Fontaine, Ulrike: Max Grünhut (1893 – 1964). Leben und wissenschaftliches Wirken eines deutschen Strafrechtlers jüdischer Herkunft, Frankfurt am Main 1998.

Förster, Jürgen: Die Wehrmacht im NS-Staat. Eine strukturgeschichtliche Analyse, München 2009.

Frei, Nobert: Vergangenheitspolitik. Amnestie, Integration und die Abgrenzung vom Nationalsozialismus in den Anfangsjahren der Bundesrepublik, München 1996.

Ders. (Hrsg.): Karrieren im Zwielicht. Hitlers Eliten nach 1945, Frankfurt am Main 2002.

Ders.: Hitlers Eliten nach 1945. Eine Bilanz, in: Frei (Hrsg.): Karrieren im Zwielicht, S. 303-335.

Ders.: Transnationale Vergangenheitspolitik. Der Umgang mit den deutschen Kriegsverbrechern in Europa nach dem Zweiten Weltkrieg, Göttingen 2006.

Freiburg, Arnold/Mahrad, Christa: FDJ. Der sozialistische Jugendverband der DDR, Opladen 1982.

Freudiger, Kerstin: Die juristische Aufarbeitung von NS-Verbrechen, Tübingen 2002.

Friedeburg, Ludwig von: Zum Verhältnis von Militär und Gesellschaft in der Bundesrepublik, in: Picht, Georg (Hrsg.): Studien zur politischen und gesellschaftlichen Situation der Bundeswehr, Witten/Berlin 1966, S. 10-65.

Fröhlich, Elke (Hrsg.): Die Tagebücher des Joseph Goebbels, Teil II, Band 9, München 1993.

Führungsakademie der Bundeswehr: Auftragstaktik in der modernen militärischen Operationsführung. Ausprägung, Historie und Kritik. Ergebniszusammenfassung der Strategischen Analysen des Lehrgangs Generalstabs-/Admiralstabsdienst National 2012, Hamburg 2014.

Ganyard, Clifton Greer: Artur Mahraun and the Young German Order. An Alternative to National Socialism in Weimar Political Culture, Oxford 2008.

Gatscher-Riedl, Gregor: Der Polyhistor aus Perchtoldsdorf. Notizen zum 150. Geburtstag Friedrich Ecksteins, in: Heimatkundliche Beilage zum Amtsblatt der Bezirkshauptmannschaft Mödling 1/2011, S. 3-6.

Gaugler, Eduard: Mitarbeiter als Mitunternehmer. Die historischen Wurzeln eines Führungskonzepts und seine Gestaltungsperspektiven in der Gegenwart, in: Wunderer, Rolf (Hrsg.): Mitarbeiter als Mitunternehmer. Grundlagen, Förderinstrumente, Praxisbeispiele, Neuwied 1999, S. 3-21.

Gerwarth, Robert: Reinhard Heydrich. Biographie, München 2011.

Giefer, Rena & Thomas: Die Rattenlinie. Fluchtwege der Nazis. Eine Dokumentation, Weinheim 1995.

Gimmel, Jürgen: Die politische Organisation kultureller Ressentiments. Der »Kampfbund für deutsche Kultur« und das bildungsbürgerliche Unbehagen an der Moderne, Münster 2001.

Glahe, Werner: Management by Breakthrough, in: Harzburger Hefte 9/1972, S. 473-479.

Ders.: Vom Management by Control and Direction zu Management by Communication und Participation, in: Harzburger Hefte 12/1972, S. 708-712.

Ders.: Management by Delegation, in: Harzburger Hefte 1-2/1973, S. 3-6.

Ders.: Management by Exception, in: Harzburger Hefte 5-6/1973, S. 184-188.

Goodrick-Clarke, Nicholas: Die okkulten Wurzeln des Nationalsozialismus, Graz 2000.

Gordon Jr., Harold: Scharnhorsts Vermächtnis, in: Canadian Journal of History 8/1973, S. 173-181.

Greifenstein, Ralph/ Kißler, Leo: Mitbestimmung im Spiegel der Forschung. Eine Bilanz der empirischen Untersuchen 1952 – 2010, Berlin 2010.

Greiffenhagen, Martin: Neokonservatismus in der Bundesrepublik, in: Greiffenhagen, Martin (Hrsg.): Der neue Konservatismus der siebziger Jahre, Reinbek bei Hamburg 1974, S. 7-23.

Ders.: Das Dilemma des Konservatismus in Deutschland, München 1977.

Greiner, Ulrich: Mein Name sei Schwerte, in: Die Zeit vom 12. Mai 1995.

Gross, Raphael: Politische Polykratie 1936. Die legendenumworbene SD-Akte Carl Schmitt, in: Tel-Aviver Jahrbuch für deutsche Geschichte XXIII/1994, S. 115-143.

Grothe, Ewald: Zwischen Geschichte und Recht. Deutsche Verfassungsgeschichtsschreibung 1900 – 1970, München 2005.

Grünbacher, Armin: The Americanisation that never was? The first decade of the Baden-Badener Unternehmergespräche, 1954 – 1964 and top management training in 1950s Germany, in: Business History 2/2012, S. 245-261.

Gruner, Wolfgang: »Ein Schicksal, das ich mit sehr vielen anderen geteilt habe«. Alfred Kontorowicz – sein Leben und seine Zeit 1899 bis 1935, Kassel 2006.

Große Kracht, Klaus: Georges Sorel und der Mythos der Gewalt, in: Zeithistorische Forschungen/Studies in Contemporary History 5/2008, S. 166-171.

Gruchmann, Lothar: Nationalsozialistische Grossraumordnung. Die Konstruktion einer »deutschen Monroe-Doktrin«, Stuttgart 1962.

Grüttner, Michael: Biographisches Lexikon zur nationalsozialistischen Wissenschaftspolitik, Heidelberg 2004.

Guserl, Richard/Hofmann, Michael: Harzburger Modell: Bürokratie statt Kooperation, manager magazin 2/1972, S. 60-65.

Dies.: Konfrontation mit Harzburg, in: Betriebswirtschaftsmagazin 24/1972, S. 1211-1214.

Guserl, Richard: Das Harzburger Modell. Idee und Wirklichkeit, Wiesbaden 1973.

Guserl, Richard/Hofmann, Michael: Das Harzburger Modell. Idee und Wirklichkeit, Wiesbaden 1976.

Guthardt, Helmut: Auswirkungen moderner Informations- und Kommunikationstechnologien auf die Entwicklung und die Struktur der Beschäftigung im deutschen Bankgewerbe, in: Henn, Rudolf (Hrsg.): Technologie, Wachstum und Beschäftigung. Festschrift für Lothar Späth, Berlin 1987, S. 400-411.

Haar, Ingo: Historiker im Nationalsozialismus. Deutsche Geschichtswissenschaft und der »Volkskampf« im Osten, Göttingen 2002.

Hachmeister, Lutz: Der Gegnerforscher. Die Karriere des SS-Führers Franz Alfred Six, München 1998.

Ders.: Die Rolle des SD-Personals in der Nachkriegszeit, in: Mittelweg 36 2/2002, S. 17-36.

Ders.: Presseforschung und Vernichtungskrieg. Zum Verhältnis von SS, Propagandaapparat und Publizistik, in: Hausjell, Fritz/Semrad, Bernd (Hrsg.): Die Spirale des Schweigens. Zum Umgang mit der nationalsozialistischen Zeitungswissenschaft, Wien 2004, S. 67-80.

Hagemeyer, Jan-Gert: Bleibt für einen Dollar. Helmut Schmidts »Mann der Wirtschaft« fühlt sich noch längst nicht amtsmüde, in: Die Zeit vom 15. September 1972.

Hagen, B. E.: Krise der FDP in Nordrhein-Westfalen – Die Naumann-Affäre und der Fall Middelhauve, in: Die Zeit vom 4. Juni 1953.

Hagen, Stefan: Projektmanagement in der öffentlichen Verwaltung. Spezifika, Problemfelder, Zukunftspotentiale, Wiesbaden 2009.

Hammel, Klaus: Konservative Ansätze in der geschichtlichen Entwicklung der Bundeswehr, in: Kroll, Frank-Lothar (Hrsg.): Die kupierte Alternative. Konservatismus in Deutschland nach 1945, Berlin 2005, S. 57-82.

Hartmann, Heinz: Management in Germany, in: Harbison, Frederick/Myers, Charles A. (Hrsg.): Management in the Industrial World. An International Analysis, New York/Toronto/London 1959, S. 265-284.

Ders.: Authority and Organization in German Management, Princeton 1959.

Hauf, Alfred: Die Reichsarbeitsgemeinschaft für eine Neue Deutsche Heilkunde (1936/37). Ein Beitrag zum Verständnis von Schulmedizin, Naturheilkunde und Nationalsozialismus, Husum 1995.

Hauser, Linus: Schweden im Weltall. Der Jungdeutsche Orden auf dem Planten Värnimöki. Ein bizarres Stück »völkischer« Science Fiction, in: Jeschke, Wolfang/Mamczak, Sascha (Hrsg.): Das Science Fiction Jahr 2004, München 2004, S. 329-362.

Hausmann, Frank-Rutger: Ernst-Wilhelm Bohle. Gauleiter im Dienst von Partei und Staat, Berlin 2009.

Herbert, Ulrich: Arbeit, Volkstum, Weltanschauung. Über Fremde und Deutsche im 20. Jahrhundert, Frankfurt am Main 1995.

Ders.: Best. Biographische Studien über Radikalismus, Weltanschauung und Vernunft. 1903 – 1989, Bonn 1996.

Ders.: Rückkehr in die »Bürgerlichkeit«? NS-Eliten in der Bundesrepublik, in: Weisbrod, Bernd (Hrsg.): Rechtsradikalismus in der politischen Kultur der Nachkriegszeit, Hannover 1995, S. 157-178.

Ders.: NS-Eliten in der Bundesrepublik, in: Loth, Wilfried/Rusinek, Bernd-A. (Hrsg.): Verwandlungspolitik. NS-Eliten in der westdeutschen Nachkriegsgesellschaft, Frankfurt am Main 1998, S. 93-115.

Heiber, Helmut: Walter Frank und sein Reichsinstitut für Geschichte des neuen Deutschlands, Stuttgart 1966.

Ders.: Universität unterm Hakenkreuz, Teil II, Die Kapitulation der Hohen Schulen, 2. Band, München 1994.

Hein, Bastian: Elite für Volk und Führer? Die Allgemeine SS und ihre Mitglieder 1925 – 1945, München 2012.

Heller, Friedrich Paul/Maegerle, Anton: Thule. Vom völkischen Okkultismus bis zur Neuen Rechten, Stuttgart 1995.

Hertle, Gerd/Schwarz, Gunther: Der Killer fuhr im Traktor vor, in: Bild vom 17. September 1982.

Hesse, Helge: Ivar Kreuger. Finanzgenie und Schurke, in: Handelsblatt vom 10. Mai 2005.

Heukamp, Bernhard: Die Forstverwaltungen, in: Schulte, Andreas (Hrsg.): Wald in Nordrhein-Westfalen, Band 1, Münster 2003, S. 297-309.

Hickel, Rudolf: Eine Kaderschmiede bundesrepublikanischer Restauration. Ideologie und Praxis der Harzburger Akademie für Führungskräfte der Wirtschaft, in: Greiffenhagen, Martin (Hrsg.): Der neue Konservatismus der siebziger Jahre, Reinbek bei Hamburg 1974, S. 108-155.

Hilb, Martin (Hrsg.): Innere Kündigung. Ursachen und Lösungsansätze, Zürich 1992.

Hilger, Christian: Rechtsbegriffe im Dritten Reich. Eine Strukturanalyse, Tübingen 2003.

Hilger, Susanne: »Amerikanisierung« deutscher Unternehmen. Wettbewerbsstrategien und Unternehmenspolitik bei Henkel, Siemens und Daimler-Benz (1945/49 – 1975), Wiesbaden 2004.

Hobmaier, Christa: Personalwirtschaft zwischen Bindung und Autonomie. Möglichkeiten und Grenzen der Anwendung eines Profit Center-Konzeptes auf die Personalabteilung, Wiesbaden 1995.

Hoffmann, Heike: »Schwarzer Peter« im Weltkrieg. Die deutsche Spielwarenindustrie, in: Hirschfeld, Gerhard/Krumeich, Gerd/Langewiesche, Dieter/Ullmann, Hans Peter (Hrsg.): Kriegserfahrungen. Studien zur Sozial- und Mentalitätsgeschichte des Ersten Weltkrieges, Essen 1997, S. 323-335.

Hofmann, Martin/Korta, Tobias: Siegfried Kracauer. Fragmente einer Archäologie der Moderne, Sinsheim 1997.

Höhne, Heinz: Der Orden unter dem Totenkopf, in: Der Spiegel 42/1966 – 11/1967.

Ders.: Der Orden unter dem Totenkopf. Die Geschichte der SS, Augsburg 1999.

Holldorf, August W.: Chamäleonhafter Reinhard Höhn, in: Frankfurter Allgemeine Zeitung vom 31. Mai 2000.

Hood, Roger: Hermann Mannheim and Max Grünhut. Criminological Pioneers in London and Oxfort, in: The British Journal of Criminology 44/2004, S. 469-495.

Hornung, Klaus. Der Jungdeutsche Orden, Düsseldorf 1958.

Ders.: Scharnhorst. Soldat, Reformer, Staatsmann. Die Biographie, München 2001.

Hoßfeld, Uwe/John, Jürgen/Lemuth, Oliver/Stutz, Rüdiger: »Kämpferische Wissenschaft«. Zum Profilwandel der Jenaer Universität im Nationalsozialismus, in: Hoßfeld, Uwe/John, Jürgen/Lemuth, Oliver/Stutz, Rüdiger (Hrsg.): »Kämpferische Wissenschaft«. Studien zur Universität Jena im Nationalsozialismus, Köln/Weimar/Wien 2003, S. 23-121.

Hübner, Klaus: Das unerwartete Echo. Eine Kästner-Renaissance?, in: Ladenthin, Volker (Hrsg.): Erich Kästner Jahrbuch, Band 4, Würzburg 2004, S. 75-86.

Hueck, Ingo J.: »Spheres of Influence« and »Völkisch« Legal Thought: Reinhard Höhn's Notion of Europe, in: Joeres, Christian/Ghaleigh, Navraj Singh (Hrsg.): Darker Legacies of Law in Europe. The Shadow of National Socialism and Facism over Europe and its Legal Traditions, Oxford 2003, S. 71-87.

Hufeld, Ulrich: Die Vertretung der Behörde, Tübingen 2003.

Hufenreuter, Gregor: Philipp Stauff. Ideologe, Agitator und Organisator im völkischen Netzwerk des Wilhelminischen Kaiserreiches. Zur Geschichte des Deutschvölkischen Schriftstellerverbandes, des Germanen-Ordens und der Guido-von-List-Gesellschaft, Frankfurt am Main 2011.

Hünemörder, Olaf: Otto Koellreutter (1883 – 1972) und Reinhard Höhn (1904 – 2000). Auf glattem Eis, in: Lingelbach, Gerhard (Hrsg.): Rechtsgelehrte der Universität Jena aus vier Jahrhunderten, Jena 2011, S. 261-281.

Ilsemann, Carl-Gero von: Die Bundeswehr in der Demokratie. Zeit der Inneren Führung, Hamburg 1971.

Ingrao, Christian: Hitlers Elite. Die Wegbereiter des nationalsozialistischen Massenmords, Berlin 2012.

Initiative Gesundheit und Arbeit (Hrsg.): Engagement erhalten – innere Kündigung vermeiden. Wie steht es um das Thema innere Kündigung in der betrieblichen Praxis, Dresden 2016.

Jäger, Ludwig: Seitenwechsel. Der Fall Schneider/Schwerte und die Diskretion der Germanistik, München 1998.

Janßen, Karl-Heinz: Ein Hauch von Spionage. Fragwürdige Methoden der Zeitgeschichte, in: Die Zeit vom 11. November 1966.

Jasch, Hans-Christian: Die Gründung der Internationalen Akademie für Verwaltungswissenschaften im Jahr 1942 in Berlin. Verwaltungswissenschaften als Herrschaftsinstrument und »Mittel der geistigen Kriegsführung« im nationalsozialistischen Staat, in: Zeitschrift für öffentliches Recht und Verwaltungswissenschaft 17/2005, S. 709-721.

Ders.: Staatssekretär Wilhelm Stuckart und die Judenpolitik. Der Mythos von der sauberen Verwaltung, München 2012.

Jesse, Eckhard: »Entnazifizierung« und »Entstalinisierung« als politisches Problem. Die doppelte Vergangenheitsbewältigung, in: Isensee, Josef (Hrsg.): Vergangenheitsbewältigung durch Recht. Drei Abhandlungen zu einem deutschen Problem, Berlin 1992, S. 9-36.

Jesse, Eckhard/Löw, Konrad (Hrsg.): Vergangenheitsbewältigung, Berlin 1997.

Jochmann-Döll, Andrea/Wächter, Hartmut: Das Hoppmann-Mitbestimmungsmodell in Siegen, in: Hans-Böckler-Stiftung (Hrsg.): Arbeitspapier 166/2009.

Jones, Larry Eugene: Sammlung oder Zersplitterung? Die Bestrebungen zur Bildung einer neuen Mittelpartei in der Endphase der Weimarer Republik 1930 – 1933, in: Vierteljahreshefte für Zeitgeschichte 3/1977, S. 265-304.

Ders.: German Liberalism and the Dissolution of the Weimar Party System, 1918 – 1933, Chapel Hill 1988.

Jungmeier, Wolfgang Karl: War Rooms. Medienpsychologische Aspekte. Räumlichkeit – Zeitlichkeit – Medialität, Hamburg 2011.

Just, Steffen: Polizeibegriff und Polizeirecht im Nationalsozialismus unter besonderer Berücksichtigung der Arbeit des Ausschusses für Polizeirecht bei der Akademie für Deutsches Recht, Wiesbaden 1990.

Kahl, Wolfgang: Die Staatsaufsicht. Entstehung, Wandel und Neubestimmung unter besonderer Berücksichtigung der Aufsicht über die Gemeinden, Tübingen 2000.

Kaiser, Carl-Christian: Vorwärts mit dem »Vorwärts«, in: Die Zeit vom 10. September 1971.

Kain, Robert: Otto Weidt. Vom Anarchisten zum »Gerechten unter den Völkern«, in: Coppi, Hans/Heinz, Stefan (Hrsg.): Der vergessene Widerstand der Arbeiter, Gewerkschafter, Kommunisten, Sozialdemokraten, Trotzkisten und Zwangsarbeiter, Berlin 2012, S. 185-198.

Kallmann, Andreas/Sachs, Gerd/Witte, Eberhard: Führungskräfte der Wirtschaft. Eine empirische Analyse ihrer Situation und ihrer Erwartungen, Stuttgart 1981.

Karst, Heinz: Deutsche Wehrgeschichte. Streifzug durch die Werke von Reinhard Höhn, in: Die neue Feuerwehr 22/1970, S. 15-17.

Kästner, Evelyn: Kreativität als Bestandteil der Markenidentität. Ein verhaltenstheoretischer Ansatz zur Analyse der Mitarbeiterkreativität, Wiesbaden 2009.

Kater, Michael H.: Das »Ahnenerbe« der SS 1935 – 1945. Ein Beitrag zur Kulturpolitik des Dritten Reiches, München 2006.

Katz, Joshua A.: The Concept of Overcoming the Political. An intellectual Biography of SS-Standartenfuehrer and Professor Dr. Reinhard Hoehn, 1904 – 2000, Masterarbeit, Richmond 1997.

Katzler, Hubert von: 25 Jahre Deutsche Volkswirtschaftliche Gesellschaft e. V., in: Harzburger Hefte 6/1971, S. 380-392.

Keiser, Thorsten: Eigentumsrecht in Nationalsozialismus und Fascismo, Tübingen 2005.

Kellmann, Axel: Anton Erkelenz. Sozialliberaler im Kaiserreich und in der Weimarer Republik, Berlin 2007.

Kemmer, Heinz-Günter: Sterbehilfe für stählerne Riesen?, in: Die Zeit vom 15. April 1977.

Kessler, Alexander: Der Jungdeutsche Orden in den Jahren der Entscheidung (I). 1928 – 1930, München 1974.

Ders.: Der Jungdeutsche Orden in den Jahren der Entscheidung (II). 1931 – 1933, München 1976.

Kielmannsegg, Peter von: Lange Schatten. Vom Umgang der Deutschen mit der nationalsozialistischen Vergangenheit, Berlin 1989.

Kipping, Matthias: »Importing« American ideas to West Germany, 1940s to 1970s: From associations to privat consultancies, in: Kipping, Matthias/Kudo, Akira/Schröder, Harm G. (Hrsg.): German and Japanese Business in the Boom Years. Transforming American management and technology models, London 2004, S. 30-53.

Klee, Ernst: Das Personenlexikon zum Dritten Reich. Wer war was vor und nach 1945?, Frankfurt am Main 2003.

Klein, Eckart: Die verfassungsrechtliche Problematik des ministerialfreien Raumes. Ein Beitrag zur Dogmatik der weisungsfreien Verwaltungsstellen, Berlin 1974.

Kleine, Helene: Soziologie und die Bildung des Volkes. Hans Freyers und Leopold von Wieses Position in der Soziologie und der freien Erwachsenenbildung während der Weimarer Republik, Wiesbaden 1989.

Kleinsorge, Hansi: Der Alkoholiker im Betrieb: Wie werden wir mit ihm fertig?, in: management heute 3/1979, S. 5-7.

Klingemann, Carsten: Entnazifizierung und Soziologiegeschichte. Das Ende der Deutschen Gesellschaft für Soziologie und das Jenaer Soziologentreffen (1934) im Spruchkammerverfahren (1949), in: Jahrbuch für Soziologiegeschichte 1990, Opladen 1990.

Ders.: Ursachenanalyse und ethnopolitische Gegenstrategien zum Landarbeitermangel in den Ostgebieten: Max Weber, das Institut für Staatsforschung und der Reichsführer SS, in: Jahrbuch für Soziologiegeschichte 1994, S. 191-203.

Ders.: Soziologie im Dritten Reich, Baden Baden 1996.

Ders.: Wissenschaftsanspruch und Weltanschauung. Soziologie an der Universität Jena 1933 bis 1945, in: Hoßfeld, Uwe/John, Jürgen/Lemuth, Oliver/Stutz, Rüdiger (Hrsg.): »Kämpferische Wissenschaft«. Studien zur Universität Jena im Nationalsozialismus, Köln/Weimar/Wien 2003, S. 679-722.

Ders.: Soziologie und Politik. Sozialwissenschaftliches Expertenwissen im Dritten Reich und der frühen westdeutschen Nachkriegszeit, Wiesbaden 2009.

Kluge, Norbert/Streek, Wolfgang (Hrsg.): Mitbestimmung in Deutschland. Tradition und Effizienz, Frankfurt am Main 1999.

Kluke, Paul: Nationalsozialistische Europaideologie, in: Vierteljahreshefte für Zeitgeschichte 3/1955, S. 240-275.

Knabe, Hubertus: Der diskrete Charme der DDR. Stasi und Westmedien, Berlin München 2001.

Koch, Hans-Adam: Führungsleitsätze und Unternehmensgrundsätze als unternehmenspolitische Führungsmittel. Dargestellt an Grundsätzen der Hoesch AG, Dortmund, Dissertation, Herisau 1994.

Koehl, Robert Lewis: The Black Corps. The Structure and Power Struggles of the Nazi SS, Wisconsin 1983.

Koenen, Gerd: Der Fall Carl Schmitt. Sein Aufstieg zum »Kronjuristen des Dritten Reiches«, Darmstadt 1995.

Köhler, Otto: Der hässliche Deutsche: Reinhard Höhn. Führer befiel – wir folgen!, in: Konkret 12/1981, S. 27-30.

Kollmeier, Kathrin: Ordnung und Ausgrenzung. Die Disziplinarpolitik der Hitler-Jugend, Göttingen 2007.

König, Helmut: Die Zukunft der Vergangenheit. Der Nationalsozialismus im politischen Bewußtsein der Bundesrepublik, Frankfurt am Main 2003.

Korte, Friedrich H.: Public Relations – angewandte Soziologie, in: Diener, Roger/Richter, Ludwig (Hrsg.): Führung in der Wirtschaft. Festschrift zum zehnjährigen Bestehen der Akademie für Führungskräfte der Wirtschaft (1956 – 1966), Bad Harzburg 1966, S. 290-298.

Koscher, Eva: Corporate Social Responsibility. Eine empirische Untersuchung über den Zusammenhang von CSR und Unternehmenserfolg, Hamburg 2014.

Koszyk, Kurt: Deutsche Presse 1914 – 1945. Geschichte der deutschen Presse, Teil III, Berlin 1972.

Kraushaar, Wolfgang: Fortschritt, Bildung und Demokratie. Die Massenuniversität im Zeichen der Gesellschaftskritik von 1968, in: Korsch, Dietrich/Sieg, Ulrich: Die Idee einer Universität heute, München 2005, S. 73-86.

Kreutzer, Florian: Die gesellschaftliche Konstitution des Berufs. Zur Divergenz von formaler und reflexiver Modernisierung der DDR, Frankfurt am Main 2001.

Krier, Frédéric: Sozialismus für Kleinbürger. Pierre Joseph Proudhon – Wegbereiter des Dritten Reiches, Köln/Weimar/Wien 2009.

Kroll, Frank-Lothar: Utopie als Ideologie. Geschichtsdenken und politisches Handeln im Dritten Reich, Paderborn 1999.

Ders.: Die kupierte Alternative. Konservatismus in Deutschland nach 1945, in: Kroll, Frank-Lothar (Hrsg.): Die kupierte Alternative. Konservatismus in Deutschland nach 1945, Berlin 2005, S. 3-24.

Ders.: Totalitäre Profile. Zur Ideologie des Nationalsozialismus und zum Widerstandspotential seiner Gegner, Berlin 2017.

Kunz, Andreas: Wehrmacht und Niederlage. Die bewaffnete Macht in der Endphase der nationalsozialistischen Herrschaft 1944 bis 1945, München 2007.

Kutz, Martin (Hrsg.): Gesellschaft, Militär, Krieg und Frieden im Denken von Wolf Graf von Baudissin, Baden-Baden 2004.

Lamm, Hans: Neue Harzburger Front? NS-Professor schult Führungskräfte, in: Berliner Allgemeine vom 17. Dezember 1971.

Lamprecht, Rolf: Spruchkammer falsch besetzt. Prinzip der Gewaltenteilung verletzt – Verfassungsgerichtshof fehlt noch immer in Berlin, in: Der Tagesspiegel vom 19. August 1958.

Lauk, Gero: Burnout oder Innere Kündigung? Theoretische Konzeptualisierung und empirische Prüfung am Beispiel des Lehrerberufs, Mering 2003.

Lauschke, Karl: Die halbe Macht. Mitbestimmung in der Eisen- und Stahlindustrie 1945 bis 1989, Essen 2007.

Laux, Eberhard: Führung und Führungsorganisation in der öffentlichen Verwaltung, Stttgart 1975.

Leggewie, Claus: Von Schneider zu Schwerte. Das ungewöhnliche Leben eines Mannes, der aus der Geschichte lernen wollte, München 1998.

Lerchenmueller, Joachim: Die Geschichtswissenschaft in den Planungen des Sicherheitsdienstes der SS. Der SD-Historiker Hermann Löffler und seine Denkschrift »Entwicklung und Aufgaben der Geschichtswissenschaft in Deutschland«, Bonn 2001.

Lesch, Manfred: Die Rolle der Offiziere in der deutschen Wirtschaft nach dem Ende des Zweiten Weltkrieges, Berlin 1970.

Lessenich, Stephan/van Dyk, Silke (Hrsg.): Jena und die deutsche Soziologie. Der Soziologentag 1922 und das Soziologentreffen 1934 in der Retrospektive, Frankfurt am Main 2008, S. 99-120.

Leszczyńska, Katarzyna: Hexen und Germanen. Das Interesse des Nationalsozialismus an der Geschichte der Hexenverfolgung, Bielefeld 2009.

Letsch, Bruno: Motivationsrelevanz von Führungsmodellen. Eine Analyse am Beispiel des »Harzburger Modells«, Bern 1976.

Linnhardt, Hanns: Angriff und Abwehr im Kampf um die Betriebswirtschaftslehre, Berlin 1963.

Litell, Jonathan: Les Bienveillantes, Paris 2006.

Ders.: Die Wohlgesinnten, Berlin 2008.

Lohalm, Uwe: Völkischer Radikalismus. Die Geschichte des Deutschvölkischen Schutz- und Trutzbundes 1919 – 1923, Hamburg 1970.

Lohmar, Ulrich: Das Harzburger Führungsmodell. Delegation von Verantwortung – auch in der Verwaltung?, in: Die Zeit vom 16. September 1966.

Löhnert, Winfried: Innere Kündigung. Eine Analyse aus wirtschaftspsychologischer Perspektive, Frankfurt am Main 1990.

Longerich, Peter: Tendenzen und Perspektiven in der Täterforschung, in: Aus Politik und Zeitgeschichte 14-15/2007, S. 3-7.

Ders.: Heinrich Himmler. Biographie, München 2008.

Lorig, Wolfgang H.: Neokonservatives Denken in der Bundesrepublik und in den Vereinigten Staaten von Amerika, Opladen 1988.

Lösch, Anna-Maria von: Der nackte Geist. Die Juristische Fakultät der Berliner Universität im Umbruch von 1933, Tübingen 1999.

Loth, Wilfried/Rusinek, Bernd-A. (Hrsg.): Verwandlungspolitik. NS-Eliten in der westdeutschen Nachkriegsgesellschaft, Frankfurt am Main 1998.

Luck, Clemens von: Innere Kündigung in Beziehungen. Vom allmählichen Rückzug in sich selbst, Frankfurt am Main 1995.

Maeck, Horst: Arbeitshandbuch der Lehr- und Trainingstechniken. Für Führungskräfte in Wirtschaft und Verwaltung, München 1978.

Mai, Gunther: Thüringen in der Weimarer Repulik, in: Heiden, Detlev/Mai, Gunther (Hrsg.): Thüringen auf dem Weg ins »Dritte Reich«, Erfurt 1996, S. 11-40.

Marcuse, Harold: Legacies of Dachau. The Uses and Abuses of a Concentration Camp, 1933–2001, Cambridge 2001.

Matthiesen, Helge: Bürgertum und Nationalsozialismus in Thüringen. Das bürgerliche Gotha von 1918 bis 1930, Jena 1994.

Mausbach, Wilfried: Wende um 360 Grad? Nationalsozialismus und Judenvernichtung in der »zweiten Gründungsphase« der Bundesrepublik, in: Siegfried, Detlev/von Hodenberg, Christina (Hrsg.): Wo »1968« liegt. Reform und Revolte in der Geschichte der Bundesrepublik, Göttingen 2006, S. 15-47.

Mayer-List, Irene: Abschied vom Ehrgeiz, in: Die Zeit vom 21. Oktober 1988.

Mehring, Reinhard: Carl Schmitt. Aufstieg und Fall. Eine Biographie, München 2009.

Meier, Alfred: Die Akademie für Führungskräfte der Deutschen Bundespost, in: Albach, Horst/ Busse von Colbe, Walter (Hrsg.): Gegenwartsfragen der beruflichen Aus- und Weiterbildung, Wiesbaden 1974, S. 133-146.

Merseburger, Peter: Theodor Heuss. Der Bürger als Präsident, München 2013.

Milaz, Alfred: Wähler und Wahlen in der Weimarer Republik, Bonn 1965.

Militärgeschichtliches Forschungsamt (Hrsg.): Menschenführung im Heer, Herford 1982.

Miquel, Marc von: Ahnden oder amnestieren? Westdeutsche Justiz und Vergangenheitspolitik in den sechziger Jahren, Göttingen 2004.

Moczarski, Nobert: Der Jungdeutsche Orden in der Weimarer Republik und seine Spuren in Südthüringen 1920 – 1933. Eine fast vergessene Episode, in: Meininger Schüler-Rundbriefe 100/2011, S. 42-51.

Mommsen, Hans: Die deutschen Eliten und der Mythos des nationalen Aufbruchs von 1933, in: Merkur 423/1984, S. 97-102.

Ders.: Forschungskontroversen zum Nationalsozialismus, in: Aus Politik und Zeitgeschichte 14-15/2007, S. 14-21.

Mönch, Wilfried: »Rokokostrategen«. Ihr negativer Nachruhm in der Militärgeschichtsschreibung des 20. Jahrhunderts. Das Beispiel von Reinhard Höhn und das Problem des »moralischen« Faktors, in: Gerteis, Klaus/Hohrath, Daniel (Hrsg.): Die Kriegskunst im Licht der Vernunft, Militär und Aufklärung im 18. Jahrhundert, Teil 1, Hamburg 1999, S. 75-99.

Moschopoulos, Denis: L' Institut Internation des Sciences Administratives à travers le XXème siècle. Structures, Activités, Composition, in: Dugett, Michael/Rugge, Fabio (Hrsg.): IIAS/IISA. Administration & Service 1930 – 2005, Amsterdam 2005, S. 11-34.

Mosse, George L. (Hrsg.): Police Forces in History, London/Beverly Hills 1975.

Motschenbacher, Alfons: Katechon oder Großinquisitor? Eine Studie zu Inhalt und Struktur der Politischen Theologie Carl Schmitts, Marburg 2000.

Mühlemann, Ernst: Lebenslange Bildung für Führungskräfte. Ein Modell in der Schweiz, in: management heute 7-8/1977, S. 32-36.

Muller, Jerry Z.: The Other God that Failed. Hans Freyer and the Deradicalization of German Conservatism, Princeton 1987.

Müller, Klaus-Jürgen: Das Heer und Hitler. Armee und nationalsozialistisches Regime 1933 – 1940, Stuttgart 1969.

Müller, Jost: Literatur und Politik bei Peter Weiss. Die »Ästhetik des Widerstands« und die Krise des Marxismus, Wiesbaden 1991.

Müller, Sabrina: Zum Drehbuch einer Ausstellung. Der Ulmer Einsatzgruppenprozess von 1958, in: Finger, Jürgen/Keller, Sven/Wirsching, Andreas (Hrsg.): Vom Recht zur Geschichte. Akten aus NS-Prozessen als Quellen der Zeitgeschichte, Göttingen 2009, S. 205-216.

Mulot-Déri, Sibylle: Sir Galahed. Porträt einer Verschollenen, Frankfurt am Main 1987.

Münch, Ingo von: Geschichte vor Gericht. Der Fall Engel, Hamburg 2004.

Nagel, Anne C.: Johannes Popitz (1884 – 1945). Görings Finanzminister und Verschwörer gegen Hitler. Eine Biographie, Köln/Weimar/Wien 2015.

Nehlsen, Hermann: Karl Augst Eckhardt, in: Zeitschrift der Savigny-Stiftung für Rechtsgeschichte 104/1987, 497-536.

Neumann, Volker: Carl Schmitt als Jurist, Tübingen 2015.

Nicolai, Christiana: Management-by-Konzepte, in: Das Wirtschaftsstudium 38/2009, S. 1296-1298.

Niedhart, Gottfried: Die Außenpolitik der Weimarer Republik, München 2013.

Nohn, Ernst August: Rezension, in: Historische Zeitschrift 190/1960, S. 594-596.

Nolte, Paul: Die Ordnung der deutschen Gesellschaft. Selbstentwurf und Selbstbeschreibung im 20. Jahrhundert, München 2000.

Nuber, Ursula: Innere Kündigung. Sollen doch mal andere ran!, in: Psychologie heute 10/1987, S. 20-26.

O. A.: »Illegale« können legal werden, in: Neue Zeitung vom 9. Dezember 1949.

O. A.: »Mitarbeiter-Aussprachen«, in: Die Zeit vom 1. März 1951.

O. A.: Erfolgreiche Mitarbeiteraussprachen, in: Die Zeit vom 16. August 1951.

O. A.: Bekenntnis zur europäischen Armee. Zweite Soldatentagung der Evangelischen Akademie in Bad Boll, in: Frankfurter Zeitung vom 13. Dezember 1951.

O. A.: Wie kann man »Nieten« ausschalten. Beamtenbund gibt zu, daß sie im öffentlichen Dienst »in hellen Scharen« anzutreffen sind, in: Die Zeit vom 30. Juli 1953.

O. A.: Die Wandlung des Proleten, in: Der Spiegel 20/1954, S. 10-13.

O. A.: Die Revolution der Roboter, in: Der Spiegel 31/1955, S. 20-30.

O. A.: Konten werden in West-Berlin entnazifiziert. Das Abgeordnetenhaus verabschiedete ein Gesetz, das den Entnazifizierungs-Schlußtermin hinausschiebt, in: Mannheimer Morgen vom 17. Dezember 1955.

O. A.: Die Erbschaft der NS-Prominenz. Hohe Privatkonten der ehemaligen Parteiführer werden sichergestellt, in: Badische Zeitung vom 17./18. Dezember 1955.

O. A.: Eine neue Akademie, in: Die Zeit vom 15. März 1956.

O. A.: Die Fütterung der Reptilien, in: Der Spiegel 28/1958, S. 16.

O. A.: Bundeszuschuß für NS-Schriftsteller?, in: Frankfurter Allgemeine Zeitung vom 9. August 1958.

O. A.: 30000 D-Mark Gehalt für Nazi, in: Neues Deutschland vom 10. August 1958.

O. A.: Nazi mit 30000 DM Gehalt, in: Berliner Zeitung vom 13. August 1958.

O. A.: NS-»Menschenführer« Höhn, in: Die Tat vom 16. August 1958.

O. A.: Prof. Höhn antwortet, in: Die Welt vom 16. August 1958.

O. A.: »Großraumpolitiker Höhn vor der Spruchkammer«, in: Frankfurter Rundschau vom 19. August 1958.

O. A.: Keinen Bundeszuschuß beantragt, in: Frankfurter Allgemeine Zeitung vom 20. August 1958.

O. A.: Johannes Otto sprach mit: Alwin-Cäsar Hardtke, in: Berliner Morgenpost vom 10. September 1958.

O. A.: Portrait des Tages. Curt Köhler, in: Hamburger Abendblatt vom 15. Juni 1959.

O. A.: Blutdokumente liegen für Herrn Gerold bereit. Frankfurter Chefredakteur kann die Akten Globke & Co. einsehen, in: Neues Deutschland vom 6. Mai 1961.

O. A.: Manager für Entwicklungsländer, in: Handelsblatt vom 4./5. November 1964.

O. A.: Lebenslauf eines ehrenwerten Professors, in: Informationsbulletin der Presseagentur West 3/1965.

O. A.: Asiaten in der Akademie, in: Hannoverische Allgemeine Zeitung vom 5. November 1965.

O. A.: Beate Uhse. Dieses und jenes, in: Der Spiegel 22/1965, S. 92f.
O. A.: Arbeit für andere, in: Der Spiegel 25/1965, S. 44-57.
O. A.: Bitte wieder lieb, in: Der Spiegel 46/1965, S. 77-80.
O. A.: Zehn kleine Negerlein, in: Der Spiegel 4/1967, S. 32-44.
O. A.: Geflohen – Hingerichtet – Überlebt. Das Schicksal prominenter SS-Führer, in: Der Spiegel 11/1967, S. 64.
O. A.: Was möglich ist, in: Der Spiegel 44/1967, S. 76.
O. A.: Personalien, in: Der Stern 8/1968, S. 9.
O. A.: Vater des Harzburger Modells. Reinhard Höhn wird 65, in: Industriekurier vom 29. Juli 1969.
O. A.: Das Portrait, in: Handelsblatt vom 30. Juli 1969.
O. A.: Das Harzburger Modell im Kreuzfeuer, in: Plus 3/1971, S. 9-14.
O. A.: »Um Himmels Willen«, in: Der Spiegel 42/1971, S. 31-46.
O. A.: Harzburger Akademie wehrt sich gegen »ehrverletzenden Vorwurf«. Autoritär-militaristischer Führungsstil?, in: Ostfriesische Nachrichten vom 17. Dezember 1971.
O. A.: Anfrage an die Regierung nach der »Harzburger Akademie«, in: Süddeutsche Zeitung vom 31. Dezember 1971.
O. A.: Presserat gegen »Vorwärts«, in: Die Welt vom 19. Januar 1972.
O. A.: Persilschein für Himmler-Freund, in: Deutsche Volkszeitung vom 20. Januar 1972.
O. A.: Bielefelder SPD rügt Schmitt-Vockenhausen, in: Neue Westfälische vom 28. Februar 1972.
O. A.: Bundeswehr will Zusammenarbeit mit Harzburger Akademie beenden, in: Süddeutsche Zeitung vom 3. März 1972.
O. A.: Bund gibt Zusammenarbeit auf, in: Berliner Allgemeine vom 10. März 1972.
O. A.: Strafanzeige gegen SS-Höhn, in: Deutsche Volkszeitung vom 20. April 1972.
O. A.: Strafanzeige gegen Höhn, in: Berliner Allgemeine vom 28. April 1972.
O. A.: Herr mit Hund, in: Der Spiegel 46/1973, S. 57.
O. A.: Kooperativer Führungsstil soll eingeführt werden. Zwischenseminar und Pressekonferenz, in: Saarbrücker Zeitung vom 26. Mai 1976.
O. A.: Das Harzburger Modell bleibt aktuell. Management-Fortbildungsinstitut begeht Jubiläum mit zweitägiger Vortragsreihe, in: Goslarsche Zeitung vom 15. Oktober 1981.
O. A.: Gestorben. Maximilian Schubart, in: Der Spiegel 10/1982, S. 220.
O. A.: Flucht in die Passivität, in: Die Zeit vom 11. Februar 1983.
O. A.: Offene Frage: Wer gibt die Programme frei? Kommunale Datenverarbeitung nur »punktuell« geregelt, in: Computerwoche vom 22. April 1983.
O. A.: »Manager leben oft noch im Rokokozeitalter«, in: Computerwoche vom 24. Februar 1984.
O. A.: Geburtstag, in: Die Welt vom 30. Juli 1984.

O. A. Vertrauensvorschuß. Das beste Mittel gegen resigniertes Management by Torero, in: Handelsblatt vom 10. März 1989.

O. A.: Führungsmodell mit Problemen, in: Der Spiegel 35/1989, S. 85.

O. A.: Haftbefehl gegen Höhn. Undurchsichtige Geldtransaktionen, Mietverträge rückdatiert, in: Frankfurter Allgemeine Zeitung vom 9. November 1989.

O. A.: Akademie für Führungskräfte der Wirtschaft: Modell gescheitert, Führung ins Fiasko, in: Wirtschaftswoche vom 10. November 1989.

O. A.: Cognos mit bestem Ergebnis seit der Gründung, in: Frankfurter Allgemeine Zeitung vom 18. Mai 1993.

O. A.: Reinhard Höhn, in: Frankfurter Allgemeine Zeitung vom 19. Mai 2000.

Oberkrome, Willi: »Deutsche Heimat«. Nationale Konzeption und regionale Praxis von Naturschutz, Landschaftsgestaltung und Kulturpolitik in Westfalen-Lippe und Thüringen (1900 – 1960), Paderborn 2004.

Obst, Peter: Das »Harzburger Modell« aus organisatorischer Sicht, in: Führung + Organisation 2/1970, S. 80-82.

Ohme-Reinicke, Annette: Moderne Maschinenstürmer. Zum Technikverständnis sozialer Bewegungen seit 1968, Frankfurt am Main 2000.

Oetting, Dirk W.: Auftragstaktik. Geschichte und Gegenwart einer Führungskonzeption, Frankfurt am Main 1993.

Olbrich, Josef: Geschichte der Erwachsenenbildung in Deutschland, Opladen 2001.

Oldag, Andreas: Der Harzburger Akademie schlägt die Stunde der Wahrheit, in: Die Welt vom 6. November 1989.

Palmer, Hartmut: Dem SS-Mann ein Lob per Brief erteilt. Abdruck im »Vorwärts« erbost sozialdemokratischen Verfasser, in: Kölner Stadt-Anzeiger vom 15./16. Januar 1972.

Paul, Gerhard: Zwischen Selbstmord, Illegalität und neuer Karriere. Ehemalige Gestapo-Bedienstete im Nachkriegsdeutschland, in: Mallmann, Klaus-Michael/Paul, Gerhard (Hrsg.): Die Gestapo. Mythos und Realität, Darmstadt 1995, S. 529-547.

Pauly,Walter: Anfechtbarkeit und Verbindlichkeit von Weisungen in der Bundesauftragsverwaltung, Berlin 1989.

Ders.: Das öffentliche Recht an der Berliner Juristischen Fakultät 1933 – 1945, in: Grundmann, Stefan/Kloepfer, Michael/Paulus, Christoph G. (Hrsg.): Festschrift 200 Jahre Juristische Fakultät der Humboldt-Universität zu Berlin. Geschichte, Gegenwart und Zukunft, Berlin/New York 2010, S. 773-797.

Pinnow, Daniel F.: Führen. Worauf es wirklich ankommt, Wiesbaden 2005.

Ders.: Unternehmensorganisation der Zukunft. Erfolgreich durch systematische Führung, Frankfurt am Main 2011.

Pikador, Raimund: SS-Professoren von Harzburg, in: Forum 2/1972, S. 4f.

Pippke, Wolfgang: Das Harzburger Modell. Der Mitarbeiter als Mitunternehmer, in: Analyse 1/1971, S.4-10.

Priddat, Birger P.: Leistungsfähigkeit der Sozialpartnerschaft in der Sozialen Marktwirtschaft. Mitbestimmung und Kooperation, Marburg 2011.

Pross, Christian: Die Sicht deutscher Emigrantenärzte auf die NS-»Rassenhygiene«, in: Deutsches Ärzteblatt 50/2010, S. 2494-2496.

Pröve, Ralf: Politische Partizipation und soziale Ordnung. Das Konzept der »Volksbewaffnung« und die Funktion der Bürgerwehren 1848/49, in: Hardtwig, Wolfgang (Hrsg.): Revolution in Deutschland und Europa 1848/49, Göttingen 1998. S. 109-132.

Raidt, Fritz: Die »innere Kündigung« am Arbeitsplatz, in: Der Betriebswirt 1/1987, S. 19-24.

Ders.: Innere Kündigung, in: Strutz, Hans (Hrsg.): Handbuch Personalmarketing, Wiesbaden 1993, S. 74-88.

Ramme, Alwin: Der Sicherheitsdienst der SS. Zu seiner Funktion mit faschistischen Machtapparat und im Besatzungsregime des sogenannten Generalgouvernements Polen, Berlin 1970.

Rammstedt, Otthein: Deutsche Soziologie 1933 – 1945. Die Normalität einer Anpassung, Frankfurt am Main 1986.

Reimers, Bettina Irina: Die neue Richtung der Erwachsenenbildung in Thüringen 1919 – 1933, Essen 2003.

Reimers, Kirsten: Das Bewältigen des Wirklichen. Untersuchungen zum dramatischen Schaffen Ernst Tollers zwischen den Weltkriegen, Würzburg 2000.

Remy, Steven P.: The Heidelberg Myth. The Nazification and Denazification of a German University, Cambridge 2003.

Rohstock, Anne: Von der »Ordinarienuniversität« zur »Revolutionszentrale«? Hochschulreform und Hochschulrevolte in Bayern und Hessen 1958 – 1978, München 2010.

Rohweder, Dirk: Informationstechnologie und Auftragsabwicklung. Potentiale zur Gestaltung und flexiblen kundenorientierten Steuerung des Auftragsflusses in und zwischen Unternehmen, Berlin 1996.

Rosenberger, Ruth: Experten für Humankapital. Die Entdeckung des Personalmanagement in der Bundesrepublik Deutschland, München 2008.

Roth, Daniel B.: Hitlers Brückenkopf in Schweden. Die deutsche Gesandtschaft in Stockholm 1933 – 1945, Berlin 2009.

Ruck, Michael: Kontinuität und Wandel. Westdeutsche Verwaltungseliten unter dem NS-Regime und in der alten Bundesrepublik, Frankfurt am Main 1998.

Rückert, Sabine: Kallis großer Coup. Von einem, der auszog, Kapital und Arbeit zu versöhnen – und was daraus wurde, in: Die Zeit vom 19. März 1998.

Rupp, Hans Heinrich: Grundfragen der heutigen Verwaltungslehre, Tübingen 1965.

Rusinek, Bernd-A.: Von Schneider zu Schwerte. Anatomie einer Verwandlung, in: Loth, Wilfried/Rusinek, Bernd-A. (Hrsg.): Verwandlungspolitik. NS-Eliten in der westdeutschen Nachkriegsgesellschaft, Frankfurt am Main 1998, S. 143-180.

Rüthers, Bernd: Reinhard Höhn, Carl Schmitt und andere. Geschichten und Legenden aus der NS-Zeit, in: Neue Juristische Wochenschrift 3/2000, S. 2866-2871.

Ders.: Geschönte Geschichten – Geschönte Biographien. Sozialisationskohorten in den Wendeliteraturen. Ein Essay, Tübingen 2001.

Sabban, Horst-Dieter: Reinhard Höhn, in: IPW-Berichte 5/1972.

Safferling, Christoph: »..daß es sich empfiehlt, generell tabula rasa zu machen...«. Die Anfänge der Abteilung II – Strafrecht im BMJ, in: Görtemaker, Manfred/Safferling, Christoph: Die Rosenburg. Das Bundesministerium der Justiz und die NS-Vergangenheit. Eine Bestandsaufnahme, Göttingen 2013, S. 169-203.

Saldern, Adelheid von: Das »Harzburger Modell«. Ein Ordnungssystem für bundesrepublikanische Unternehmen, 1960 – 1975, in: Etzemüller, Thomas (Hrsg.): Die Ordnung der Moderne. Social Engineering im 20. Jahrhundert, Bielefeld 2009, S. 303-331.

Dies.: Bürgerliche Werte für Führungskräfte und Mitarbeiter in Unternehmen. Das Harzburger Modell, 1960 – 1975, in: Budde, Gunilla/Conze, Eckart/Rauh, Cornelia (Hrsg.): Bürgertum nach dem bürgerlichen Zeitalter. Leitbilder und Praxis nach 1945, Göttingen 2010, S. 165-187.

Schäfer, Norbert: Innere Kündigung. Was fehlt ist das »Wir-Gefühl«, in: BAG-Nachrichten 1/1986, S. 11-13.

Schallück, Peter: Führungskräfte ›68, in: Welt der Arbeit vom 16. August 1968.

Schauer, Alexandra/van Dyk, Silke: Kontinuität und Brüche, Abgründe und Ambivalenzen. Die Soziologie im Nationalsozialismus im Lichte des Jenaer Soziologentreffens von 1934, in: Lessenich, Stephan/van Dyk, Silke (Hrsg.): Jena und die deutsche Soziologie. Der Soziologentag 1922 und das Soziologentreffen 1934 in der Retrospektive, Frankfurt am Main 2008, S. 99-120.

Dies.: »...daß die offizielle Soziologie versagt hat«. Zur Soziologie im Nationalsozialismus, der Geschichte ihrer Aufarbeitung und der Rolle der DGS, Wiesbaden 2014.

Dies.: Vom doppelten Versagen einer Disziplin. Die Stilllegung der DGS, die Entwicklung der Soziologie im Nationalsozialismus und die Geschichte der Aufarbeitung, in: Soeffner, Hans-Georg (Hrsg.): Unsichere Zeiten. Herausforderungen gesellschaftlicher Transformation. Verhandlungen des 34. Kongresses der Deutschen Gesellschaft für Soziologie in Jena 2008, 2. Band, Wiesbaden 2010, S. 917-946.

Schein, Edgar: Das Bild des Menschen aus der Sicht des Management, in: Grochla, Erwin (Hrsg.): Management, Düsseldorf/Wien 1974, S. 69-91.

Schermann, Karl: Mordfall Susanne H.: Täter erhängt sich in seiner Zelle in Stadelheim, in: Land- und Seebote vom 20. September 1982.

Schemfil, Viktor: Der Tiroler Freiheitskrieg 1809. Eine militärhistorische Darstellung, Innsbruck 2007.

Schildt, Axel: Im Visier: Die NS-Vergangenheit westdeutscher Intellektueller. Die Enthüllungskampagne von Kurt Ziesel in der Ära Adenauer, in: Vierteljahreshefte für Zeitgeschichte 1/2016, S. 37-68.

Schmeitzner, Mike: Totale Herrschaft durch Kader? Parteischulung und Kaderpolitik von NSDAP und KPD/ SED, in: Totalitarismus und Demokratie 2/2005, S. 71-99.

Schmerbach, Folker: Das »Gemeinschaftslager Hanns Kerrl« für Referendare in Jüterbog 1933 – 1939, Tübingen 2008.

Schmid, Daniel C.: »Quo vadis, homo harzburgensis?«. Aufstieg und Niedergang des »Harzburger Modells«, in: Zeitschrift für Unternehmensgeschichte 1/2014, S. 73-98.

Schmidt, Hans-Jürgen, Betriebswirtschaftslehre und Verwaltungsmanagement, Wien 2009.

Schmidt-Leichner, Erich: Die Bundesamnestie, in: Neue Juristische Wochenschrift 3/1950, S. 41-46.

Schmitz-Berning, Cornelia: Vokabular des Nationalsozialismus, Berlin 2007.

Schneider, Christina: Die SS und »das Recht«. Eine Untersuchung anhand ausgewählter Beispiele, Frankfurt am Main 2005.

Schömbs, Wolfgang: Schlüssel gegen die innere Kündigung, in: Der Betriebswirt 1/1987, S. 25f.

Schorn, Hubert: Die Gesetzgebung des Nationalsozialismus als Mittel der Machtpolitik, Frankfurt am Main 1963.

Schreiber, Carsten: Elite im Vorborgenen. Ideologie und regionale Herrschaftspraxis des Sicherheitsdienstes der SS und seines Netzwerkes am Beispiel Sachsens, München 2008.

Schroeder, Klaus-Peter: »Eine Universität für Juristen und von Juristen«. Die Heidelberger Juristische Fakultät im 19. und 20. Jahrhundert, Tübingen 2000.

Schröder, Peter: Die Leitbegriffe der deutschen Jugendbewegung in der Weimarer Republik. Eine ideengeschichtliche Studie, Münster 1996.

Stödter, Helga: Frauen als Führungskräfte in der Wirtschaft. Ergebnisse einer Meinungsumfrage, Hamburg 1986.

Strümpel, Burkhard: Ökonomische Abrüstung. Wandel der Einstellungen zu Technik und Arbeit, in: Simonis,Udo Ernst (Hrsg.): Mehr Technik – weniger Arbeit? Plädoyers für sozial- und umweltverträgliche Technologien, Karlsruhe 1984, S. 195-208.

Der.: Lebensstile gegen Wirtschaftsstile, in: Der Spiegel 22/1985, S. 56f.

Schubert, Werner (Hrsg.): Akademie für Deutsches Recht. Protokolle der Ausschüsse für Strafrecht, Strafvollstreckungsrecht, Wehrstrafrecht, Strafgerichtsbarkeit der SS und des Reichsarbeitsdienstes, Polizeirecht sowie für Wohlfahrts- und Fürsorgerecht (Bewahrungsrecht), 8. Band, Frankfurt am Main 1999.

Schuller, Wolfgang (Hrsg.): Carl Schmitt. Tagebücher 1930 – 1934, Berlin 2010.

Schwartz, Michael: Funktionäre mit Vergangenheit. Das Gründungspräsidium des Bundesverbandes der Vertriebenen und das »Dritte Reich«, München 2012.

Schwegel, Andreas: Der Polizeibegriff im NS-Staat. Polizeirecht, juristische Publizistik und Judikative 1931 – 1944, Tübingen 2005.

Seeler, Rolf: »Kriegsführung in der Wirtschaft«. Ehemalige Generalstäbler und SS-Führer in Spitzenpositionen, in: Bulletin des Fränkischen Kuriers Mai 1968.

Seelos, Hans-Jürgen: Personalführung in Medizinbetrieben. Medizinmanagement in Theorie und Praxis, Wiesbaden 2007.

Sehested von Gyldenfeld, Christian: Gunther Ipsen zu Volk und Land. Versuch über die Grundlagen der Realsoziologie in seinem Werk, Berlin 2008.

Seitz, Wolfgang: Täter im Münchner Lokal geschnappt, in: Münchner Merkur vom 18. September 1982.

Semlinger, Klaus: Vorausschauende Personalwirtschaft, in: Mitteilungen aus der Arbeitsmarkt- und Berufsforschung 3/1989, S. 336-347.

Sennholz, Martin: Johann von Leers. Ein Propagandist des Nationalsozialismus, Berlin 2013.

Seyer, Ulrike: Die Frankfurter Buchmesse in den Jahren 1967 – 1969, in: Füssel, Stephan (Hrsg.): Die Politisierung des Buchmarktes. 1968 als Branchenereignis, Wiesbaden 2007, S. 184-188.

Siegert, Werner: Zur Führungskur nach Harzburg?, in: Plus 8/1969, S. 33-38.

Sikora, Michael: Scharnhorst. Lehrer, Stabsoffizier, Reformer, in: Lutz, Karl-Heinz/Rink, Martin/von Salisch, Marcus (Hrsg.): Reform, Reorganisation, Transformation. Zum Wandel in den deutschen Streitkräften von den preußischen Heeresreformen bis zur Transformation der Bundeswehr, München 2010, S. 43-64.

Sinn, Otto: Das Volk belogen, in: Die Welt vom 5. September 1958.

Sontheimer, Kurt: Der Tatkreis, in: Vierteljahreshefte für Zeitgeschichte 3/1959, S. 249-260.

Sontheimer, Kurt: Antidemokratisches Denken in der Weimarer Republik. Die politischen Ideen des deutschen Nationalismus zwischen 1918 und 1933, München 1962.

Soukup, R. Werner (Hrsg.): Die wissenschaftliche Welt von gestern. Die Preisträger des Ignaz L. Lieben-Preises 1865 – 1937 und des Richard Lieben-Preises 1912 – 1928. Ein Kapitel österreichischer Wissenschaftsgeschichte in Kurzbiographien, Wien/Köln/Weimar 2004, S. 89-96.

Sprüngli, Rudolph R.: Delegationsprinzip und schweizerisches Obligationsrecht, in: management heute 9/1978, S. 8-12.

Steigers, Ute: Die Mitwirkung der Deutschen Bücherei an der Erarbeitung der »Liste der auszusondernden Literatur« in den Jahren 1945 bis 1951, in: Zeitschrift für Bibliothekswesen und Bibliographie 3/1991, S. 236-256.

Steinbach, Peter: Nationalsozialistische Gewaltverbrechen. Die Diskussion in der deutschen Öffentlichkeit nach 1945, Berlin 1981.

Steinle, Claus: Das Harzburger Modell. Eine Führungsfassade mit der Konsequenz niedriger Effizienz und Satisfaktion, in: Zeitschrift für Organisation 44/1975, S. 249-254.

Stolleis, Michael: Gemeinschaft und Volksgemeinschaft. Zur juristischen Terminologie im Nationalsozialismus, in: Vierteljahreshefte für Zeitgeschichte 1/1972, S. 16-38.

Ders.: Die Geschichte des öffentlichen Rechts in Deutschland, 3. Band, Staats- und Verwaltungsrechtswissenschaft in Republik und Diktatur 1914 – 1945, München 1999.

Ders.: Die Geschichte des öffentlichen Rechts in Deutschland, 4. Band, Staats- und Verwaltungsrechtswissenschaft in West und Ost 1945 – 1990, München 2012.

Strasser, Johano: Das andere Deutschland. Zum Tode von Bernt Engelmann, in: Die Zeit vom 22. April 1994.

Strohmann, Dietrich: Das Tribunal der Advokaten, in: Die Zeit vom 8. Mai 1964.

Stübig, Heinz: Das höhere militärische Bildungswesen im Zeichen der Aufklärung, in: Lutz, Karl-Heinz/Rink, Martin/von Salisch, Marcus (Hrsg.): Reform, Reorganisation, Transformation. Zum Wandel in deutschen Streitkräften von den preußischen Heeresreformen bis zur Transformation der Bundeswehr, München 2010, S. 29-42.

Thoß, Bruno: Allgemeine Wehrpflicht und Staatsbürger in Uniform, in: Opitz, Eckardt (Hrsg.): Gerhard von Scharnhorst. Vom Wesen und Wirken der preußischen Heeresreform. Ein Tagungsband, Bremen 1998, S. 147-162.

Toland, John: Adolf Hitler. The Definitive Biography, London 1977.

Tolle, Wolfgang: Reichsstelle für Film und Bild in Wissenschaft und Unterricht, Berlin 1961.

Töpfer, Armin: Das Harzburger Modell in der Unternehmungspraxis. Eine Bestandsanalyse, in: Der Betrieb 38/1978, S. 1802f.

Trebesch, Karsten: Organisationssoziologische Analyse und Kritik des »Harzburger Modells«, Diplomarbeit, Mannheim 1969.

Trimondi, Victor & Victoria: Hitler, Buddha, Krishna. Eine unheilige Alianz vom Dritten Reich bis heute, Wien 2002.

Triepel, Heinrich: Delegation und Mandat im öffentlichen Recht. Eine kritische Studie, Stuttgart/Berlin 1942.

Trittel, Günter J.: »Man kann ein Ideal nicht verraten…«. Werner Naumann. NS-Ideologie und politische Praxis in der früheren Bundesrepublik, Göttingen 2013.

Ullrich, Christina: »Ich fühl' mich nicht als Mörder«. Die Integration von NS-Tätern in der Nachkriegsgesellschaft, Darmstadt 2011.

Unverhau, Dagmar: Das »NS-Archiv« des Ministeriums für Staatssicherheit. Stationen einer Entwicklung, Münster 2004.

Van Laak, Dirk: Gespräche in Sicherheit des Schweigens. Carl Schmitt in der politischen Geistesgeschichte der frühen Bundesrepublik, Berlin 1993.

Voigt, Carsten: Kampfbünde der Arbeiterbewegung. Das Reichsbanner Schwarz-Rot-Gold und der Rote Frontkämpferbund in Sachsen 1924 – 1933, Köln 2009.

Volk, Hartmut: Ist das Harzburger Modell überholt?, in: Zeitschrift für Organisation 50/1981, S. 466f.

Wagner, Patrick: Die Resozialisierung der NS-Kriminalisten, in: Herbert, Ulrich (Hrsg.): Wandlungsprozesse in Westdeutschland. Belastung, Integration, Liberalisierung 1945 – 1980. Göttingen 2003, S. 179-214.

Wahl, Volker: Die Neugründung einer Historischen Kommission für Thüringen als »staatspolitische Notwendigkeit«. Ein gescheitertes Projekt von 1933, in: Werner, Matthias (Hrsg.): Im

Spannungsfeld von Wissenschaft und Politik. 150 Jahre Landesgeschichtsforschung in Thüringen, Sonderdruck, Köln/Weimar/Wien 2005, S. 121-161.

Ders.: »Mit der Gründlichkeit und der Findigkeit des geschulten Archivars…«. Wilhelm Engel (1905 – 1964). Ein Forscherschicksal im 20. Jahrhundert, in: Hennebergisch-Fränkischer Geschichtsverein (Hrsg.): Jahrbuch 2002, S. 8-36.

Walde, Andreas: Von der Organisationsentwicklung zum Change Management, Hamburg 2014.

Walter, Alfred: Das Unbehagen in der Verwaltung. Warum der öffentliche Dienst denkende Mitarbeiter braucht, Berlin 2011.

Watrin, Christian: Ordnungspolitische Aspekte des Sozialstaates, in: Haas, Heinz-Dieter/Külp, Bernhard (Hrsg.): Probleme der modernen Industriegesellschaft, Berlin 1977, S. 963-985.

Weinrich, Arndt: Der Weltkrieg als Erzieher. Jugend zwischen Weimarer Republik und Nationalsozialismus, Essen 2013.

Welfens, Paul J. J.: Grundlegende Transformationsprobleme in Russland: Strukturwandel, Liberalisierung, Kapitalmarktentwicklung und Infrastrukturmodernisierung, in: Gloede, Klaus/Strohe, Hans Gerhard/Wagner, Dieter/Welfens, Paul J. J. (Hrsg.): Systemtransformation in Deutschland und Russland. Erfahrungen, ökonomische Perspektiven und politische Optionen, Heidelberg 1999, S. 7-38.

Wesel, Uwe: Der Letzte. Zum Tod des Juristen Reinhard Höhn, in: Frankfurter Allgemeine Zeitung vom 23. Mai 2000.

Wette, Wolfram: Sozialismus und Heer. Eine Auseinandersetzung mit R. Höhn, in: Archiv für Sozialgeschichte 14/1974, S. 610-622.

Wetzel, Manfred: Franz Mueller-Darß, in: Forstverein Mecklenburg-Vorpommern (Hrsg.): Forstliche Biographien aus Mecklenburg-Vorpommern. Leben und Wirken für das Forstwesen, Schwerin 1999, S. 185-188.

Weyer, Johannes: Westdeutsche Soziologie 1945 – 1960. Deutsche Kontinuitäten und nordamerikanischer Einfluß, Berlin 1984.

Wiese, Renate: Das Bild der berufstätigen Frau in der Zeitschrift »Gabriele, die perfekte Sekretärin« von 1955 – 1960, Magisterarbeit, Hamburg 2001.

Wild, Jürgen: Unterentwickeltes Management by…, in: manager magazin 10/1972, S. 60-64.

Wildt, Michael: Reiche Leute, große Autos, in: Die Zeit vom 12. Juni 1992.

Ders.: Die Generation des Unbedingten. Das Führungskorps des Reichssicherheitshauptamtes, Hamburg 2003.

Ders.: Himmlers Terminkalender aus dem Jahr 1937, in: Vierteljahreshefte für Zeitgeschichte 4/2004, S. 671-691.

Ders.: Der Fall Reinhard Höhn. Vom Reichssicherheitshauptamt zur Harzburger Akademie, in: Gallus, Alexander/Schildt, Axel (Hrsg.): Rückblickend in die Zukunft. Politische Öffentlichkeit und intellektuelle Positionen in Deutschland um 1950 und um 1930, Göttingen 2011, S. 254-275.

Wille, Sebastian: Der Berliner Verfassungsgerichtshof, Berlin 1993.

Wipprecht, Wolfgang: Höhn – damals, in: Vorwärts vom 20. Januar 1972.

Wistrich, Robert: Wer war wer im Dritten Reich – Anhänger, Mitläufer, Gegner aus Politik, Wirtschaft, Militär, Kunst und Wissenschaft, München 1983.

Witt, Peter-Christian: Militärgeschichte von vorgestern. »Heer und Sozialismus« – viel Material, kaum Analyse, in: Die Zeit vom 21. Januar 1972.

Witte, Hermann: Allgemeine Betriebswirtschaftslehre. Lebensphasen des Unternehmens und betriebliche Funktionen, München 2007.

Wittek, Thomas: Auf ewig Feind? Das Deutschlandbild in den britischen Massenmedien nach dem Ersten Weltkrieg, München 2005.

Wolf, Heinrich: Der Jungdeutsche Orden in seinen mittleren Jahren. 1922 – 1925, München 1972.

Wolff, Hans Julius: Verwaltungsrecht, Band 1, München 1956.

Wollschläger, Thomas: General Max Hoffmann. Frontbeobachter, Frontführer und Frontbefürworter im Osten, Norderstedt 2013.

Zeck, Mario: Das Schwarze Korps. Geschichte und Gestalt des Organs der Reichsführung SS, Tübingen 2002.

Ziegler, Gerhard: »HSV« auf Rechtsaußen. Späte Quittung für einen Persilschein: Schmitt-Vockenhausen und der »Vorwärts«, in: Die Zeit vom 21. Januar 1972.

Zipfel, Friedrich: Gestapo und Sicherheitsdienst, Berlin 1960.

Zippelius, Reinhard: Varianten und Gründe rechtlicher Verantwortlichkeit, in: Lampe, Ernst-Joachim (Hrsg.): Verantwortlichkeit und Recht, Opladen 1989.

Zohlnhöfer, Reimund: Die Wirtschaftspolitik der Ära Kohl. Eine Analyse der Schlüsselentscheidungen in den Politikfeldern Finanzen, Arbeit und Entstaatlichung, 1982 – 1998, Wiesbaden 2001.

Zypries, Brigitte: Gustav Radbruch als Rechtspolitiker, in: Friedrich-Ebert-Stiftung/Forum Berlin (Hrsg.): Gustav Radbruch als Reichsjustizminister (1921 – 1923). Konferenz der Friedrich-Ebert-Stiftung/Forum Berlin. Dokumentation der Konferenz, Berlin 2004, S. 2-14.

Internetquellen

2. Förderungsprogram für den Grenzstreifen entlang dem Eisernen Vorhang, in: http://www.bundesarchiv.de/cocoon/barch/0101/x/x1951e/kap1_2/kap2_41/para3_2.html, 16. Juli 2013.

Bundesministerium für Verteidigung (Hrsg.): Rede des Bundesministers der Verteidigung, Dr. Thomas de Maizière, zum 200. Todestag von General Gerhard Johann David v. Scharnhorst am Freitag, 28. Juni 2013, im Eichensaal des Bundesministeriums für Wirtschaft und Technologie in Berlin, in: http://www.bmvg.de/portal/a/bmvg/!ut/p/c4/NYuxDsIwDET_yE5gQGWjysLKAu2C0saKLDVJZdyy8PEkQ--kJ52eDkeszX7n6JVL9gu-cJj5On1hSnu-ExJk_SsJbgkDyPjYIBcr4bPdAMJdM2qiUlSujeC0CaxFdmtlEqgEOOBjremPNEfvruosbxt-PZunv_wDWl2x_2H-ug/, 2. September 2014.

Deutsches Rundfunkarchiv (Hrsg.): Jahrestage 2016, in: http://www.dra.de/online/hinweisdienste/jahrestage/jt_2016.pdf, 7. September 2016.

Die Akademie (Hrsg.): Innovative Kontinuität – Die Akademie für Führungskräfte wird 60 Jahre alt! Interview mit Hanna Renate Klotz, in: http://www.die-akademie.de/journal/interview/innovative-kontinuitaet, 7. September 2016.

Glaeßer, Hans-Georg: Christoph Bernhard Cornelius Harms, in: http://www.ostfriesischelandschaft.de/fileadmin/user_upload/BIBLIOTHEK/BLO/Harms.pdf, 19.Dezember 2013.

Haus der Wannsee-Konferenz Berlin (Hrsg.): Villenkolonien in Wannsee 1875 – 1945. Sonderausstellung der Gedenk- und Bildungsstätte Haus der Wannsee-Konferenz, Mai 2000 – Januar 2006, in: http://www.ghwk.de/fileadmin/user_upload/pdf-wannsee/sonderausstellungen/institut-fuer-staatsforschung.pdf, 23. Mai 2014.

Http://www.fjs.de/fjs-in-wort-und-bild/zitate.html, 2. September 2014.

Krämer, Elke: Ein bewegtes Forscherleben auf der Suche nach dem Krebsparasiten - Dr. phil. Wilhelm von Brehmer, in: http://www.ig-df.de/index.php?option=com_content&view=article&id=4:dr-phil-wilhelm-von-brehmer&catid=25:verstorbene-forscher&Itemid=10, 29. März 2013.

Von Lüpke, Marc: Imperium aus Streichhölzern, in: http://www.spiegel.de/einestages/streichholzkoenig-ivar-kreuger-a-951153.html, 23. Mai 2014.

Walter, Uwe: Welt in Sünde – Welt in Waffen. Der Streit um die Wiederbewaffnung der Bundesrepublik und die Evangelische Akademie Bad Boll, in: http://www.ev-akademie-boll.de/fileadmin/res/otg/06-11-Walter.pdf, 30. August 2014.

Zentrum für Zeithistorische Forschung Potsdam (Hrsg.): Biographisches Archiv der IPW-Presseausschnittsammlung, in: http://www.zzf-pdm.de/site/mid__3443/ModeID__0/EhPageID__1098/843/default.aspx, 27. August 2015.

Fernsehbeiträge

Gramberg, Michael/Wallraff, Günter: Der Erfolg gibt uns Recht. Sprache der Führungskräfte, Erstausstrahlung WDR 30. April 1972, 43‹24‹‹.

Litten, Jens/Krogmann, Albert: Keine Befehle mehr vom Boss. In Harzburg lernen Manager einen neuen Führungsstil, Erstausstrahlung NDR 8. Februar 1970, 29‹39‹‹.

Rousselet, Wolf: Nachschlüssel zum Erfolg. Über Erfolgs- und Managerschulen, Erstausstrahlung NDR 10. Februar 1972, 22‹17‹‹.

Personenregister

Danksagung

Die Fertigstellung meiner Promotion bedeutet für mich, den Menschen aufrichtig Dank zu sagen, die mir in den zurückliegenden Jahren bei ihrem Werden zur Seite standen.

Einen ganz besonderen Dank möchte ich meinem Doktorvater Professor Dr. Frank-Lothar Kroll aussprechen. Er hat mich stets wohlwollend unterstützt und viele wertvolle Impulse sowie die Möglichkeit gegeben, in der von ihm begründeten Reihe *Biographische Studien zum 20. Jahrhundert* zu veröffentlichen. Ohne sein Vertrauen gäbe es diese Arbeit nicht. Bei Professor Dr. Rudolf Boch möchte ich mich für die freundliche Übernahme des Zweitgutachtens bedanken.

Darüber hinaus danke ich all denjenigen sehr herzlich, die im fachlichen wie persönlichen Austausch die Promotion bereichert haben, allen voran Karsten Trebesch, Hubert Marke, Bernd Raffler, Helmut Borsch und ganz besonders Elke Hein.

Den Mitarbeiterinnen und Mitarbeitern der beteiligten Institutionen bin ich für ihre Unterstützung sehr verbunden. Im Besonderen gilt das für die *Bad Harzburg Stiftung* in Person von Harry Plaster und Hans Willgeroth.

Auch meinen Korrektorinnen Tina und Katrin Hausotter sei an dieser Stelle gedankt.

Mein herzlichster Dank gilt meinen Eltern. Ihr Beitrag zum Gelingen der Promotion ist nicht in Worte zu fassen.

Plauen, im Mai 2019 Alexander O. Müller

Biographische Studien zum 20. Jahrhundert

Herausgegeben von Frank-Lothar Kroll

Band 4

Michael Kunze

Sigmund Neumann

Demokratielehrer im Zeitalter des internationalen Bürgerkriegs

300 Seiten, gebunden

42,– € [D] / 43,20 € [A]

ISBN 978-3-95410-052-1

Band 5

Lars Förster

Bruno Apitz

Eine politische Biographie

250 Seiten

25 Abb., gebunden

36,– € [D] / 37,10 € [A]

ISBN 978-3-95410-054-5